eXamen.press

T0224885

eXamen.press ist eine Reihe, die Theorie und Praxis aus allen Bereichen der Informatik für die Hochschulausbildung vermittelt.

Roland M. Müller · Hans-Joachim Lenz

Business Intelligence

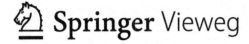 Springer Vieweg

Roland M. Müller
Hochschule für Wirtschaft und Recht Berlin
Berlin, Deutschland

Hans-Joachim Lenz
Freie Universität Berlin
Berlin, Deutschland

ISSN 1614-5216
ISBN 978-3-642-35559-2   ISBN 978-3-642-35560-8 (eBook)
DOI 10.1007/978-3-642-35560-8

Die Deutsche Nationalbibliothek verzeichnet diese Publikation in der Deutschen Nationalbibliografie; detaillierte bibliografische Daten sind im Internet über http://dnb.d-nb.de abrufbar.

Springer Vieweg
© Springer-Verlag Berlin Heidelberg 2013

Gedruckt auf säurefreiem und chlorfrei gebleichtem Papier

Springer Vieweg ist eine Marke von Springer DE. Springer DE ist Teil der Fachverlagsgruppe Springer Science+Business Media
www.springer-vieweg.de

Vorwort

Business Intelligence (**BI**), ist nach wie vor ein *Modewort*, „verkauft sich gut" und ist zu Recht aus dem Unternehmensalltag kaum mehr wegzudenken.

Dies gilt insbesondere dann, wenn man sich in die sechziger bis achtziger Jahre zurückversetzt, wo jede Datenauswertung vom jeweiligen Abteilungsleiter beantragt, vom Rechenzentrumsleiter eines Unternehmens genehmigt und dann dort einzeln programmiert werden musste.

Schlimmer noch, der zweite Autor kann sich gut an den Sommer 1964 erinnern, wo er in einem namhaften deutschen Großunternehmen als Werkstudent beschäftigt war. Eine unzweckmäßige Programmierung von sog. „Tabellierungen" führte zu seitenlangen Papierausdrucken – einen Papierstapel von gut 25 cm Höhe. Dieser Ausdruck enthielt die Kupferpreise auf den internationalen Weltmärkten gruppiert nach diversen Kriterien. Die Aufgabe bestand darin, die Daten manuell so zu komprimieren, dass der zuständige Abteilungsleiter imstande und bereit war, sie in Tabellenform zu analysieren. Medienbrüche wie diese waren übrigens bis weit in die neunziger Jahre hinein durchaus an der Tagesordnung in der deutschen Wirtschaft.

Es stellt sich wie bei jedem Buch die Frage, wozu noch ein Buch über *Business Intelligence* geschrieben werden muss. Wir haben dazu, glauben wir, gute Gründe.

Zuerst einmal wollen wir unseren ehemaligen Kollegen der Wirtschaftsinformatik an der Humboldt-Universität zu Berlin, den jetzigen Präsidenten der Universität Potsdam und – in Personalunion – der deutschen Gesellschaft für Informatik (GI), Oliver Günther, dafür „verantwortlich" machen; denn er war es, der den Anstoß zu diesem Projekt gab. Ohne seinen Motivationsschub am Anfang hätte unser „Baby" nie das Licht der Welt erblickt.

Weiterhin trieb uns an, dass es zweifelsfrei ausgezeichnete englischsprachige Literatur zur BI gibt, diese aber oft von Informatikern geschrieben wurde und *Business* mehr „Etikett" oder „Alibi" ist als *die* betriebswirtschaftliche Anwendungsdomäne. Wie der Begriff *Intelligence* deutlich macht, spielt die Auswertung von Daten bei BI eine entscheidende Rolle und zwar im betrieblichen, nicht primär im technischen oder gar naturwissenschaftlichen Bereich. Wir bringen gern BI auf die Formel *Business Intelligence* = 50 % Betriebswirtschaft/Operations Research + 25 % Data Mining/Statistik + 25 % Data Warehousing.

Dies bedeutet, dass die oben angesprochene Gruppe von Büchern unserer Einschätzung nach zu etwa 50 % Lücken an betriebswirtschaftlichen Anwendungen aufweisen. Diese zu füllen bzw. eine **Brücke** zwischen *Informatik, Statistik, Operations Research* und *Betriebs-wirtschaft* (BWL) zu schlagen, sehen wir als eine wichtige Zielsetzung dieses Buches an.

Zweifelsohne existieren gerade auch im deutschsprachigen Raum Bücher über BI. Diese sind aber aus unserer Sicht „zu deskriptiv", d. h. sie gliedern, be- und umschreiben Phänomene anstatt die dahinter stehenden Probleme aufzugreifen, zu formalisieren und mit geeigneten Werkzeugen zu lösen. Auch mangelt es an illustrativen, methodisch nachvollziehbaren Beispielen und Fällen.

Mit diesem Buch haben wir hartnäckig versucht, uns auf das **Wie** zu konzentrieren, und nicht nur auf das **Was**. Selbstverständlich haben wir die *fachliche Einbettung* der BI-Probleme in das betriebliche Umfeld nicht völlig außer Acht gelassen. Mit der Quantifizierung und Formalisierung der betrieblichen Fragestellungen und der Darstellung zugehöriger methodischer Lösungen von Business Intelligence, wie beispielsweise Data Mining, maschinelles Lernen, statistische Datenanalyse und Operations Research, haben wir uns ein vertracktes Darstellungsproblem eingehandelt: Die Vielfalt der Notationen in diesen Fachgebieten. So bezeichnet allein das Symbol „π" in der Mathematik eine Konstante, im Operations Research einen Schattenpreis beim linearen Optimieren, in der Datenbank-Theorie einen Projektionsoperator usw. In der Statistik werden Zufallsvariablen traditionell mit großen Buchstaben wie „$X, Y, \ldots$" bezeichnet, im Operations Research üblicherweise nur in Ausnahmefällen, siehe Produktions- und Lagerhaltung bei stochastischer Nachfrage. Dafür werden wiederum (deterministische) Bestandsgrößen wie der Lagerbestand in Periode t, I_t, mit großen Buchstaben bezeichnet. Nach reiflicher Überlegung haben wir uns entschlossen, in den einzelnen Kapiteln so weit wie möglich an den jeweiligen domänenspezifischen Bezeichnern festzuhalten. Die Idee einer einheitlichen, kapitelübergreifenden Notation haben wir bewusst verworfen.

Unsere Herangehensweise an Business Intelligence ist natürlich durch etliche Forschungs- und Entwicklungsprojekte und die jahrzehntelange Lehrerfahrung im akademischen Bereich mitgeprägt. Dazu haben ganze Generationen von Studierenden beigetragen. Im Mittelpunkt stand dabei nie die reine Stoff- oder Faktenvermittlung, sondern eine spezifische Denkweise, wie BI in der Praxis erfolgversprechend einzusetzen ist:

1. Untersuchungsziele festlegen,
2. Datenbeschaffung durch Buchführung, Messen oder Schätzen, Herunterladen (engl. crawlen) von Inhalten aus dem Internet oder durch geplante Experimente,
3. Datenintegration in ein Data Warehouse in Verbindung mit effizienten Datenstrukturen für „massive Datenmengen" oder – moderner ausgedrückt – „Big Data",
4. explorative Datenanalyse mittels statistischer, Data-Mining- oder maschineller Lernverfahren, sowie
5. Wissensgenerierung im Sinne von *Knowledge Discovery in Databases* (KDD) durch Interpretation, Visualisierung und Tabellierung der Ergebnisse.

Wir wollen auch das an der Freien Universität Berlin in den Jahren 2005–2008 durchgeführte kooperative Forschungsprojekt *Global Business Intelligence Server* (BussI) nicht unerwähnt lassen, das von der IBM Deutschland GmbH und der Forschungsgruppe der DaimlerChrysler, Berlin, finanziell, soft- und hardwaremäßig unterstützt wurde. Dessen Zielsetzung bestand darin, ausgewählte marktgängige BI-Methoden, insbesondere der Anbieter *IBM, Microsoft, Oracle* und *SAP*, zu testen bzw. anhand von Literatur zu sichten, wissenschaftlich einzuordnen und auf methodische Solidität zu untersuchen. Dies geschah getreu dem Motto: „Rerum cognoscere causas" (dt. „Die Ursachen der Dinge erkennen").

Die vom BussI-Projektteam im Rahmen von Forschungsberichten, Diplomarbeiten und Dissertationen gesammelten Erkenntnisse haben Struktur und teilweise Inhalt dieses Buches mit geprägt.

Der erste Autor hatte erste internationale Erfahrungen als BI-Berater im Silicon Valley zu den Hochzeiten des Dot-Com-Booms 1999 und 2000 sammeln dürfen. Ihm ist noch lebhaft ein ER-Diagramm mit hunderten Entitäten bei einem Kunden vor Augen, das eine ganze Wand füllte. Die Möglichkeit am Graduiertenkolleg Verteilte Informationssysteme (GKVI) zu promovieren – mit so inspirierenden Professoren wie *O. Günther* sowie Kollegiaten wie *M. Schaal* und *D. Asonov* – hat ihn nachhaltig wissenschaftlich geprägt. Die Arbeit am EU-Projekt PARMENIDES mit *M. Spiliopoulou* und an der Universität Twente mit *J. van Hillegersberg* sind weitere Erfahrungsgrundlagen für dieses Buch.

Den zweiten Autor haben drei internationale Workshops nachhaltig beeinflusst, eine der Business Intelligence angemessene Denkweise zu erlernen. Einmal handelt es sich um den später berühmt gewordenen Edinburgh-Workshop über *Statistik und Künstliche Intelligenz* Ende der achtziger Jahre, veranstaltet von *D. Hand* und *D. Spiegelhalter*. Zum anderen sind die im Zwei-Jahres-Rhythmus stattfindenden Workshops *AI and Statistics* in Ft. Lauderdale zu nennen, die 1986 von den *Bell Labs*, USA, initiiert wurden. Last but not least gehört hierzu auch die Folge von Workshops in Udine, Italien, die die *International School for the Synthesis of Expert Knowledge* (ISSEK) alle zwei Jahre durchführte und die unsere Kollegen *G. Della Riccia* und *R. Kruse* ins Leben riefen.

Abschließend sei uns noch eine Bemerkung zur Rolle von „**Wissen**" und „**Wissensgenerierung**" speziell im unternehmerischen Umfeld gestattet, die in diesem Buch im Vordergrund zu stehen scheint. Als in den sechziger Jahren am berühmten Institute for Advanced Studies, Princeton, *A. Einstein* von seinen naturwissenschaftlichen Kollegen zum Slogan „*Knowledge is Power*" befragt wurde, brachte er seine Sicht auf den Punkt mit der Antwort „Phantasie ist wichtiger als Wissen". Dem haben wir nichts hinzuzufügen; denn Schumpeters Aussagen, ohne die *Ideen* von Unternehmern – im Sinne von „etwas unternehmen" – läuft die Wirtschaft nicht, gilt nach wie vor. Kurzum, *Wissen* wird nie allein Ersatz für unternehmerische, d. h. *menschliche Kreativität* sein [219, 294]. Soft- und Hardware führen nicht zu „intelligenten Maschinen", sondern waren, sind und bleiben für die Manager wertvolle, unverzichtbare *Assistenten* und *Rechenknechte*. Denn Wissen allein ist zwar notwendig, aber bekanntlich nicht hinreichend für erfolgreiches (wirtschaftliches) Handeln.

Schließen wir mit G.C. Lichtenberg, der den Autoren dieses Buches Hoffnung gibt: „Die Neigung des Menschen, kleine Dinge für nützlich zu halten, hat sehr viel Großes hervorgebracht."

Wir danken vielen unserer Kollegen für kritische Hinweise auf unklar formulierte Passagen im Manuskript, insbesondere *K. Lenz, F. Klawonn* und *M. Soeffky*. Besonders hervorheben wollen wir die Mitarbeiter und Mitarbeiterinnen vom Springer Verlag, Heidelberg, für ihr Engagement, uns jederzeit behilflich zu sein, und für ihre Geduld beim Warten darauf, dass wir das Manuskript abliefern. Wir widmen dieses Buch *KT* und *MHS* für deren Verständnis und Unterstützung.

Berlin, Juni 2013   Roland M. Müller

                                                                                              Hans-J. Lenz

Inhaltsverzeichnis

Abkürzungs- und Symbolverzeichnis XIII

1   Einführung 1

2   Datenbereitstellung: Data Warehousing 11
    2.1   Einführung 12
    2.2   Data Warehouse Architektur 18
        2.2.1   Architekturkomponenten 18
        2.2.2   Architekturvarianten 20
    2.3   Datenintegration 26
        2.3.1   ETL-Prozess 31
        2.3.2   Schemakonflikte 33
        2.3.3   Datenkonflikte 35
    2.4   Datenqualität 38
        2.4.1   Kenngrößen der Qualitätsmessung 38
        2.4.2   Qualitätssicherungsprozess 48
        2.4.3   Datenqualitätsberichte 49
    2.5   Online Analytical Processing (OLAP) 50
        2.5.1   Anforderungen an OLAP Systeme 50
        2.5.2   Fakten und Dimensionen 51
        2.5.3   OLAP Grundoperationen 53
        2.5.4   Summierbarkeit 56
        2.5.5   Speicherarten 58
    2.6   Multidimensionale Datenmodellierung 59
        2.6.1   Multidimensionale Modellierungssprachen 59
        2.6.2   Star-Schema 60
        2.6.3   Snowflake-Schema 63
        2.6.4   Galaxie-Schema 65
        2.6.5   Fact-Constellation-Schema 65
        2.6.6   Historisierung 66
        2.6.7   Vorgehensweisen für die multidimensionale Modellierung 68

3   Data Mining   75
       3.1   Einführung   76
              3.1.1   Data Mining Prozess   76
              3.1.2   Datentypen von Inputdaten   78
              3.1.3   Data Mining Aufgaben   80
              3.1.4   Voraussetzung und Annahmen des Data Mining   81
       3.2   Data Mining Verfahren   83
              3.2.1   Clustering   83
              3.2.2   Assoziationsanalyse   89
              3.2.3   Klassifikation   95
              3.2.4   Allgemeine Struktur von Data Mining Algorithmen   108
       3.3   Text und Web Mining   110
              3.3.1   Text Mining   110
              3.3.2   Web Mining   117

4   Methoden der Unternehmenssteuerung   121
       4.1   Prognose- und Szenariotechnik   123
              4.1.1   Prognoseverfahren   124
              4.1.2   Szenariotechnik   134
       4.2   Planung und Konsolidierung   142
              4.2.1   Planungsaktivitäten   143
              4.2.2   Planungswerkzeuge   145
              4.2.3   Konsolidierung   147
       4.3   Entscheidungsunterstützung   150
              4.3.1   Regelbasierte Expertensysteme   152
              4.3.2   Fallbasiertes Schließen   155
       4.4   Risikomanagement   156
              4.4.1   Risikomanagement Prozess   157
              4.4.2   Risikomaße   158
       4.5   Monitoring   163
       4.6   Controlling und Kennzahlensysteme   172
              4.6.1   Controlling   172
              4.6.2   Betriebliche Kennzahlensysteme   187
       4.7   Fehlerrückverfolgung   196
       4.8   Betrugsaufdeckung   201
              4.8.1   Datenbetrug   205
              4.8.2   Prävention   207
       4.9   Simulation   210
       4.10   Lineare Optimierung   222

5   Informationsverteilung   237
       5.1   Berichtswesen   238

5.2 Mobiles BI 241
5.3 Visualisierung 244
5.4 BI-Portale und Dashboards 249
5.5 Integration von Wissensmanagement 251

6 BI Tools und Anwendungsfelder 259
6.1 BI Tools 259
6.2 BI Anwendungsfelder 262
   6.2.1 Customer Relationship Analytics 262
   6.2.2 Web Analytics 265
   6.2.3 Competitive Intelligence 271
6.3 Fallstudie 273

7 Zusammenfassung und Ausblick 277

Literatur 283

Sachverzeichnis 299

Abkürzungs- und Symbolverzeichnis

Abkürzungsverzeichnis

3D	Drei Dimensionen
ADAPT	Application Design for Analytical Processing Technologies
AktG	Aktiengesetz
ARC	Administrative Record Census
ARIMA	Autoregressive Integrated Moving-Average Process
ASA	Aktivitäten-Scannen Ansatz
avg	arithmetisches Mittel
B&B	Branch and Bound
BAM	Business Activity Monitoring
BASEL	Regelungen der Basler Eigenkapitalvereinbarungen
BDSG	Bundesdatenschutzgesetz
BI	Business Intelligence
BSC	Balanced Scorecard
BWL	Betriebswirtschaftslehre
CBR	Case Based Reasoning
CF	Cash Flow
CI	Competitive Intelligence
CLV	Customer Lifetime Value
count	absolute Häufigkeit (Anzahl)
CPM	Corporate Performance Management
CPT	Conditional Probability Table
CRISP-DM	Cross-Industry Standard Process for Data Mining
CRM	Customer Relationship Management
CSCW	Computer Supported Cooperative Work
DART	Data Quality Reporting Tool
DBMS	Database Management System
DBSCAN	Dichtebasierte räumliche Clusteranalyse
DIN	Deutsche Industrienorm
DM	Data Mining

DoE	Design of Experiments
DQ	Data Quality
DSS	Decision Support System
DW	Data Warehousing
EC	Electronic Cash
EIP	Enterprise Information Portal
EL	Ereignisliste
ERM	Entity Relationship Model
ERP	Enterprise Ressource Planning
ESA	Ereignis Planungs Ansatz
ETL	Extraction Transformation Loading
EUS	Entscheidungsunterstützendes System
F-Maß	Harmonisches Mittel
F&E	Forschung und Entwicklung
FASMI	Fast Analysis of Shared Multidimensional Information
FMEA	Failure Mode and Effect Analysis
FN	False Negative Number
FP	False Positive Number
GLS	General Least Squares (Verallgemeinerte Kleinste-Quadrate)
GmbHG	GmbH Gesetz
GPS	Global Positioning System
GuV	Gewinn und Verlust
HDFS	Hadoop Distributed File System
HGB	Handelsgesetzbuch
HOLAP	Hybrid OLAP
HR	Human Ressources
HTML	Hypertext Mark-up Language
i. i. d.	Independent and identically distributed
IAS	International Accounting Standards
IC	Integrity Constraints
IFRS	International Financial Reporting Standards
INZPLA	Integrierte Zielverpflichtungsplanung
IrDA	Infrared Data Association
IT	Informationstechnik
KDD	Knowledge Discovery in Databases
KFZ	Kraftfahrzeug
KI	Künstliche Intelligenz
kNN	k-nearest Neighbours
KPI	Key Performance Indicator
LKW	Lastkraftwagen
LP	Lineare Programmierung
LTE	Long Term Evolution

MAD	Median/Mean Absolute Deviation
max	Maximum
MCMC	Markov-Chain-Monte-Carlo
MDX	Multidimensional Expressions
ME/RM	Multidimensionales Entity Relationship Modell
MED	Median (50 %-Punkt)
min	Minimum
Mio	Million (10^6)
MIP	Mixed Integer Program
ML	Machine Learning
MOLAP	multi-dimensional OLAP
NER	Named-Entity Recognition
NFC	Near Field Communication
NLP	Natural Language Processing
OC	Operationscharakteristik
ODS	Operational Data Store
OLAP	Online Analytical Processing
OLTP	Online Transaction Processing
OOMD	Objektorientiertes multidimensionales Modell
OOP	Objekt-orientierte Programmierung
ÖPNV	Öffentlicher Personen-Nahverkehr
OR	Operations Research
OWB	Oracle Warehouse Builder
PB	Petabytes (10^{15} Bytes)
PDA	Personal Digital Assistant
PDF	Portable Document Format
PIA	Prozess-Interaktionen Ansatz
PKW	Personenkraftwagen
PLZ	Postleitzahl
POS	Part of Speech
PPC	Pay Per Click
QoS	Quality of Service
RFID	Radio-Frequency Identification
RHS	Right Hand Side
ROLAP	Relational OLAP
RP	Right Positive Number
SaaS	Software as a Service
SAETL	Semi-automatic ETL
SCM	Supply Chain Management
SEM	Search Engine Marketing
SMS	Short Message System
SOA	Software Oriented Architecture

SOE	Statistische Organisationseinheit
SPC	Statistische Prozesskontrolle
SQL	Structured Query Language
SSD	Solid State Drive
sum	Summe
SVM	Support Vector Machine
TB	Tera Bytes (10^{12} Bytes)
TF-IDF	Term Frequency-Inverse Document Frequency
UB	Universal Baier Bäume
UML	Universal Modeling Language
UMTS	Universal Telecommunications System
US-GAAP	U.S. Generally Accepted Accounting Principles
VaR	Value at Risk
VDA	Verband der Automobilindustrie
WLAN	Wireless Local Area Network
WPAN	Wireless Personal Area Network
WWW	World Wide Web
XML	Extended Mark-up Language

Liste der mathematischen Symbole

t	Zeitindex, Abschn. 2.4.1
d_t	Absatz in t, Abschn. 2.4.1
p_t	Produktionsrate in t, Abschn. 2.4.1
I_t	Lagerbestand am Ende von t, Abschn. 2.4.1
range( )	Wertebereich eines Attributs, Abschn. 2.4.1
$|M|$	Kardinalität der Menge M, Abschn. 2.4.1
cond( )	Boolesche Variable, Abschn. 2.4.1
χ	Indikatorvariable, Abschn. 2.1
$q($)	Prozentualer Anteil von Attributwerten, Abschn. 2.4.1
n	Daten- oder Stichprobenumfang, Abschn. 2.4.1
I	Einheitsmatrix, Abschn. 2.4.1
V	Leontievsche Verflechtungsmatrix, Abschn. 2.4.1
d_t	Endnachfragevektor in t, Abschn. 2.4.1
σ^2	Varianz, Abschn. 2.4.1
$O($)	Komplexität (Rechenaufwand), Abschn. 2.4.1
N^*	Anzahl, Abschn. 2.4.1
T	Tabelle (flache Relation, „Datenmatrix"), Abschn. 2.4.1
Id	Kandidatenschlüssel, Primärschlüssel, Abschn. 2.4.1
p	Kandidatenschlüsselwert, Abschn. 2.4.1
f	Fremdschlüsselwert, Abschn. 2.4.1

id	Primärschlüsselwert, Abschn. 2.4.1
null	Nullwert (missing value), Abschn. 2.4.1
F	Fremdschlüssel, Abschn. 2.4.1
$\mathcal{F}$	Faktenmenge, Abschn. 2.5.2
$\mathcal{A}$	Attributmenge, Abschn. 2.5.2
$\mathcal{D}$	Dimensionenmenge, Abschn. 2.5.2
$\mathcal{H}$	Menge hierarchischer Attribute, Abschn. 2.5.2
F	Faktum (Attribut), Abschn. 2.5.2
$\mathcal{A}gg_{\text{SQL}}$	SQL-Aggregatfunktionen, Abschn. 2.5.2
H	Hierarchie (Wurzelbaum), Abschn. 2.5.2
$\times$	Kreuzprodukt (crossing), Abschn. 2.5.3
/	Schachtelung (nesting), Abschn. 2.5.3
$\mathcal{O}$ps	Menge von Cube-Operationen, Abschn. 2.5.3
σ_T	Selektion (slice), Abschn. 2.5.3
π_T	Projektion (dice), Abschn. 2.5.3
ρ_T	Aggregation (roll-up), Abschn. 2.5.3
δ_T	Disaggregation (drill-down), Abschn. 2.5.3
h	Knoten in H, Abschn. 2.5.3
$f()$	Dichtefunktion, Abschn. 3.2.1
w_κ	Mischungsgewicht, Abschn. 3.2.1
C	Cluster, Abschn. 3.2.1
$N(\boldsymbol{\mu}, \boldsymbol{\Sigma})$	Mehrdimensionale Normalverteilung, Abschn. 3.2.1
μ	Mittelwertsvektor, Abschn. 3.2.1
Σ	Kovarianzmatrix, Abschn. 3.2.1
$\mathbb{R}^d$	d-dimensionaler Raum reeller Zahlen, Abschn. 3.2.1
dist	Distanzmaß, Abschn. 3.2.1.1
$\boldsymbol{x}, \boldsymbol{y}$	Beobachtungsvektoren im $\mathbb{R}^d$, Abschn. 3.2.1.1
sim	Ähnlichkeitsfunktion, Abschn. 3.2.1.1
$\delta(\,,)$	Indikatorfunktion, Abschn. 3.2.1.1
$\bar{C}_i$	Centroid im Cluster C, Abschn. 3.2.1.2
k	Anzahl Cluster, Abschn. 3.2.3
$X \to Y$	Assoziationsregel, Abschn. 3.2.2
k	Anzahl Elemente in k-Item-Menge, Abschn. 3.2.3
D	Datenbank von Transaktionen, Abschn. 3.2.2.1
$n(D)$	Häufigkeit der Menge in D, Abschn. 3.2.2.1
$\varnothing$	Leere Menge, Abschn. 3.2.2.2
F	Harmonisches Mittel, Abschn. 3.2.3.1
$P(c \mid \boldsymbol{x})$	Bedingte Wahrscheinlichkeit von c, Abschn. 3.2.3.2
$P(c)$	Marginale Wahrscheinlichkeit von c, Abschn. 3.2.3.2
P	Partition, Abschn. 3.2.3.2
P_i	i-te Teilmenge von P, Abschn. 3.2.3.2
E	Entscheidungsmenge, Abschn. 3.2.3.2

D	Trainingsdaten(bank), Abschn. 3.2.3.2
k	Anzahl nächster Nachbarn, Abschn. 3.2.3.2
y_i	Boolesche Variable, Abschn. 3.2.3.2
$\boldsymbol{\theta}$	Parametervektor der SVM, Abschn. 3.2.3.2
c	Strafkostensatz bei SVM, Abschn. 3.2.3.2
$\boldsymbol{\xi}$	Variablenvektor von SVM, Abschn. 3.2.3.2
g	Dimension-reduzierende Abbildung, Abschn. 3.3.1
n	Anzahl Dokumente, Abschn. 3.3.1
w_l	Term im Dokumentenbestand D, Abschn. 3.3.1
x_{jl}	Termgewicht von Term l in Dokument j, Abschn. 3.3.1
s_j	Länge von Dokument j, Abschn. 3.3.1
tf_{jl}	Häufigkeit von Term l in Dokument j, Abschn. 3.3.1
idf_l	inverse Dokumenthäufigkeit, Abschn. 3.3.1
n_l	Anzahl Dokumente, die Term l enthalten, Abschn. 3.3.1
c	Normalisierungskonstante, Abschn. 3.3.1
$\cos$	Kosinus-Funktion, Abschn. 3.3.1
φ	Winkel zwischen zwei Vektoren, Abschn. 3.3.1
$\mathbb{N}$	Menge der natürlichen Zahlen, Abschn. 3.3.1
H	Entropie, Abschn. 3.3.1
$\log_2$	Logarithmusfunktion (Basis 2), Abschn. 3.3.1
m^{upper}	Mindestwert der Term-Entropie, Abschn. 3.3.1
$(x_t, x_{t-1}, \ldots, x_{t-n})$	Zeitreihe der Länge $n + 1$, Abschn. 4.1
τ	Prognosedistanz, Abschn. 4.1
$(X_t)_{t=-\infty}^{+\infty}$	Stochastischer Prozess, Abschn. 4.1.1.1
e_t	Fehlerterm im Zeitreihenmodell, Abschn. 4.1.1.1
$\hat{X}_{t+\tau}$	Prognose in t von $X_{t+\tau}$, Abschn. 4.1.1.1
$E_t(X_{t+\tau})$	Bedingter Erwartungswert von $X_{t+\tau}$ in t, Abschn. 4.1.1.1
α_0, α_1	Parameter im linearen Trendmodell, Abschn. 4.1.1.2
T	Aktueller Zeitpunkt, Abschn. 4.1.1.2
M_T	Hilfsgröße für Achsenabschnitt bei Gleitendem Mittel, Abschn. 4.1.1.2
N_T	Steigungsparameter bei Gleitenden Mittel, Abschn. 4.1.1.2
$\hat{\alpha}_0(T)$	Schätzwert des Achsenabschnitts, Abschn. 4.1.1.2
$\hat{\alpha}_1(T)$	Schätzwert des Steigungsparameters, Abschn. 4.1.1.2
m	Länge des Gleitenden Mittels, Abschn. 4.1.1.2
g_τ	Gewicht beim Geometrischen Glätten 1. Ordnung, Abschn. 4.1.1.2
λ	Glättungsparameter, Abschn. 4.1.1.2
S_t	Glättungsoperator Geom. Glättung 1. Ordn., Abschn. 4.1.1.2
$S_t, \hat{S}_t$	Wahre/geschätzte Saisonkomponente, Abschn. 4.1.1.3
$\lambda_G, \lambda_T, \lambda_S$	Glättungsparameter im Holt-Winter Modell, Abschn. 4.1.1.3
R^2	Bestimmheitsmaß, Abschn. 4.1.1.3
$\hat{\alpha}_{1,0}$	Geschätzter Trendwert, Abschn. 4.1.1.3
$\hat{\alpha}_{0,0}$	Geschätzter Grundwert, Abschn. 4.1.1.3

$\tilde{S}_t$	Roher Saisonkoeffizient, Abschn. 4.1.1.3
$\bar{\tilde{S}}_j$	Gemittelter Saisonkoeffizient, Abschn. 4.1.1.3
$\hat{S}_{j,0}$	Normierter Saisonkoeffizient, Abschn. 4.1.1.3
∇	Differenzenoperator 1. Ordnung, Abschn. 4.1.1.3
us	Unsicherheitsscore (siehe k_{ij}), Abschn. 4.1.2
dep	Abhängigkeitsmaß für Knotenpaare, Abschn. 4.1.2
$G = (V, E)$	Graph mit Knotenmenge V und Kantenmenge E, Abschn. 4.1.2
k_{ij}	Abhängigkeitsmaß zwischen Wertepaaren bei der Cross-Impact-Analyse, Abschn. 4.1.2
parent(x_j)	Vorgängerknotenmenge des Knotens x_j, Abschn. 4.1.2
B, B_1, B_2	Unternehmen, Abschn. 4.2.3
F_1, F_2	Forderungen, Abschn. 4.2.3
V_1, V_2	Verbindlichkeiten, Abschn. 4.2.3
F	Faktenbasis, Abschn. 4.3.1
R	Regelbasis, Abschn. 4.3.1
r	Regel, Abschn. 4.3.1
p	Eintrittswahrscheinlichkeit, Abschn. 4.4.2
$E(X)$	Erwartungswert von X, Abschn. 4.4.2
$E(u(X))$	Erwarteter Nutzen von X, Abschn. 4.4.2
σ	Standardabweichung/(annualisierte) Volatilität, Abschn. 4.4.2
VaR	Value at Risk, Abschn. 4.4.2
A	Aktionenmenge, Abschn. 4.4.2.2
u	Nutzenfunktion, Abschn. 4.4.2.2
x_i	Logarithmische Tagesrendite, Abschn. 4.4.2.3
$\hat{\mu}$	Mittelwert-Schätzer, Abschn. 4.4.2.3
$\hat{\sigma}$	Standardabweichung-Schätzer, Abschn. 4.4.2.3
$z_{1-\alpha}$	$(1 - \alpha)$-Quantil der Normalverteilung, Abschn. 4.4.2.4
$1 - \alpha$	Sicherheitswahrscheinlichkeit/Konfidenz(niveau), Abschn. 4.4.2.4
ρ	Pearsonsche Korrelationskoeffizient, Abschn. 4.4.2.4
cov(X, Y)	Kovarianz zwischen den Zufallsvariablen X, Y, Abschn. 4.4.2.4
Δ_t	Abtastintervall, Abschn. 4.5
n	Anzahl Stichproben der jeweiligen Länge m, Abschn. 4.5
m	Stichprobenumfang, Abschn. 4.5
$\bar{x}$-Karte	$\bar{x}$-Mittelwertkarte, Abschn. 4.5
R-Karte	Spannweitenkarte, Abschn. 4.5
$R = x_{max} - x_{min}$	Spannweite, Abschn. 4.5
min	Minimum, Abschn. 4.5
max	Maximum, Abschn. 4.5
UEG$_{\bar{x}}$	Untere Eingriffsgrenze einer $\bar{x}$-Karte, Abschn. 4.5
OEG$_{\bar{x}}$	Obere Eingriffsgrenze einer $\bar{x}$-Karte, Abschn. 4.5
UEG$_R$	Untere Eingriffsgrenze einer R-Karte, Abschn. 4.5

OEG_R	Obere Eingriffsgrenze einer R-Karte, Abschn. 4.5
$\bar{R}$	Mittelwert von Spannweiten R_i, $i = 1, 2, \ldots, m$, Abschn. 4.5
$X_t \sim F_0$	Wahrscheinlichkeitsverteilung von X_t, Abschn. 4.5
F_0, F_1	Verteilungen für „Prozess in (F_0) und außer (F_1) Kontrolle", Abschn. 4.5
σ^2	Fertigungsstreuung (Varianz), Abschn. 4.5
Δ_μ	Sprunghöhe der Fertigungslage μ, Abschn. 4.5
$\text{Bi}(n, p_t)$	Binomialverteilung mit den Parametern (n, p_t), Abschn. 4.5
Δ_p	Sprunghöhe im Ausschussanteil p, Abschn. 4.5
p	Ausschussanteil/Ausschusswahrscheinlichkeit, Abschn. 4.5
S_t	Prüfgröße beim Monitoring, Abschn. 4.5
r	Glättungsparameter der WESUM Karte, Abschn. 4.5
κ	Glättungsparameter der CuSum-Karte, Abschn. 4.5
k	Glättungsparameter der „Gleitende Mittelwerte"-Karte, Abschn. 4.5
δ	Entscheidungsfunktion beim Monitoring, Abschn. 4.5
h_1^-, h_1^+	Untere/obere Kontrollgrenze der $\bar{x}$-Karte, Abschn. 4.5
$\beta(\theta)$	Wahrscheinlichkeit für „Kein Prozesseingriff", falls θ der aktuelle Prozessparameterwert ist, Abschn. 4.5
$\text{eET}_t, \text{eAZ}_t$	Erfolgswirksame Ein- und Auszahlungen in $(t-1, t]$, Abschn. 4.6.1
$\text{CF}^{(1)}$	Cash Flow berechnet nach Methode 1, Abschn. 4.6.1
$\text{CF}^{(2)}$	Cash Flow berechnet nach Methode 2, Abschn. 4.6.1
JE_t	Jahresergebnis in Periode $(t-1, t]$, Abschn. 4.6.1
naA_t	Nicht auszahlungswirksame Aufwendungen in $(t-1, t]$, Abschn. 4.6.1
neE_t	Nicht einzahlungswirksame Erträge in $(t-1, t]$, Abschn. 4.6.1
z	Zielgröße abhängig von Einflussgrößen $x_1, x_2, \ldots, x_p$, Abschn. 4.6.1
λ	Steigerungs-/Mehrverbrauchsfaktor, Abschn. 4.6.1
λ_{Soll}	Sollwert-Steigerungsfaktor, Abschn. 4.6.1
λ_{Ist}	Istwert-Steigerungsfaktor, Abschn. 4.6.1
ε	Vergleichs-/Schwellenwert, Abschn. 4.6.1
Δ	Soll-Ist-Abweichung, Abschn. 4.6.1
Ω	Urbildraum von Zufallsvariablen, Abschn. 4.6.1
φ	Dichtefunktion der Standard-Normalverteilung, Abschn. 4.6.1
Φ	Verteilungsfunktion der Standard-Normalverteilung, Abschn. 4.6.1
Φ^{-1}	Inverse Normalverteilungsfunktion, Abschn. 4.6.1
v	Spritverbrauch gemessen in l/100 km, Abschn. 4.6.1
KI_u, KI_o	Konfidenzintervallgrenzen, Abschn. 4.6.1
ζ, ξ	Unbekannte, messfehlerfreie („wahre") Parametervektoren, Abschn. 4.6.1
x, z	Messfehlerbehaftete Variablenvektoren, Abschn. 4.6.1
u, v	Messfehlervektoren im Fehler-in-den-Variablen-Modell, Abschn. 4.6.1
$\hat{\zeta}, \hat{\xi}$	GLS Schätzer von ζ, ξ, Abschn. 4.6.1
$\hat{\Sigma}$	Schätzer der Kovarianzmatrix Σ, Abschn. 4.6.1

$\hat{\boldsymbol{\beta}}^{\mathrm{T}} = (\hat{\xi}, \hat{\zeta})^{\mathrm{T}}$	GLS Schätzer von β, Abschn. 4.6.1
μ_x	Zugehörigkeitsfunktion der Fuzzy Set von x, Abschn. 4.6.1
α-Schnitt	α-Höhenschnitt durch Zugehörigkeitsfunktion μ_x, Abschn. 4.6.1
a, b, c, d	Intervallgrenzen, Abschn. 4.6.1
$\tilde{y}, \tilde{z}$	Schätzer von y, z mittels FuzzyCalc, Abschn. 4.6.1
$p_{AB}/p_{CD|AB}$	Marginale/bedingte Wahrscheinlichkeitsverteilungen, Abschn. 4.7
p_A, p_B	Korrosionsrisiken, Abschn. 4.7
D_i	Zufallsvariable der i-ten Stelle von Zahlen gem. Benford's Law, Abschn. 4.8
$\log_{10}$	Logarithmusfunktion zur Basis 10, Abschn. 4.8
$P(D_i = d)$	Wahrscheinlichkeit von $D_i = d$ gem. Beford's Law, Abschn. 4.8
λ_A, λ_H	Kalibrierungsparamter zum Ausgleich des Maskierungseffekts, Abschn. 4.8.2
$\tilde{x}$	Median, Abschn. 4.8.2
MAD( )	Median absoluter Abweichungen, Abschn. 4.8.2
$\mathrm{OUT}((x_v)_{v=1}^n, \alpha_n)$	α_n-Ausreißerbereich, Abschn. 4.8.2
c_{n,α_n}	Schwellenwert für α_n-Ausreißerbereich, Abschn. 4.8.2
α_n	Kalibriertes α für Ausreißertest, Abschn. 4.8.2
$\tilde{\chi}^2_{p;1-\alpha_n}$	Mittels MCMC-Simulation berechneter Schwellenwert, Abschn. 4.8.2
$z = (x - \mu)/\sigma$	Standardisierter Messwert x, Abschn. 4.8.2
z^2	Quadrierter z-Wert, Abschn. 4.8.2
sz^2	Summe der quadrierten z-Werte, Abschn. 4.8.2
$\ln sz^2$	Logarithmische Transformation der sz^2, Abschn. 4.8.2
$\overline{\ln sz^2}$	Mittelwert der $\ln sz^2$-Werte, Abschn. 4.8.2
$A(t)$	Anzahl Ankünfte im Intervall $(0, t]$, Abschn. 4.9
$N(t)$	Anzahl Wartender in t, Abschn. 4.9
$W(t)$	Wartezeit der Kunden in $(0, t]$, Abschn. 4.9
k	Kapazität (Anzahl Frisöre), Abschn. 4.9
Kost(k)	Kostenfunktion bezogen auf $[T_{\mathrm{Start}}, T_{\mathrm{Ende}}]$, Abschn. 4.9
Wart(k)	Wartezeitfunktion bezogen auf $[T_{\mathrm{Start}}, T_{\mathrm{Ende}}]$, Abschn. 4.9
T_{Start}	Zeitpunkt Simulationsbeginn, Abschn. 4.9
T_{Ende}	Zeitpunkt Simulationsende, Abschn. 4.9
ρ	Verkehrsintensität im Warteschlangenmodell, Abschn. 4.9
f	Zielfunktion im LP, Abschn. 4.10
x	Vektor der Entscheidungsvariablen, Abschn. 4.10
c	Vektor der Zielfunktionskoeffizienten (Deckungsbeiträge), Abschn. 4.10
$\mathbf{A} = (a_{ij})$	Koeffizientenmatrix, Abschn. 4.10
b	Vektor der Beschränkungsparameter, Abschn. 4.10
x^*	Optimale Lösung, Abschn. 4.10
I, J	Indexmengen, Abschn. 4.10

Z	Zulässiger Bereich, Abschn. 4.10
λ	Parameter einer Linearkombination, Abschn. 4.10
$O(m,n)$	Obere Schranke für Anzahl Eckpunkte im LP, Abschn. 4.10
n	Anzahl Variablen im LP, Abschn. 4.10
m	Anzahl Nebenbedingungen (Restriktionen) im LP, Abschn. 4.10
$\tilde{c}, \tilde{x}, \tilde{A}$	c, x, A in LP-Normalform, Abschn. 4.10
E_m	(m,m)-Einheitsmatrix, Abschn. 4.10
π_i	Opportunitätskosten (Schattenpreis) im LP, Abschn. 4.10
$\mathbb{Z}^n$	n-dimensionaler Raum der ganzen Zahlen, Abschn. 4.10
$\check{c}$	Koeffizientenvektor für ganzzahliges x in IP, MIP, Abschn. 4.10
$\overline{x}, \overline{y}$	Obergrenzen für x, y in LP, MIP, Abschn. 4.10
$\underline{x}, \underline{y}$	Untergrenzen für x, y in LP, MIP, Abschn. 4.10
n	Anzahl reellwertiger Variablen in MIP, Abschn. 4.10
m	Anzahl ganzzahliger Variablen in MIP, Abschn. 4.10
$F_1(3)$	Floskel Nr. 1 für Report bezogen auf 3 Quartale, Abschn. 5.1
Q_t	Quartalsumsatz in $t = 1, 2, 3, 4$, Abschn. 5.1
CR	Erfolgsrate (engl. conversion rate), Abschn. 6.2.2.6
CAC	Kundenakquisekosten, Abschn. 6.2.2.6
r	Abzinsungsfaktor, Abschn. 6.2.2.6
NPV	Abgezinster Wert des Zahlungsstroms über n Perioden, Abschn. 6.2.2.6
$\hat{\pi}^{(A)}, \hat{\pi}^{(B)}$	Geschätzte Konversionsraten von A, B, Abschn. 6.2.2.6

Einführung

> *Es gibt nichts Praktischeres als eine gute Theorie.*
> *Immanuel Kant*

Das erste Jahrhundert im dritten Jahrtausend ist nach einhelliger Ansicht von IT-Experten – dabei muss nicht einmal das Marktforschungsinstitut *Gartner* bemüht werden – gekennzeichnet von

1. zunehmenden, internen und vor allem externen **Datenvolumina**, die zum einen durch verbesserte Mess- und Sensortechnik (siehe z. B. RFID Technik) anfallen, und zum anderen als unstrukturierte oder semi-strukturierte Daten aus Webseiten im Web 2.0 und sozialen Netzwerken extrahiert und passend in die betrieblichen Informationssysteme integriert werden,
2. orts- und zeitunabhängiger **(mobiler) Kommunikation** von Mitarbeitern untereinander und mit Dritten mittels Emails, Twitter, Facebook unter Nutzung von PCs, Smartphones oder Tablets,
3. **virtuellen Arbeitsplätzen** und damit einhergehender Änderung der Arbeitsgewohnheiten und -organisation, wobei – wenn nötig in Echtzeit – Daten und Informationen personalisiert für Entscheidung, Planung und Controlling bereitgestellt oder abgerufen werden müssen, sowie
4. verkürzten Planungs- und Entscheidungsdauern durch die zunehmende **Globalisierung**, **Dynamik** und **Interaktion** von Wirtschaft und Gesellschaft.

Ende 2010 wurde postuliert, dass die global verfügbare – was immer dies heißen mag! – Datenmenge in der Größenordnung von *Zetabyte* oder 10^{21} liegt und um 100 % pro Jahr wächst [236]. Egal, ob diese Angaben naturwissenschaftlicher Präzision genügen oder nicht, die IuK-Planung im IT Bereich der Unternehmung muss auch künftig kontinuier-

R.M. Müller, H.-J. Lenz, *Business Intelligence*, eXamen.press,
DOI 10.1007/978-3-642-35560-8_1, © Springer-Verlag Berlin Heidelberg 2013

lich unter Beachtung wirtschaftlicher Angemessenheit der Konzepte „nachrüsten", d. h. wie bislang auch, sich einstellen auf

1. gestiegenes Datenvolumen und erhöhte Dimensionalität der Datenräume (Stichwort **Big Data**),
2. erhöhte **Erfassungs-**, **Mess-** und **Veränderungsgeschwindigkeit** der Daten,
3. zunehmende **Heterogenität** insbesondere der externen Daten aus dem Web,
4. stärkere Verteilung der Daten in sog. **Clouds**,
5. hohe Erwartungen der Endanwender an (schnelle) **Informationsbedarfsdeckung** in **Echtzeit** und
6. gestiegene Verarbeitungskomplexität der explorativen Datenanalyse (**Data Analytics**) hinsichtlich hochdimensionaler (> 100 Dimensionen) und massiver Datenbestände in der Größenordnung von Petabytes (~ 1 Mio. GB). Dies liegt an der Nutzung un- bzw. semistrukturierter Daten in (sozialen) Netzwerken und an Anforderungen an Aktualität, Informationsbedarf und Datenqualität [224].

Steigende Volumina von Bewegungs- und Bestandsdaten und gesteigerte Anforderungen des Managements, dessen Informationsbedürfnisse *umfassend, zeitnah, gezielt* und *ortsungebunden* zu decken, bedeutet aus Sicht von *Business Intelligence*:

1. *BI-Server* zur kostengünstigen Speicherung strukturierter, semi- und unstrukturierter Daten vorzuhalten,
2. *explorative Datenanalyseverfahren* abteilungs- und werkübergreifend einzusetzen und
3. von einer Kosten-Nutzen-günstigen *Cloud-Architektur* unter Beachtung von Datensicherheit (*Security*) und -schutz (*Privacy*) Gebrauch zu machen.

In diesem Zusammenhang verweisen wir auf die aktuelle Diskussion über Vertrauen (*Trust*) aus wissenschaftlicher und technologischer Sicht [108].

Beispiel Das amerikanische Einzelhandelunternehmen Macy's hatte das Problem, dass die Laufzeit ihrer Preisoptimierungssoftware „für mehrere Millionen Artikel in hunderten Geschäften" mehr als 24 Stunden betrug [236]. „Damit konnten die Verkaufszahlen des Sonntags nicht mehr für die neuen Preise ab Montag verwendet werden" [236]. Statt aus dem Datenbestand eine Stichprobe zu ziehen, entschied sich das Management für die Alternative, eine speichereffiziente Plattform und einen laufzeiteffizienten Server für Preisoptimierung und Datenanalyse bereitzustellen. Die Berechnung konnte damit auf knapp über eine Stunde heruntergedrückt werden mit der Folge, dass Macy's seine Handelsspanne dadurch vergrößern konnte [236, S. 7].

    Wir werden im Folgenden auf die Herausforderungen eingehen, die sich durch solche Phänomene für *Business Intelligence* (BI) ergeben. Dabei wird der Schwerpunkt auf die Daten und deren konzeptionelle Strukturierung sowie auf die dazugehörigen daten- bzw. modellgestützten Auswertungsverfahren gelegt.

Abb. 1.1 Nachbardisziplinen
von Business Intelligence

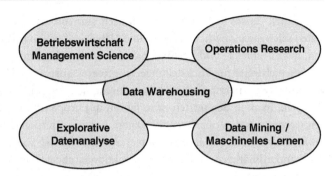

Die Softwarebranche ist vergleichsweise zu anderen Branchen sehr innovativ und verzichtet gerade deswegen nicht darauf, Modewörter zu kreieren und immer neue Moden zu starten. Man denke nur an „Management Informationssysteme" der siebziger Jahre, an „Expertensysteme" der achtziger Jahre oder den Hype über „Knowledge Management Systeme". Zum Ende der achtziger Jahre erweiterte die Gartner Group die Sammlung der Modeworte um „Business Intelligence", indem sie den von H.P. Luhn [184] bereits 1958 geprägten Begriff *Business Intelligence* aufgriff.

> **Business Intelligence** – kurz BI – wird so umschrieben, dass hierunter alle Aktivitäten in einer Unternehmung zusammengefasst werden, die der *Integration*, der *qualitativen Verbesserung*, der *Transformation* und der *statistischen Analyse* der operativen und externen Daten mit dem Ziel dienen, Informationen und letztendlich Wissen innerhalb eines vorgegebenen Planungs-, Entscheidungs- und Controllingrahmens zu generieren.

BI lässt sich – wie bereits im Vorwort erwähnt – kurz durch „BI = 50 % BWL/OR + 25 % DM/Statistik + 25 % DW" zusammenfassen. Ähnlich wie Dijkstra *Programm = Datenstruktur + Algorithmus* umschrieb, so ist BI die Verbindung von internen und externen Daten im **Data Warehouse** (*DW*) mit *OLAP*-Abfragen für Entscheidungs-, Planungs- und Controllingzwecke und **explorativer Datenanalyse** (*Data Mining*) (siehe Abb. 1.1). Natürlich kommen bei der betrieblichen Umsetzung von BI neben den Methoden der *Betriebswirtschaft* quantitative betriebswirtschaftliche Verfahren – auch als Management Science oder *Operations Research (OR)* – mit ins Spiel.

Für die eingangs genannten Aufgaben benötigt das Management neben **operativen** auch umfassend **analytische**, d. h. aggregierte, sortierte und gruppierte **Daten**. Operative Daten fallen bei den verschiedenen Geschäftsprozessen an und haben ausschließlich Gegenwartsbezug. Sie werden im Unternehmensbereich seit Mitte der siebziger Jahre in einem *Datenbanksystem* und nicht mehr wie zuvor in teilweise unverbundenen *Dateisystemen* – sog. „Insellösungen" – gespeichert. Diese Art von Daten wird auch als *Mikrodaten* bezeichnet, da sie nicht weiter semantisch sinnvoll zerlegbar sind. Als Beispiel solcher Daten seien die monatlichen Lohn- und Gehaltsdaten von Mitarbeitern, Banküberweisungen, Bestell-, Liefer- und Rechnungsdaten von Kunden und Lieferanten sowie Buchungen wie beispielsweise für Rückstellungen für Regressansprüche Dritter in „geschätzter Höhe" genannt. Siehe hierzu die gerichtlich durchgesetzten Forderungen aus Klagen gegen die Deutsche Bank in den letzten zehn Jahren in Europa und USA. Analytische Daten dagegen werden aus den operierenden Daten und aus externen Quellen extrahiert und durch *Transformation, Aggregation, Gruppierung, Speicherung* mittels OLAP-Operatoren sowie der standardmäßigen SQL-Aggregatfunktionen abgeleitet. Diese *Makrodaten* werden in einem sog. **Data Warehouse (DW)** als betriebliche Aggregate *(Kenngrößen)* in Form von **Datenwürfeln** (engl. data cubes) gespeichert. Der *Datenwürfel* ist dabei eine konzeptionelle Datenstruktur und nicht als physischer *Datentyp* anzusehen (siehe Abschn. 2.5).

Diese multi-dimensionalen Daten haben im Gegensatz zu den operierenden Daten historischen und statistischen Bezug. Man denke hierbei etwa an die zeitliche Entwicklung von Marktanteil, Exportquote, Eigenkapital- oder Umsatzrendite. Sie spielen in Unternehmen als Kenngrößen (engl. *Main Business Indicators*), auch **Key Performance Indicators (KPIs)** genannt, dieselbe Rolle wie die volkswirtschaftlichen Kenngrößen (engl. *Main Economic Indicators*) in statistischen Datenbanken. Diese werden u.a. vom Statistischen Bundesamt in Deutschland und von UNO, OECD oder IMF weltweit gesammelt und vorgehalten.

Die erfassten und gespeicherten Daten werden mit Auswertungsverfahren wie der **Statistik**, d. h. **Schätz-** und **Testverfahren**, des **Data Mining** oder des **Maschinellen Lernens** im Hinblick auf interessante Abhängigkeiten und Strukturen analysiert, visualisiert und Planern, Entscheidern, Controllern sowie Topmanagern in geeigneter Form – unabhängig von Zeit und Ort – bereitgestellt. In der Praxis kommen bei komplexen Planungsverfahren **Operations-Research-Methoden** wie *Lineare Optimierung* oder *Simulation* hinzu.

Dies ist alles nicht grundsätzlich neu, doch das Konzept BI hat den Vorteil „ganzheitlich" und vor allem informationstechnisch und methodisch „zulässig" zu sein, ganz im Gegensatz zu Versuchen in den siebziger Jahren, **Management-Informationssysteme** noch dazu auf einem einzigen zentralen Großrechner ohne jede vertikale IT-Infrastruktur zu installieren. Dafür stand damals im wesentlichen nur das hierarchische Datenbanksystem *IMS* der *IBM* zur Verfügung. Kein Wunder, dass sie als „Management Misinformation Systems" – rückblickend zu Recht – in Verruf gerieten [5]. Weiterhin existierten seinerzeit nicht einmal **integrierte Datenmodelle** für die operativen Daten aller Standardgeschäftsprozesse einschließlich des technischen Bereichs eines industriellen Unternehmens mit Konstruktion, Entwicklung und Fertigung. Sie wurden erst zu Beginn der neunziger Jahre von Scheer [261] entwickelt und dann von *SAP* bei der Entwicklung der *ERP*-Software *R/3* aufgegriffen.

Die *Unternehmensforschung* (ein Synonym für Operations Research (OR)) ‚leidete' darunter jahrzehntelang hinsichtlich der Nutzerakzeptanz, da die *Datenaufbereitung* und *-bereitstellung* eine große Hürde bei der Nutzung quantitativer Verfahren bei Planung, Entscheidung und Controlling spielte. Allein schon die Komplexität sog. Matrixgeneratoren zur Erstellung der Koeffizientenmatrix großer Optimierungsprobleme bei der simultanen Produktions-, Programm- oder Personaleinsatzplanung in industriellen Großunternehmen der Chemie und Autobranche zeigte das damalige Dilemma von OR. Auch wurde und wird noch heutzutage – zumindest bei IT-Laien – die **Komplexität eines unternehmensweiten Datenbankentwurfs** unterschätzt. Das ERM- oder UML-Diagramm eines ERP-Systems enthält nach unserer Einschätzung immerhin etwa 20.000 generische Entitäts- und Beziehungstypen.

Auch die Trennung von operativen und analytischen Daten mit den zugehörigen logisch-konzeptionellen Datenstrukturen vom Typ **Relation** (engl. flat table) und **Datenwürfel** (engl. data cube) – in der Statistik als multi-dimensionale Tabelle bezeichnet – war Anfang der siebziger Jahre weder theoretisch noch softwaremäßig vollzogen. Der Aufbau von Data Warehouses erfolgte in Deutschland bei Banken, Handel und Industrie erst ab Mitte der neunziger Jahre, als der Aufbau integrierter, relationaler Datenbanksysteme zur Abwicklung aller Geschäftsprozesse (**Logistik operativer Daten**) bereits abgeschlossen war.

BI bezieht sich nicht nur auf einen speziellen Funktionsbereich eines Unternehmens wie z. B. Entscheidungsfindung. Es ist daher zweckmäßig *Business Intelligence* extensional zu charakterisieren. Dazu dient das Diagramm in Abb. 1.2. Im Kern von BI steht eine funktionell einheitliche *Daten-, Methoden-* und *Modellbank* mit Werkzeugen zur Übernahme unternehmensweiter, interner *ERP*-Daten. Der *BI-Kern* dient weiterhin zur Integration verteilter, heterogener Daten aus externen Quellen durch Extraktion, Transformation und Speichern im **Data Warehouse** bzw. aus Performanzgründen in materialisierten **Data Marts** (abteilungsbezogenen Benutzersichten).

Strukturell erschließt sich unseres Wissens BI am besten durch eine Drei-Schichten-Sicht (siehe Abb. 1.2). Die *innerste Schicht* repräsentiert die **Datenbereitstellung** mittels Data Warehousing (siehe Kap. 2). Darum liegt die *zweite Schicht*, die sozusagen den „BI-Werkzeugkasten" bereitstellt. Dazu gehören die Hauptbereiche **Data Mining** in Kap. 3 und die **Methoden der Unternehmenssteuerung** in Kap. 4. Die äußere Scheibe symbolisiert die **Informationsverteilung** in Kap. 5. Dazu gehören benutzerfreundliche („personalisierte") *Portale* und *Dashboards*, um Ergebnisse im Rahmen des *Berichtswesens* anzuzeigen und zu visualisieren. Da Einsatz und Nutzung von BI zunehmend orts- und zeitungebunden ist, gehört zur Informationsverteilung selbstverständlich auch *mobiles BI* [201].

Sieht man Business Intelligence selbst als Prozess an, vgl. dazu auch [195], so erkennt man eine inhärente Abfolge einzelner Schritte. Diese sind in der Mittelschicht von Abb. 1.2 im Uhrzeigersinn bei „14 Uhr" mit dem Block *Prognose- und Szenariotechnik* beginnend dargestellt. Abbildung 1.2 zeigt in seinem mittleren Kreissegment weitere herausgehobene **betriebswirtschaftliche Unterstützungsfunktionen** von Business Intelligence zur **Unternehmenssteuerung**: *Planung und Konsolidierung, Entscheidungsunterstützung* („Decision Support"), *Risikomanagement, Monitoring, Controlling, Fehlerrückverfolgung* („Troubleshooting") und *Betrugsaufdeckung* („Fraud Detection"). Dieses Methodenbündel wird durch die drei Werkzeuge **Data Mining, Simulation** und **Optimierung** unterstützt, die im oberen Teil der Mittelschicht im BI-Diagramm als Verfahren aufgeführt sind.

Abb. 1.2 Business Intelligence
im Überblick

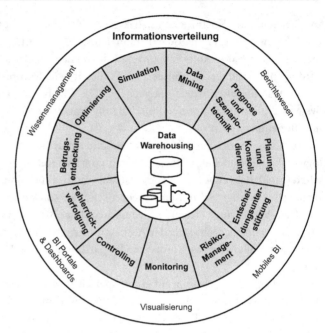

Es erscheint uns angesichts der fachlichen Breite von BI angebracht, Aufgabenverteilung und Zielsetzung einzelner *BI-Methoden* kurz vorzustellen, schließlich werden ja, wie oben erwähnt, vier Fachdisziplinen und zwar Betriebswirtschaft, Informatik, Operations Research und Statistik angesprochen.

Prognose- und Szenarioverfahren prognostizieren mögliche „Verläufe" oder „Zustände" von Märkten oder des Unternehmens (siehe Abschn. 4.1). Beide Verfahrensbereiche liefern damit einem Unternehmen *Plan-* bzw. *Sollgrößen* für die Phasen **Planung und Konsolidierung**, **Entscheidung** und **Controlling**, die sich auf alle Funktionsbereiche eines Unternehmens vom Einkauf bis hin zum Vertrieb erstrecken und auch das Personalmanagement sowie das allgemeine Management einschließen.

Der nächste Schritt im BI-Prozess ist die **Entscheidungsunterstützung** (Abschn. 4.3), die wie *Operations Research* ein nahezu klassisches Bündel von quantitativen Verfahren zur *Unternehmenssteuerung und -assistenz* bereitstellt. Hier geht es darum, kosten- bzw. gewinngünstige Entscheidungen unter Nebenbedingungen, d. h. aufgrund knapper Ressourcen, für den Ein- und Mehrperiodenfall zu treffen. Je nach Datenbeschaffenheit kommen Verfahren unter Sicherheit oder Risiko zur Anwendung. Im Abschn. 4.10 über **Lineare Optimierung** gehen wir auf einen Großteil derartiger Entscheidungsprobleme im Fall sicherer Daten ein. Besonderes Augenmerk des Managements gilt heutzutage der *Risikoabschätzung* in fast allen Funktionsbereichen eines Unternehmens, sowie auf den Beschaffungs- und Absatzmärkten. Im Abschn. 4.4 behandeln wir das **Risikomanagement**.

Entscheidungen bergen das Risiko von Fehl- oder schlechten Entscheidungen. Deshalb ist es im Rahmen des *BI-Konzepts* unabdingbar, die *Qualität* von Entscheidungen laufend zu überwachen. Dieser Problematik ist der Abschn. 4.5 über **Monitoring** gewidmet. Der Aspekt der *Prüfung und Überwachung* (*Monitoring, Surveillance*) unter *Echtzeitbedingungen* gewinnt zunehmend an Aktualität. Objekte des Monitoring sind beispielsweise die laufende Überwachung von Zugriffen auf Kundenportale, von betrieblichen Istgrößen wie Absatz gruppiert nach Sortimentsebenen, Kundenprofilen, Produktqualität, -preis und -kosten. Monitoring erstreckt sich auch auf die Kontrolle von Dienstleistungen, Logistik, kurz- und langfristiger Finanzierung, Personalwesen, Fort- und Weiterbildung, Arbeitssicherheit, Krankheitsstand sowie betrieblicher Fluktuation. Die zuletzt genannten Anwendungsfelder bieten hinsichtlich des **Datenschutzes** wegen konträrer Interessen aller Beteiligten naturgemäß viel Zündstoff.

Eine ähnliche Zielrichtung wie das Monitoring verfolgt das **Controlling**. Es wird im staatlichen Bereich nicht ganz zutreffend mit „Revision" umschrieben. Die externe Revision bei Gemeinden, Städten, Kreisen sowie Ländern ist Sache der jeweiligen *Rechnungshöfe*. Die Hauptaufgaben des Controlling sind die Bestimmung von

1. vertikal und horizontal Unternehmens-konsistenten Sollgrößen,
2. der Soll-Ist-Vergleich und ggf. die Ursachenanalyse sowie die Klärung von Verantwortlichkeit und
3. die unverzügliche Gegensteuerung bei „deutlichen" Abweichungen von Soll- bzw Plangrößen und Istgrößen.

Hier spielt zunehmend die Überwachung von Dienstleistungen und der Produktion in „Echtzeit" eine Rolle. Unter Berücksichtigung technologischer Gegebenheiten und unter Abwägung von Kosten- und Nutzenaspekten der Informationsgewinnung und -nutzung ist die „optimale Abtastperiode" (engl. sampling interval), also die periodische Überprüfung der „wesentlichen" betrieblichen *Kennziffern* zu fixieren. Dies betrifft in zeitlicher Hinsicht die Granularitäten *Schicht, Tag, Woche, Monat, Quartal, Halbjahr* und *Jahr*. In der Kontrolltheorie gibt das sog. *Ackermannsche Abtasttheorem* über die geeignete Wahl Auskunft [4]. Unseres Wissens mangelt es an vergleichbaren Untersuchungen im Unternehmensbereich. Dies wiegt hier um so schwerer, da nicht *quadratische Zielfunktionen* eine Rolle spielen, sondern *(stückweis) lineare Kostenfunktionen* oder *nichtlineare Nutzenfunktionen*. Dabei kommt noch hinzu, dass zwischen den verschiedenen Kenngrößen von Kennzahlensystemen funktionale, wechselseitige Abhängigkeiten bestehen (siehe Abschn. 4.6).

Prognose, Planung, Entscheidung und laufende Überwachung können noch so rational begründet und methodisch sauber untermauert sein, die *Nichtbeherrschbarkeit von Arbeitsprozessen* kommt in Einzelfällen immer wieder vor. Gleiches gilt für die *Unbeherrschbarkeit* von Marktprozessen und insbesondere für Umweltereignisse vom Typ „*unknownunknown*", wo weder *Ereignistyp* noch *Ereigniszeitpunkt* im voraus bekannt sind. Als Beispiel denke man an Kriegsausbrüche, die erste Erdölkrise in den siebziger Jahren, Flugzeugabstürze, Fabrikexplosionen oder gar *Havarien* von Atomkraftanlagen oder Erdölbohrplattformen. In der Großserienfertigung sind Rückrufaktionen zu nennen, wenn Fertigungsfehler nicht rechtzeitig erkannt oder fehlerhafte Bauteile verwendet wurden. Dies führt zum Problem der **Fehlerrückverfolgung** (engl. Troubleshooting) und dem Bilden von *Expertenteams* (siehe Abschn. 4.7).

Weniger Fehler, sondern Betrügereien und deren Aufdeckung stehen im Kap. 4.8 im Vordergrund der **Betrugsanalyse** und **Betrugsaufdeckung** (engl. Fraud Detection). Durch den Einzug vernetzter globalisierter Informationssysteme im Wechselspiel mit einem tendenziellen Fall der **Manager-Ethik** gewinnt dieser Bereich zunehmend an Bedeutung. Die offenkundigen, aktuellen Probleme bei Großbanken sind gesellschaftlich, wirtschaftlich, politisch und ethisch abschreckend und wohl nur die Spitze eines Eisbergs.

Business Intelligence, übrigens wie auch das *Operations Management (OR)*, bedient sich zweier grundlegender quantitativer Verfahren, um Planung, Entscheidung und Controlling in methodischer Hinsicht zu unterstützen. Es sind dies **Simulations-** und **Optimierungsverfahren**. Erstere spielen anhand von **Modellen** die Realität unter verschiedenen *Prämissen* durch. Optimierungsverfahren, insbesondere die **Lineare Optimierung**, berechnen *nutzen-, kosten- oder gewinnoptimale Lösungen* unter Nebenbedingungen, d. h. unter der Berücksichtigung knapper Ressourcen (siehe Abschn. 4.9 und 4.10).

Überblick Insgesamt folgt die Struktur des Buchs in den Kap. 1 bis 6 mehr den Wünschen eines an der *BI-Methodik* interessierten Lesers, vernachlässigt wird aber aus guten Gründen nicht völlig die Einbettung von BI-Methoden in das betriebliche Umfeld. Damit legen wir weniger Wert auf die Vermittlung dessen, *„was* ein Problem ist" oder „philosophieren" darüber gar (philosophische Sicht), sondern legen mehr Wert darauf, *„wie* ein Problem gelöst werden kann" (technokratische Sicht).

Nach kurzer **Einführung** in die Thematik im Kap. 1 wird in Kap. 2 die Datenbereitstellung mittels **Data Warehousing** behandelt. Dies umfasst Fragen der *Architektur* (Abschn. 2.2), *Datenintegration* (2.3), *Datenqualität* (2.4), OLAP (2.5), und *Datenmodellierung* (2.6).

Kapitel 3: **Data Mining** stellt das oben angesprochene *Data, Text* und *Web Mining* vor. Dabei haben wir uns bemüht, neben grundlegenden **Datenstrukturen** wie Relation, Tabelle (Datenwürfel) und Data Warehouse, dem **algorithmischen Aspekt** eines Verfahrens Beachtung zu schenken.

Kapitel 4: **Unternehmenssteuerung** stellt ein breites Bündel von Methoden vor, die die Aufgaben des Managements aus BI-Sicht unterstützen. Neben den eingangs erwähnten Gebieten – *Prognose-* und *Szenariotechnik, Monitoring, Controlling, Betrugsaufdeckung, Simulation* und *Lineare Optimierung* – sind dies *Planung und Konsolidierung* im Abschn. 4.2, *Entscheidungsunterstützung* in 4.3 und *Risikomanagement* in 4.4.

Kapitel 5: **Informationsverteilung** behandelt *Berichtswesen* (Abschn. 5.1), mobiles BI (5.2), *Visualisierung* (5.3), *Portale* (5.4) und schließt im Abschn. 5.5 mit der *Integration von Wissensmanagement* in das BI.

In Kap. 6: **BI-Tools und Anwendungsfelder** geben wir im Abschn. 6.1 einen Überblick über marktgängige BI-Werkzeuge. Aufgrund der Dynamik dieses Marktes erheben wir keinen Anspruch auf Vollständigkeit. Anschließend besprechen wir verschiedene BI-Anwendungsfelder im Abschn. 6.2. Dazu gehören *Customer Relationship Analytics, Web Ana-*

lytics und *Competitive Intelligence*. Die erstgenannten Anwendungsfelder beinhalten sehr große Datenmengen (sog. **Big Data**), die weit über Petabyte (10^{15} Bytes) hinausgehen und *vernetzte Rechnercluster* voraussetzen. Die wegen kommerzieller Interessen zunehmend interessante werdende Datenanalyse von sozialen Netzwerken geht über die Größenordnung Petabyte noch hinaus, da nach *Baeza-Yates* (Yahoo! Research) im Web mehr als 50 Billionen statischer (indizierter, versteckter oder öffentlicher) Webseiten existieren [17].

Wir schließen das Kapitel 6 mit einer *Fallstudie* im Abschn. 6.3 ab, die unterstreicht, dass es betriebswirtschaftlich gesehen sinnvoll ist und Mehrwert erzeugt, *OLAP*-Daten zu beschaffen und mit anspruchsvollen Verfahren der explorativen Datenanalyse (*Data Mining*) und – im Allg. mit *OR-Verfahren* – zu verknüpfen. Somit gelangt man zu verbesserter *Information* des Managements und zu einer verbesserten *Marktposition* – letztlich *das* originäre Ziel von *Business Intelligence* (neben den gängigen Zielen wie *Gewinnmaximierung oder Kostensenkung* und Erhöhung des *Shareholder Values*).

Den Abschluss des Buches bildet das Kap. 7: **Ausblick**, das Entwicklungen und Perspektiven im Umfeld von BI aus Sicht der Autoren aufzeigt.

Weiterführende Literatur Wir wollen hier nur eine einzige Referenz geben, die unserer Meinung nach ausreicht, einen ersten Eindruck von der „Philosophie" von *Business Intelligence* zu bekommen und in BI einzusteigen. Das Buch „Business Intelligence" von *Grothe* und *Gentsch* (2000) [111] beschreibt hauptsächlich *Anwendungsfälle* aus Managersicht, und verzichtet damit vollkommen auf einen *prozeduralen Ansatz*. Gerade wegen dieser Anwendungsfälle schlagen wir es zum „Schnuppern" vor. Vielleicht deckt sich diese Ansicht mit den Worten von Aristoteles: *„Der Anfang aller Erkenntnis ist Staunen."*

Datenbereitstellung: Data Warehousing

Die Wirklichkeit ist nur ein Teil des Möglichen.
Friedrich Dürrenmatt

In diesem Kapitel betrachten wir eine Seite von Business Intelligence: die Datenbereitstellung. Die Verwendungseite, der Teil von BI also, der die Managementaufgaben unterstützt, wird in den folgenden Kap. 3 bis 5 behandelt.

> Unter **Data Warehousing** versteht man den Geschäftsprozess, der die *Datenbeschaffung* aus internen und extern zugänglichen Quellen, die *Datentransformation und -aufbereitung* gemäß der Quell- und Zieldatenbankschemata, die *Datenqualitätssicherung* und die *Speicherung* im (zentralen) Data Warehouse bzw. in (dezentralen) *Data Marts* (Benutzersichten) und die auf OLAP basierende *Datenanalyse* umfasst.

Nutzer des Data Warehousing sind Middle- bis Topmanager eines Unternehmens, für deren Planungs-, Entscheidungs- und Controllingaufgaben die Daten in geeigneter personalisierter und strukturierter Form als Data Marts präsentiert, vorgehalten und zweckmäßig gepflegt werden.

Nach einer Einführung (Abschn. 2.1) stellen wir die **Architektur** eines Data Warehouses im Abschn. 2.2 dar. Aus Endbenutzersicht spielen dabei *Data Marts* eine entscheidende Rolle, da sie die benötigten Daten anwenderspezifisch in effizienter und personalisierter Form als *Datenwürfel* bereitstellen.

Mit der Architektur allein ist es allerdings noch nicht getan. Vielmehr müssen die Geschäftsdaten, die den diversen Geschäftsprozessen wie Einkauf, Management, Herstellung oder Vertrieb zugeordnet sind, sowie externe Daten wie Web-, Markt- und Branchenda-

R.M. Müller, H.-J. Lenz, *Business Intelligence*, eXamen.press,
DOI 10.1007/978-3-642-35560-8_2, © Springer-Verlag Berlin Heidelberg 2013

ten in das **Data Warehouse** überführt werden. Dazu dient der Teilprozess **Extraktion, Transformation und Laden (ETL)**, speziell die sog. **Datenintegration** (siehe Abschn. 2.3), die es ermöglicht, heterogene Daten aus verteilten, autonomen Datenquellen zu übernehmen [224].

Neben semantischen und strukturellen Konflikten bestehen besonders aufwändige Integrationsprobleme dann, wenn zwei Datenbestände, die zusammengeführt werden sollen, keinen gemeinsamen eindeutig identifizierenden Schlüssel *(Primärschlüssel oder Schlüsselkandidat)* haben. Ein Teilproblem dabei ist das Erkennen und Bereinigen von *Duplikaten*, auch *Dubletten* genannt. Ein Beispiel sind Adressdateien von verschiedenen Adressanbietern ohne gemeinsamen identifizierenden Schlüssel, die speziell in der *Kundenbetreuung* (Customer Relationship Management) oder im *Marketing* auftauchen.

Ein weiteres Beispiel ist die Volkszählung von 2011 in Deutschland (Zensus 2011), die ganz überwiegend als Abgleich staatlicher Register – u. a. Dateien der Einwohnermeldeämter, der Bundesagentur für Arbeit und der Haus- und Grundstückseigner – durchgeführt wurde. Im Englischen wird solch eine Volkszählung als *Administrative Record Census* (ARC) bezeichnet. Auch hier existiert kein globaler Schlüssel, der in allen (amtlichen) Registern mitgeführt wird. Dies gilt insbesondere für die Steuernummer, die zwar jedem deutschen Steuerpflichtigen von Geburt an zugewiesen wird, die aber auf den Kreis der Finanzämter beschränkt ist. So ist sie beispielsweise nicht im Datensatz amtlich gemeldeter Personen bei den deutschen Einwohnermeldeämtern gespeichert.

Ein bis ins Ende der neunziger Jahre im Unternehmensbereich unterschätztes Problem stellt die **Qualität der Daten** dar. Im Abschn. 2.4 wird auf die verschiedenen Aspekte der Datenqualität, den Datenqualitätssicherungsprozess und auf die Methoden und Werkzeuge zur Qualitätssicherung wie *Data Profiling* und *Data Cleansing* eingegangen.

Abschnitt 2.5 beschreibt das Konzept des sog. **Online Analytic Processing (OLAP)**. Des weiteren diskutieren wir geeignete *logisch-konzeptionelle Datenstrukturen* von Datenwürfeln. Hier geht es darum, ob Datenwürfel mit Hilfe eines relationalen DBMS (relationales OLAP bzw. ROLAP), mit spezifischen multi-dimensionalen Datenstrukturen (MOLAP) oder in Mischform als hybrid OLAP (HOLAP) gespeichert werden sollen. Das Kapitel endet mit dem Abschn. 2.6, der die Frage behandelt, wie **multi-dimensionale Daten** modelliert werden können.

2.1 Einführung

Man kann Business Intelligence (BI) aus drei Blickwinkeln betrachten. Aus der Sicht des strategischen Managements ist der Begriff *Business Intelligence* sehr attraktiv, da er „intelligente" Software verheißt, was immer dabei „*Intelligenz*" bedeuten mag. Damit tut man BI aber Unrecht, da der Begriff ausschließlich wie „*Intelligence*" in *Central Intelligence Service* zu interpretieren ist, d. h. als Erfassung von Daten und deren Auswertung. Auf der dispositiven, planerischen Ebene sowie bei der Revision spricht man deshalb zu Recht auch

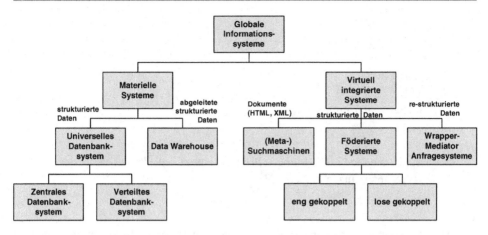

Abb. 2.1 Klassifikation betrieblicher Informationssysteme (in Anlehnung an [81])

von *Online Analytical Processing (OLAP)*, d. h. der Analyse relevanter Daten. OLAP-Daten stehen im Gegensatz zu den operierenden Daten, die als *Online Transaction Processing (OLTP)* bezeichnet werden.

Eine für analytische Daten konzipierte Datenbank wird als **Data Warehouse** (DW) bezeichnet. Diese integriert in einheitlicher Art und Weise – IT-technisch, statistisch und semantisch – die aus den internen Geschäftsprozessen und externen Quellen stammenden Daten. Ein Data Warehouse stellt somit ein auf materialisierten oder virtuellen Datenwürfeln beruhendes betriebliches Informationssystem dar, das die **Integration** von Daten aus autonomen, heterogenen Teilinformationssystemen ermöglicht. Die duale Funktion eines Data Warehouses dient damit zugleich als **Datenauswertungs-** und **Integrationsplattform**. Neben den Realdaten spielen *Metadaten*, die im **Repositorium** hinterlegt werden, bei Aufbau und Nutzung eines Data Warehouses eine große Rolle, denn sie beschreiben das *DW-Schema* einschließlich aller *Restriktionen* (engl. constraints). Varianten alternativer Integrationsmöglichkeiten von Daten sind in Abb. 2.1 dargestellt. Einige dieser Varianten wie *Wrapper-Mediator-Anfragesysteme* werden ausführlich in [224] behandelt. Wie man in Abb. 2.1 erkennt, gehört ein Data Warehouse zu den materiellen Systemen. „Konkurrenten" dieser Architektur sind unter den virtuell integrierten Systemen die *Föderierten Systeme* und die oben bereits erwähnten *Wrapper-Mediator-Anfragesysteme*. Die Erfahrung aus den letzten fast zwanzig Jahren zeigt, dass die Unternehmen weltweit der DW-Variante den Vorzug geben [12].

Die Analyse der Daten erfolgt nicht in den ERP-Systemen selbst. Sie wird aus Gründen der Performanz und der Integration im Data Warehouse ausgeführt, da das Datenvolumen bei Großunternehmungen in der Größenordnung von Terabytes ($\sim 10^{12}$ Bytes) und höher liegt. Der Begriff *Data Warehouse* wurde von *Inmon* Mitte der neunziger Jahre geprägt [132].

Ein **Data Warehouse** ist ein

- subjektorientierter,
- integrierter,
- zeitraumbezogener und
- nicht-volatiler

Datenbestand, um die Entscheidungs-, Planungs- und Controllingprozesse des Managements zu unterstützen [132, S. 33].

Wegen der Art und des Umfangs der aggregierten Daten, des überwiegend lesenden Zugriffs mit Punkt- und Bereichsabfragen, sind spezielle physische Datenstrukturen notwendig. Einen Vergleich der Datenstrukturen von *Bitmaps* und *baumbasierten Indexstrukturen* bietet [137]. Eine weitere sehr effiziente Datenstruktur für Datenwürfel sind *UB-Bäume*, die den Vorteil schneller Aufdatierungen und Datenabfragen bieten [189].

Datenwürfel als generische Datenstrukturen weisen eine Menge von zugehörigen Operationen auf. Dazu gehören Zugriffsoperatoren wie Marginalisieren (Dicing), Traversieren von Klassifikationsbäumen (Drill-down, Roll-up) und Konditionieren (Slicing). Hinzu kommen die SQL-Aggregatfunktionen wie *min/max, avg, sum* und *count*. Die Nicht-Standard OLAP-Operatoren *top-ten, median* oder der Gruppierungsoperator *group-by* bzw. die Sortieroption *order by* führen zu sog. „langen Transaktionen", da sie sehr rechenintensiv sind. Sie würden im ERP-System zu umfangreichen Sperrungen (locks) von Datenobjekten in der Datenbank führen und die regulären Geschäftsprozesse damit zu stark belasten. Sie werden stattdessen ins *Data Warehouse* ausgelagert (siehe Abb. 2.2). Auch die Zugriffsoptimierung im Data Warehouse unterscheidet sich von den klassischen OLTP-Datenbanksystemen, da Leseoperationen dominieren, und das Löschen von Daten wegen des historischen Bezugs der Analysen nahezu nicht vorkommt.

Das Data Warehouse ähnelt den **statistischen Informationssystemen** [171, 277, 172]. Der einzige Unterschied liegt in den Datenquellen und den Geschäftsprozessen. Beim Data Warehouse liefern die betriebseigenen Geschäftsprozesse und Fremdquellen die Daten. Dagegen sind die *statistischen Informationssysteme* „Sammelstellen" von Daten, die auf Nachweisen wie bei der amtlichen Ein- und Ausfuhr, auf gesetzlichen Erhebungen wie beim Mikrozensus, der periodischen Berichterstattung der Unternehmen, der Lohn- und Einkommensteuererhebung bei den in Deutschland Steuerpflichtigen oder, wie bei der Volkszählung (Zensus2011), auf der Zusammenfassung von amtlichen Registern (sog. *Registerabgleich*) beruhen. Datenlieferanten sind dabei Privatpersonen (oder Haushalte), Unternehmen, nicht gewerbliche Organisationen sowie der „Staat" mit seinen Gebietskörperschaften, Bundesländern und der Bundesrepublik.

Abb. 2.2 Das Data Warehouse
Konzept

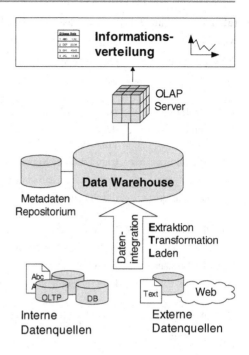

Die Tab. 2.1 verdeutlicht den Zusammenhang zwischen OLTP- und OLAP-Systemen. Im Folgenden wird die unterschiedliche Sichtweise der Nutzer auf OLTP- und OLAP-Daten verdeutlicht.

Beispiel Betrachten wir den Unternehmensbereich *Auftragsannahme und Fakturierung*. Das Fachkonzept auf Datenebene ist als *Entity-Relationship-Modell* (ERM) in Abb. 2.3 dargestellt. Eine typische OLTP-Abfrage, eine sog. „Punktabfrage", auf operierende Daten (*Mikrodaten*) durch einen Vertriebssachbearbeiter könnte lauten:

```
select Datum, Betrag
from Rechnung
where Rechnungsnr = 100
```

Im Gegensatz dazu interessiert sich ein Manager im Vertrieb weniger für einen Einzelfall, sondern für eine Fallmenge und deren statistische Eigenschaften, also mehr für *OLAP*- oder *Makrodaten*, d. h. gruppierte und aggregierte Daten. Diese haben grundsätzlich mehrere Dimensionen, sind damit **mehrdimensional**. Eine *Dimension* ist ein Attribut, das nicht von anderen im Datenwürfel enthaltenen Attributen funktional abhängig ist [21]. Interessanterweise lassen sich alle Dimensionen eines Datenwürfels gemäß des sog. **3D-Prinzips** auf drei Grunddimensionen zurückführen: *Zeit-* und *Raumdimension* sowie *Sachdimensionen*. Nur letztere kann in weitere, voneinander unabhängige, fachliche Dimensio-

Tab. 2.1 OLTP und OLAP im Vergleich [21, S. 8ff]

Merkmal	OLTP	OLAP
Anwendungsbereich	Operative Systeme	Analytische Systeme
Nutzer	Sachbearbeiter	Entscheidungs- und Führungskräfte
Datenstruktur	zweidimensional, nicht verdichtet	multidimensional, subjektbezogen
Dateninhalt	detaillierte, nicht verdichtete Einzeldaten	verdichtete und abgeleitete Daten
Datenverwaltungsziele	transaktionale Konsistenzerhaltung	zeitbasierte Versionierung
Datenaktualität	aktuelle Geschäftsdaten	historische Verlaufsdaten
Datenaktualisierung	durch laufende Geschäftsvorfälle	periodische Datenaktualisierung (Snapshots)
Zugriffsform	lesen, schreiben, löschen	lesen, anfügen, verdichten
Zugriffsmuster	vorhersehbar, repetitiv	ad hoc, heuristisch
Zugriffshäufigkeit	hoch	mittel bis niedrig
Antwortzeit	kurz (Sekundenbruchteile)	mittel bis lang (Sekunden bis Minuten)
Transaktionsart und Dauer	kurze Lese und Schreiboperationen	lange Lesetransaktionen

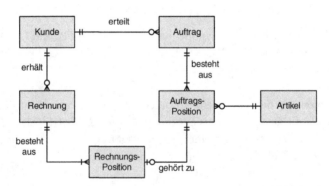

Abb. 2.3 ER-Modell für die Funktionsbereiche Auftragsannahme und Vertrieb

nen zerlegt werden [171]. Beispiele einer Zerlegung der Sachdimension sind Artikel, Qualitätsstufe, Verpackung oder Vertreter. Typischerweise haben Datenwürfel mehr als drei Dimensionen.

Ein aus obigen operierenden Daten abgeleiteter und für die Vertriebsabteilung nützlicher (einfacher) Datenwürfel *Absatzstatistik* könnte wie Abb. 2.4 aussehen.

Um Prognosen zu erstellen, kann die Vertriebsabteilung sich dann die benötigten Zeitreihen einfach mittels der folgenden Bereichsabfrage – sicherlich innerhalb einer

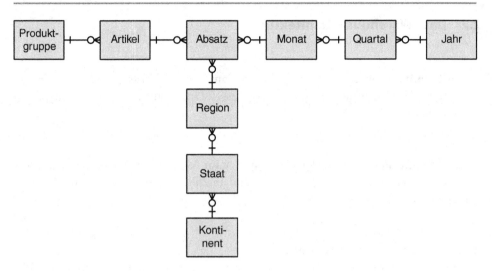

Abb. 2.4 ER-Modell für einen Datenwürfel des Vertriebs

benutzerfreundlichen GUI – generieren. Dabei wird hier *Multidimensional Expressions (MDX)*, eine an SQL angelehnte Abfragesprache für multidimensionale Daten, verwendet:

```
SELECT Produktgruppe.MEMBERS ON COLUMNS
Jahr.CHILDREN on ROWS
FROM Sales
WHERE (Measures.Umsatz, Region.Deutschland)
```

Die Tatsache, dass Data Warehousing einen zentralen Bestandteil betrieblicher Informationssysteme ausmacht, hat mit gewisser „*Symmetrie*" betrieblicher Datenverarbeitung zu tun. Während mit den herkömmlichen ERP-Systemen, wie sie beispielsweise SAP und Oracle anbieten, die Unternehmungen die **Logistik operierender Daten** ab Mitte der siebziger Jahre in den Griff bekommen haben, ist Vergleichbares auf Makrodatenebene erst gut fünfzehn Jahre später mit dem Einzug von *Data Warehousing* und der *Business Intelligence* geschehen.

Weiterführende Literatur Dem Leser, der über Data Warehousing insgesamt mehr erfahren will, empfehlen wir das didaktisch gut geschriebene, umfassende Sammelwerk von Bauer und Günzel (2009), „Data Warehouse Systeme" [21]. Es sind hier vornehmlich die Kap. 1–4 von Interesse. Ebenso lesenswert als Einführung ist das Buch „Building the Data Warehouse", verfasst vom *Vater* der Data-Warehousing-Idee, Inmon (2009) [132]. Schließlich kann die Einführung „Business Intelligence" von Kemper, Mehanna und Unger (2006) herangezogen werden [143].

2.2 Data Warehouse Architektur

Als **Data Warehouse Architektur** wird der planvolle, fachkonzeptionelle Struktur-
entwurf des *Data Warehouse* Systems und dessen Einbettung in sein reales Umfeld
bezeichnet.

Eine solche Architektur veranschaulicht Abb. 2.5. Im Folgenden erläutern wir die Architekturkomponenten eines Data Warehouses und anschließend verschiedene Architekturvarianten.

2.2.1 Architekturkomponenten

Die Architekturkomponenten können entlang des Datenflusses von den Vorsystemen hin
zu Werkzeugen der Endanwender aufgezählt werden.

Notwendige Voraussetzung des Data-Warehouse-Prozesses ist die Verfügbarkeit von
Datenquellen. Die Datenquellen bestehen aus den ERP- und anderen operativen Systemen oder externen Quellen, die die benötigten Daten in Form von Tabellen, Dokumenten
oder sonstigen *Medien* (Bilder, Audio, Video) bereitstellen. Externe Quellen sind im wesentlichen Daten aus dem Web, von Wirtschaftsforschungsinstituten, Banken, Zulieferern
und Kunden, sowie periodisch anfallende Branchen- und Wirtschaftsreports.

Diese Daten werden extrahiert (selektiert bzw. repliziert) (siehe Abschn. 2.3) und in
einem Zwischenspeicher (**Staging Area**, auch Arbeitsbereich genannt) für notwendige
Transformationen zur Erreichung der gewünschten Homogenität, Integrität und Qualität der Daten gespeichert. Zur Einhaltung der angestrebten Aktualität werden hierbei
Monitore eingesetzt.

Die Daten werden je nach vorgefundener **Datenqualität** und existierenden Konflikten
mittels sog. Transformationen qualitativ überarbeitet (siehe Abschn. 2.4). Anschließend
werden sie permanent im **(Core) Data Warehouse** gespeichert.

Inmon [132] propagiert die zusätzliche Verwendung eines **Operational Data Store
(ODS)** (auch Basisdatenbank). Der wesentliche Unterschied zum Data Warehouse ist der,
dass ein ODS ein bereinigtes, integriertes und normalisiertes Schema aller operativen Systeme hat und die Granularität auf Transaktionsebene ist. Die Daten sind somit nicht für
analytische Abfragen optimiert. Das ODS versorgt das Data Warehouse mit Daten. Wegen
des Aufwands zum Aufbau und zur Pflege wird in der Praxis oft auf einen Operational
Data Store verzichtet [21, S. 54].

Die Speicherung kann prinzipiell zentral im **(Core) Data Warehouse** erfolgen, als prak-
tischer hat sich jedoch erwiesen, die Speicherung entlang der betrieblichen Prozessketten
als **Data Marts** (zusätzlich) vorzuhalten. Diese repräsentieren die von der jeweiligen Fachabteilung benötigten **Datenwürfel (Data Cubes)** (siehe Abschn. 2.5).

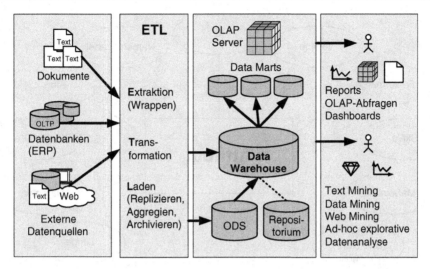

Abb. 2.5 Architektur eines Data Warehouses

Das Data Warehouse beinhaltet den *Zwischenspeicher* (Staging Area), das *Core Data Warehouse* oder kurz Data Warehouse, *Data Marts*, falls sie „materialisiert" sind und nicht nur bei Bedarf („on the fly") generiert werden, das *Archiv*, das *Repositorium*, das das Metadaten vorhält, und das *Log* zur Steuerung und Konsistenzerhaltung von Transaktionen. Das Archiv dient dabei der Replikation benötigter operativer und externer Daten sowie der Datensicherung der aktuell nicht mehr im direkten Zugriff benötigten aggregierten Daten. Dazu rechnen auch die mit Zeitstempel versehenen Versionen von Metadaten wie beispielsweise obsolete Produktklassifikationen, Stellenpläne usw., die weiterhin noch historisch von Interesse sind und zeitliche Versionen repräsentieren.

Die auf die Informationsbedürfnisse einzelner Endanwender zugeschnittenen Data Marts können materialisiert oder virtuell sein. Sie werden materialisiert, d. h. permanent gespeichert, wenn hohe Zugriffsgeschwindigkeit wichtiger ist als zusätzlicher Speicheraufwand. Andernfalls werden sie *ad-hoc* generiert und *on-the-fly* bereitgestellt.

In einem **Archiv** werden replizierte bzw. langfristig gesicherte Datenbestände gespeichert. Hinzu tritt das **Repositorium**, das die benötigten **Metadaten** bereitstellt. Es spielt nicht nur einmalig beim Aufbau und der laufenden Pflege eines Data Warehouse eine zentrale Rolle, sondern hat große Bedeutung für das *Monitoring*, die *Abfrageoptimierung*, die *statistische Analyse* selektierter Daten und für die korrekte *Interpretation* von Analyseergebnissen. Dies beruht wesentlich auf der statistischen Natur gruppierter, aggregierter Daten, wie Häufigkeitsverteilungen, Zeitreihen- oder Querschnittsdaten, sowie von gepoolten Längs- und Querschnittsdaten.

Die Objekte, auf die sich die anwendungsorientierten **Metadaten** im Repositorium beziehen, haben unterschiedliche Granularität: Data Warehouse, Data Mart, Attribut, Wert und Fußnote. Die Komplexität wird deutlich, wenn die Metadaten betrachtet werden, die

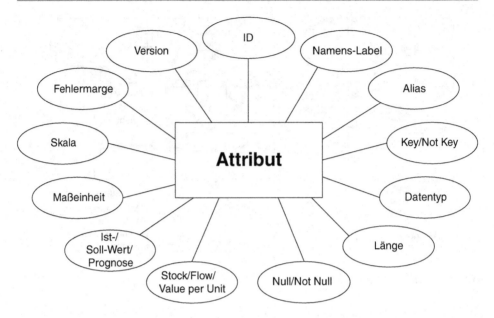

Abb. 2.6 Metadaten von *Attribut* im Repositorium

Attribute strukturiert beschreiben (siehe Abb. 2.6). Zum konzeptionellen Entwurf eines Repositoriums aus Anwendersicht siehe [171].

Aus funktioneller Sicht besitzt das Data Warehouse analog zu einem Datenbanksystem einen DW-Manager, einen DW-Optimierer und ein Monitor. Der **DW-Manager** ist die zentrale Funktionskomponente, die für die komplette Ablaufsteuerung der Datenflüsse zuständig ist. Dazu gehören in Kooperation mit dem **Monitor** die (zeit- oder fallgesteuerte) Initiierung, Steuerung und Überwachung aller Datenflüsse wie Laden, Bereinigung, Aggregation und Integration in korrekter Reihenfolge. Die Performanz der Abfragen wird dabei wesentlich vom **DW-Optimierer** beeinflusst. Schließlich obliegt dem DW-Manager die Handhabung von Fehlersituationen.

Wie Abb. 2.7 deutlich macht, ist der Datenfluss im Data Warehouse linear strukturiert. Er führt von den operativen Systemen bzw. externen Datenquellen über den Zwischenspeicher (*Staging Area*), auf die die ETL-Werkzeuge zugreifen, zu den Speicherkomponenten des Data Warehouse.

2.2.2 Architekturvarianten

Im Folgenden stellen wir die häufigsten BI-Architekturen vor [13]. Dabei werden zwei Architekturvarianten am meisten verwendet: Data Marts mit gemeinsamen Dimensionen und abhängige Data Marts (Nabe-und-Speiche-Architektur) [12].

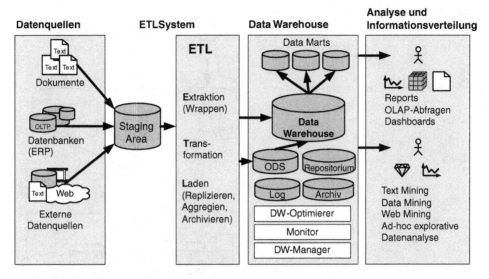

Abb. 2.7 Datenflüsse und Architektur eines Data Warehouses (ohne Kontrollflüsse)

2.2.2.1   Unabhängige Data Marts

Unabhängige Data Marts sind „kleine Data Warehouses", die fachbezogen generiert werden (siehe Abb. 2.8). Der Aufbau unabhängiger Data Marts entspricht dem *„Bottom-up-Prinzip"*.

Wenn BI in einem Unternehmen implementiert wird, wird oftmals mit *einer* Abteilung angefangen und für diese ein unabhängiges Data Mart entwickelt. Wenn nun weitere Abteilungen mit Data Marts versorgt werden sollen, entsteht das Risiko, dass die einzelnen Data Marts voneinander unabhängig entwickelt werden. Dies kann dazu führen, dass Dimensionen und Kennzahlen in den unabhängigen Data Marts unterschiedlich definiert werden und dadurch keine Vergleichbarkeit zwischen den Abteilungen möglich ist. Es gibt also im Unternehmen keine gemeinsame Datenwahrheit („single point of truth"). Ein weiteres Problem besteht darin, dass für jeden Data Mart ein eigener Datentransformations-Prozess (ETL-Prozess) erstellt werden muss [13].

2.2.2.2   Data Marts mit gemeinsamen Dimensionen

Um die Inkonsistenzen bei unabhängigen Data Marts zu verhindern, plädiert Kimball [144] für die Definition von gemeinsamen Dimensionen für verschiedene Data Marts. Beispielsweise ist die Ortsdimension mit der Filialstruktur sowohl für den Absatz-Würfel als auch für den Personaleinsatz-Würfel identisch. Dadurch können Kennzahlen bei identischer Dimensionsstruktur verglichen werden. Außerdem kann von einem Würfel zum anderen gesprungen werden (Drill-Across).

Abb. 2.8 Unabhängige Data
Marts

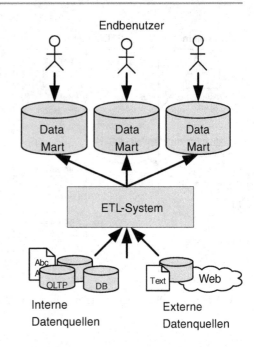

2.2.2.3 Abhängige Data Marts: Nabe und Speiche

Dagegen zeichnet abhängige Data Marts aus, dass der *ODS* sie im Rahmen eines unternehmensweiten normalisierten Schemas mit Daten versorgt. Dies entspricht dem „*Top-down-*Ansatz" und als Architektur dem *Hub and Spoke* (Nabe und Speiche) Konzept. Inmon [132] ist ein Verfechter dieser Architektur und in der Praxis zählt diese, mit der alternativen Architektur von Kimball (Data Marts mit gemeinsamen Dimensionen), zu den beiden am meisten eingesetzten.

Die (partielle) Hub-Spoke Architektur wird deutlich, wenn die Beziehungen zwischen den Data Marts und dem Data Store des Data Warehouses betrachtet werden (siehe Abb. 2.9).

2.2.2.4 Föderierte Architektur

Föderierte Architekturen integrieren die Quellsysteme nur virtuell, d. h. es wird nicht eine Kopie durch einen ETL-Prozess erstellt. Stattdessen wird bei einer Anfrage direkt auf die einzelnen Quellsysteme zugegriffen und diese on-the-fly zu einem Ergebnis integriert. Dies kann u. a. dann notwendig sein, wenn die Quellsysteme nicht unter der eigenen Kontrolle stehen und sich schnell ändern (etwa Wetterdaten).

Auch wenn mehrere Data Warehouses vorhanden sind, was z. B. nach einer Firmenübernahme der Fall ist, erlaubt eine föderierte Architektur eine einheitliche Sicht, als ob es ein gemeinsames Data Warehouse geben würde. Eine föderierte Architektur besteht typischerweise aus zwei Komponenten: Wrapper (Umhüller) und Mediator (siehe Abb. 2.10). Wrapper abstrahieren die speziellen Zugriffs- und Schema-Eigenschaften der Quelle und

Abb. 2.9 Hub-and-Spoke
Architektur

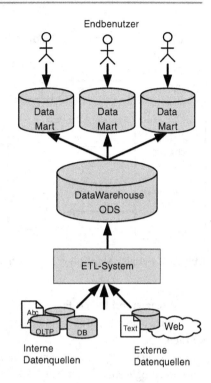

kümmern sich um die Vereinheitlichung der Daten. Der Mediator verteilt Anfragen auf die einzelnen Quellen und integriert die Resultate zu einem einheitlichen Ergebnis [224, 319].

2.2.2.5   Massiv-Parallele Verarbeitung

Firmen wie Google, Facebook, Yahoo! oder LinkedIn verarbeiten Datenmassen, die mit den vorher vorgestellten Architekturen nur schwer zu bewältigen sind (Stichwort Big Data).

Abb. 2.10   Föderation mittels
der Wrapper-Mediator Architektur

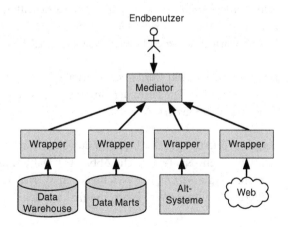

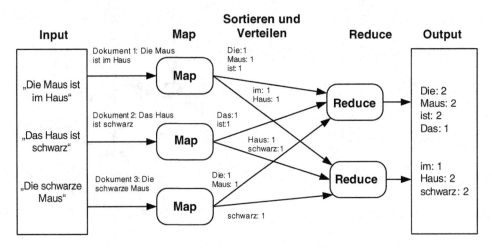

Abb. 2.11 Beispiel: MapReduce Verarbeitung

Darauf reagierend haben Firmen wie Google Technologien entwickelt, die Daten im Bereich von Petabytes parallel auf hunderten oder sogar tausenden von Servern verarbeiten können.

Ein oft genutztes Muster um große Aufgaben in kleinere Teilaufgaben aufzuteilen, ist das von Google entwickelte MapReduce [73]. MapReduce ist für die verteilte nebenläufige Batch-Verarbeitung von sehr großen Datenmengen konzipiert. Es besteht aus zwei Hauptschritten: Dem Map-Schritt und dem Reduce-Schritt. Dazwischen werden die Ergebnisse sortiert und auf verschiedene Reduce-Prozesse verteilt.

Der Input für den Map-Schritt sind Schlüssel-Wert-Paare (Key-Value Pairs). Schlüssel und Wert können einen beliebigen Datentyp haben. Beispielsweise könnten die Schlüssel aus URL-Adressen und die Werte aus HTML-Inhalten der Adressen bestehen [164].

Beispiel Es soll die Anzahl aller in verschiedenen Dokumenten vorkommenden Wörter gezählt werden (Häufigkeitsanalyse). Der erste Schritt besteht in der Transformation der einzelnen Dokumente (Text-Dateien) in Schlüssel-Wert-Paare, damit diese dann vom Map-Schritt bearbeitet werden können (siehe Abb. 2.11).

Map Im Map-Schritt werden die (verteilten) Input-Daten zu neuen Schlüssel-Wert-Paaren transformiert. Die Form der Umrechnung wird in der Map-Funktion von einem Programmierer spezifiziert.

Beispiel (Fortsetzung) Der Input für den Map-Schritt besteht aus den Schlüssel-Wert-Paaren (Dokument-Nr, Text) (siehe Abb. 2.11). Dafür muss nun eine Map-Funktion definiert werden, die die Anzahl der verschiedenen Wörter im Dokument zählt. Der Output sind wiederum Schlüssel-Wert-Paare, diesmal mit dem Wort als Schlüssel und der Anzahl als Wert.

Sortieren und Verteilen Anschließend werden alle Schlüssel-Wert-Paare von einem Master-Controller zusammengefasst und nach dem Schlüssel geordnet. Schlüssel-Wert-Paare mit dem gleichen Schlüssel werden auf den gleichen Reducer verteilt.

Beispiel (Fortsetzung) Der Output des Map-Schrittes wird so auf Reducers verteilt, dass alle Schlüssel-Wert-Paare mit dem gleichen Schlüssel, d. h. mit dem gleichen Wort, zum gleichen Reducer verteilt werden (siehe Abb. 2.11).

Reduce Im Reducer-Schritt werden jeweils alle Schlüssel-Wert-Paare mit dem selben Schlüssel bearbeitet und die Werte kombiniert. Die Reduce-Funktion gibt an, wie die Werte verarbeitet werden sollen.

Beispiel (Fortsetzung) Alle Schlüssel-Wert-Paare mit dem gleichen Wort werden vom gleichen Reducer bearbeitet (siehe Abb. 2.11). Die Reduce-Funktion berechnet die Summe aller Werte mit dem gleichen Schlüssel. Das Ergebnis ist eine Liste von Schlüssel-Wert-Paaren mit den in allen Dokumenten vorkommenden Wörtern und der Anzahl (Häufigkeit) des jeweiligen Wortes in allen Dokumenten.

Hadoop ist das bekannteste Open-Source-Framework, das auf der *MapReduce*-Architektur aufbaut [164]. Wesentliche Bestandteile sind neben dem MapReduce ein verteiltes Dateisystem (Hadoop Distributed File System (HDFS)). Aufbauend auf diesen Kern-Bestandteilen von Hadoop haben Firmen verschiedene Erweiterungen entwickelt, wie z. B. *HBase* und *Hive*. Das Open-Source Projekt *HBase* ist eine massiv-verteilte nicht-relationale Datenbank [164]. Es basiert auf den Ideen des Google-Projekts *BigTable* [56]. *Hive* erweitert Hadoop um Data Warehouse Funktionalität [295]. HiveQL ist eine Abfragesprache für Hive, die an SQL angelehnt ist.

Eine massiv-parallele Verarbeitung ist nur dann erforderlich, wenn eine Erweiterung eines Servers (Stichwort Scale-Up) nicht mehr möglich ist, da die Datenmengen in die Tera- oder gar Petabyte gehen. Jedoch liegen die Datenmengen für viele Analysen nicht in diesen Größenbereichen. So verarbeiten selbst im Hadoop-Cluster von Facebook 90 % aller Analyseaufgaben weniger als 100 GB an Daten [256]. Bei Microsoft ergab die Auswertung eines großen Clusters, dass der Median der Datenmenge für eine Analyse sogar nur 14 GB betrug [256]. Für viele solcher Analyseaufgaben ist ein hochgerüsteter Server z. B. mit bis zu 50 CPU-Kernen und einigen Hundert GB Hauptspeicher die bessere Alternative. MapReduce ist im übrigen als Batch-Verfahren nicht für die sehr schnelle Beantwortung von Abfragen geeignet.

2.2.2.6 Hauptspeicherdatenbanken

In den letzten Jahrzehnten ist nicht nur die Geschwindigkeit von Hauptprozessoren (CPUs) exponentiell gestiegen und deren Preis exponentiell gesunken, sondern auch die Hauptspeicherpreise sind exponentiell gefallen. So ist der Preis von 1 GB Hauptspeicher (RAM) von 1000 $ Ende der 90er Jahre auf 100 $ im Jahr 2005 gesunken und liegt im Jahr 2010 unter 10 $ [242, S. 15]. Damit sind Server mit mehreren Hundert GB oder gar einigen TB für den Unternehmenseinsatz ökonomisch attraktiv geworden.

Festplatten sind um den Faktor 10.000 langsamer als Hauptspeicher [242, S. 14]. Hauptspeicherdatenbanken (In-Memory Databases) speichern nun die kompletten Daten im Hauptspeicher [242]. Der Hauptspeicher ist bekanntlich flüchtig. Daher bieten sich Hauptspeicherdatenbanken eher für analytische als für operative Informationssysteme an, da dort die Anforderungen an die Persistenz nicht so hoch sind. Andererseits können durch Replikation zwischen Servern sowie der zusätzlichen Speicherung auf Festplatte bzw. Flash-Speichern (SSD) auch Hauptspeicherdatenbanken persistent gehalten werden. Damit kommen sie zunehmend auch für operative Systeme in Frage.

Hauptspeicherdatenbanken nutzen weitere Technologien, um die Datenverarbeitung zu verbessern und mehr Daten im begrenzten RAM speichern zu können. Herkömmliche Datenbanken speichern Einträge „zeilenweise", was für OLTP-Anwendungen und das blockweise Auslesen der Daten, die auf Festplatten gespeichert sind, auch recht effizient ist. Analytische Systeme aggregieren typischerweise bestimmte Spalten (wie z. B. Umsatz) für eine Untermenge von Zeilen. Die *spaltenorientierte Speicherung* ist darauf optimiert, dass die Daten nicht mehr zeilen-, sondern spaltenweise organisiert werden. In analytischen Systemen sind innerhalb einer Spalte oft viele identische Werte sowie NULL-Werte vorhanden. Hier ermöglicht eine effiziente *Komprimierung* der Spalten, dass der „knappe" Hauptspeicher für größere Datenmengen genutzt werden kann.

Weiterführende Literatur Dem Leser, der sich über die Architektur von Data Warehouses informieren will, empfehlen wir auch hier das Sammelwerk „Data Warehouse Systeme", von Bauer und Günzel (2006) [21], speziell die Kap. 2, 4 und 8. Ebenso lesenswert als Einführung ist das Buch „Building the Data Warehouse", verfasst vom *Vater* der Data-Warehousing-Idee, Inmon (1996) [132]. Köppen, Saake und Sattler (2012) beleuchten „Data Warehouse Technologien" [156].

2.3 Datenintegration

Datenintegration in einem Data Warehouse ist ein Prozess mit den drei Schritten Extraktion, Transformation und Laden (ETL), der operative bzw. externe Daten aus heterogenen Datenquellen in einem Data Warehouse schemakonform semantisch korrekt vereinigt.

Operative Daten sind die in einer Unternehmung geschäftsbedingt anfallenden Daten. Diese liegen überwiegend in strukturierter Form (meist in relationalen Datenbanken) vor. **Externe Daten** dagegen sind Daten Dritter, die als Reports oder über das Internet oft in semi-strukturierter (als XML-Dokumente) oder unstrukturierter Form als Dokumente im

HTML-, Word- oder PDF-Format beschafft werden. Nur in Ausnahmefällen sind sie festformatiert.

Externe Daten im Telekommunikationsbereich von Privatpersonen haben im Datenvolumen (Text, Audio und Video) rasant zugenommen, da immer mehr Menschen in sozialen Netzwerken, wie Facebook oder Twitter, mittels Smartphones, Tablets oder Handys und mithilfe von z. B. SMS und neuerer Sensortechnik wie z. B. GPS oder Beschleunigungssensoren nebenläufig über gemeinsam erlebte Ereignisse berichten.

Diese Rohdaten werden durch die **4 Vs** – *Volume* (Datenvolumen), *Velocity* (Veränderungsgeschwindigkeit), *Variety* (Datenvielfalt) und *Veracity* (Wahrheitswert) – charakterisiert. Man denke hierbei beispielsweise an Fußballspiele der europäischen Champions League, die vor rund 100.000 Zuschauern im Stadion und Millionen vor den Fernsehschirmen ausgespielt werden. Tausende von Twitter-Nachrichten werden schlagartig initiiert, wenn beispielsweise Strafstöße verhängt werden oder Tore fallen.

Diesen Datenströmen ist gemeinsam, dass sie *heterogen* sind, *verteilt* anfallen und möglicherweise *widersprüchlich* und *unsicher* sind. Auch der *Wahrheitswert* (truth) und der *Glaubwürdigkeitsgrad* (trust) der Botschaft sind kritisch zu sehen. Man denke hier nur an das Ereignis „*Wembley-Tor*" beim Länderspiel Deutschland – England im Wembley Stadion, London, 1966: „Tor oder nicht Tor?". Das Problem im Forschungsbereich hinsichtlich solcher großen Datenmengen liegt weniger bei den ersten drei „Vs", sondern bei der Messung des *Wahrheitswertes* (Veracity) der Mitteilung und der Auflösung möglicher Widersprüche.

ETL steht für die **Extraktion** und Bereinigung (engl. data cleansing) der als geschäftszielrelevant erachteten Daten aus verschiedenen, heterogenen Quellen, die **Transformation** dieser Daten in das Zielschema durch zweckmäßiges Umformen, Gruppieren, Aggregieren oder einfach nur das Replizieren und schließlich das **Laden** der Daten in das *Data Warehouse* zur Datenbereitstellung als *Data Mart*.

Beispiel Man denke etwa an operative Daten wie Artikel-, Lagerbestands- und Vertriebsdaten aus diversen Geschäftsvorfällen, die zu *Summen monatlicher absoluter Absatzzahlen* verdichtet, nach *Absatzregionen* untergliedert und nach Jahren gruppiert werden müssen, um den gewünschten Informationsbedarf des Leiters der Vertriebsabteilung abzudecken.

Transformationen von Daten werden benötigt, um u. a. (relative oder prozentuale) Marktanteile, Wachstumsfaktoren und -raten oder Indizes zu berechnen. Demgegenüber stehen Fremddaten, die beispielsweise einschlägige Verbände oder staatliche Stellen als Branchendaten in periodischen Reports zur Verfügung stellen. Oder es handelt sich um Konjunkturdaten, die als HTML- oder Word-Dokumente – bestehend aus Fließtext, Abbildungen und Formeln –, von Wirtschaftsforschungsinstituten oder Wirtschaftsverbänden im World Wide Web (WWW) veröffentlicht sind und erst aus dem Internet zielorientiert selektiert und dann dem Zielschema entsprechend aufbereitet werden. In der Automobilindustrie sind dies die Monatsdaten der Neuzulassungen von Kraftfahrzeugen, die das Kraftfahrzeug-Bundesamt in Flensburg periodisch veröffentlicht bzw. dem Verband der deutschen Automobilindustrie (VdA) online überstellt.

Auf einen Punkt ist hinzuweisen, wenn ein Data Warehouse entworfen, implementiert oder angepasst wird: Getreu dem Motto „Auf einen alten Kopf passt nicht immer ein neuer Hut" muss beachtet werden, dass vorab die **Aufbauorganisation**, d. h. die Weisungs- und Disziplinarstruktur des Unternehmens neu konzipiert oder zumindest angepasst wird, bevor Geschäftsprozesse, Datenstrukturen – hier Datensichten, Datenwürfel und das Data Warehouse – und die betriebswirtschaftlichen Funktionen als Algorithmen mittels gängiger Software-Entwicklungs-Methoden entworfen werden. Hier liegt ein in der Praxis „schwer zu beackerndes betriebswirtschaftliches Feld".

Beispiel Zahlreiche, ineinander verzahnte aber autonome Sichten auf analytische Daten sind auch in Universitäten erkennbar. Es war bis Mitte 2000 ein Fakt, dass diese staatlichen Institutionen hinsichtlich Einsatz und Nutzung administrativer IT-Technik weit hinter der Wirtschaft zurückfielen. Eine Ausnahme bildete damals die Freie Universität Berlin, die Mitte 2000 mit dem *SAP Campus System Projekt* Neuland betrat; denn Universitäten weichen mit ihrer relativ flachen, aber extrem breiten Organisationsstruktur fundamental von den gängigen Stereotypen von Informationsstrukturen im Bank-, Industrie- und Handelsbereich ab. Dies liegt an der akademischen Mitbestimmung sowie der Stellung der Fachbereiche, denen in der Wirtschaft Abteilungen entsprechen, und der besonderen Forschungsinstitute. Die traditionell begründete Kultur und der wissenschaftliche Rang der einzelnen Fachbereiche führt zu ihrer Autonomie und Heterogenität in der Universitätslandschaft.

Diese Erfahrung machte auch das IT-Team *KCoIT* der FU Berlin, das für den Aufbau eines universitären Data Warehouses zuständig war. Die technische und fachliche („semantische") Heterogenität der rund fünfzehn Datenquellen – von einer Vielzahl Dateien, über MS Access bis zu *HIS*-Datenbanken und *SAP* RS/3 – wird aus der folgenden Liste der FU-Datenquellen deutlich [287]:

- Studierende und Absolventen: HIS-SOS
- Prüfungen: SAP-Campus
- Personal und Stellen: SAP-HR und ORG Management
- Organisationsdaten: SAP-ORG-Management
- Haushalt (inklusive Drittmittel): SAP FI/PSM
- Forschungsprojekte: Spezial-Applikationen in SAP
- Flächen: Raum-Datenbank (MS Access)
- Publikationen: Uni-Bibliographie (Aleph)
- diverse kleine Datenbanken

Die Verschiedenheit der Organisationsstruktur und der Finanzwirtschaft in deutschen Universitäten sind sehr spezifisch und unterscheiden sich erheblich von denen der Wirtschaft (siehe Abb. 2.12 und 2.13). Das Organisationsdiagramm der *FU Berlin* aus dem Jahr 2011 zeigt die ganze Vielfalt von Fachbereichen, wissenschaftlichen, Service- und internationalen Einrichtungen. Die Komplexität des Entwurfs liegt offenkundig an (deutschen)

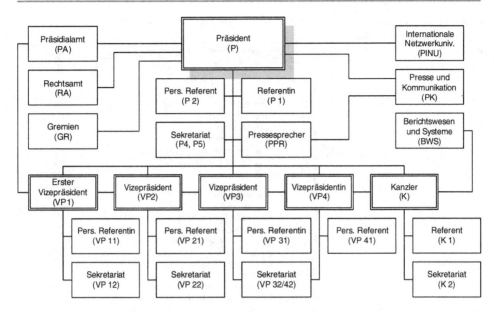

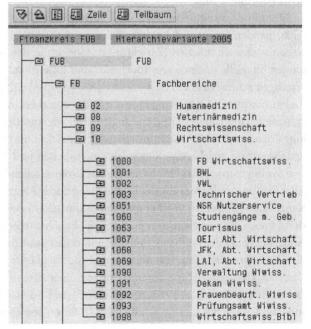

Abb. 2.12 Organigramm des Präsidialamts der Freien Universität Berlin, Stand 2013, http://www. fu-berlin.de

Abb. 2.13 Finanzkreise und Aufbauorganisation der FU Berlin, Stand 2005; Quelle: [287]

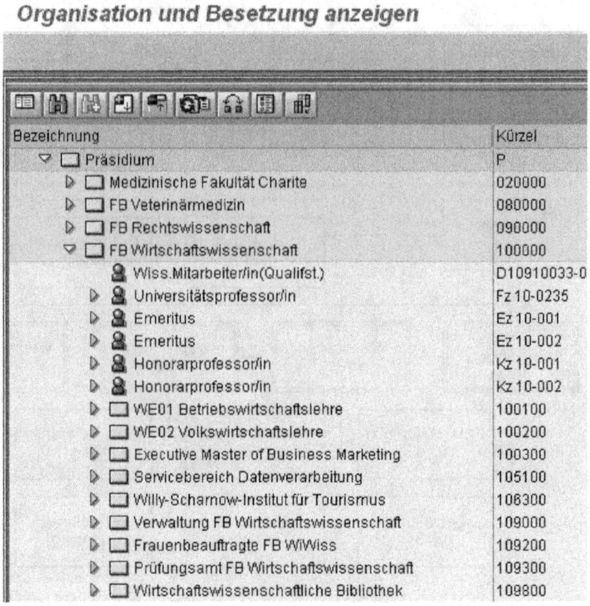

Abb. 2.14 Heterogenität in der Aufbauorganisation des FB Wirtschaftswissenschaft der FU Berlin; Quelle: [287]

Universitäten in der *Unbalanciertheit*, *Asymmetrie* und der *Dynamik der Änderung der Aufbauorganisation*, die vom Staat, dem Universitätspräsidenten und dem Akademischen Senat beeinflusst wird.

Mangelnde Strukturkonstanz wird auch deutlich, wenn man einen einzigen Fachbereich, hier den *Fachbereich Wirtschaftswissenschaft*, mit dem Schlüssel 100000, herausgreift. Neben wissenschaftlichen Einrichtungen tauchen in der Binnenstruktur Serviceeinrichtungen, spezielle Institute wie Tourismus und Emeriti auf. Dies führt auch zu einem aufwändigen Schlüsselsystem (siehe Spalte „*Kürzel*" in Abb. 2.14).

Fünfundfünfzig Jahre lang haben sich die einzelnen Abrechnungs- und Verwaltungssysteme seit der Universitätsgründung 1948 als sog. **Insellösungen**, die „mächtigen" Abteilungsleitern unterstellt waren, auseinander entwickelt und zu der unterschiedlichen Strukturierungstiefe gleichartiger Organisationseinheiten und Terminologie mit Homonymen und Synonymen geführt [287]. Dies lag an bürokratischen Hemmnissen wie fehlender globaler Planung und Steuerung der IT und mangelnder Abstimmung zwischen Präsident und Kanzler, also wissenschaftlicher und kaufmännischer Leitung. Hinzu kommen im Universitätsbereich die partiellen, aber hochschulpolitisch immer wieder gewollten, permanenten Änderungen an der Aufbauorganisation und den Studien- und Prüfungsordnungen. Für die IT-Gruppe *Arbeitsbereich KCoIT* ergab sich als Lösung, die Organisation an das neue Datenbankkonzept anzupassen und eine sog. „Statistische Organisationseinheit (SOE)" als die kleinste gemeinsame Verdichtungsebene von Kostenstellen, Drittmittelprojekten, Personal und Studiengängen zu schaffen [287]. Einen begrenzten Einblick auf SOEs gewährt Abb. 2.15.

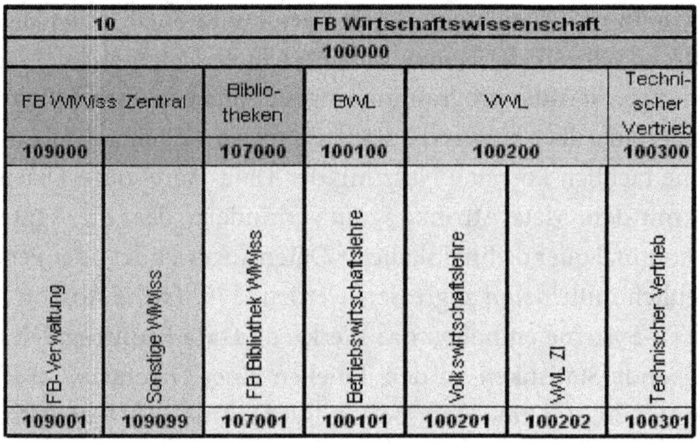

10		FB Wirtschaftswissenschaft			
		100000			
FB WiWiss Zentral	Biblio-theken	BWL	VWL		Techni-scher Vertrieb
109000		107000	100100	100200	100300
FB-Verwaltung	Sonstige WiWiss	FB Bibliothek WiWiss	Betriebswirtschaftslehre	Volkswirtschaftslehre / VWL ZI	Technischer Vertrieb
109001	109099	107001	100101	100201 / 100202	100301

Abb. 2.15 Auflösung der institutionellen Heterogenität in der Aufbauorganisation durch SOEs; Quelle: [287]

Da im Projekt nicht der eingangs erwähnte Fehler „neuer Hut auf alten Kopf" gemacht wurde, stand den nicht unbeträchtlichen kurzfristig anfallenden Projektkosten ein erheblicher, sich teilweise erst langfristig auswirkender Nutzen in der Übersichtlichkeit der Aufbauorganisation, der Benutzerfreundlichkeit und der Vereinfachung der Arbeitsprozesse gegenüber. Dazu sind zu rechnen [287]:

1. die Reduzierung der Gliederungstiefe, z. B. Finanzpositionen (Kostenarten): vorher ca. 2900 Finanzpositionen, nachher 43 Ausgabe- und Einnahmearten,
2. die Schaffung mehrerer Verdichtungsebenen von der Grobansicht zum Detail, und
3. die Benennung der Ausprägungen der Verdichtungsebenen durch „Hausjargon" sowie auf der Detailebene durch Fachtermini.

2.3.1 ETL-Prozess

Der ETL-Prozess muss sowohl *performant* sein, um Sperrzeiten beim Zugriff auf die Datenquellen zu minimieren, als auch *effektiv*, um die Qualität der Daten hinsichtlich der vorgegebenen Qualitätsziele zu sichern. Dies erfordert, dass die Daten u. a. vollständig, korrekt, aktuell und widerspruchsfrei im Data-Warehouse bereitgestellt werden. Neuere Einsatzgebiete von Data Warehouses erfordern das beschleunigte Hinzufügen von Daten, teilweise sogar in **Echtzeit** (*Real-Time Data Warehousing*) [217]. ETL richtet sich daher zunehmend auf die Minimierung der **Latenzzeit** aus, das heißt der Zeitspanne, die benötigt wird, bis die operierenden bzw. Fremddaten aus den Quellsystemen zur Nutzung bereitstehen. Hierzu ist eine häufige Durchführung und/oder Parallelisierung des ETL-Prozesses unabdingbar.

ETL setzt ein Repositorium (Metadatenbank) voraus, das insbesondere die notwendigen Datenbereinigungs- und Transformationsregeln sowie die Schemadaten als Metadaten aufnimmt und langfristig pflegt.

Dabei sind **Metadaten** Daten über Daten oder Funktionen. Metadaten beschreiben nicht nur syntaktische Aspekte der Daten, wie Bezeichner, Datentyp oder Länge, und technische Aspekte wie projekt- oder programmbezogene Angaben oder Kenngrößen zur Speichernutzung, sondern darüber hinaus die statistischen sowie semantischen Eigenschaften. Diese sind für eine fachlich korrekte Nutzung der Data-Warehouse-Daten unabdingbar. So lässt sich z. B. mit dem Meta-Attribut *Skala* verhindern, dass die Aggregatfunktionen *avg* und *sum* auf nominal oder ordinal skalierte Daten angewendet oder Personalbestandsgrößen (stock) zeitlich mittels *sum* aggregiert werden [179] (siehe Abschn. 2.4).

Die meisten ETL-Systeme enthalten das Werkzeug **Data Profiling**. Dieses ermöglicht, einfache beschreibende Statistiken zu den Tabellen einer Datenbank aus verschiedenen Sichtweisen zu ermitteln, um eine Art „Bestandsaufnahme" der Qualitätslage vorzunehmen. Dies ist wichtig, um die Datenqualität zu verbessern, wenn Daten aus Altsystemen extrahiert werden, da deren Qualität i. Allg. nicht bekannt sein dürfte und hinsichtlich der gesteckten Datenqualitätsziele des Data Warehouses nicht ausreicht. Beispielsweise lassen sich in einer Tabelle *Kundenbestellung* der Prozentanteil Nullwerte je Attribut berechnen oder Datensätze entdecken, deren Datentyp nicht konsistent zum DW-Schema ist. Transformationsregeln müssen darauf genau abgestimmt werden, um später korrekte Operationen im Data Warehouse zu garantieren.

Zum Füllen eines Data Warehouses werden zur Homogenisierung von heterogenen Daten Transformationen verwendet, die unter dem Begriff *data migration* bzw *data mapping* zusammengefasst werden. Eine Auswahl [21]:

1. Transformation in (de-)normalisierte Datenstrukturen
2. Erkennen und Eliminierung von Duplikaten (Objektidentifizierung, Deduplizierung)
3. Schlüsselbehandlung oder Erzeugung künstlicher Schlüssel z. B. bei uneinheitlichen internationalen Postleitzahlen
4. Anpassung von Datentypen wie bei Hausnummern kodiert als *integer* oder *string*
5. Vereinheitlichung von Zeichenketten, Datumsangaben usw. wie ‚1.2.2011' statt ‚2.1.2011'
6. Umrechnung von Maßeinheiten und Skalierung, beispielsweise von l/100 km in g/mi
7. Kombination oder Separierung von Attributwerten wie Trennung von Titeln und Familiennamen
8. Anreicherung von Attributen durch Hintergrundwissen wie Zuordnung der Regionalstruktur zu PLZ
9. Berechnung abgeleiteter Aggregate mittels Variablentransformation, SQL-Aggregatfunktionen und OLAP-Operatoren

Die Bedieneroberfläche eines zum Data Profiling geeigneten Tools, hier des Data Profilers im Oracle Warehouse Builder, ist in Abb. 2.16 dargestellt. Die Werkzeugleiste erlaubt es, gewünschte Transformationen durch Drag-and-Drop zu aktivieren, beispielsweise zwei Tabellen mittels *Joiner* zu verknüpfen oder die Selektion von Datensätzen durch *Filterbedingungen setzen* zu aktivieren. Mit „Deduplicator" in der rechten Leiste wird ein Werkzeug bereitgestellt, das es ermöglicht Duplikate beispielsweise in Adressdateien zu erkennen.

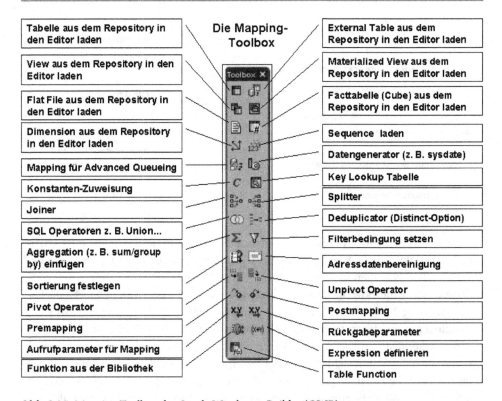

Abb. 2.16   Mapping Toolbox des Oracle Warehouse Builder (OWB)

Im Folgenden klassifizieren wir mögliche Integrationskonflikte. Diese treten beim Aufbau eines Data Warehouses i. Allg. kombiniert auf. In der Literatur unterscheidet man
zwischen Schema- und Datenkonflikten [172, 222, 156].

2.3.2   Schemakonflikte

Konzeptionelle Schemakonflikte treten in vielfältiger Form auf. Sie werden durch unterschiedliche Datenmodellierung von autonomen, heterogenen Datenbanken verursacht.
Grundannahme für die Auflösung ist, dass überhaupt, ein gemeinsames Schema eines
Data Warehouses als Zieldatenbank existiert. In der Praxis ist dies wegen der verfügbaren Vorinformation und der Erfahrung der beteiligten internen und externen Experten
gegeben. Allerdings ist die Konfliktauflösung äußerst mühsam.

1. **Namenskonflikte:** Bei Namenskonflikten liegt die Ursache bei den sich semantisch un-
   terscheidenden Abbildungen realer Sachverhalte. Es treten sowohl Synonyme als auch
   Homonyme auf. Synonyme sind darauf zurückzuführen, dass semantisch äquivalente

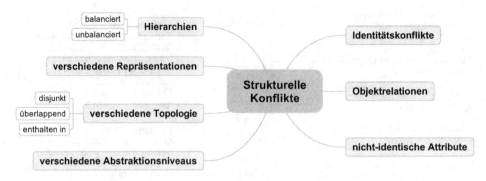

Abb. 2.17 Strukturelle Konflikte

Objekte unterschiedlich bezeichnet werden, z. B. „Mandant" und „Klient" oder „Artikel", „Produkt", „Teil" usw. Bei Homonymen sind unterschiedliche Objekte gleich benannt, z. B. *Bank* im Sinne von „Parkbank" oder „Postbank".

2. **Strukturelle Konflikte**: Strukturelle Konflikte haben ihre Ursache in unterschiedlicher Modellierung ähnlicher Sachverhalte in den zu integrierenden Schemata. Man kann zwischen verschiedenen strukturellen Konflikten unterscheiden (siehe Abb. 2.17). Die Identitätskonflikte sind auf unterschiedliche Primärschlüssel zurückzuführen. Konflikte entstehen durch unterschiedliche oder fehlende Objektbeziehungen. Konflikte durch unterschiedliche Attribute gehen meist auf nicht zueinander passende Attributmengen oder fehlende Attribute zurück, während Konflikte auf unterschiedlichen Abstraktionsebenen aus Generalisierung und Aggregation innerhalb des jeweiligen Schemas resultieren.

Konflikte durch verschiedene Topologien (unterschiedliche Realitätsausschnitte) ergeben sich unter anderem bei disjunkten oder überlappenden Abbildungen von realen Sachverhalten. So sind im Zeitablauf sich langsam ändernde, nicht isomorphe Hierarchien ebenfalls Auslöser für Konflikte (siehe auch Historisierung im Abschn. 2.6.6). Mit der Verwendung von Attributen als eigenständigen Entitäten und Relationen treten weitere Konflikte durch unterschiedliche Repräsentationen auf. Man denke hier beispielsweise an das Attribut *Kundentyp* des Objekttyps *Kunde* bzw. an die Objekttypen *Kleinkunde* und *Großkunde* als Spezialisierungen vom Objekttyp *Kunde*.

3. **Konflikte durch Datenrepräsentation**: Es sind unterschiedliche Repräsentationskonflikte möglich (siehe Abb. 2.18). Wenn Daten in den Quellsystemen in unterschiedlicher Art gespeichert sind, dann kommen sie oft mit verschiedenen Datentypen und Wertebereichen vor, bilden jedoch semantisch äquivalente Attribute ab. Weiterhin treten Probleme durch Null- und Default-Werte auf, die im Quellsystem zwar zulässig sind, aber im Zielsystem erst zugelassen werden müssen. Skalierungskonflikte entstehen durch die Verwendung unterschiedlicher Maßeinheiten, Maßstabsfaktoren und Detailgrade. Bei Konflikten durch die unterschiedliche Definition von Attributen (sog. *Harmonisierungskonflikte*) liegt die Ursache in unterschiedlicher inhaltlicher Bestimmung durch

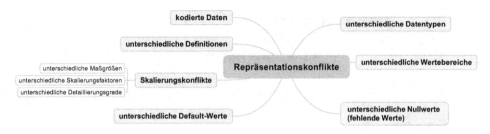

Abb. 2.18 Repräsentationskonflikte

die zuständigen Experten. So kann man durchaus unterschiedlich Beginn und Ende von Projekten definieren und damit die *Projektdauer*.

Durch den Anwender können anstelle eines vollständigen Attributnamens Abkürzungen oder Kodierungen (sog. *Aliasse*) zugewiesen werden; selbst kodierte Daten sind meist nicht einheitlich über alle Quellsysteme hinweg definiert. Man denke hierbei an die Kodierung von *Geschlecht* durch $\{0,1\}$ bzw. $\{1,0\}$.

2.3.3 Datenkonflikte

Bei den Datenkonflikten liegt die Ursache in den Daten selbst, die in den Quellsystemen gespeichert sind. Zur Lösung dieser Konflikte ist in der Regel zeitaufwändiges Eingreifen nötig. Es eignet sich hier der Einsatz regelbasierter Verfahren, denn durch die Verwendung von Hintergrundwissen erreicht man die angestrebte Lösung oft aufwandsgünstiger. Man kann zwischen verschiedenen Datenkonflikten unterscheiden (siehe Abb. 2.19).

1. **Veraltete oder ungültige Daten**: Diese Datenkonflikte resultieren aus nicht stattfindender Aktualisierung, wodurch Daten veralten oder sogar unbrauchbar werden. Bei der ersten Erdölkrise 1973 lag in der Bundesrepublik Deutschland nur eine fünf Jahre alte, damit technologisch veraltete Input-Output-Tabelle vor, um die Folgewirkung der Krise volkswirtschaftlich abzuschätzen.
2. **Mehrdeutigkeit von Feldern**: Steht in einem Feld ein Datum, das für mehrere Sachverhalte genutzt wird oder mehrere Bedeutungen besitzt, ergeben sich Konflikte wegen Mehrdeutigkeit. *Alter* eines Mitarbeiters kann entweder sein *Lebensalter* oder die *Dauer seiner Betriebszugehörigkeit* sein. Umsatz oder Absatz können mengen- oder wertmäßig ambivalent benutzt werden und bei Netto-Kaltmiete kann Unklarheit herrschen, ob die Betriebskosten einbezogen sind oder nicht.
3. **Fehlerhafte Daten**: Diese entstehen aufgrund nicht korrekter Erfassung oder Eintragung von Daten (*Eingabefehler*), der Verwendung von sogenannten *Platzhaltern* (dummy values, defaults) oder dem gänzlichen Fehlen von Daten (*Nullwerte*). Dies kann strukturell bedingt sein, falls niemals Werte existieren können oder fallweise eintreten, sodass Werte temporär fehlen. Oftmals werden die Daten auch in verschiedener

Abb. 2.19 Datenkonflikte

Form erfasst (*Formfehler*) oder es werden Felder falsch verwendet (*Anwendungsfehler*).
Inhaltliche Widersprüche (*semantische Inkonsistenz*), *Verletzungen der* (Objekt- bzw-
referentiellen) *Integrität* oder von *Geschäftsregeln*, sowie nicht erkannte *Duplikate* führen
ebenso zu Datenfehlern. Besondere Aufmerksamkeit erfordern unplausible oder *zwei-
felhafte Daten*. Sie liegen beispielsweise im einfachsten Fall vor, wenn ein minderjähriger
Privatkunde einen sehr teuren Gebrauchtwagen der Luxusklasse erworben haben soll.

Ein Beispiel für einfache Konfliktauflösung durch Transformation geht aus der Abb. 2.20
hervor. Diese Art der Konversion eines Datentyps in einen anderen kommen häufig vor,
beispielsweise wie hier, wenn eine Zeichenkette (String) in eine Zahl umgewandelt werden
muss.

Da die Datenintegration stets viel fachliches Hintergrundwissen über die im Data Ware-
house zu speichernden Daten und über die verfügbaren Datenquellen verlangt, ist über-
wiegend eine manuelle Spezifizierung der Transformationen unabdingbar. Folglich ist der
ETL-Prozess sehr zeitaufwändig und damit teuer. Es ist daher nicht verwunderlich, dass die
Anbieter von marktgängigen Datenbank-Managementsystemen (*DBMS*) mittels intensiver
Forschung und Entwicklung diesen Arbeitsprozess in Teilen zu automatisieren versuchen.

Ein erster Versuch in Richtung *Halbautomatisierung* ist das in [222] konzipierte ETL-
Tool *SAETL*, (siehe Abb. 2.21). Die linke Seite des Diagramms zeigt die üblichen Komponenten des ETL-Werkzeugkastens wie *Server/Laufzeitsystem*, *ETL-Entwurfskomponente*,
ETL-Werkzeugkasten und *Repositorium* zusammen mit den überwiegend systemtechnisch
benötigten Metadaten. Das rechte Teildiagramm ergänzt diese Komponenten um ein *Ana-
lysewerkzeug* für interne und externe Datenquellen, ein Entwurfswerkzeug für Benutzer-

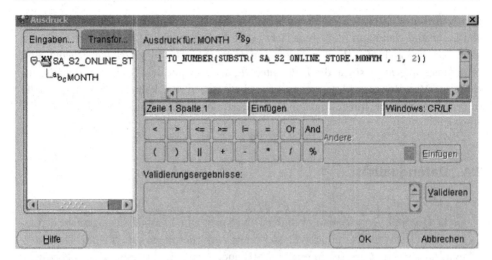

Abb. 2.20 Bedieneroberfläche zur Konfliktauflösung mittels Transformationen von Datentypen im OWB

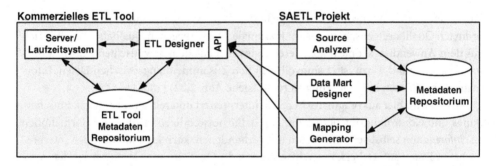

Abb. 2.21 SAETL-Architektur: Integration mit kommerziellem ETL Designer [222]

sichten und ein Transformations-Werkzeug, das massiv von technischen, semantischen und statistischen Metadaten eines (erweiterten) *Repositoriums* Gebrauch macht.

Der Query-Prozessor einer solchen Architektur würde beispielsweise prüfen und verhindern, dass auf *Wachstumsraten* von Absatzdaten $(x_1, x_2, \ldots, x_n)$ die SQL-Aggregatfunktion *avg*, d. h. $\bar{x} = \sum_{v=1}^{n} x_v$, angewendet werden kann. Da das Transformationswerkzeug für das neu generierte (verhältnisskalierte) Attribut *Wachstumsrate_Absatz* im Repositorium als *statistischen Datentyp* = ‚Wachstumsrate' festhält und für *avg* nur der statistische Datentyp = ‚absolut/kardinal skaliert' zulässig ist, wird verhindert, statistischen Unsinn zu generieren. Zulässig wäre dagegen in diesem Fall, das geometrische Mittel $\check{x} = \sqrt[n]{x_1 x_2 \cdots x_n}$ anzuwenden, da ihm der Datentyp ‚Wachstumsrate/Verhältnisskala' im Repositorium bei den Aggregatfunktionen zugeordnet ist.

Weiterführende Literatur An erster Stelle legen wir dem interessierten Leser das Buch von Leser und Naumann (2007) ans Herz [182]. Es behandelt in hinlänglicher Tiefe und didaktisch geschickt die Themen *Autonomie, Heterogenität* und *Verteilung, Schema-* und *Metadatenmangement* sowie die *Datenintegration*. Mehr auf den Telekommunikationsaspekt von Verteilung und Integration gehen die Autoren Abeck et al. (2003) in „Verteilte Informationssysteme: Integration von Datenübertragungstechnik und Datenbanktechnik" ein [3].

2.4 Datenqualität

> Unter **Qualität** versteht man nach der DIN-Norm zum Qualitätsmanagement den „Grad, in dem ein Satz inhärenter Merkmale Anforderungen erfüllt" [80]. **Datenqualität** kann man in Anlehnung an [291] auch kurz mit „Eignung der Daten zur Nutzung bei gesteckten Verwendungszielen" umschreiben.

Die Qualität von Daten wird demzufolge bestimmt durch die Gesamtheit der ihnen zugeordneten Qualitätseigenschaften bzw. -merkmale. Die vorgegeben Qualitätsziele leiten sich aus dem Anwendungskontext ab. Dieser ergibt sich aus dem gewünschten Informations- und Wissensstand. Dazu ist es sinnvoll, sich den Zusammenhang zwischen Daten, Information und Wissen in Erinnerung zu rufen (siehe Abb. 2.22) [143, 1].

Wissen wird hier aus pragmatischer Sicht interpretiert und reichert Planungs-, Entscheidungs und Controllingsituationen mit den dafür notwendigen fachlichen Informationen an. *Information* selbst setzt wiederum auf vorhandenen, korrekten und fachlich interpretierbaren Daten auf. Dabei können bzw. müssen die Qualitätsanforderungen aus den Analysezielen der Endanwender abgeleitet werden.

Diese Vorgaben in einzelne Qualitätsmerkmale herunterzubrechen ist angesichts der Vielzahl qualitativer Aspekte nicht einfach. Deren Anzahl liegt bei etwa 75 Kriterien [122]. Eine Vielzahl von Klassifikationsschemata sind dabei hilfreich. Im Weiteren folgen wir [127]. Um zu einer systematischen, „intelligenten", *nicht* „totalen" Datenqualitätssicherung zu gelangen, sind vorweg formal-abstrakte Definitionen, Messvorschriften und Schwellenwerte für Annahme-/Ablehnungsentscheidungen von Daten unabdingbar.

2.4.1 Kenngrößen der Qualitätsmessung

Wie aus Abb. 2.23 ersichtlich ist, lässt sich die Datenqualität in vier Hauptkriterien unterteilen [122, 127]:

1. *Glaubwürdigkeit,*
2. *Nützlichkeit,*

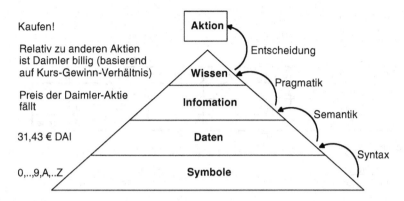

Abb. 2.22 Daten, Information und Wissen [1]

3. *Interpretierbarkeit* und
4. *Schlüsselintegrität*.

Die recht heterogene Hauptkategorie **Glaubwürdigkeit** repräsentiert Qualitätseigenschaften der Daten, die Realitätsnähe, Fehlerfreiheit und Widerspruchsfreiheit zu den Metadaten sowie die Vertrauenswürdigkeit der Datenquellen gewährleisten.

In der zweiten, recht gut messbaren Hauptkategorie **Nützlichkeit** werden Qualitätskriterien zusammengefasst, die insgesamt die Verwendbarkeit und Zweckdienlichkeit sichern. In diesem Sinn können Daten *nutzlos* sein, wenn sie unvollständig („lückenhaft"), noch

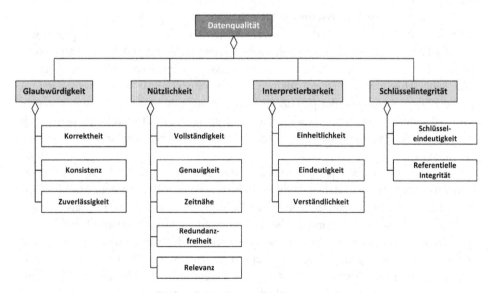

Abb. 2.23 Datenqualitätskriterien nach Hinrichs [127]

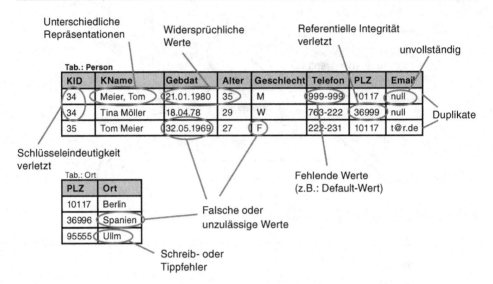

Abb. 2.24 Beispiele von Datenfehlern

nicht revidiert trotz Revisionsnotwendigkeit, nicht ausreichend detailliert (beispielsweise Quartals- statt Monatsdaten), nicht mehr aktuell, also veraltet, und irrelevant sind.

In der dritten, überwiegend gut messbaren Hauptkategorie **Interpretierbarkeit** werden Qualitätskriterien zusammengefasst, die syntaktische und semantische Eigenschaften der Daten betreffen, sodass die Daten semantisch einheitlich („harmonisiert"), eindeutig und verständlich sind.

Die letzte Kategorie **Schlüsselintegrität** sichert die eindeutige Identifizierung aller Entitäten als *Schlüsseleindeutigkeit* der Kandidatenschlüssel und die Existenzabhängigkeit solcher Objekte bei wechselseitigen Beziehungen als *referentielle Integrität* ab. In der Datenbanktheorie wird diese Integritätsart als Teil umfassender Integritätsbedingungen (constraints) angesehen und vom Datenbankmanagementsystem (DBMS) mit verwaltet und bei der Datenpflege verwendet. Beispiel für die Schlüsselintegrität ist die Forderung, dass eine Kunden-Nr. nur einmal vergeben wird. Die referentielle Integrität ist verletzt, wenn noch ein Kundenauftrag existiert, der zugehörige Artikel aber schon längst aus dem Sortiment gestrichen ist.

Wenn eine Datenbank eines dieser Qualitätsmerkmale nicht einhält, kann dies verheerende Auswirkungen für Datenanalysen im Rahmen von OLAP- oder Data-Mining-Aktivitäten haben, die auf diesen Daten aufsetzen (Schlagwort „Garbage in – Garbage out").

Um dies zu verdeutlichen, sind in Abb. 2.24 repräsentative Fehler entsprechend der obigen Klassifikation eingebaut. Die Abbildung erweckt vordergründig den Eindruck, dass die Datenqualität einzig eine Frage von Fehlern in den Daten selbst ist. Dem ist jedoch nicht so, da Datenqualitätsmängel von Einzel- und Mehrquellenproblemen herrühren und durch Fehler auf Instanz- und Datenbankschemaebene verursacht sein können. Diesen Zu-

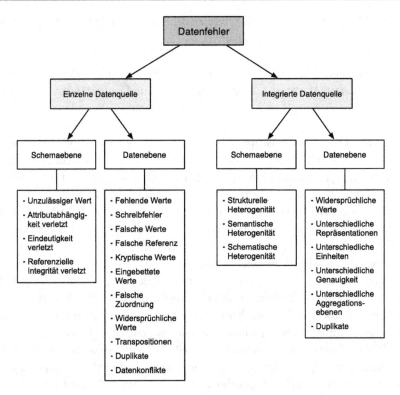

Abb. 2.25 Datenqualitätsmängel abhängig von Ebene und Quelle [182]

sammenhang macht die Klassifikation in Abb. 2.25 deutlich [182, 250]. Auf der Ebene der Blattknoten in diesem Baumdiagramm wird erneut die Komplexität der Datenqualitätssicherung sichtbar.

Getreu dem Motto „You can't control what you can't measure" [75] ist es nötig, geeignete Messgrößen (Qualitätskenngrößen) bereitzustellen, um Soll-Ist-Qualitätsabweichungen aufzudecken (Lokalisationsproblem) und ggf. zu korrigieren („zu reparieren").

Im Folgenden folgen wir den Ausführungen in [181]. Bei den Sollwerten handelt es sich um die gewünschten, vorab zu definierenden Qualitätsniveaus. Weiterhin nutzt die Praxis der Datenqualitätssicherung sog. *Schwellen-* oder *kritische Werte*, die eine Datenbereinigungsaktion auslösen, wenn die betreffende Kenngröße den Schwellenwert unter- bzw. überschreitet.

Die Verfahren lassen sich im Wesentlichen zurückführen auf:

1. *semantisch-technische Prüfung* der realen Daten gegen die zugehörigen Metadaten,
2. *statistische Prüfung* durch explorative Datenanalyse anhand einfacher, deskriptiver und statistischer Maßzahlen und
3. *Konsistenzprüfung* realer Daten hinsichtlich des Einhaltens der Geschäftsregeln und Validierungsregeln.

Geschäftsregeln (engl. Business Rules) erfassen dabei *Tatbestände*, Geschäftsprozesse und betriebswirtschaftliche Beziehungen aller Art.

Beispiel Es muss stets gelten: *sum(Monatgehälter aller Mitarbeiter je Abteilung)* ≤ *monatliches Abteilungsbudget*. Absatz (d_t), Produktionsrate (p_t) und Lagerstände (I_t, I_{t-1}) müssen die Lagerbestandsgleichung, $I_t = I_{t-1} + p_t - d_t$, die sich auf die Periode $(t-1, t]$ bezieht, erfüllen.

Wenden wir uns zuerst der Gruppe *Glaubwürdigkeit* von Qualitätsindikatoren zu. Eine erste Definition von *Korrektheit* sollte jede Abweichung zwischen dem Beobachtungswert x_i und dem zugehörigen unbekannten, aber tatsächlichen Wert μ_i für ein gegebenes Objekt O_i messen. Beispielsweise passt der Name „Peter Schmidt" nicht zu der Anrede „Frau" in einem deutschen Werbebrief, d. h. die betreffende Geschlecht-Vorname-Regel ist verletzt: *Vorname(Kunde, ‚Peter')* ⇒ *Anrede(Kunde, ‚Herr')*. *Korrektheit* der Daten würde dagegen vorliegen, wenn „*Peter*" und „*Herr*" gemeinsam in der Anschrift zusammen mit dem Nachnamen *Schmidt* auftreten würden.

Eine Alternative zu obiger Vorgehensweise ist die Berechnung von (prozentualen) Häufigkeiten, die in der Praxis der **Datenprofilerstellung** (engl. Data Profiling) ganz überwiegend verwendet werden. In der Datenbanktheorie werden die zu einem Kollektiv gehörenden Häufigkeiten im Rahmen der Abfrageoptimierung entgegen ihrer Bedeutung in der Statistik als *Histogramm* bezeichnet. Deren Vorteil liegt darin, dass *Häufigkeiten* kardinal skaliert und unabhängig von der Skala des zugrundeliegenden Daten- oder Messraums sind. Ist der Datenraum metrisch (kardinal) skaliert, so steht ein ganzes Bündel unterschiedlich geeigneter Ähnlichkeitsmaße für die Qualitätsmessung zur Verfügung [175].

Ausgangspunkt für die *Ermittlung von Datenprofilen* ist die Festlegung bzw. Kenntnis des Wertebereichs eines jeden Attributs. Diese Angaben sind üblicherweise im Repositorium hinterlegt. Das Attribut A habe den Wertebereich $range(A) = \{a_1, a_2, \ldots, a_{|range(A)|}\}$. Hierbei bezeichnet $|range(A)|$ die Kardinalität (Anzahl der Elemente) des Attributs A. Sei $\chi : range(A) \rightarrow \{0, 1\}$ eine charakteristische Funktion mit $\chi_A(a) = 1$, falls $cond_A(a)$ wahr ist und 0 sonst, wobei $a \in range(A)$ ist.

Falls beispielsweise $range(Geschlecht) = \{m, w\}$ ist, ist für das Attribut $A \equiv Geschlecht$, $cond_A(0) = falsch$, da $a = 0$ offensichtlich kein Element von A ist. Dann wird die Kenngröße *prozentuale Häufigkeit korrekter Werte*, $q(A)$, von Attribut A in Tabelle T mit Anzahl Tupeln $n = |T|$ durch folgende Formel gegeben:

$$q(A) = \frac{\sum_{i=1}^{n} \chi_A(a_i)}{n} \tag{2.1}$$

Die Kenngröße **Konsistenz** hat mehrere Facetten. Zunächst will man damit messen, ob die Daten zur Realität widersprüchlich sind. Hinrichs [127] schränkt den Begriff auf den Vergleich mit technischen Metadaten ein. Dazu zählen Datentyp-, Feldlängen- und Wertebereichskonsistenz.

Beispiel In kommerziellen Finanzbuchhaltungssystemen wäre der Datentyp *float* für Umsatzwerte fehlerhaft, da wegen buchhalterischer Normen der Typ *decimal* vorgeschrieben ist, der genau zwei Stellen bei allen Zwischenrechnungen hinter dem Komma berücksichtigt.

Wir greifen die *Wertebereichskonsistenz* eines Attributs *A* heraus. Beispielsweise könnte im Repositorium das Attribut *Geschlecht* mit $range(A) = \{m, w\}$ enthalten sein. Falls ein Datensatz gefunden wird, bei dem statt „*w*" das Zeichen „*f*" oder der String „*Mann*" oder „*weiblich*" usw. auftritt, zeigt die zugehörige charakteristische Function $\chi(a)$ den Wert 0 an. Folglich setzen wir

$$q_{range}(A) = \frac{\sum_{i=1}^{n} \chi_{range(A)}(a_i)}{n} \tag{2.2}$$

wobei

$$\chi_{range(A)}(a) = \begin{cases} 0 & \text{falls } a \notin range(A) \\ 1 & \text{falls } a \in range(A) \end{cases} \tag{2.3}$$

Zum anderen kann der *Konsistenzbegriff* auf das Beseitigen von semantischen oder statistischen Widersprüchen sowie das Einhalten von in Datenbanken eingebetteten Restriktionen (*constraints*) erweitert werden [176]. Operative und auch aggregierte Daten müssen **Geschäftsregeln** und **Bilanzgleichungen** erfüllen, die als Spezialfälle von sog. **Edits** (Validierungsregeln) aufgefasst werden können. So gilt beispielsweise in der Debitorenbuchhaltung die

- Geschäftsregel 1: „Falls eine Kundenforderung innerhalb von 14 Tagen bezahlt wird, dann ist 3 % Skonto zulässig" und die
- Geschäftsregel 2: „Summe aller Sollbuchungen = Summe aller Habenbuchungen".

Edits sind Validierungsregeln für Daten [38]. Sie können vom Regeltyp

1. *einfach*
2. *logisch*
3. *probabilistisch*
4. *arithmetisch* oder
5. *statistisch/fuzzy*

sein [170].

Der Regeltyp *einfach* liegt beispielsweise bei *Datentyp*(*Umsatz*) = ‚numerisch' vor. Die obige Skontoregel stellt ein *logisches* Edit dar, wie auch die Regel *Falls Person.Beruf* = ‚*Bus-Fahrer*', dann *Person.Lebensalter* > 21. Die Regel *Middle-Manager.Lebensalter* ≥ *Einschulungsalter* (6) + *Grundschuljahre* (4) + *Gymnasiumsjahre* (8) repräsentiert ein *arithmetisches* Edit. Derselbe Edittyp gilt für die bekannte, oben bereits erwähnte *Lagerhaltungsgleichung*, die erzwingt, dass Daten aus den Abteilungen *Einkauf, Produktion, Lager* und

Verkauf gleichungskonsistent sind, d. h. die Gl. 2.4 erfüllen:

$$I_t = I_{t-1} + p_t - d_t \tag{2.4}$$

Man beachte, dass die in dieser „Bilanzgleichung" enthaltenen Größen nicht unbedingt ex post die Lagerhaltungsgleichung erfüllen müssen. Dies kann der Fall sein, wenn *Erfassungsfehler*, *Messfehlern* oder *Schätzspielräume* beispielsweise bei der Bilanzpolitik, bei Bestandsbewertungen und Inventuren von Wichtigkeit sind.

Weiterhin spielen **partielle Informationen** eine wesentliche Rolle. So kann die Produktion p_t über Bestandsdifferenzen und Endnachfrage aus den Daten der Abteilungen *Einkauf/Lagerhaltung* und *Vertrieb* gemäß $\hat{p}_t = \Delta I_t = I_t - I_{t-1} + d_t$ abgeschätzt werden. Andererseits lässt sich die Produktion p_t durch *Stücklistenauflösung* anhand der Daten der Fertigungsabteilung und des Vertriebs berechnen. Dies erfolgt durch Multiplikation des betreffenden Endnachfragevektors d_t mit der Matrix $(I - V)^{-1}$, wobei die zugehörige, zeitinvariante Verflechtungs- oder Leontiev-Matrix (V) und die hinsichtlich der Zeilen- und Spaltenanzahl isomorphe Einheitsmatrix (I) gegeben sein müssen, d. h. $\tilde{p}_t = (I - V)^{-1} d_t$. Die Komponenten des Variablenvektors p_t repräsentieren dabei die Bruttoproduktionsmengen der Endprodukte und Halbfabrikate. Die spannende Frage ist nun allerdings, wie mit möglichen Abweichungen $\Delta p_t = \hat{p}_t - \tilde{p}_t$ umgegangen werden soll. Welchen der beiden Werte nimmt man oder „mittelt" man einfach mit oder ohne Gewichtung durch Glaubwürdigkeitsgrade, Streuungsmaßzahlen usw.? Oder publiziert man beide Werte und fügt eine Fußnote an, wie dies in der amtlichen Statistik üblich ist? Da Letzteres im Unternehmensbereich nicht statthaft ist, käme ein Vorgehen wie im Abschn. 4.6 infrage, wo sich Differenzen, die auf Schätz- und Messfehler in den Variablen beruhen, durch einen verallgemeinerten *Kleinst-Quadrate-Ansatz* (engl. General Least Squares (*GLS*)) ausgleichen lassen. Abschließend sei darauf hingewiesen, dass die obige, „klassische Stücklistenauflösung" angesichts der großen Anzahl von möglichen, aber nicht immer technologisch zulässigen Varianten (beim Golf etwa 10^{60} Varianten!) und der stark flukturierenden, d. h. stochastisch zu modellierenden, Endnachfrage in der Automobilbranche, durch die Anwendung Bayesscher Netzwerke unter Einsatz massiver Rechenkapazitäten sehr erfolgreich ersetzt werden kann [99].

Die Untergruppe **Nützlichkeit** in der Datenqualitätstaxonomie enthält als erste der fünf Qualitätskriterien *Vollständigkeit*, *Genauigkeit* und *Redundanzfreiheit*. Von den beiden anderen Kriterien *Zeitnähe* – interpretiert als Aktualität der Daten – und *Relevanz* – im Sinn von Abdeckung eines wohl definierten Informationsbedürfnisses – ist letzteres wesentlich schwieriger zu messen, da Bedürfnisse subjektiv und fallbezogen sind [127].

Vollständigkeit ermittelt den Füllgrad, in dem ausgezählt wird, wieviele Nicht-Null-Werte je Attribut A in allen n Datensätzen einer gegebenen Tabelle auftreten. Dabei wird als Qualitätsmaßzahl wiederum die relative Häufigkeit gewählt (vgl. Gl. 2.5).

$$\chi_A(a) = \begin{cases} 0 & \text{falls } a \text{ fehlt } (null) \\ 1 & \text{falls } a \text{ fehlt nicht} \end{cases} \tag{2.5}$$

Der jeweilige Wert der Maßzahl *Attributsvollständigkeit* wird durch einfaches Auszählen gewonnen. Auf der Ebene des SQL-Codes sieht dies wie folgt aus:

```
(SELECT COUNT(*) FROM table
WHERE column is not null) /
(SELECT COUNT(*) FROM table);
```

Es muss angemerkt werden, dass neben der *Attributsvollständigkeit* in empirischen Untersuchungen, wie sie beispielsweise das Marketing kennt, die *Objektvollständigkeit* tritt. Hier ist zu analysieren, wie viele *Entitäten* (Datensätze) wie Artikel, Kunden, Mitarbeiter etc. in den jeweiligen Tabellen fehlen.

Genauigkeit wird in verschiedenen Kontexten unterschiedlich definiert. So wird *Genauigkeit* im technischen Umfeld, beispielsweise in der Messtechnik, unterschieden in *Richtigkeit* (bias), die durch *Kalibrierung* veränderbar ist, und *Präzision*, die umgekehrt proportional zur *Varianz* σ^2 ist. Genauigkeit wird im Folgenden mit Blick auf den wirtschaftlichen Kontext reduziert auf die Prüfung, ob die Daten im gewünschten *Detaillierungsgrad* und der benötigten *Granularität* vorliegen.

Dazu gehören die *Anzahl Stellen* und die *Anzahl Nachkommastellen* numerischer Attribute vom Typ *Gleitkommazahl* (float) sowie der Hierarchieebenen-Bezug (Spezifität). So erfordern konsolidierte Konzernbilanzen weltweit agierender Unternehmen Planungsrechungen mit *großen* Gleitkommazahlen (double), ebenso wie bei Aktienkursen und Wechselkursen die Angabe von nur zwei Dezimalstellen nicht ausreicht. In Aufträgen reichen zwei Dezimalstellen beim ausgewiesenen Gesamtbetrag in Euro aus. Hinsichtlich der Spezifität ist unstrittig, dass beispielsweise in Produktkatalogen „*Sommerbekleidung*" weniger spezifisch ist als „*Strandhemd*".

Ein schwieriges Problemfeld stellt die **Redundanz** dar. Dabei geht es neben der Normalisierung von Tabellen im relationalen Datenbankmodell [83] vornehmlich um das Erkennen von *Dubletten* in einer oder mehreren Datenquellen. Darunter ist das Auftreten von mehreren Datensätzen zu verstehen, die sich auf dieselbe reale Entität bzw. Person wie „Tom Meyer" beziehen. Man vergleiche in Abb. 2.24 den ersten und dritten Datensatz. Die algorithmische Dublettenerkennung verursacht einen quadratischen Aufwand $O(n^2)$, wenn in zwei Quellen jeweils der Länge n nach Datenpaaren mittels *vollständiger Enumeration* (kompletter Paarvergleich) gesucht wird. Es gibt jedoch effizientere Methoden [226, 227]. Die Güte der „*Deduplizierung*" – gemessen durch die Fehlerraten der Dublettenerkennung – verschlechtert sich erheblich, wenn der Anteil Ausreißer, fehlender Werte und spezieller Datenfehler wie Übertragungs- und Tippfehler, Zahlendreher, Verwechslungen, kryptischer Werte etc. hoch ist (siehe die Datenfehlertypen unter der Rubrik *Datenebene* in Abb. 2.25).

Die **Dublettenerkennung** kennt zwei verschiedene Verfahrensgruppen. Falls ein Kandidatenschlüssel, z. B. der Primärschlüssel einer Tabelle, existiert, kann dieser benutzt werden, da er eine Entität identifiziert. Ein Beispiel ist in den USA die Sozialversicherungsnummer. Allerdings ist diese tatsächlich nicht frei von Datenfehlern, sodass Dubletten in dem Sinne existieren, dass zwei Datensätze zweier verschiedener US-Bürger eine identische Sozialversicherungsnummer haben können.

Das echte Problem der *Dublettenerkennung* entsteht, wenn globale Schlüssel nicht vorhanden sind, was üblicherweise bei der Integration von Daten aus unterschiedlichen (autonomen und heterogenen) Datenquellen der Fall ist [226, 224]. Anstelle eines identifizierenden, möglicherweise konkatenierten Schlüssels, sind „trennscharfe", beiden Datensätzen gemeinsame Ersatzattribute zu verwenden. Das sog. *Pre-Processing* (die Datenbereinigung), das gewählte *Ähnlichkeitsmaß* zwischen Datensatzpaaren $(a, b) \in A \times B$ und das *Klassifikationsverfahren*, mit dem entschieden wird, ob ein Datenpaar (a, b) eine Dublette ist oder nicht, sind entscheidende Güteeinflussgrößen bei der Redundanzerkennung. Eine dafür brauchbare charakteristische Funktion $\chi_{\text{dup}} : A \times B \to \{0, 1\}$ zeigt eine 0 an, wenn ein Duplikat existiert, sonst eine 1:

$$\chi_{\text{dup}}(t) = \begin{cases} 0 & \text{falls Duplikat existiert für Tupel } t \\ 1 & \text{sonst} \end{cases} \tag{2.6}$$

Sei N^* die Anzahl eindeutiger Datensätze in einer gegebenen Tabelle T. Multiple Duplikate werden dabei nur einmal gezählt. Wir definieren dann als *redundanzfreie Kenngröße*:

$$q_{\text{dup}}(T) = \frac{\sum_{t \in T} \chi_{\text{dup}}(t)}{n} = \frac{N^*}{n} \tag{2.7}$$

Sei $T_0 = \{Hans, Dave, Bernd, Claus, Hans, Hans, Bernd, Mike\}$. Folglich gilt $N^* = 5$ und $q_{\text{dup}}(T_0) \approx 63\,\%$.

Einheitlichkeit und *Eindeutigkeit* können in ähnlicher Weise definiert werden [127]. Daten gelten als *einheitlich* („harmonisiert"), wenn die vordefinierten Formate eingehalten, und die Werte somit syntaktisch standardisiert repräsentiert werden. Klassisches Beispiel sind Datumsangaben wie TT.MM.JJJJ.

Für die *Eindeutigkeit* ist es notwendig, dass im Repositorium geeignete (semantische) Metadaten zur Definition und Erfassung der jeweiligen Attribute vorliegen. Man nehme nur Mehrdeutigkeiten, die entstehen können, wenn „Betriebszugehörigkeit" oder „Pensionshöhe" nicht präzise definiert und berechenbar festgelegt werden.

Ähnliches gilt für *Verständlichkeit*. Hier spielen für die Interpretation von Daten und den Wissenserwerb die semantischen Metadaten eine entscheidende Rolle. Dazu rechnen u. a. Definition, Version, Berechnungsart, Variablentyp, Quellenverweis, Erhebungsmethode, Maßeinheit und Skala.

Abschließend kommen wir zur **Schlüsselintegrität**. Die Schlüsseleindeutigkeit bedeutet, dass ein Kandidatenschlüssel *id* als Attribut oder (minimale) Attributkombination jeden Datensatz einer Tabelle eindeutig „identifiziert". Die zugehörige Indikatorfunktion χ_{dist} signalisiert 0, falls mehr als ein Wert $p \in range(id)$ in T auftritt, sonst 1. So darf z. B. die Artikelnummer in den Artikelstammdaten nicht mehrfach vergeben sein. Die prozentuale Häufigkeit eindeutiger Schlüsselwerte wird definiert als

$$q_{\text{dist}}(T) = \frac{\sum_{t \in T} \chi_{\text{dist}}(t)}{n}. \tag{2.8}$$

Referentielle Integrität garantiert, dass beispielsweise bei Aufdatierungstransaktionen, die sich auf Aufträge an Lieferanten beziehen, der Fall nicht eintritt, dass ein Auftrag exis-

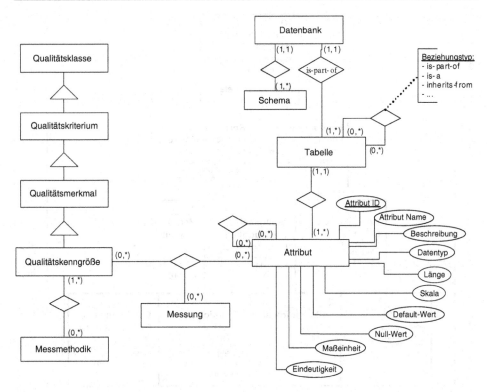

Abb. 2.26 ERM für datenqualitätsbezogene Metadaten [36]

tiert, der betreffende Lieferantenstammsatz aber bereits gelöscht ist. Diese Integrität stellt sicher, dass für jeden Wert $f \in range(F)$ eines Fremdschlüssels F einer Tabelle T nur solche Werte zulässig sind, die auch in der Menge der aktuell verwendeten und gültigen Primärschlüsselwerte id in T vorkommen. Folglich wählt man als Indikatorfunktion für korrekte Referenzen $\chi_{\text{refer}} : range(id) \cup \{null\} \rightarrow \{0,1\}$:

$$\chi_{\text{refer}}(f) = \begin{cases} 1 & \text{falls } f \notin \{range(id) \cup \{null\}\\ 0 & \text{sonst} \end{cases} \tag{2.9}$$

Die Maßzahl für referentielle Integrität lautet dann

$$q_{\text{refer}}(F) = \frac{\sum_{f \in range(F)} \chi_{\text{refer}}(f)}{|range(F)|}. \tag{2.10}$$

Wir schließen diesen Abschnitt mit Abb. 2.26, das den Entwurf eines Entity-Relationship-Modells für datenqualitätsbezogene Metadaten im Repositorium eines Data Warehouses zeigt [36].

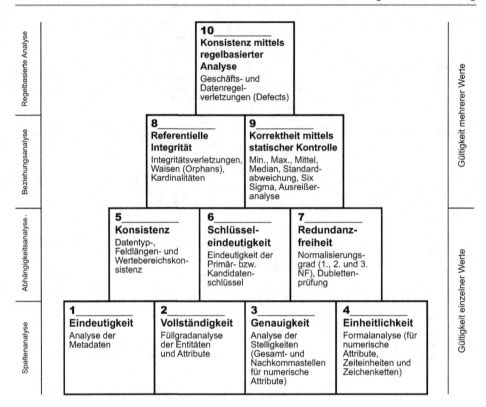

Abb. 2.27 Fachkonzeptionelle Hierarchie der Arbeitsschritte zur Datenqualitätssicherung [37]

2.4.2 Qualitätssicherungsprozess

Mit der definitorischen Festlegung von Qualitätskriterien und der Klärung der Frage nach deren Messung im betrieblichen Umfeld ist das Problem der Qualitätssicherung noch nicht gelöst. Vielmehr sind die einzelnen Schritte zur Berechnung der ausgewählten Maßzahlen in eine zweckmäßige Abarbeitungsreihenfolge (*Data-Quality-Workflow*) zu bringen. Dazu existiert eine Reihe von Vorschlägen, siehe etwa [36]. Die Grundlage für einen *Prozess* zur Sicherung der Datenqualität bildet eine fachkonzeptionell hierarchisch strukturierter Ablauf der in Frage kommenden Qualitätskriterien [37]. Dies ist im Diagramm in Abb. 2.27 dargestellt. Die Nummerierung in den einzelnen Kästen, beginnend mit Schritt 1 und mit Schritt 10 endend, gibt die lineare Ordnung der Arbeitsschritte wider. Die in [36] empfohlene Abarbeitung der Qualitätsprüfung erfolgt entsprechend ebenenweise von „unten nach oben" und auf derselben Ebene von „links nach rechts". Die Ebenen werden in der Reihenfolge *Spaltenanalyse, Abhängigkeitsanalyse, Beziehungsanalyse* und zuletzt *regelbasierte Analyse* abgearbeitet.

Es ist einsichtig, dass Analyseschritte auf derselben Hierarchiestufe je nach den betrieblichen Gegebenheiten nebenläufig ausgeführt werden können wie z. B. Genauigkeits- und

Einheitlichkeitsprüfungen. Allerdings wird auch deutlich, dass die einzelnen Ebenen *seriell* abgearbeitet werden müssen, weil der Vorgangsgraph wie folgt linear strukturiert, d. h. total geordnet ist: $\{1, 2, 3, 4\} \rightarrow \{5, 6, 7\} \rightarrow \{8, 9\} \rightarrow \{10\}$. So sollte z. B. eine regelbasierte Prüfung (10) erst dann gestartet werden, wenn u.a Integritäts- (8) und Korrektheitsprüfungen (9) abgeschlossen sind.

Die Ursache von Datenqualitätsproblemen ist überwiegend in den operativen Systemen zu suchen. Insbesondere sind die manuelle Dateneingabe durch Mitarbeiter und Medienwechsel eine Hauptursache fehlerhafter und unvollständiger Daten. Der Slogan eines Qualitätsmanagers bringt das Entscheidende auf den Punkt: „The measurement of quality is the price of non-conformance. Do it right the first time". Der Einsatz von Anreizsystemen für die Verbesserung der betrieblichen Datenqualität ist ein neuerer Forschungsansatz [215]. Das deutsche Management ist sich dieser Problematik erst nach der Verbreitung des Data Warehousing auf breiter Front bewusst geworden. **Data Quality Improvement** und **Data Quality Assurance** – *Assurance* ist durch *Improvement* zu unterstützen – sind jedoch nicht neu im volkswirtschaftlichen Umfeld der Statistischen Landesämter und des Statistischen Bundesamts sowie im Marktforschungsbereich der großen Unternehmen.

2.4.3 Datenqualitätsberichte

Mit Hilfe des **Data Profiling**, wie es u. a. IBM, ORACLE, SAP, SAS und Oracle als Add-On zu ihren Data Warehouse Systemen anbieten, können die einzelnen Tabellen eines Data Marts bzw. eines Data Warehouses hinsichtlich ihrer Qualität überprüft werden. Dies setzt eine benutzerfreundliche Bedieneroberfläche und einen übersichtlich gestalteten Qualitätsbericht als Ergebnis des Profiling voraus [36].

Wir stellen als Beispiel eines solchen Reports einen Screenshot von *DART* vor, der sich auf eine Ebene 2-Prüfung der *Konsistenz* von *Datentyp, Feldlänge und Wertebereich* von Kundenstammdaten bezieht (siehe Abb. 2.28). Es wird das Attribut *Geschlecht* der Tabelle „KUNDEN_STAMM" herausgegriffen. Die *Analyse der Datentypkonsistenz* zeigt, dass der Datentyp VARCHAR2 vereinbart wurde, aber zu rund 97 % der Datentyp NUMBER dominiert. Entsprechend weist das Kontrollfeld „Qualitätsmaßnahme" auf „Effektive Daten prüfen" hin. Im zweiten Segment der Level-2-Analyse wird diese Angabe um das Ergebnis der *Feldlängenanalyse* ergänzt. Statt wie vereinbart Feldlänge = 10, gilt in 97 % der Fälle die Länge = 1. Auch hier wird eine Überprüfung empfohlen. Schließlich ergibt die Analyse der *Wertbereichskonsistenz*, dass die kodierten Werte 0 und 1 nur in 50 % bzw. 47 % der Tabelle auftreten. Dies liegt bei diesem Beispiel am häufigen Auftreten der Zeichenketten „Frau" und „Herr". Die Analyse der *Datentypkonsistenz* zeigt, dass in erheblichem Umfang unzulässige, vertippte oder schlicht falsche Werte in den Kundenstammdaten existieren und daher erheblicher *Bereinigungsbedarf* im Rahmen eines **Data Cleansing** besteht.

Weiterführende Literatur Battini und Scannapieco (2006) „Data Quality: Concepts, Methods and Techniques" geben eine gute Einführung und erklären die wesentlichen Konzep-

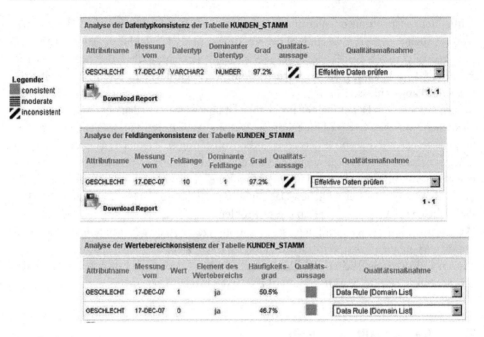

Abb. 2.28 Konsistenzprüfung von Kundendaten bzgl. Attribut *Geschlecht* [222]

te und Methoden [20]. Mehr praxisorientiert ist Apel et. al (2009) „Datenqualität erfolg-reich steuern" [11]. Als letztes empfehlen wir noch eine Dissertation von Naumann [223], die das Problem „Datenqualität" in vorbildlicher Breite und Tiefe behandelt. Sie wurde üb-rigens im Jahr 2003 mit dem Preis der besten Dissertation auf dem Gebiet der Informatik von der deutschen *Gesellschaft für Informatik* (GI) ausgezeichnet.

2.5   Online Analytical Processing (OLAP)

Online Analytical Processing (OLAP) ist eine Vorgehensweise, die schnelle und flexible Ad-Hoc-Analysen von multidimensionalen Daten für einen breiten Nutzer-kreis ermöglicht [64].

2.5.1   Anforderungen an OLAP Systeme

Pendse und Creeth [238] stellten 1995 fünf Anforderungen vor, die ein OLAP System er-füllen soll. Diese können mit dem Akronym **FASMI** (engl. **F**ast **A**nalysis of **S**hared **M**ulti-dimensional **I**nformation) zusammengefasst werden:

1. *Fast.* Die Antwortzeit erlaubt die interaktive Benutzung des OLAP-Systems. Dies ist der Fall bei Antwortzeiten von unter einer Sekunde für einfache Abfragen und maximal 20 Sekunden für selten benutzte komplexe Abfragen.
2. *Analysis.* Das OLAP-Tool bietet dem Nutzer intuitive Werkzeuge an, um sämtliche Analysen selbständig und ohne individuelle Programmierung durchzuführen.
3. *Shared.* Ein Mehrbenutzer-Betrieb auf die gemeinsamen Daten ist möglich.
4. *Multidimensional.* Die Daten sind multidimensional strukturiert.
5. *Information.* Sämtlich Daten, unabhängig von der Datenherkunft, werden dem Nutzer transparent bereitgestellt.

2.5.2 Fakten und Dimensionen

Typische Fragestellungen in einem operativen System sind z. B.:

> Wie viele Stück (welche *Anzahl*) vom *Artikel XYZ* sind noch im *Lager* vorhanden? Welche *Adresse* hat *Kunde* mit *Kunden-Nr. 123*?

Diese (operativen) Abfragen (*queries*) sind meist **Punktabfragen**, die eine begrenzte Anzahl von unmittelbar transaktionsbezogenen Werten zurückgeben, beispielsweise *Lagerbestand* = 35 Stück.

Für *strategische* und *taktische* Analysen hingegen sind **Punkt-** oder **Bereichsabfragen**, die ganz überwiegend eine analytische Zielrichtung haben, wie die folgende typisch:

> Wie viel *Umsatz* wurde *per Standort* mit dem *Artikel XYZ* in den *letzten drei Jahren* erwirtschaftet?

Für diese Art von Abfragen sind weder einzelne Datensätze noch Werte einzelner Attribute von Interesse, sondern es interessieren den Manager eher gut präsentierte Mengen von *aggregierten, gruppierten* und ggf. *sortierten Daten*. Bei den dabei entstehenden multidimensionalen Datenräumen – repräsentiert durch sog. „Datenwürfel" – kann man zwischen Mengen von Fakten ($\mathcal{F} \subseteq \mathcal{A}$) und Dimensionen ($\mathcal{D} \subseteq \mathcal{A}$) unterscheiden, wobei für die gesamte Attributmenge $\mathcal{A} = \mathcal{F} \cup \mathcal{D}$ gilt. Eine Dimension $D \in \mathcal{D}$ ist ein spezielles Attribut, das paarweise von allen anderen Dimensionen $D' \in \mathcal{D}$ funktional unabhängig ist, d. h. $D \perp D'$ für alle $D, D' \in \mathcal{D}$ [171, 166]. Dimensionen spannen den Datenwürfel als **Kreuzprodukt** $D_1 \times D_2 \times \ldots \times D_d$ auf.

Ein *hierarchisches Attribut* $H \in \mathcal{H}$ ist eine spezielle Dimension insofern, als auf ihrem Wertbereich eine partielle Ordnung definiert ist. Wir kommen weiter unten darauf zurück. Anschaulich kann man sich eine Hierarchie H als Wurzelbaum vorstellen, dessen Wurzelknoten mit *ALL* markiert wird und horizontal gruppierte Knoten eine Hierarchieebene (Verdichtungsebene) mit homogener Semantik bilden (siehe Abb. 2.29). So sind Berlin, München und Hamburg **Instanzen** der Hierarchieebene *Stadt*.

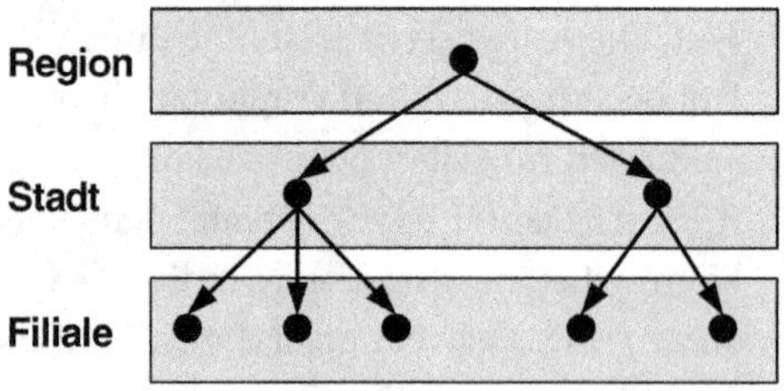

Abb. 2.29 Einfache Hierarchie der Ortsdimension [162, S. 440]

Abb. 2.30 Multidimensionaler Datenwürfel

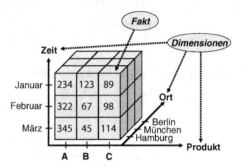

Fakten, $F \in \mathcal{F}$, auch *summarische Attribute* genannt, sind Elemente der Faktenmenge $(\mathcal{F}, Agg_{SQL})$. Sie sind Kennzahlen oder Maßzahlen und stellen in Verbindung mit den Aggregatfunktionen, Agg_{SQL}, die *SQL* bereitstellt, die für analytische Fragestellungen relevanten *quantitativen* Werte oder Daten dar. Sie sind die *Zelleninhalte* eines Datenwürfels. In Abb. 2.30 könnte der Zelleninhalt den summarischen Umsatz darstellen, gruppiert nach Zeit, Ort und Produkt. Die Aggregatfunktion wäre dann *SUM* und *Umsatz* das zugehörige *summarische Attribut*.

Die zugehörigen Attribute F haben den Datentyp „numerisch" und repräsentieren zusammen mit den gewählten Standard-SQL-*Aggregatfunktionen* $Agg_{SQL} = \{min, max, count, sum, avg\}$ die vom Management benötigten betriebswirtschaftlichen Kenngrößen (*Key Performance Indicators (KPIs)*) (siehe Abschn. 4.6). Weitere Beispiele sind *sum(Umsatz)*, *count(Personalnummer)* oder *min(Deckungsbeitrag)*.

Dimensionen bilden die Teilmenge $\mathcal{D} \subseteq \mathcal{A}$. Eine Dimension $D \in \mathcal{D}$ ist deskriptiver Natur – nicht messender oder zählender Art wie Fakten – und hat einen symbolischen Datentyp. Dies heißt, sie sind *ordinal* oder *nominal skaliert* und „indizieren" Fakten in ihrer Eigenschaft als *zusammengesetzte Schlüsselattribute*. Sie ermöglichen folglich unterschiedliche, *qualifizierende* Sichten. Sie lassen sich als die *Seiten* eines Datenwürfels ansehen. Als solche sind sie paarweise „orthogonal" ($\perp$), d. h. *funktional unabhängig* voneinander [166]. Typische Dimensionen sind z. B. *Mitarbeiter, Produkt, Zeit* oder *Land*, nicht aber *Stadt* und *Filiale*, da *Filiale → Stadt* gilt. Die beiden ortsbezogenen Attribute, Land und Filiale sind nicht „orthogonal" im obigen Sinn. Sie gehören zur Gruppe *hierarchische Attributmenge* $\mathcal{H}$. Dimensionen qualifizieren also Fakten und beantworten z. B. die Frage „Was wurde wann, wo, von wem verkauft?".

Die **Hierarchiemenge** $\mathcal{H}$ repräsentiert die Menge *hierarchischer Attribute*. Eine *Hierarchie* $H \in \mathcal{H}$ kann man sich konzeptionell als einen Wurzelbaum vorstellen, in dem jeder Elternknoten in semantischer Sicht eine Generalisierung der mittels Ordnungsrelation $\prec$ zugeordneten Kindsknoten darstellt. Die Orts-Dimension kann beispielsweise auf Region-Stadt- oder Filial-Granularität betrachtet werden (siehe Abb. 2.29). Ein hierarchisches Attribut weist verschiedene Verdichtungsebenen auf. In mathematischer Hinsicht stellt H eine *irreflexive Halbordnung* $(H, \prec)$ dar, die irreflexiv, transitiv und asymmetrisch ist. Dies lässt sich in Abb. 2.29 veranschaulichen, in dem die Vorgänger-/Nachfolgerrelationen zwischen den verschiedenen Knoten (Ebenen oder *Kategorien*) $h \in H$ als Kanten (Knotenpaare) wiedergegeben werden.

2.5.3 OLAP Grundoperationen

Die *Basisdatenstruktur* für *OLAP* im Data Warehouse ist der *p-dimensionale* **Datenwürfel**, der auch als *multi-dimensionale Tabelle* bezeichnet wird, $T = (Aggregatfunktion, Fakten, D_1 \times D_2 \cdots \times D_d)$. Er wird mittels *Kreuzprodukt* (crossing), $T = \times_{i=1}^{d} range(D_i)$, des Wertebereichs $range()$ seiner Menge von Dimensionen, $\mathcal{D}$, definiert.

Bildet speziell eine Dimension D eine (balancierte) Hierarchie H ab, also $D \equiv H$, so kann dies in algebraischer Notation mittels *Schachtelungsoperator* (engl. nesting) „/" bei q Hierarchieebenen als $D = A_1/A_2/\cdots/A_q$ notiert werden. Beispielsweise kann die Zeitdimension in einem **Betriebskalender** eines industriellen Unternehmens wie folgt aufgebaut sein: $D = Schicht/Tag/Woche/Monat/Quartal/Halbjahr/Jahr$. Man beachte, dass in einem Unternehmen wegen überregionaler Unterschiede bei Feier- und Ferientagen verschiedene Betriebskalender nebeneinander existieren können. Den Datenwürfel legt weiterhin eine Menge von Operationen und eine Menge von *Restriktionen* fest [175]. Die Menge der Operatoren (*Ops*) setzt sich aus drei Teilmengen zusammen:

1. **Transformationen** ($\mathcal{T}$) wie log, ln, exp, sqrt, Quotienten sowie Wachstumsraten,
2. **SQL-Aggregatfunktionen** ($\mathcal{Agg}_{SQL}$) wie *min, max, sum, count, avg*
3. **OLAP-Operatoren** ($\mathcal{Ops}_{OLAP}$) wie Slicing (σ_T), Dicing (π_T), Roll-up (ρ_T), Drill-Down (δ_T)

Diese Operatoren erlauben eine flexible Navigation hinsichtlich von *Aggregation* (Roll-up) und Disaggregation (Drill-down), Projektion und Selektion innerhalb des multi-dimensionalen Datenraums. Es kann zwischen folgenden grundlegenden **OLAP-Operatoren** unterschieden werden, die zwar mathematisch gesehen abgeschlossen, aber keinesfalls aus Anwendersicht *vollständig*, geschweige denn *minimal* sind [179]:

- *Slicing.* Der Slicing- oder Selektions-Operator $\sigma_T(cond)$ – in der Statistik *Konditionierung* genannt – selektiert Tupel aus dem Würfel T gemäß der Selektionsbedingung *cond*.

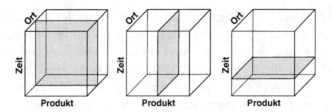

Abb. 2.31 Konditionieren (Slicing)

Abb. 2.32 Marginalisieren
(Dicing)

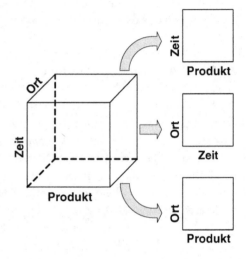

Der Operator $\sigma_T(\text{cond})$ legt für mindestens eine Dimension einen oder mehrere Werte fest und schneidet damit ein „Scheibe" aus dem Datenwürfel (siehe Abb. 2.31).

Beispiel: Es sollen aus dem Datenwürfel T nur die Zellen aus dem Jahr 2010 angezeigt werden, also $T' = sum(umsatz)$ *group by Produktgruppe* × (*Jahr* = 2010) × *Stadt* (siehe Abb. 2.31, rechtes Diagramm).

- *Dicing*. Der Dicing- oder Projektions-Operator $\pi_T(\mathcal{D}')$ legt mehrere Dimensionen $\mathcal{D}' \subseteq \mathcal{D}$ des Würfels T fest, auf die projiziert werden soll und schneidet damit ein kleineren „Unter-Würfel" (engl. sub cube) aus T (siehe Abb. 2.32). Dies wird in der multivariaten Statistik als *Marginalisierung* bezeichnet.

  Beispiel: Es sollen die Verkaufsdaten per Produkt und Jahr angezeigt werden, d. h. der Teilwürfel $T' = sum(umsatz)$ *group by Produkt* × *Jahr*.

- *Roll-up*. Der Roll-up-Operator ρ_T entspricht der *Aggregation* und geht in der Dimensionshierachie vom Speziellen hoch zum Generellen (siehe Abb. 2.33). Unter bestimmten semantischen und statistischen Bedingungen [175], lässt sich der zugehörige Wert eines „höher gelegenen" Knotens (Attributs), h, aus den Werten der Menge seiner „Nachfolgeknoten", *successor*(h) berechnen, z. B. *sum*(*Umsatz*) *group by Stadt* aus *sum*(*Umsatz*) *group by* (*Stadt/Filiale*).

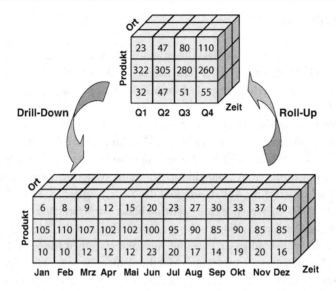

Abb. 2.33 Roll-Up und Drill-Down [162, S. 443]

Beispiel: Statt *monatlichen* Umsätzen sollen *Quartalsumsätze* ermittelt werden (siehe Abb. 2.33).

- *Drill-down*. Umgekehrt geht Drill-Down δ_T als *Disaggregation* vom Generellen hinunter zum Spezifischen in der Hierarchie (siehe Abb. 2.33). Der Operator δ_T entspricht damit dem inversen Operator zur Aggregation, wodurch die Diseggragation algorithmisch exakt berechnet werden kann, $\delta_T = \rho_T^{-1}$.
  Beispiel: Erträge sollen nicht per *Produktgruppe*, sondern disaggregiert per *Produkt* ausgewiesen werden.
- *Drill-across*. Der Drill-across-Operator springt basierend auf einer Dimension D in einem Datenwürfel zu einem andere Datenwürfel. Voraussetzung ist, dass beide Datenwürfel mindestens eine Dimension gemeinsam haben.
  Beispiel: Von einem Verkaufs-Cube für die Dimension *Produkte* kann man auf den Lager-Cube springen.
- *Drill-through*. Der Drill-Through-Operator erlaubt das Herausspringen aus dem Datenwürfel und die Anzeige der darunter liegenden *operativen Daten*.
  Beispiel: Für eine Teilsicht eines Absatz-Cubes werden die einzelnen zugrunde liegenden Verkaufs-Transaktionen angezeigt.
- *Pivotierung*. Bei der Pivotierung kann der Nutzer die für die Analyse relevanten Dimensionen rotieren (permutieren), wobei beim Listen oder Drucken eines Würfels mit mehr als zwei Dimensionen eine Schachtelung (nesting) notwendig wird.
  Beispiel: Produkt- und Orts-Dimension eines Würfels werden zum Drucken *ausgetauscht* (engl. rotiert) und die Zeitdimension (z. B. Jahr) wird innerhalb der Attributwerte von *Ort* geschachtelt, kurz: *Produkt* × (*Ort/Jahr*).

2.5.4 Summierbarkeit

Eine notwendige Bedingung dafür, dass die kombinierte Anwendung von SQL-Aggregat-funktionen und OLAP-Operatoren bei Datenwürfeln semantisch und statistisch korrekte Ergebnisse bei einer Abfrage liefern, ist die **Summierbarkeit** bzw. allgemein die **Aggregier-barkeit** [169, 179].

Die Summierbarkeitsbedingung setzt sich aus mehreren einzelnen Teilbedingungen zusammen. Grundsätzlich muss **Disjunktheit** oder **Überlappungsfreiheit** der Klassenzuordnung von Objekten im Datenwürfel gewährleistet sein. So kann ein Kunde nicht gleichzeitig in der Klasse *„Großkunde"* und *„Laufkundschaft"* sein. Weiterhin muss für die Aufgliederung einer Objektmenge die **Vollständigkeit** der Zerlegung gelten. Beide Bedingungen stellen sicher, dass die Objektmenge eine **Partition** bildet. *Mehrfachzählungen* und *Unterrepräsentation* sind damit ausgeschlossen. Beispielsweise definiert die Telefonnummer eines Privatkunden keine vollständige Grund- und Auswahlgesamtheit für Marketinganalysen, da es durchaus Kunden *ohne* Festnetz- bzw. Mobilfunkanschluss gibt. Für solche Fälle sieht SQL eine Erweiterung des Wertebereichs des Attributs *Telefonanschluss* um einen „Null-wert" vor, der in seiner Pragmatik nicht ungefährlich ist. Im wirtschaftlichen Bereich und bei Behörden wird die Merkmalsausprägung „sonstige" benutzt.

Weiterhin muss mittels Repositorium, das die notwendigen Metadaten zu den Attributen und SQL-Aggregatfunktionen enthält, die **Typverträglichkeit** von Fakten und Aggregatfunktionen geprüft werden. Einen Mittelwert (*AVG*) auf *KundenNr* anzuwenden ist wegen der *Typunverträglichkeit* von Attribut und SQL-Aggregatfunktion statistisch gesehen Unsinn; denn die Skalen passen nicht zueinander wie die zugehörigen Metadaten: *Skala(KundenNr)* = ‚*nominal*' und *Skala(AVG)*=‚*kardinal*' zeigen. Gleiches gilt für die Mittelwertsberechnung von (ordinal skalierten) Qualitätsstufen z. B. bei der Erstellung von Qualitätsreports. Die marktgängigen Data Warehouse Managementsysteme aller namhaften Hersteller berücksichtigen unseres Wissens derartige Restriktionen bislang nicht.

Eine wichtige Rolle für die korrekte Aggregation spielt der *semantische Datentyp* der Fakten $F \in \mathcal{F}$. So sollte im **Repositorium** für jedes Attribut ($A \in \mathcal{A}$) dessen semantischer und nicht nur technischer Datentyp als Metadaten gespeichert sein, ist es aber bei allen Herstellern von Datenbanken nicht. Diese Größen können einmal sog. *Stromgrößen* (engl. flows) sein, die *ausnahmslos summier- oder aggregierbar* mittels Agg_{SQL} sind (siehe Tab. 2.2). Dies gilt z. B. für den Neukundenzugang pro Quartal, Einnahmen, Ausgaben, Aufwand, Ertrag, Kosten (jeweils in Euro/Jahr gemessen) und Leistung (Material Einheiten/Jahr). Wir haben bei der Aufzählung dieser Attribute vom Typ „Stromgröße" bewusst die **Maßeinheit** angeführt. Sie verdeutlicht, dass die Attribute *zeitraumbezogen* sind.

Nur *teilaggregierbar* sind dagegen *Bestandsgrößen* (engl. stocks), die *zeitpunktbezogen* sind. Beispiele sind die Attribute *Anzahl der Mitarbeiter, Bilanzpositionen* oder *-summen*. Diese Größen dürfen nicht entlang der Zeit-Dimension aggregiert, wohl aber können sie zur Zeitreihenanalyse herangezogen werden. Über andere Dimensionen wie Orts- oder Sachdimension, selbst zum selben Zeitpunkt, können dagegen Bestandsgrößen sehr wohl

Tab. 2.2 Typverträglichkeit für Temporale und Nicht-Temporale Aggregation [169]

	Temporal			Nicht-Temporal		
	Stock	Flow	Value-per-Unit	Stock	Flow	Value-per-Unit
Sum	Nicht ok	Ok	Nicht ok	Ok	Ok	Nicht ok
Min	Ok	Ok	Ok	Ok	Ok	Ok
Max	Ok	Ok	Ok	Ok	Ok	Ok
Count	Ok	Ok	Ok	Ok	Ok	Ok

summiert werden und liefern sachlich korrekte Ergebnisse. Die Aggregierung von entlang der Ortsdimension summierten Attributen ist Teil einer Querschnittsanalyse.

Die SQL-Aggregatfunktionen *SUM* und *AVG* sind nicht semantisch sinnvoll anwendbar, wenn der semantische Datentyp des zugrundeliegenden (summarischen) Attributs gleich „*Einheitswert*" (engl. value per unit (vpu)) ist. Dies trifft u. a. auf Stückkosten, Benzinpreis je Liter oder Verbrauchseinheitgrößen gemessen in Liter je 100 km zu. Tabelle 2.2 zeigt die temporale und räumliche Aggregierbarkeit für verschiedene Aggregationsfunktionen und semantischen Datentypen.

Weitere Gründe, die dazu führen, dass einige Aggregat-Funktionen nicht anwendbar sind, hängen von der **Skala** der jeweiligen Attribute ab. Vorsicht ist bei Nominalskalen – nur Kleiner-, Gleich- und Größer-Vergleiche sind erlaubt – geboten. Beispiele sind *Schlüssel* wie Mitarbeiter-Nummer, Produkt-Nummer, aber auch andere Attribute wie Postleitzahlen (PLZ). Bei diesem Datentyp fehlt aus semantischen Gründen die lineare Ordnung, und damit sind noch nicht einmal die SQL-Aggregatfunktionen *MIN* und *MAX* anwendbar.

Oftmals will man rekursiv höher aggregierte Fakten anhand von weniger aggregierten Fakten entlang einer Dimension rekursiv berechnen. Das Summierbarkeitsproblem spielt auch hier eine Rolle hinsichtlich der korrekten Anwendung der verwendeten Aggregatfunktionen (Agg_{SQL}) [179]. Wir unterscheiden nach [110] zwischen folgenden drei Typen von Aggregatfunktionen:

1. *Distributive* Aggregatfunktionen: Summe (*SUM*), Anzahl (*COUNT*), Maximum (*MAX*), Minimum (*MIN*). Diese können auf Partitionen angewendet werden und es existieren folglich rekursive Berechnungsformeln.
2. *Algebraische* Aggregatfunktionen: Mittelwert (*AVG*), gestutzter Mittelwert (*trimmed AVG*), Standardabweichung (*STDV*), etc. Hier kann man ohne weitere Hilfsfunktionen eine der genannten Funktionen nicht allein aus partitionierten Mengen berechnen. Beispielsweise kann man das arithmetische Mittel (*AVG*) nur über die *Hilfs-* bzw. *Reparaturfunktionen* (*SUM*, *COUNT*) berechnen [179]. Man beachte allerdings dabei, zu welch unterschiedlichen Ergebnissen SQL beim Auftreten von Nullwerten (engl. missing values) führen kann.
3. *Holistische* Funktionen: Median, Rang, Percentile, Modalwert usw. Hierzu rechnen alle Aggregatfunktionen, die weder distributiv noch algebraisch sind. Bei diesen muss auf die Grundgesamtheit aller Fakten zurückgegriffen werden. So kann beispielsweise der

Median (siehe Halbwertzeit, 50 %-Punkt) nicht aus disjunkten und insgesamt vollständigen Teilmengen berechnet werden.

Abschließend werfen wir noch einen Blick auf hierarchische Attribute $H \in \mathcal{H}$ (siehe Abb. 2.29). Bildet H einen Wurzelbaum, ist jeder Knoten durch einen eindeutigen Pfad mit dem Wurzelknoten verbunden, so ergeben sich eindeutige (lineare) *Aggregationspfade*, wie beispielsweise in der örtlichen Relation: $H = Block \rightarrow Stadtteil \rightarrow Bezirk \rightarrow Stadt \rightarrow Kreis \rightarrow Bundesland$.

Es gibt jedoch manchmal Parallelhierarchien, wie bei den Zeitrelationen $H_1 = Tag \rightarrow Woche \rightarrow Jahr$ und $H_2 = Schicht \rightarrow Tag \rightarrow Monat \rightarrow Quartal \rightarrow Jahr$, die unterschiedliche Granularität aufweisen und deren Mengen funktionaler Abhängigkeiten verschieden sind [166]. So gilt nicht $Woche \rightarrow Monat$ oder $Woche \rightarrow Jahr$, da eine Woche am Monatsanfang oder -ende zwei Monaten zugeordnet werden und die letzte Woche eines Jahres sich auf zwei Jahre erstrecken kann. Ein solcher *Aggregationspfad* ist *unzulässig*, die Alternative dagegen *zulässig*. Korrekte Aggregation (Summierbarkeit von hierarchischen Attributen $H \in \mathcal{H}$) von Endknoten auf Zwischen- oder Wurzelknoten setzt daher auch voraus, eine vollständige, detaillierte Analyse der funktionellen und schwach funktionellen Abhängigkeiten der beteiligten Attribute (Kategorien) von H durchzuführen, um widersprüchliche Aussagen – insbesondere bei alternativen *Aggregationspfaden* – auszuschließen [166].

2.5.5 Speicherarten

Man kann zwischen den drei Speicherarten *relationales **OLAP*** (**ROLAP**), *multidimensionales **OLAP*** (**MOLAP**) und *hybrides **OLAP*** (**HOLAP**) unterscheiden.

- **ROLAP** benutzt relationale Datenbanken, um die Zellen eines OLAP-Würfels zu speichern. Die Haupteigenschaften sind: Geringe Performanz, keine Redundanzen, skalierbar.
- Beim **MOLAP** wird der OLAP-Würfel in einem speziellen proprietären Format gespeichert. In diesem werden Aggregate einzelner Dimensionen und Teil-Würfel vorberechnet gespeichert. Dies ermöglicht kurze Antwort-Zeiten. Nachteile sind die redundante Datenhaltung (Einzelzellen und Aggregate von Zellen), hoher Speicherbedarf und die Investition in spezielle proprietäre Technologien.
- **HOLAP** stellt einen Kompromiss zwischen ROLAP und MOLAP dar. Nur die aggregierten Daten werden in MOLAP gespeichert. Die einzelnen Fakten werden in relationalen Tabellen vorgehalten.

Weiterführende Literatur Einen guten Einstieg in OLAP bietet erneut das Buch von Bauer und Günzel [21]. Es sind hier die Kapitel 3 „Phasen des Data Warehousing", speziell der Absatz zu „Analysephase" zu erwähnen. Vom historischen Standpunkt aus gesehen ist aus heutiger Sicht der Beitrag von Pendse und Creeth [238] über „The OLAP Report: Succeeding with On-line Analytic Processing" interessant.

2.6 Multidimensionale Datenmodellierung

> **Multidimensionale Datenmodellierung** ist der Entwurf eines *logisch-konzeptionellen* (sog. semantischen) Datenmodells für einen oder mehrere Datenwürfel. Dazu stehen verschiedene Modellierungssprachen wie ERM, UML, OOMD, ME/R oder ADAPT zur Verfügung.

2.6.1 Multidimensionale Modellierungssprachen

Für die semantische Datenmodellierung wurden im Laufe der Zeit diverse visuelle Modellierungssprachen entwickelt. Die mit Abstand wichtigsten sind hierbei das **Entity-Relationship-Modell (ER-Modell)** [61] und das **UML-Klassendiagramm** [233]. Ein ER-Diagramm stellt ein konzeptionelles Datenmodell dar und abstrahiert von der konkreten technischen Implementierung. Es fasst gleichartige Entitäten wie z. B. die einzelnen Personen *Hans Maier* und *Robert Müller* zu dem *Entitätstypen* „Person" zusammen. *Entitätstypen* können mit *Beziehungstypen* verbunden sein. So können Personen KFZ-Halter von Autos sein. Beziehungstypen haben eine Kardinalitätsangabe, die festlegt, wie viele Entitäten mindestens und höchstens an einer Beziehung beteiligt sein können (z. B. kann eine Person Halter von keinem, einem oder mehreren KFZs sein. Ein KFZ hat genau einen Halter). Für die visuelle Darstellung von ER-Diagrammen gibt es verschiedene Notationsformen. Abbildung 2.34 zeigt zwei häufig verwendete: die Chen-Notation und die Martin-Notation (Krähenfuß-Notation).

Neben den allgemeinen Sprachen wie ER-Modellierung oder UML, wurden auch diverse spezielle Modellierungssprachen für die *multidimensionale* Datenmodellierung entwickelt. **Multidimensionale Entity-Relationship-Modellierung (ME/R-Modellierung)** [260] erweitert das ER-Diagramm um drei neue Elemente: Faktenrelation, Dimensionsebene und hierarchische Beziehung. **Object Oriented Multidimensional Model (OOMD)** [303] ist eine multi-dimensionale Erweiterung von UML. **Application Design for Analytical Processing Technologies (ADAPT)** [47] basiert auf einer nicht-konventionellen Modellierungssprache und bietet eine große Anzahl von verschiedenen Modellierungselementen. So gibt es Symbole für Würfel, Dimension, Formel, Datenquelle, verschiedene Dimensionstypen (wie aggregierende, partitionierende, Kennzahlen- oder sequentielle Dimension), Dimensionselemente (wie Hierarchie) und Beziehungstypen. *ADAPT* verbindet die semantische, logische und physikalische Ebene der Datenmodellierung in einer Sprache. Die große Anzahl von Symbolen und die Verquickung von semantischer, logischer und physikalischer Datenmodellierung erfordert jedoch einen hohen Lernaufwand und führt zu einer großen Komplexität der so erstellten Diagramme [299].

Einerseits bieten multidimensionale Modellierungssprachen spezielle Elemente für die multi-dimensionale Modellierung an und sind dadurch ausdrucksstärker als klassische Modellierungssprachen. Andererseits verursacht die Einführung einer neuen Modellie-

Abb. 2.34 Entity-Relation-
ship Diagramm in der Martin-
Notation (*oben*) und Chen-
Notation (*unten*)

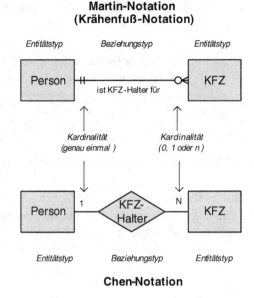

rungssprache hohen Lernaufwand und etabliert eine Hürde für Personen, die in der
traditioneller Datenmodellierung, d. h. ER-Modellierung, geschult sind [210]. Moody und
Kortink [210] argumentieren, dass eine neue multi-dimensionale Modellierungssprache
unnötig ist und multi-dimensionale Modellierung sehr gut mit ER-Modellen funktioniert.

Wir stimmen diesem Urteil zu und modellieren im Folgenden mit ER-Diagrammen.
Wir nutzen die Martin-Notation (Krähenfuß-Notation) weil diese zu kompakteren Diagrammen führt als die Chen-Notation. Abweichend von der klassischen ER-Modellierung
visualisieren wir in einigen Diagrammen Entitätstypen, die Faktentabellen sind, als Würfel,
um den Unterschied von Fakten und Dimensionen für den Leser besser zu verdeutlichen.

2.6.2 Star-Schema

Das **Star-** oder **Stern-Schema** besitzt eine zentrale Faktentabelle und für jede Dimension
genau eine Dimensionstabelle (siehe Abb. 2.35). Der Name „Star" oder „Stern"-Schema
rührt daher, dass das Schema wie ein Stern aussieht. Die Kardinalität zwischen der Fakten-
tabelle und einer Dimensionstabelle ist $n : 1$, d. h. ein Fakt (z. B. Umsatz: 200.000 Euro) wird
jeweils durch eine Dimensions-Ausprägung für jede Dimension beschrieben (z. B. Zeit:
10.10.2011, Filiale: Schönebergerstr. 12, Berlin, Produkt: Bücherstützen). Eine Dimensions-Ausprägung (z. B. Produkt: Bücherstütze) ist mit 0, 1 oder n Fakten verbunden.

Abbildung 2.36 in Verbindung mit Abb. 2.37 zeigt ein Beispiel eines Star-Schemas für
die Absatzanalyse. Die Faktentabelle repräsentiert Kennzahlen zum Absatz wie *Umsatz* und
Menge. Die vier Dimensionstabellen beschreiben die beiden Absatzkenngrößen bezüglich

Abb. 2.35 Star-Schema mit
einer Fakten-Tabelle und vier
Dimensions-Tabellen [209]

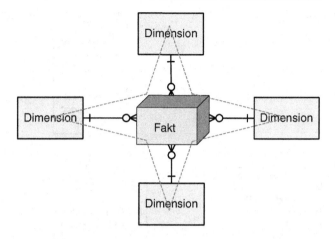

Abb. 2.36 Star-Schema für
Absatzanalysen[209]

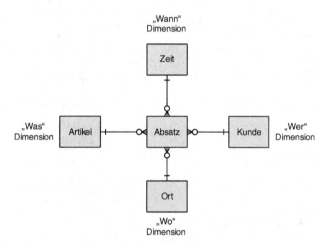

der Orts- und Zeitdimension sowie der zwei Sachdimensionen. Sie ermöglichen es, Fragen zum „wo" (Ortsdimension), „wann" (Zeitdimension), „was" (Artikeldimension) und „wer" (Kundendimension) zu beantworten.

Ist als Speicherstrategie *ROLAP* vorgesehen (siehe Abschn. 2.5.5), ist ein relationaler Tabellenentwurf erforderlich. Abb. 2.37 zeigt den Tabellenentwurf für das Beispiel von Abb. 2.36. Das Star-Schema wird dabei wie folgt in Tabellen abgebildet:

- Die **Fakten-Tabelle** enthält einen *zusammengesetzten* (konkatenierten) *Primärschlüssel* bestehend aus den einzelnen Primärschlüsseln aller vier Dimensionstabellen. Weitere Attribute der Fakten-Tabelle sind ein oder mehrere Kennzahlen (z. B. Umsatz oder Absatzmenge), die von dem konkatenierten Primärschlüssel voll funktional abhängig sind.
- Jede Dimension wird genau auf eine **Dimensions-Tabelle** abgebildet. Die Dimensions-Tabellen enthalten einen Primärschlüssel (PK) für die niedrigste gewünschte Aggrega-

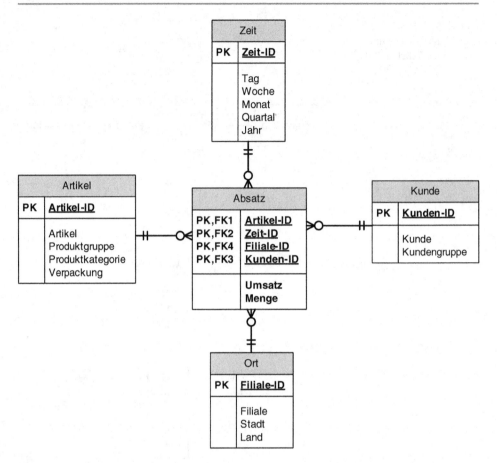

Abb. 2.37 Tabellenentwurf des Star-Schemas

tionsstufe (feinste Granularität). In Abb. 2.37 sind das die Primärschlüssel *Filiale-ID* für die Ortsdimension bzw. *Artikel-ID* für die Artikeldimension. Hierarchische Attribute werden innerhalb einer Dimensionstabelle gespeichert [21, S. 217]. Für die Ortsdimension *Land/Stadt/Filiale* sind dies die Kategorien *Filiale, Stadt* und *Land.*

Dimensionstabellen sind nicht normalisiert und weisen darum Redundanzen auf [21, S. 218]. So ist z. B. in der Tabelle *Artikel* das Attribut *Produktgruppe* funktional abhängig von *Artikel*, d. h. *Artikel ↦ Produktgruppe*. Diese Redundanz wird im Star-Schema aus Performanzgründen bewusst in Kauf genommen [137], um die Anzahl aufwändiger Tabellenverknüpfungen bei *Abfragen* zu reduzieren. Da sich die Zugriffsform ganz überwiegend bei OLAP-Daten auf „Lesen, Anfügen und Verdichten" beschränkt, bereiten Update-Anomalien keine großen Probleme, falls alle notwendigen *Restriktionen* zur Konsistenzerhaltung im Data Warehouse mittels *Trigger* integriert sind.

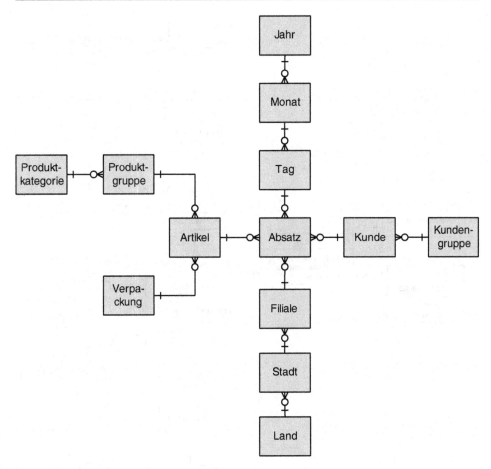

Abb. 2.38 Snowflake-Schema

Vor- und Nachteile Die Vorteile des Star-Schemas sind die Einfachheit des Schemas, die geringe Anzahl von Dimensionstabellen und die geringe Anzahl von Join-Operationen, da keine Dimensionshierarchien verbunden werden müssen [143, S. 64]. Die Nachteile liegen in der Größe und Redundanz der Dimensionstabellen und der damit eventuell verursachten langen Antwortzeit bei sehr großen Dimensionstabellen mit vielen Hierarchiestufen [143, S. 64].

2.6.3 Snowflake-Schema

Der Name „Snowflake" oder „Schneeflocken"-Schema resultiert aus der Form des Diagramms (siehe Abb. 2.38), welches an eine Schneeflocke erinnert. Im Snowflake-Schema werden die im Star-Schema vorhandenen Redundanzen in den Dimensionstabellen aufgelöst und die Hierarchie-Ebenen mit jeweils eigenen Tabellen modelliert.

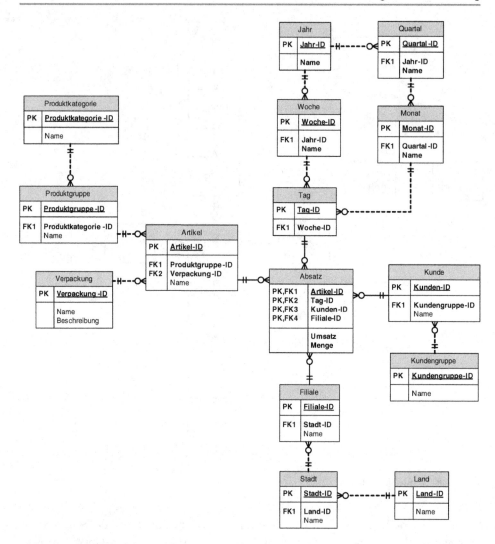

Abb. 2.39 Snowflake Schema Tabellenentwurf [21, S. 216]

In unserem vorigen Beispiel wurden im Star-Schema die Hierarchie-Ebenen der Ortsdimension in einer Tabelle gespeichert. Im Snowflake-Schema sind diese in separate Tabellen aufgeteilt (siehe Abb. 2.39).

Für die Tabelle *Artikel* werden die vorhandenen Klassifikationsebenen *Artikel*, *Produktgruppe*, *Produktkategorie* und *Verpackung* in extra Tabellen aufgeteilt. Dabei sind zwei parallele Hierarchie-Ebenen vorhanden: *Artikel* ↦ *Produktgruppe* ↦ *Produktkategorie* und *Artikel* ↦ *Verpackung*. Die obere Hierarchie-Ebene (stärkere Verdichtung) ist mit der unteren Hierarchie-Ebene (weniger starke Verdichtung) mit einer 1-zu-n-Relation verbunden.

Abb. 2.40 Galaxie-Schema
mit zwei Fakten-Tabellen *Absatz* und *Lager*

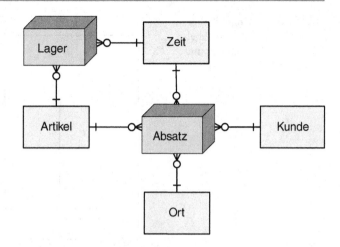

Vor- und Nachteile Ein Vorteil des Snowflake-Schemas ist die Beseitigung der Redundanzen in den Dimensionstabellen und damit verbundenen Problemen wie z. B. Update-Anomalien. Ein Nachteil ist die größere Anzahl der Join-Operatoren, die die abhängigen Dimensionstabellen verbinden müssen. Die Dimensionstabellen werden jedoch oft wegen Performance-Gründen nicht vollständig normalisiert. Man spricht dann im englischen von „slightly normalized dimensions" [143, S. 65].

2.6.4 Galaxie-Schema

Das Galaxie-Schema enthält mehr als eine Faktentabelle (siehe Abb. 2.40) [145] [21, S. 220]. Die Faktentabellen haben einige jedoch nicht alle Dimensionen gemeinsam. Das Galaxie-Schema repräsentiert somit mehr als einen Datenwürfel (Multi-Cubes). Die Datenwürfel sind jedoch durch gemeinsame Dimensionen verbunden und ermöglichen dadurch den Drill-Across (siehe Abschn. 2.5.3) von einem Würfel zum anderen.

Beispiel In Abb. 2.40 nehmen wir an, dass ein Zentrallager für die Artikel vorhanden ist. Im Zentrallager werden Artikel nicht für bestimmte Filialen oder Kunden reserviert. Folglich ist das *Lager* unabhängig von *Kunde* und *Filiale* und hat als Dimensionen nur *Artikel* und *Zeit*. Als Kennzahl ist für das *Lager* nur die Menge der Artikel zu einem Zeitpunkt relevant, nicht aber der Umsatz.

2.6.5 Fact-Constellation-Schema

In den Fakten-Tabellen werden die Fakten (z. B. Umsatz) in einer geringen Verdichtung vorgehalten (z. B. pro Tag, Filiale und Artikel). Sollen aggregierte Auswertungen erstellt

Abb. 2.41 Fact Constellation
Schema mit drei Fakten-Tabel-
len: *Absatz, Absatz-Monat* und
Absatz-Jahr

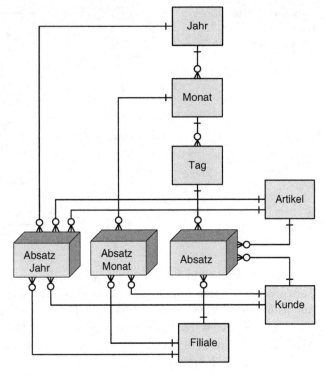

werden (z. B. Umsatz pro Quartal), so werden die Fakten *on-the-fly* verdichtet. Im Fact-
Constellation-Schema werden aus Performanz-Gründen stattdessen zusätzliche Summationstabellen erstellt, die dadurch eine schnellere Auswertung erlauben (siehe Abb. 2.41).
Ein Nachteil ist jedoch, dass durch die zusätzlichen Summationstabellen das Schema und
der ETL-Prozess unübersichtlicher werden [143, S. 64].

2.6.6   Historisierung

In einem Data Warehouse werden hauptsächlich Daten in die Faktentabellen hinzugefügt
(z. B. neue Absatzzahlen). Weniger häufig werden auch neue Daten in den Dimensionstabellen angefügt (z. B. neue Artikel oder Filialen). Eine weiterer Fall ist, dass Dimensionsausprägungen irrelevant geworden sind, da z. B. bestimmte Artikel nach einem Saison-
wechsel nicht mehr hergestellt werden. Dann dürfen die Dimensionsausprägungen in den
Dimensionstabellen *nicht* gelöscht werden, da noch historische Daten in der Faktentabelle
existieren und mit diesen verbunden sind.

Alle gerade beschriebenen Fälle sind unproblematisch für die Auswertung, da sie nicht
struktureller Art sind. Wenn hingegen Dimensionsausprägungen verändert werden, kann
es zu falschen Auswertungen von historischen Daten kommen.

Abb. 2.42 Update-Verfahren überschreibt vergangene Dimensionsangaben [143, S. 66]

Verkäufer-ID	Name	Abteilung
~~123~~	~~Müller, Robert~~	~~Turbinen~~
124	Maier, Oliver	Motoren
125	Schmidt, Peter	Turbinen
123	Müller, Robert	Motoren

Beispiel: Ein Mitarbeiter im Verkauf wechselt die Abteilung. Falls die Abteilungszuordnung einfach überschrieben wird, werden auch alle vergangen Umsätze nicht mehr der ursprünglichen, sondern der neuen Abteilung zugeordnet (siehe Abb. 2.42). Will man die Abteilungsumsätze vergangener Jahre miteinander vergleichen, so würde dieses Vorgehen ein falsches Ergebnis liefern.

Diesem Effekt der langsam verändernden Dimensionen (engl. *Slowly Changing Dimensions*) kann durch eine geeignete Historisierungsstrategie begegnet werden. *Historisierung* ist von der *Archivierung* und dem *Backup* abzugrenzen [143, S. 66]. **Archivierung** speichert alte nicht mehr relevante Daten an einem anderen Ort und löscht diese in der primären Datenbank. **Backup** ist die redundante Speicherung von Daten, um bei einem Systemausfall diese wiederherstellen zu können. Archivierung und Backups sind für alle Systeme, also auch für Data Warehouses, erforderlich. *Historisierung* ist kein Ersatz für Backups und Archivierung.

Es kann zwischen verschieden Historisierungsstrategien unterschieden werden [143, S. 66] [146, S. 95]:

- **Update-Verfahren.** Das Update-Verfahren überschreibt einfach den aktuellen Dimensionseintrag mit den aktuellen Daten, d. h. auf eine Historisierung wird verzichtet (siehe Abb. 2.42). Die beschriebenen Probleme bei der Analyse der historischen Daten werden in Kauf genommen [143, S. 68].
- **Delta-Historisierung.** Ein Methode die Historie die Dimensionsausprägungen zu konservieren, ist das Einfügen von Gültigkeitsintervallen [143, S. 70]. Eine Abfrage kann mit Hilfe der Gültigkeitsintervalle für jeden beliebigen Zeitpunkt die relevanten Dimensionsausprägungen ermitteln (siehe Abb. 2.43).
- **Delta-Historisierung mit Current-Flag.** Für die meisten Auswertungen ist nur die aktuelle Dimensionsausprägung relevant. Um die Abfragen zu vereinfachen wird das Dimensionsschema darum oft mit einem Gültigskeitsfeld (Current-Flag) erweitert, das anzeigt ob die Zeile aktuell ist (siehe Abb. 2.44) [143, S. 71].

Verkäufer-ID	Name	Abteilung	Gültig-von	Gültig-bis
123	Müller, Robert	Turbinen	01.01.2005	31.12.2009
124	Maier, Oliver	Motoren	03.04.1997	
125	Schmidt, Peter	Turbinen	12.04.2008	
123	Müller, Robert	Motoren	01.01.2010	

Abb. 2.43 Delta-Historisierung mit Gültigkeitsintervallen [143, S. 70]

Verkäufer-ID	Name	Abteilung	Gültig-von	Gültig-bis	Current
123	Müller, Robert	Turbinen	01.01.2005	31.12.2009	0
124	Maier, Oliver	Motoren	03.04.1997		1
125	Schmidt, Peter	Turbinen	12.04.2008		1
123	Müller, Robert	Motoren	01.01.2010		1

Abb. 2.44 Current-Flag zur Markierung aktueller Datensätze [143, S. 69]

Dimensions-Tabelle

Verkäufer-ID	Name	Abteilung	Gültig-von	Gültig-bis	Current
123.01	Müller, Robert	Turbinen	01.01.2005	31.12.2009	0
124.01	Maier, Oliver	Motoren	03.04.1997		1
125.01	Schmidt, Peter	Turbinen	12.04.2008		1
123.02	Müller, Robert	Motoren	01.01.2010		1

Fakten-Tabelle

Verkäufer-ID	Kunden-ID	Jahr	Umsatz
123.01	2	2009	1.020,00 €
124.01	4	2009	5.523,00 €
125.01	2	2009	7.550,00 €
123.02	3	2010	3.023,00 €
124.01	2	2010	1.020,00 €
125.01	4	2010	5.523,00 €

Abb. 2.45 Delta-Historisierung mit künstlicher Schlüsselerweiterung [143, S. 69]

- **Delta-Historisierung mit künstlicher Schlüsselerweiterung.** Bei dieser Historisie-
rungsvariante wird der Primärschlüssel der Dimensionen aus zwei Teilen zusammengesetzt: Der erste Teil (z. B. Verkäufer-ID 123) wird um einen künstlichen Zähler erweitert,
der die Version angibt (z. B. 123.02 für die zweite Version des Verkäufers 123). Sobald
eine neue Aktualisierung die Dimension ändert, wird eine neue Version mit inkremen-
tiertem Zähler zur Dimensionstabelle hinzugefügt. Ab diesem Zeitpunkt werden neue
Fakten mit dem korrespondierenden aktuellen Dimensionsschlüssel hinzugefügt [143,
S. 70]. Dadurch haben zeitlich zusammengehörige Fakten und Dimensionen dieselbe
Schlüsselerweiterung (siehe Abb. 2.45).

2.6.7 Vorgehensweisen für die multidimensionale Modellierung

Man kann zwischen zwei Vorgehensweisen für die multidimensionalen Modellierung
unterscheiden. Es sind dies ein Datenangebots-orientierter und ein Informationsbedarfs-
orientierter (Datennachfrage-orientierter) Ansatz (siehe Abb. 2.46). In der Praxis werden
aber auch oft Mischformen eingesetzt bzw. beide Verfahren iterativ kombiniert.

Abb. 2.46 Datenangebots-
orientierter und
Informationsbedarfs-
orientierter Ansatz

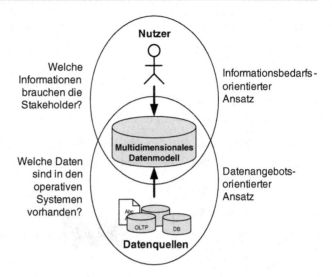

2.6.7.1   Datenangebotsorientierter Ansatz

Beim **angebotsorientierten Ansatz** startet man mit den Daten, die in den operativen Systemen vorhanden sind. Die Transformation des bestehenden operativen Datenmodells in ein multidimensionales Modell erfolgt dabei in vier Schritten [209, 210]:

1. Klassifikation der Entitäten
2. Konzeptioneller (High Level) Star-Schema-Entwurf
3. Detailliertes Design der Faktentabellen
4. Detailliertes Design der Dimensionstabellen

1. Klassifikation der Entitäten

Die Entitäten des bestehenden operativen Unternehmens-Datenschemas werden in einer von drei Kategorien klassifiziert [209, 210, 208]:

- **Transaktions-Entitäten.** Diese Entitäten (Bewegungsdaten) speichern detaillierte Datensätze von Geschäftsereignissen wie z. B. Aufträge, Lieferungen, Zahlungen, Hotelbuchungen, Versicherungsansprüche oder Flugreservierungen. Dies sind die zentralen Geschäftsvorfälle für das Unternehmen.
- **Komponenten-Entitäten.** Diese Entitäten (Stammdaten) sind direkt mit einer Transaktions-Entität durch eine 1:n Relation verbunden. Sie beschreiben das Geschäftsereignis und beantworten Fragen über das „wo", „wann", „wer", „was", „wie" und „warum" des Ereignisses.
- **Klassifikations-Entitäten.** Dies sind Entitäten die mit einer Komponenten-Entität durch eine Kette von 1:n Relationen verbunden sind. Diese definieren die Hierarchien im Datenmodell.

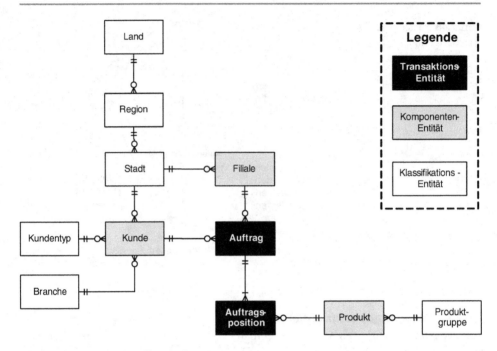

Abb. 2.47 Beispiel: Klassifikation der Entitäten

Abbildung 2.47 zeigt ein Beispiel für die Klassifikation der Entitäten in einem operativen System.

2. Konzeptioneller Star-Schema-Entwurf
In diesem Schritt werden ein oder mehrere grobe Star-Schemata entworfen.

- **Auswahl der Transaktions-Entitäten.** Jede Transaktions-Entität kann die Faktentabelle eines potenziellen Star-Schemas bilden. Jedoch werden nur Transaktions-Entitäten, die entscheidungsrelevant sind, für ein Star-Schema herangezogen. Außerdem können in einem Galaxie-Schema auch mehrere Star-Schemata verbunden werden (siehe Abschn. 2.6.4) [209].
- **Bestimmung des Aggregationsniveaus.** Anschließend wird das Aggregationsniveau (die Granularität) des Star-Schemas festgelegt. Je höher das Aggregationslevel ist, desto niedriger sind Speicheranforderungen und desto performanter sind Abfragen. Anderseits gehen durch die Aggregation Informationen verloren und dadurch werden bestimmte Abfragen unmöglich [209].
- **Identifizierung der Dimensionen.** Komponenten-Entitäten, die mit der Transaktions-Entität verbunden sind, kommen als Dimensionen für diesen Cube in Frage. Jedoch sind nicht alle Dimensionen für die gewählte Granularität bzw. vorgesehenen Analysen relevant. Dimensionen, die keine zusätzlichen beschreibenden Attribute oder Hierarchien haben, werden als *degenerierte Dimensionen* bezeichnet (wie z. B. Zeit) [209, 210].

Abb. 2.48 Beispiel: Konzeptioneller Star-Schema-Entwurf

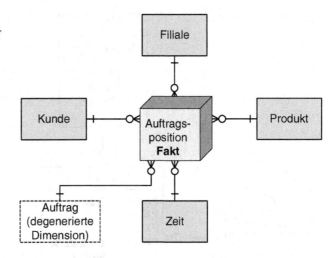

Degenerierte Dimensionen benötigen nicht unbedingt eigenständige Dimensions-Tabellen. Man kann sie stattdessen als Attribut direkt in der Fakten-Tabelle aufnehmen (siehe Abb. 2.48).

Beispiel (Fortsetzung) Basierend auf der Klassifikation aus Abb. 2.47 wird eine Faktentabelle ausgewählt. Die beiden Transaktions-Entitäten *Auftrag* und *Auftragsposition* sind durch eine Master-Detail-Beziehung verbunden und können in eine Faktentabelle kombiniert werden (siehe Abb. 2.48). Dabei wählt man die detailliertere Transaktions-Entität *(Auftragsposition)* als Faktatabelle und kollabiert die Master-Transaktions-Entität *(Auftrag)* in die Faktentabelle. Die Dimensionen des Star-Schemas bestehen aus den Komponenten-Entitäten, die mit den beiden Transaktions-Entitäten verbunden sind. Die Auftrags-Entität beinhaltete ein Attribut *Datum*, das im Datenwürfel zur *Zeit-Dimension* wird. *Auftrag* wird nicht als extra Dimension modelliert, sondern ist eine degenerierte Dimension, die nur mit einem Attribut in der Faktentabelle vermerkt wird. Es wird die niedrigste Granularität gewählt, d. h. Transaktionen werden nicht aggregiert.

3. Detaillierter Entwurf der Faktentabellen

- **Bestimmung der Primärschlüssel.** Der Primärschlüssel setzt sich aus den Primärschlüsseln aller Dimensionstabellen und gegebenenfalls aus den degenerierten Dimensionen zusammen [209].
- **Bestimmung der Kennzahlen.** Die Fakten (Kennzahlen) sind numerische Attribute in der Faktentabelle [209]. Dabei ist auf die *Summierbarkeit* der Kennzahlen zu achten (siehe Abschn. 2.5.4) [169, 209]. In der Faktentabelle sollen nach Möglichkeit absolute Werte von Kennzahlen gespeichert werden, wie z. B. Verkaufsmenge und -preis, und daraus prozentuale Kennzahlen on-the-fly berechnet werden, beispielsweise prozentuale Abschläge auf den Verkaufspreis mithilfe der jeweiligen Rabattklasse.

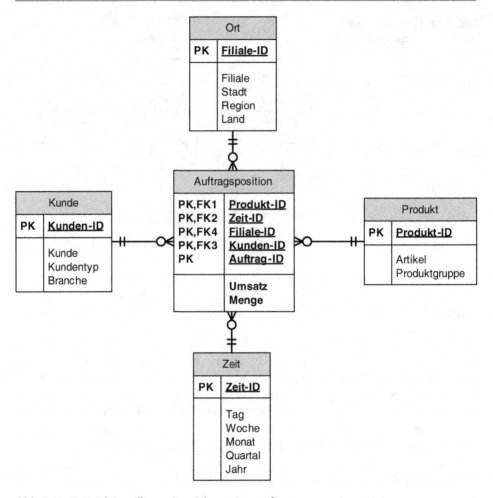

Abb. 2.49 Beispiel: Detaillierter Star-Schema-Entwurf

Beispiel (Fortsetzung) Der zusammengesetzte Primärschlüssel der Faktentabelle besteht aus den Primärschlüsseln aller Dimensionen, d. h. Filiale-ID, Produkt-ID, Kunde-ID, Zeit-ID und Auftrag-ID (siehe Abb. 2.49). Als Kennzahlen werden Umsatz und Menge gewählt.

4. Detaillierter Entwurf der Dimensionstabellen

- **Bestimmung der Primärschlüssel.** Eine Dimensionstabelle besitzt typischerweise einen nicht-zusammengesetzten Primärschlüssel. Bei einem Snowflake Schema verweisen die Fremdschlüssel in den untergeordneten Dimensionstabellen auf den Primärschlüssel der übergeordneten Dimensionstabelle.
- **Bestimmung der Historisierungsstrategie.** Siehe Abschn. 2.6.6.

- **Sprechende Bezeichner.** In den operativen Systemen können Abkürzungen oder Identifikationsnummern in den Komponenten- bzw. Klassifikations-Entitäten vorhanden sein. In den Dimensions-Tabellen sollten statt dessen sprechende Bezeichner benutzt werden, deren Beschreibung aus dem Repositorium abrufbar sind.

Beispiel (Fortsetzung) Es wird ein Star-Schema gewählt (siehe Abb. 2.49). Die Primärschlüssel der Dimensionstabellen sind nicht zusammengesetzt (Filiale-ID, Produkt-ID, Kunde-ID und Zeit-ID).

2.6.7.2 Informationsbedarfsorientierter Ansatz

Im nachfrageorientierten Ansatz startet man von den Informationsbedürfnissen der Nutzer [282]. Anschließend analysiert man, welche Daten innerhalb und außerhalb des Unternehmens notwendig sind, um diese Informationsbedürfnisse zu erfüllen. Die **Informationsbedarfsanalyse** ist somit eine Untersuchung der Anforderungen (engl. Requirements) an die bereitzustellenden Unternehmensinformationen aus Nutzersicht.

Stroh, Winter und Wortmann [282] schlagen als Prozess für die Informationsbedarfsanalyse fünf Schritte vor:

1. *Gewinnung*: Hierbei wird der Informationsbedarf durch verschiedene Methoden wie Interviews oder Dokumentanalyse erhoben. Man kann zwischen induktiven und deduktiven Methoden zur Gewinnung des Informationsbedarfs unterscheiden [129, S. 367]. Induktive Verfahren ermitteln subjektive, personenbezogene Informationsbedürfnisse. Deduktive Verfahren leiten den Informationsbedarf logisch aus der Analyse von Aufgaben bzw. Zielen ab. Induktive und deduktive Methoden können auch kombiniert angewendet werden.

   Als Methoden der induktiven Informationsbedarfsgewinnung werden in der Literatur [282, 281] [105, S. 265] [159, S. 61] erwähnt:
   - *offene Interviews*: Der Befragte benennt seinen Informationsbedarf. Dies wird begleitet durch unterstützende und klärende offene Fragen des Interviewers und veranschaulicht durch Situationen aus seinem Arbeitsalltag [159, S. 61].
   - *Survey*: Anhand einer Liste von Informationsprodukten wählt und priorisiert der Mitarbeiter seinen Informationsbedarf.
   - *Beobachtung am Arbeitsplatz*: Der Analyst begleitet einen Mitarbeiter und beobachtet den Arbeitsalltag und die darin vorkommenden Aufgaben und deren Informationsbedarf [105, S. 267].
   - *Dokumentenanalyse*: Bestehende elektronische und papiergebundene Berichte und Dokumente werden nach den enthaltenen und für die Erstellung notwendigen Informationen analysiert [105, S. 265].

   Methoden der deduktiven Informationsbedarfsgewinnung sind [159, S. 62ff]:
   - *Strategieanalyse*: Anhand der Unternehmensstrategie werden die für die Umsetzung und das Monitoring notwendigen Informationen abgeleitet.

- *Entscheidungs- und Aufgabenanalyse:* Analytische Modelle zur Entscheidungsunterstützung werden nach den erforderlichen Input-Daten untersucht.
- *Prozessanalyse:* Die in einem Geschäftsprozess notwendigen Informationen werden analysiert.

2. *Dokumentation:* Die erfassten Informationsbedürfnisse müssen verständlich dokumentiert und zugänglich gemacht werden.
3. *Übereinstimmung:* Die von verschiedenen Nutzergruppen mit unterschiedlichen Methoden gewonnenen Informationsbedürfnisse werden auf Widersprüche untersucht, die Terminologie wird vereinheitlicht und der Informationsbedarf wird nach dessen Dringlichkeit gereiht.
4. *Validierung:* Der abgeleitete und vereinheitlichte Bedarf wird mithilfe von Befragungen und Prototypen validiert.
5. *Management:* Die Informationsbedarfsanalyse ist kein einmaliges Ereignis, sondern ein kontinuierlicher Prozess, der auf geänderte interne und externe Gegebenheiten reagieren sollte. Der Informationsbedarf wird festgehalten, seine Veränderungen erfasst und versioniert.

Weiterführende Literatur Einen guten Einstieg in OLAP bietet wiederum das Buch von Bauer und Günzel (2009) [21]. Es ist hier das Kapitel 5 „Das multidimensionale Datenmodell" empfehlenswert. Eine weitere, fast schon klassische Referenz ist Kimball [146] „The Data Warehouse Toolkit". Das Buch enthält viele brauchbare Hinweise und Praktikertipps getreu dem Motto „So wird es gemacht!" mit dem Verweis auf *Good Practice*.

Data Mining

3

Wir ertrinken in Information und sind hungrig nach Wissen.
R.R. Rogers

Data Mining ist das semi-automatische Aufdecken von Mustern mittels Datenanalyse-Verfahren in meist sehr großen und hochdimensionalen Datenbeständen.

Data Mining ist am besten mit **Datenmustererkennung** zu übersetzen, wobei sich dieser deutsche Begriff in der Praxis nicht durchsetzen konnte [31]. Data Mining verbindet Methoden der Wissenschaftsbereiche *Statistik*, *Künstliche Intelligenz* (maschinelles Lernen) und *Informatik*, insbesondere Datenbanksysteme.

Ein verwandter Begriff ist **Knowledge Discovery in Databases (KDD)**. KDD wird umschrieben als der nicht-triviale Prozess der Extraktion von gültigen, bislang unbekannten, potenziell nützlichen und leicht verständlichen Mustern [86]. Mittlerweile werden die Begriffe *Data Mining* und *Knowledge Discovery in Databases* synonym verwendet [240].

Data Mining ist ein datengetriebenes und hypothesenfreies Verfahren. Das heißt, am Anfang stehen meistens keine Theorien und Hypothesen, die statistisch getestet werden sollen, sondern es werden Hypothesen aus den Daten semi-automatisch generiert. Data Mining ähnelt damit der *explorativen Datenanalyse* der Statistik und dem *Model Hunting* der schließenden Statistik [167].

Im Unterschied zu klassischen Statistikverfahren werden im Data Mining oft sehr große Datenbestände untersucht, was spezielle Anforderungen an die Laufzeit der Data Mining Algorithmen stellt. Außerdem wird der Anspruch im Data Mining erhoben, dass die Verfahren ohne Fachstatistiker, d. h. semi-automatisch, ablaufen können [167].

Dieses Kapitel ist wie folgt aufgebaut: Der Abschn. 3.1 stellt den Data Mining Prozess vor, kategorisiert mögliche Input-Datentypen sowie Data Mining Aufgaben, und disku-

R.M. Müller, H.-J. Lenz, *Business Intelligence*, eXamen.press,
DOI 10.1007/978-3-642-35560-8_3, © Springer-Verlag Berlin Heidelberg 2013

tiert Voraussetzung und Annahmen des Data Mining. Der Abschn. 3.2 stellt Data Mining
Verfahren für Clustering, Assoziationsanalyse und Klassifikation vor. Abschließend wird
die allgemeine Struktur, die allen Data Mining Verfahren zugrunde liegt, diskutiert. Der
Abschn. 3.3 analysiert Data Mining für zwei Verfahren, die spezielle Datenstrukturen voraussetzen: *Text Mining* und *Web Mining*.

3.1 Einführung

3.1.1 Data Mining Prozess

Fayyad, Piatetsky-Shapiro und Smyth beschreiben den Prozess **Knowledge Discovery in
Databases (KDD)** mit folgenden Schritten [86] (siehe Abb. 3.1):

1. *Selektion*: Der Kontext wird festgelegt und die für die Fragestellung relevanten Daten
   werden ausgewählt.
2. *Vorverarbeitung*: In diesem Schritt wird versucht, Datenqualitätsprobleme (siehe Abschn. 2.4) zweckorientiert zu beseitigen. Hierzu zählt u. a. die Behandlung von fehlenden
   Werten (Missing Values) und deren Schätzung (engl. Imputation), das Erkennen von
   Dubletten, die Identifikation von Ausreißern (Outliers) und die Korrektur fehlerhafter
   Werte.
3. *Transformation*: Die Daten werden in eine für das Data Mining Verfahren geeigneten
   Datentyp umgewandelt. Beispielsweise können metrisch skalierte in diskrete Werte
   transformiert werden.
4. *Data Mining*: In diesem Schritt wird der ausgewählte Data Mining Algorithmus auf die
   Daten angewandt. Das Ergebnis ist ein Modell, welches die Daten beschreibt oder interessante Muster, Auffälligkeiten und strukturelle Abhängigkeiten in den Daten erkennen
   lässt.
5. *Interpretation und Evaluation*: Das Modell wird in seinem Aufbau oder seinen Auswirkungen interpretiert und auf seine Einsetzbarkeit evaluiert. Die gefundenen Muster
   können für die Entscheidungsfindung aufbereitet bzw. visualisiert werden.

Der KDD-Prozess ist wie die *explorative Datenanalyse* der Statistik nicht linear, sondern
kann Iterationen aufweisen. Falls die Evaluation der Muster unbefriedigend ist, wird zu
einem vorherigen Schritt zurückgekehrt. In Ausnahmefällen führt dies dazu, dass weitere
Datensätze beschafft werden müssen.

   Der **Cross-Industry Standard Process for Data-Mining (CRISP-DM)** [58, 272],
schlägt einen Data Mining Prozess mit folgenden Phasen vor (siehe Abb. 3.2):

1. *Geschäftsmodell verstehen*: Dieser Schritt umfasst das Verstehen der Geschäftsziele und
   die Festlegung der Data Mining Ziele sowie die Projektplanung.

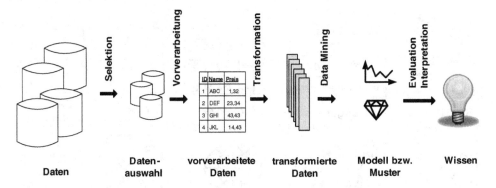

Abb. 3.1 KDD-Prozess [86]

Abb. 3.2 CRISP Data Mining
Prozess [58]

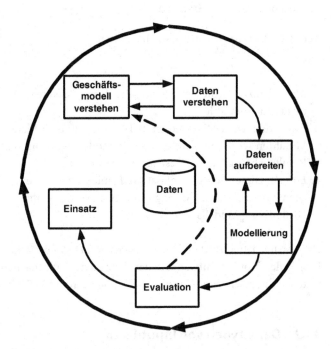

2. *Daten verstehen*: In diesem Schritt werden die Datenquellen bestimmt, die Daten untersucht und beschrieben sowie das Datenqualitätsniveau bestimmt.

3. *Daten aufbereiten*: Hier werden die Daten ausgewählt (*Variablenselektion* (engl. Feature Selection)). Die Datenerfassung erfolgt alternativ durch Totalerhebung oder *Stichprobenziehung* (engl. Sampling) durch Experimente oder durch Beobachtungen oder Messungen. Die so gewonnenen Daten werden bereinigt, d. h. Ausreißer, fehlerbehaftete, inkonsistente und fehlende Werte behandelt. Abgeleitete Werte (z. B. Aggregate) werden berechnet, Daten zusammengeführt (gruppiert und sortiert) und transformiert wie z. B. beim Übergang zu Wachstumsraten oder zu Indizes.

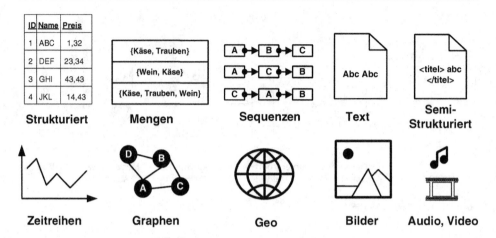

Abb. 3.3 Mögliche Datentypen von Inputdaten

4. *Modellierung*: In diesem Schritt wird ein „passendes" Data Mining Verfahren i. Allg. manuell ausgewählt.
5. *Evaluation*: Die Daten werden in Trainings- und Testdaten aufgeteilt, das Data Mining Verfahren wird angewendet und die Modellanpassungsgüte bestimmt. Es werden die Resultate bezüglich der Geschäftsziele evaluiert.
6. *Einsatz*: Dieser Schritt umfasst die Planung der Implementierungsstrategie, den täglichen Einsatz des Data Mining Modells, sowie das weitere Monitoring der Gültigkeit des Data Mining Modells.

Das Verstehen und Aufbereiten der Daten verursacht typischerweise in einem Data Mining Projekt den größten Aufwand. In der Vielzahl der Fälle machen Datenvorverarbeitung und Datenqualitätssicherung unserer Erfahrung nach rund 70 % des Gesamtaufwands aus.

3.1.2 Datentypen von Inputdaten

Die Daten aus den verschiedenen Datenquellen haben folgende Datentypen (siehe Abb. 3.3).

- *Strukturierte Daten.* Datenbank-Tabellen sind die häufigsten Datenstrukturen im Unternehmensbereich. Dabei steht jede Zeile für ein Realwelt-Objekt (Entität, Instanz), welches durch den Primärschlüsselwert eindeutig identifiziert und durch die Werte mehrerer Attribute (Spalten) beschrieben wird.
  Beispiel: Buchhaltungs-, Einkaufs-, Verkaufs- und Personaldaten
- *Mengen.* Dieser Datentyp tritt typischerweise in Warenkorb-Daten auf. Mengen, ggf. sog. Multi-Mengen bei mehrfach gekauften Artikeln, können auch als Tabellen repräsentiert

werden, wobei jede Zeile für eine Menge (Warenkorb) und jede Spalte für ein mögliches Element (Produkt) steht.

Beispiel: Einkauf bestehend aus der Menge {Milch, Joghurt, Butter, Käse, Brot}

- *Sequenzen*. Eine Sequenz ist ein Verbund von Daten mit linearer Ordnungsstruktur, bei dem die Reihenfolge der Elemente wichtig ist.

  Beispiel: Klickpfad eines Besuchers auf einer Webseite

- *Texte*. In Unternehmen liegen oft mehr Daten in der Form von Dokumenten, Webseiten oder Emails vor, als in Form strukturierter Datensätze. In Abschn. 3.3 wird Text Mining ausführlich beschrieben.

  Beispiel: Klassifizieren eingehender Emails in die Klassen *Bestellung, Beschwerde, Bewerbung* oder *Spam*.

- *Semi-Strukturierte Texte*. Im Unterschied zum Datentyp Text werden zusätzlich *Tags* einer Auszeichnungssprache wie etwa HTML oder XML eingesetzt.

  Beispiel: Beim Web-Mining (siehe Abschn. 3.3) wird manchmal die Webseitenstruktur ausgenutzt.

- *Zeitreihen*. Sie bilden zeitlich geordnete Folgen (Sequenzen), wobei neben dem Wert der betreffenden Variablen auch der Mess-, Beobachtungs- oder Zählzeitpunkt festgehalten wird. Folgen von Umsatz- und Gewinnwerten, Marktanteilen, Kursen, und Anzahl von Betriebsunfällen je Schicht sind typische Beispiele für solche Zeitreihen (siehe [262, 107, 41] für eine Übersicht zur Zeitreihenanalyse). Zur Nutzung für Prognosezwecke siehe Abschn. 4.1.1.

  Beispiel: Absatzprognosen im Rahmen der Produktionsplanung beruhen typischerweise auf Zeitreihen-Daten, die je nach Planungshorizont unterschiedliche Granularität (Schicht, Tag, Woche, …) haben.

- *Graphen*. Graphen bestehen aus einer Menge von Knoten und Kanten. Knoten sind paarweise mittels gerichteter oder ungerichteter Kanten verbunden sind. Graphen treten z. B. in Bayesschen Netzwerken und in den Link-Strukturen von Websites, in sozialen Netzwerken oder in der Verbindungsstruktur der Email-Kommunikation auf (siehe [54] für eine Übersicht zum Graph Mining).

  Beispiel: Kann man anhand der Email-Kommunikationsstruktur herausfinden, welche Manager beim Bilanz-Betrug beim Unternehmen *Enron* involviert waren [274, 57]?

- *Geo-Daten*. Die geographische Position von Objekten wie Kundenadressen, Läden oder Betriebsunfällen ist oft von Interesse. Geo-Data Mining soll räumliche Muster aufdecken [113, 203].

  Beispiel: Sind in den Umsatz- und Adressdaten der Kunden Cluster erkennbar?

- *Bilder*. Um Abbildungen, Diagramme und Fotos mit Data Mining zu analysieren, ist – abhängig von der Aufgabenstellung – eine aufwändige Vorverarbeitung notwendig, z. B. Objekt-Identifizierung, um festzustellen, ob zwei Fotos denselben Landschaftsausschnitt ggf. aus unterschiedlichen Perspektiven wiedergeben.

  Beispiel: In der Bildmustererkennung sollen z. B. alle Fotos erkannt werden, die dieselbe Person abbilden. So erkennt beispielsweise die Software *iPhoto* von *Apple* nach einer kurzen Lernphase automatisch Gesichter.

Abb. 3.4 Data Mining Aufgaben

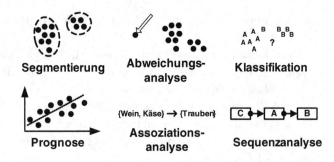

- *Audio, Video.* Multimediale Daten wie Audio, Sprache und Video stellen allein schon wegen des Datenvolumens die höchsten Anforderungen hinsichtlich Laufzeitverhalten und Speicherbedarf an das Data Mining.
  Beispiel: Das Programm *MusicMiner* [211] erstellt voll-automatisch aus einer Musik-Kollektion eine visuelle Landkarte. Ähnliche Musikstücke liegen näher beieinander. Dabei wird die Musik nach den Klangeigenschaften wie etwa dem Rhythmus analysiert.

3.1.3 Data Mining Aufgaben

Basierend auf der Art der zu findenden Muster bzw. der Art der zu unterstützenden Entscheidungen kann man zwischen verschiedenen Data Mining Aufgaben unterscheiden (siehe Abb. 3.4).

- *Segmentierung.* Es sollen Gruppen (Cluster) gebildet werden, die in sich möglichst homogen, aber möglichst unähnlich zu den anderen Gruppen sind (siehe Abschn. 3.2.1).
  Beispiel: Gruppierung der Kunden nach demographischen Kriterien.
- *Abweichungsanalyse.* Hierbei sollen die Datensätze gefunden werden, die im Vergleich zur Gesamtdatenbasis untypisch sind (siehe Abschn. 4.8).
  Beispiel: Identifizierung von betrügerischem Kreditkartengebrauch.
- *Klassifikation.* Basierend auf bekannten Klassen-Zuordnungen in so genannten *Trainingsdaten*, soll ein Klassifizierungsmodell erlernt werden. Dies wird anschließend auf neue Objekte mit unbekannter Klassenzugehörigkeit (*Testdaten*) angewandt werden (siehe Abschn. 3.2.3).
  Beispiel: Welche Kunden werden auf einen Werbebrief mit einer Bestellung reagieren? Welche Kreditnehmer werden einen Kredit zurückzahlen?
- *Prognose.* Bei der Prognose wird der Wert eines numerischen Attributs aufgrund von Vergangenheitswerten vorhergesagt (siehe Abschn. 4.1.1).
  Beispiel: Prognose des monatlichen Absatzes von Bier im nächsten Quartal.

- *Assoziationsanalyse.* Es sollen in den Daten enthaltende Assoziationsregeln entdeckt werden (siehe Abschn. 3.2.2). Assoziationsregeln sind logische Implikationen nach dem Muster „Wenn jemand Windeln kauft, dann kauft er/sie wahrscheinlich auch Bier", d. h. {Windeln} → {Bier}.
  Beispiel: Warenkorb-Analyse bei Supermärkten. Welche Artikel werden zusammen gekauft?
- *Sequenzanalyse.* Sie ist zur Assoziationsanalyse ähnlich, da typische Sequenzmuster gesucht werden.
  Beispiel: Web-Marketing. Welche Klick-Pfade werden am meisten benutzt? Wann verlässt der Besucher die Website ohne etwas zu kaufen?

3.1.4 Voraussetzung und Annahmen des Data Mining

Data Mining ist besonders für Probleme geeignet,

- die eine komplexe, wissensbasierte Entscheidung verlangen,
- in der eine richtige Entscheidung einen Mehrwert erzeugt,
- die momentan mit sub-optimalen Methoden gelöst werden und
- in der genügend relevante Daten vorhanden sind.

Data Mining basiert auf folgenden Annahmen die getestet bzw. kritisch hinterfragt werden sollten:

- *Muster in der Vergangenheit haben auch in Zukunft noch Gültigkeit.*
  Beispiel: Die Jahre vor dem Bersten der Subprime Hypothekenblase waren in den USA gekennzeichnet durch niedrige Zinsen, ständig steigende Häuserpreise und geringe Arbeitslosigkeit. Die Data Mining Programme zur Prüfung der Kreditwürdigkeit von Hauskäufern benutzten nun Zahlungsausfalldaten aus dieser Periode und leiteten Klassifikationsmodelle daraus ab, um das Kreditrisiko neuer Kunden zu bewerten. Als die Hypothekenblase platzte, stiegen jedoch Zinsen und Arbeitslosenrate und es sanken die Häuserpreise. Die vorher gelernten Data Mining Modelle waren nach diesem **Strukturbruch** nicht mehr gültig. Sie hatten die Kreditwürdigkeit viel zu optimistisch eingeschätzt.
- *Genügend Daten sind vorhanden.*
  In den letzten Jahrzehnten stieg die Menge der Daten, die verfügbar sind, rasant an [185]. Dies hat hauptsächlich zwei Gründe: Extrem fallende Kosten für die Datenspeicherung und -verarbeitung (ein handelsüblicher PC besitzt oft schon einen Festplattenspeicher von 1 TB) und zunehmende Digitalisierung des Alltags. Immer mehr Vorgänge, Ereignisse, Zustände und Zustandsänderungen der realen Welt werden online und in Echtzeit gemessen und digital gespeichert.

Beispiel: Schauen wir uns einen typischen Tag eines Einwohners in einer Industriegesellschaft an und überlegen uns, welche Handlungen, die dieser Einwohner unternimmt, direkt oder indirekt zur Datenspeicherung in irgend einem IT-System führen.

Morgens schaut er sich eine Webseite im Internet an und ruft Emails ab (Verbindungsdaten des Internet-Providers, Log-Datei des Web- bzw. Email-Servers). Dann kauft er im Supermarkt ein (Warenkorb-Daten im Kassensystem). Er zahlt mit einer mit Chip ausgestatteten Kreditkarte. Anschließend fährt er im Auto zur Arbeit. Ein modernes Auto besitzt zahlreiche Mikroprozessoren die regelmäßig Statusdaten (z. B. über die Motorleistung) speichern, die bei der nächsten Inspektion in der Werkstatt ausgelesen werden können. Verkehrsinformationssysteme registrieren z. B. mit Sensoren in den Straßen den Verkehrsfluss. Im Büro angekommen, öffnet er die Tür mit einer RFID-basierten Sicherheitskarte (Daten im Sicherheitssystem der Firma) und schaltet das Licht im Büro an (digitaler („smarter") Stromzähler).

- *Vorhandene Daten dürfen ausgewertet werden.*

Nicht in allen vorigen Beispielen wurden personenbezogene Daten erhoben. Die Speicherung und Verarbeitung von personenbezogenen Daten unterliegt dem **Datenschutz** (engl. *privacy*). Das *Bundesdatenschutzgesetz (BDSG)*, in der aktuellen Version von 2013, regelt den Umgang mit personenbezogenen Daten und verlangt eine gesetzliche Grundlage oder eine Zustimmung der Betroffenen zur Verarbeitung ihrer persönlichen Daten. Das *BDSG* hat den Grundsatz der Datenvermeidung und Datensparsamkeit. Die Nicht-Beachtung des Datenschutzes kann zu erheblichen Image-Schäden für ein Unternehmen führen und Verstöße gegen das *BDSG* können als Ordnungswidrigkeit mit Bußgeldern oder gar mit Haftstrafe geahndet werden.

Im Data Mining ist man typischerweise eher an allgemeinen Mustern interessiert (Kunden, die X gekauft haben, haben auch Y gekauft). Daten über einzelne Personen (Kunde A hat X gekauft) sind dagegen oft von geringerem Interesse, wenn man einmal vom *personifizierten Marketing* absieht. *Anonymisierung* bzw. *Pseudoanonymisierung*, sowie Data Mining Verfahren die dem Datenschutz Rechnung tragen (*privacy-preserving data mining*) [8, 313] bewahren den Datenschutz und finden trotzdem personenunabhängige Muster.

- *Daten enthalten das, was man prognostizieren will.*

Beispiel: Ein Hersteller von Gasherden sieht sich mit folgendem Problem konfrontiert: Ein ausgelieferter Gasherd, der aus einer Serie von technologisch gleich hergestellten Herden stammt, ist explodiert. Obwohl der Hersteller detaillierte Daten über die ausgelieferten Gasherde hat, wird Data Mining dem Hersteller nicht helfen herauszufinden, welche der anderen ausgelieferten Gasherde eventuell auch gefährdet sind und zurückgerufen werden müssen. Alle Gasherde bis auf einen waren ja unauffällig. Aus nur einem einzigen relevanten Ereignis können jedoch keine Muster abgeleitet werden. In diesem Beispiel können jedoch Methoden der Fehlerrückverfolgung hilfreich sein (siehe Abschn. 4.7).

3.2 Data Mining Verfahren

Nachdem wir verschiedene Typen von Eingangsdaten und Data Mining Aufgaben vorgestellt haben, werden in diesem Abschnitt die zugehörigen Verfahren im Detail erörtert.

3.2.1 Clustering

Clustering sucht eine geeignete Partition (Aufteilung) einer Menge von Objekten, indem ähnliche Datenobjekte zu Clustern (Gruppen) zusammengefasst werden. Die Datenobjekte innerhalb eines Clusters sollen möglichst ähnlich, Datenobjekte verschiedener Cluster möglichst unähnlich sein (siehe Abb. 3.5).

Clustering ist eine Methode des sog. unüberwachten Lernens (engl. *Unsupervised Learning*). Damit ist gemeint, dass nur die Daten an sich genutzt werden, ohne etwaige zusätzliche Informationen über die „korrekten" oder „wahren" Cluster.

Wichtige Faktoren, die beim Clustering das Resultat hinsichtlich *Anpassungsgüte* und *Laufzeit* bestimmen, sind:

1. Anzahl der Datenobjekte,
2. Anzahl der Attribute,
3. Anzahl der Cluster,
4. Ähnlichkeits- oder Distanzmaß für Objektpaare, sowie
5. Clustermethode.

Beispiel 1 In der **Marktforschung** können Kunden in Cluster (Teilmärkte) segmentiert werden. Kunden innerhalb eines Clusters sind einander ähnlich im Hinblick auf z. B. Kaufgewohnheiten und ihre soziodemographischen Daten wie Alter, Wohnort oder Kaufkraft. Die Clustering-Ergebnisse erlauben ein besseres Verständnis der Kundentypen und ermöglichen damit u. a. maßgeschneiderte Werbeaktionen für die jeweiligen Kundengruppen und unterstützen die moderne Kundenbetreuung (engl. Customer Relationship Management) – mit all ihren Vor- und Nachteilen für Kunden und Unternehmen.

Beispiel 2 **Text-Clustering** erlaubt die automatische Gruppierung von sehr vielen Dokumenten wie z. B. Patenten. Dabei kommen Text Mining Verfahren zum Einsatz (vgl. Abschn. 3.3). Patente innerhalb eines Clusters sollen möglichst ähnlich, Patente verschiedener Cluster möglichst unähnlich sein. Dies erlaubt selbst bei umfangreichen Dokumentsammlungen nicht die Übersicht zu verlieren und Strukturen sowie Trends zu erkennen ohne Hunderttausende von Patentakten zu durchstöbern.

Abb. 3.5 14 Datenobjekte im
$\mathbb{R}^3$ segmentiert in drei Cluster

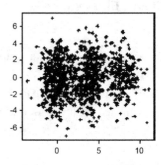

Abb. 3.6 Daten in der Ebene
mit drei erkennbaren Gruppen
[283]

Clusterverfahren lassen sich neben der Typisierung in **hierarchische** und **partitionie-**
rende Verfahren auf zwei grundlegenden Modellklassen zurückführen: dem parametrischen und dem nicht-parametrischen Ansatz [283]:

1. **Nicht-parametrischer Ansatz** mit einer mehrgipfligen Dichtefunktion $f(x_1, x_2, \ldots, x_d)$.
   Cluster werden aufgefasst als mehr oder weniger isolierte Gebiete im d-dimensionalen
   Raum, in denen die Objekte dicht beieinander liegen und durch „wenig besiedelte" Gebiete getrennt werden, d. h. Cluster korrespondieren mit den Modi der gemeinsamen
   multivariaten Dichtefunktion [118, 284],
2. **Parametrischer Ansatz.** Mischung von multivariaten Dichtefunktionen $\prod_{\kappa=1}^{m} w_\kappa f_\kappa(x_1,$
   $x_2, \ldots, x_d)$ mit latenten Mischungsgewichten w_κ, $\kappa = 1, 2, \ldots, m$ [318]. Jedes Cluster C wird durch eine Wahrscheinlichkeitsverteilung modelliert, typischerweise eine
   Gaußverteilung (Normalverteilung), mit Mittelwert $\boldsymbol{\mu}_c \in \mathbb{R}^d$ und der $(d \times d)$-Kova-
   rianzmatrix $\boldsymbol{\Sigma}_c$ für die Datenobjekte $\boldsymbol{x}_i \in \mathbb{R}^d$ im Cluster C.

Die beiden alternativen Ansätze führen hier zu vergleichbaren Ergebnissen des Clustering,
was in Abb. 3.7 verdeutlicht wird [283, 284]. Sie repräsentieren gleich gut die Daten in
Abb. 3.6 und weisen deutlich auf die Existenz dreier Gruppen hin.

3.2.1.1 Ähnlichkeitsmaße

Als erster Schritt im Clustering muss festlegt werden, wie man die Ähnlichkeit bzw. den Abstand zwischen zwei Datenobjekten messen kann. Dies erfordert ein **Ähnlichkeits-** oder
Distanzmaß festzulegen. Das Maß hängt von dem Datentyp, der Skala der Daten und
dem Zweck des Clustering ab. Ein Distanzmaß dist : $(\boldsymbol{x}, \boldsymbol{y}) \mapsto \mathbb{R}_{\geq 0}$ ordnet jedem Objekt-
paar $(\boldsymbol{x}, \boldsymbol{y})$ den Abstand dist$(\boldsymbol{x}, \boldsymbol{y})$ zu. Es ist reflexiv (dist$(\boldsymbol{x}, \boldsymbol{x}) = 0$), i. Allg. symmetrisch

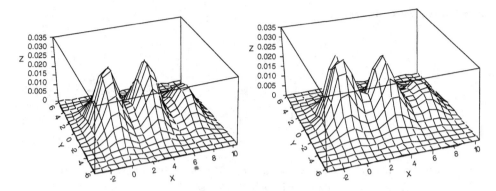

Abb. 3.7 Multimodale Dichtefunktion (*links*) und Mischung von drei Dichtefunktionen (*rechts*) [283]

$(\mathrm{dist}(x, y) = \mathrm{dist}(y, x))$ und erfüllt – falls das Maß eine Metrik darstellt – die sog. Dreiecksungleichung $(\mathrm{dist}(x, z) \leq \mathrm{dist}(x, y) + \mathrm{dist}(y, z))$ [44]. Es ist bei Gleichheit 0 und steigt mit zunehmender Distanz (Unähnlichkeit) auf den maximalen Wert 1, falls es normiert ist. Ein (normiertes) Distanzmaß kann durch geeignete Transformation in ein Ähnlichkeitsmaß umgerechnet werden, dies gilt auch umgekehrt [34].

Für **kardinal skalierte Daten** wird oftmals die *Euklidische Distanz* gewählt. Die Euklidische Distanz zwischen zwei Datenobjekten (Vektoren) $x = (x_1, x_2, \ldots, x_d)$ und $y = (y_1, y_2, \ldots, y_d)$ mit je d Komponenten ist

$$\mathrm{dist}_E(x, y) = \sqrt{(x_1 - y_1)^2 + \ldots + (x_d - y_d)^2}. \tag{3.1}$$

Weitere Abstandsfunktionen für kardinal skalierte Daten sind:

Manhattan- oder City-Block Distanz:

$$\mathrm{dist}_M(x, y) = |x_1 - y_1| + \ldots + |x_d - y_d|, \tag{3.2}$$

Maximum-Metrik:

$$\mathrm{dist}_m(x, y) = \max\{|x_1 - y_1|, \ldots, |x_d - y_d|\}. \tag{3.3}$$

Diese Distanzfunktionen gehören zur parametrischen Familie der Minkowski-Distanzen mit dem Parameter $p \in \mathbb{R}$, die alle drei vorherigen Maße umfasst.

$$\mathrm{dist}_{\mathrm{Mink}}(x, y) = \left(\sum_{i=1}^{d} |x_i - y_i|^p \right)^{1/p}. \tag{3.4}$$

Für $p = 1$ folgt die Manhattan-Distanz, für $p = 2$ erhält man die Euklidische Distanz und für $p \to \infty$ ergibt sich die Maximum-Distanz (siehe Abb. 3.8).

Kategorische Daten sind überwiegend nominal, ausnahmsweise ordinal skaliert und verlangen wie **Text-**, **Graph-** oder **Bilddaten** spezielle Distanzmaße [280, 66, 133]. Für

Abb. 3.8 Minkowski-Distanz
für $p = 1$, $p = 2$ und $p \to \infty$

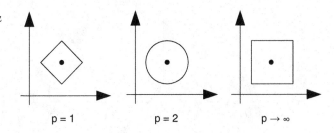

kategorische Daten misst beispielsweise der sog. M-Koeffizient die Anzahl der überein-
stimmenden Werte der d Attribute (vgl. auch *Hamming-Distanz*):

$$\text{sim}_M(\boldsymbol{x}, \boldsymbol{y}) = \frac{\sum_{i=1}^{d} \delta(x_i, y_i)}{d} \quad \text{mit } \delta(x_i, y_i) = \begin{cases} 1 & \text{falls } x_i = y_i \\ 0 & \text{sonst.} \end{cases}$$

Bei **Textdokumenten** wird ein Dokument j durch den Vektor $x_j = (x_{1j}, \ldots, x_{ij}, \ldots, x_{dj}) \in$
$\mathbb{R}^d$ repräsentiert, wobei das Vektorelement x_{ij} die Häufigkeit des Terms i im Dokument j
ist. Statt einer Distanzfunktion wählt man ein Ähnlichkeitsmaß $\text{sim} : \mathbb{R}^{2d} \to \mathbb{R}_{\geq 0}$ auf der
Menge der Datenpaare. Die Cosinus-Ähnlichkeit zwischen den Vektoren x und y zweier
Dokumente ist das *Skalarprodukt* der Vektoren. Sie wird normiert, indem es durch das
Produkt der beiden Längen der Vektoren geteilt wird.

$$\text{sim}_{\cos}(\boldsymbol{x}, \boldsymbol{y}) = \frac{\boldsymbol{x} \cdot \boldsymbol{y}}{\|\boldsymbol{x}\| \|\boldsymbol{y}\|} = \frac{\sum_{i=1}^{d} x_i y_i}{\sqrt{\sum_{i=1}^{d} x_i^2} \sqrt{\sum_{i=1}^{d} y_i^2}} \tag{3.5}$$

Um die *Trennschärfe* beim Clustering oder bei der Klassifikation zu erhöhen, werden in der
Vorverarbeitungsphase (engl. Pre-Processing Phase) des Text Mining die Dokument-Vek-
toren mithilfe des TF-IDF-Verfahrens gewichtet (siehe Abschn. 3.3.1 über Text Mining).

3.2.1.2 Verfahren
In der Literatur [85, 114] wurden eine Vielzahl von Clustering-Verfahren vorgeschlagen.
Neben den im Folgenden präsentierten partitionierenden und hierarchischen Verfahren
sind dies u. a. *Dichte-basierte Verfahren* wie DBSCAN [84], *Neuronale Netze* (wie Self-Organizing Maps [153]) und *Mischverteilungs-Verfahren*, deren latente Mischverhältnisse mittels Erwartungswertmaximierung (EM-Algorithmus) geschätzt werden müssen [76].

Partitionierendes Clustering: k-Means Verfahren
Beim partitionierenden Clustering wird jedes Datenobjekt genau einem Cluster zugeordnet und jeder Cluster enthält mindest ein Datenobjekt (vgl. Abb. 3.9).
    Im k-means Clustering [119] wird jeder Cluster durch einen Zentral- oder Schwer-
punkt, einen so genannten **Centroid**, $\bar{C}_i$ beschrieben. Als Centroid eines Clusters C_i kann

Abb. 3.9 Datenpunkte und
das Ergebnis eines partitionierenden Clustering

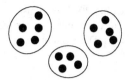

Datenpunkte

**Partitionierendes
Clustering**

der Mittelwert $\tilde{x}_i$, der Median $\tilde{x}_i$ oder ein anderer Repräsentant aller Punkte, die zu diesem Cluster gehören, gewählt werden. Der Mittelwert eines Clusters C_i ist definiert durch

$$\bar{x}_i = \frac{1}{|C_i|} \sum_{x_j \in C_i} x_j \tag{3.6}$$

Sei C_i ein Cluster mit zugehörigem Centroid $\bar{C}_i$ und dist eine Distanzfunktion. Die **Kompaktheit eines Clusters** C_i kann mit der mittleren *Summe der Distanzen* aller Datenobjekte x_j zum zugehörigen Centroid gemessen werden:

$$\text{Kompaktheit}(C_i) = \frac{1}{|C_i|} \sum_{x_j \in C_i} \text{dist}(x_j, \bar{C}_i) \tag{3.7}$$

Je kleiner die Kompaktheit(C_i) desto näher liegen die Punkte eines Clusters beieinander. Sei C ein Clustering, d. h. die Gesamtheit aller Cluster und damit aller Datenobjekte. Die **Kompaktheit** von C ist entsprechend die mittlere Kompaktheit aller Cluster.

$$\text{Kompaktheit}(C) = \frac{1}{|C|} \sum_{C_i \in C} \text{Kompaktheit}(C_i) \tag{3.8}$$

Der **Rechenzeit-Aufwand** (engl. run time complexity) $O(n, d, k)$, für die Berechnung der Kompaktheit für jede mögliche Partition der Objektmenge nimmt exponentiell mit der Anzahl der Datensätze (n), der Dimension d des Datenraums und der Anzahl Cluster (k) zu, und ist darum für typische betriebliche Datenbestände zu rechenintensiv. Der iterative Algorithmus des k-means Clustering stellt dagegen ein heuristisches Optimierungsverfahren dar, das zur Klasse von Verfahren mit *beschränkter Enumeration* gehört (siehe Algorithmus 3.1). Da eine global optimale Lösung durch vollständige Enumeration zu Laufzeit-

---

Algorithmus 3.1 k-Means Clustering

Input: n Datensätze, Anzahl der Cluster k
Output: k nichtleere Cluster mit Clusterzugehörigkeit der n Objekte
  1: Bestimme Anfangsclustering C
  2: **Wiederhole**
  3:     Ordne jeden Datenpunkt dem Cluster des nächstgelegenen Centroiden zu
  4:     Berechne für alle Cluster die zugehörigen Centroiden
  5: **Solange bis** kein Austausch von Datenpunkten mehr auftritt

---

Abb. 3.10 Hierarchisches Clustering mit dem dazugehörigen Dendrogramm

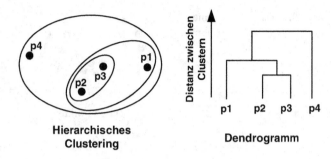

Hierarchisches
Clustering

Dendrogramm

intensiv ist, wird eine lokal beste Lösung unter Berücksichtung einer akzeptablen Rechenzeit aufgrund des **Pareto-Prinzips** gewählt. Diese Heuristik verlangt, den Austausch von Objekten so lange fortzusetzen, bis „kein Datenobjekt mehr ausgetauscht werden kann", da die Kompaktheit des Clustering durch weiteren Austausch nicht mehr zu verbessern ist. Diese Stoppregel wird als **Pareto-Optimalität** bezeichnet. Sie ist nach Vilfredo Pareto (1848–1923) benannt [257].

Hierarchisches Clustering

Das hierarchische Clustering erzeugt eine Hierarchie von sich überlappenden Clustern (siehe Abb. 3.10). Das Ergebnis ist ein **Dendrogramm**, ein Baum, welcher im Wurzelknoten alle Datenobjekte vereinigt und in den Blattknoten die jeweiligen Datenobjekte enthält. Die inneren Knoten repräsentieren die jeweiligen Vereinigungen der Cluster.

Man kann zwischen **agglomerativem** (engl. *agglomerative Clustering*) und **teilendem Clustering** (engl. *divisive Clustering*) unterscheiden. Dies entspricht dem Top-Down- bzw. Bottom-Up-Ansatz. Beim teilenden Clustering startet man mit einem Cluster, der alle Datenobjekte enthält, und teilt diese iterativ auf in $1, 2, \ldots, n$ Sub-Cluster. Die Stoppregel ist erfüllt, falls jedes Datenobjekt „sein eigenes" Cluster zugewiesen bekommen hat. Das **agglomerative Clustering** ordnet anfangs jedes Datenobjekt seinem eigenen Cluster zu. Anschließend werden iterativ die ähnlichsten (dicht benachbarten) Cluster zu einem „Super-Cluster" zusammengefügt (siehe Algorithmus 3.2). Gestoppt wird, wenn alle Sub-Cluster verschmolzen sind.

Clustering erfordert eine geeignete Definition des *Abstands* zweier Cluster. Beispielsweise kann man den minimalen Abstand (**Single Linkage**), den maximalen Abstand

---

Algorithmus 3.2 Agglomeratives Clustering

Input: n Datenpunkte
Output: Dendrogramm
  1: Definiere jeden Datenpunkt als Cluster
  2: Erstelle eine Abstandsmatrix zwischen allen Clustern
  3: **Wiederhole**
  4:     Verschmelze die zwei nächstgelegenen Cluster
  5:     Aktualisiere die Abstandsmatrix
  6: **Solange bis** alle Cluster verschmolzen sind

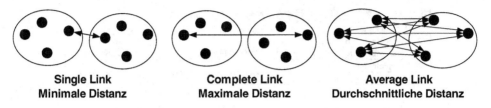

| Single Link | Complete Link | Average Link |
| Minimale Distanz | Maximale Distanz | Durchschnittliche Distanz |

Abb. 3.11 Verschiedene Cluster-zu-Cluster Abstände

(**Complete Linkage**) oder den durchschnittlichen Abstand (**Average Linkage**) zwischen den Punkten zweier Cluster wählen (siehe Abb. 3.11).

Seien C_i und C_j zwei Cluster. Dann ist der Single Link Abstand

$$\text{dist}_{\text{Single Link}}(C_i, C_j) = \min_{x,y}\{\text{dist}(x, y) \mid x \in C_i, y \in C_j\}, \tag{3.9}$$

der Complete Link Abstand

$$\text{dist}_{\text{Complete Link}}(C_i, C_j) = \max_{x,y}\{\text{dist}(x, y) \mid x \in C_i, y \in C_j\} \tag{3.10}$$

und der durchschnittliche Abstand

$$\text{dist}_{\text{Average Link}}(C_i, C_j) = \frac{1}{|C_i||C_j|} \sum_{x \in C_i, y \in C_j} \text{dist}(x, y). \tag{3.11}$$

3.2.2 Assoziationsanalyse

Assoziationsanalyse ist ein Verfahren zur Aufdeckung von einer „informativen" Menge von Abhängigkeiten (engl. Associations) zwischen Objekten der Form $\mathcal{X} \to \mathcal{Y}$, d.h. „wenn $\mathcal{X}$ dann wahrscheinlich auch $\mathcal{Y}$".

Beispiel 1 In der **Warenkorbanalyse** wird beispielsweise analysiert, welche Artikel häufig zusammen gekauft werden. Darauf aufbauend kann das Management Verbesserung des Laden-Layouts, der Artikelpositionierung oder Aktionen zum Cross-Marketing planen.

Beispiel 2 In **Empfehlungsdiensten** (engl. Recommender Systems, Recommendation Engines) werden anhand eines Objekts wie z. B. Musikstück, Buch, Film, Podcast oder Webseite andere Produkte empfohlen, die Kunden auch interessieren könnten. Ein bekanntes Beispiel ist das *Empfehlungssystem* von *Amazon*, welches Online-Besuchern mitteilt, dass „Kunden, die diesen Artikel gekauft haben, auch jene Artikel kauften".

TID	Item-Mengen
1	{Windeln, Bier}
2	{Windeln, Milch, Brot, Käse}
3	{Bier, Milch, Brot, Butter}
4	{Windeln, Bier, Milch, Brot}
5	{Windeln, Bier, Milch, Butter}

Mögliche Assoziationsregeln:

{Windeln} → {Bier} Supp=3/5 , Konf =3/4

{Brot} → { Milch} Supp=3/5 , Konf=1

{Brot, Windeln} → {Käse} Supp=1/5 , Konf=1/2

Abb. 3.12 Datenbank mit Transaktionen, Assoziationsregeln und Gütemaßen

3.2.2.1 Grundbegriffe

Zum besseren Verständnis der Abhängigkeits-Modellierung von Objekten mittels Assoziationsanalyse nutzen wir folgende in diesem Kontext gängige Symbolik und Notation.

- **Items** bilden die Grundgesamtheit $\mathcal{G}$ von Bezeichnern (engl. Literals), etwa Windeln, Bier, Brot oder Artikelnummern.
- Eine **Item-Menge** $\mathcal{X} \subseteq \mathcal{G}$ ist aus einem oder mehreren Items zusammengesetzt, etwa {Windeln, Bier}.
- Eine k-**Item-Menge** ist eine Item-Menge mit k Elementen, z. B. ist eine 1-Item-Menge $\mathcal{X}$ eine Item-Menge mit einem Element, d. h. $|\mathcal{X}| = 1$, etwa $\mathcal{X} = $ {Windeln} (siehe Abb. 3.12).
- Eine **Datenbank** $\mathcal{D}$ ist eine Menge von Item-Mengen (Transaktionen). Die Anzahl aller Transaktionen ist $|\mathcal{D}|$.
- Die **absolute Häufigkeit** (engl. absolute support) der Item-Menge wird mit $n(\mathcal{X})$ bezeichnet, und misst die Anzahl der Transaktionen in den die Item-Menge $\mathcal{X}$ vorkommt.
- Der **Support** („Reichweite") einer Item-Menge $\mathcal{X}$ ist der relative Anteil an allen Transaktionen, die $\mathcal{X}$ enthalten:

$$\text{Support}(X) = \frac{n(\mathcal{X})}{|\mathcal{D}|}. \tag{3.12}$$

- Eine Item-Menge nennt man **häufige Item-Menge** (engl. *frequent Itemset*), wenn ihr Support größer oder gleich einer minimalen Schranke *minSupport* ist.
  Beispiel: Support({Windeln}) = 4/5.
- Eine **Assoziationsregel** ist eine Implikation der Form $\mathcal{X} \rightarrow \mathcal{Y}$, wobei $\mathcal{X}$ und $\mathcal{Y}$ Item-Mengen sind, die keine gleichen Items enthalten ($\mathcal{X} \cap \mathcal{Y} = \varnothing$).
  Beispiel: {*Windeln*} → {*Bier*}.
- Der Support einer Assoziationsregel $\mathcal{X} \rightarrow \mathcal{Y}$ ist die relative Häufigkeit der Transaktionsmenge $\mathcal{X} \cup \mathcal{Y}$, d. h. $\text{Support}(\mathcal{X} \rightarrow \mathcal{Y}) = \text{Support}(\mathcal{X} \cup \mathcal{Y})$.
- Die **Konfidenz** („Treffsicherheit") einer Assoziationsregel $\mathcal{X} \rightarrow \mathcal{Y}$ misst, wie häufig $\mathcal{Y}$ in allen Transaktionen, die bereits $\mathcal{X}$ enthalten, auftritt, d. h.

$$\text{Konfidenz}(\mathcal{X} \rightarrow \mathcal{Y}) = \frac{n(\mathcal{X} \cup \mathcal{Y})}{n(\mathcal{X})}. \tag{3.13}$$

Offensichtlich schätzt die Konfidenz einer Regel die **bedingte Wahrscheinlichkeit** $P(\mathcal{Y}|\mathcal{X})$. In der Statistik wird die Menge $\mathcal{X}$ als Menge der Regressoren (unabhängiger Variablen (engl. covariates)) in Log-linearen Modellen bezeichnet. Man beachte, dass die Modellierung von Assoziationen beim Data Mining BI-typisch datengetrieben erfolgt, damit gut skalierbar ist, und sich darin grundsätzlich vom „Model Hunting" in der Statistik unterscheidet. Dort wird eine parametrische Modellklasse wie beispielsweise Log-lineare Modelle vorgegeben, deren Parameter geschätzt und iterativ die Anpassungsgüte des Modells zu verbessern gesucht. Es ist einsichtig, dass dieses Vorgehen bei „big data" hinsichtlich des Laufzeitverhaltens unzulässig ist.

Es ist wichtig zu betonen, dass eine Assoziationsregel nicht zwingend **Kausalität** impliziert. Die Assoziationsregel {Windeln} → {Bier} bedeutet nur, dass jemand, der Windeln kauft, wahrscheinlich auch Bier kauft. Sie bedeutet *nicht* unbedingt, dass wenn man jemandem Windeln schenkt, dieser dann wahrscheinlich auch Bier kaufen würde. Nur kausale Ursache-Wirkungs-Einflüsse sind zu einer Zielerreichung mittels Intervention geeignet.

Es gibt vier **Arten von Abhängigkeiten**, warum zwischen zwei Variablen eine statistische Assoziation bestehen kann:

1. Die erste Variable beeinflusst kausal (direkt oder indirekt) die zweite Variable,
2. die zweite Variable beeinflusst die erste,
3. es gibt eine gemeinsame Ursache, die beide Variablen beeinflusst oder
4. es ist Zufall, dass die Assoziation besteht.

In unserem Beispiel könnte die Assoziationsregel damit erklärt werden, dass es viele Väter gibt, die kurz vor Ladenschluss schnell noch Windeln besorgen müssen und dabei auch noch für sich Bier einkaufen.

Oftmals findet das Data Mining „zu viele" Assoziationsregeln. Darum braucht man ein Maß, um die **Interessantheit**, d. h. den partiellen Informationsgewinn einer Regel, zu berechnen. Ein solches Maß ist der **Lift**, der die Konfidenz einer Regel $\mathcal{X} \to \mathcal{Y}$ mit dem erwarteten Auftreten von $\mathcal{Y}$, wenn keine Vorinformation über $\mathcal{Y}$ vorliegt, vergleicht. Die geschätzte (marginale) Wahrscheinlichkeit von $\mathcal{Y}$ ist gleich Support($\mathcal{Y}$), d. h. $\hat{P}(\mathcal{Y}) = $ Support($\mathcal{Y}$). Den Lift kann man dementsprechend wie folgt berechnen:

$$\text{Lift}(\mathcal{X} \to \mathcal{Y}) = \frac{\text{Konfidenz}(\mathcal{X} \to \mathcal{Y})}{\text{Support}(\mathcal{Y})}. \tag{3.14}$$

Führt man entsprechende marginale oder bedingte Wahrscheinlichkeiten ein, so ist der Lift nicht anderes als der Quotient aus bedingter und marginaler (geschätzter) Wahrscheinlichkeit, d. h. $\text{Lift}(\mathcal{X}) = \hat{P}(\mathcal{Y}|\mathcal{X})/\hat{P}(\mathcal{Y})$. Ist der Quotient der beiden Wahrscheinlichkeiten größer als Eins, also Lift > 1, so wird $\mathcal{Y}$ wahrscheinlicher, falls auch $\mathcal{X}$ beobachtet wird.

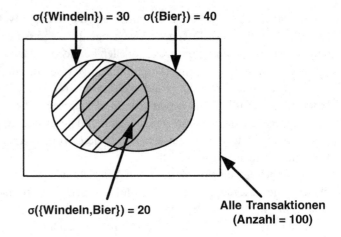

Abb. 3.13 Rechenbeispiel für Assoziationsregel {Windeln} → {Bier}

σ({Windeln}) = 30   σ({Bier}) = 40

σ({Windeln,Bier}) = 20

Alle Transaktionen (Anzahl = 100)

Beispiel Es soll Support, Konfidenz und Lift für die Regel {Windeln} → {Bier} ausgerechnet werden. Es sind die Daten in Abb. 3.13 gegeben. Der Support ist wie folgt auszurechnen:

$$\text{Support}(\{\text{Bier}\}) = 40/100 = 40\,\%;$$
$$\text{Support}(\{\text{Windeln}\}) = 30/100 = 30\,\%;$$
$$\text{Support}(\{\text{Windeln, Bier}\}) = 20/100 = 20\,\%.$$

Für die Konfidenz gilt:

$$\text{Konfidenz}(\{\text{Windeln}\} \rightarrow \{\text{Bier}\}) = n(\{\text{Windeln, Bier}\})/n(\{\text{Windeln}\}) = 20/30 = 66{,}7\,\%.$$

Für den Lift folgt damit:

$$\text{Lift}(\{\text{Windeln}\} \rightarrow \{\text{Bier}\}) = \text{Konfidenz}(\{\text{Windeln}\} \rightarrow \{\text{Bier}\})/\text{Support}(\{\text{Bier}\})$$
$$= 0{,}667/0{,}4 = 1{,}67.$$

3.2.2.2 Verfahren

Das algorithmische Problem des Assoziations-Mining ist wie folgt gekennzeichnet: Bestimme die Menge aller Assoziationsregeln, $\mathcal{X} \rightarrow \mathcal{Y}$, in der jede einen Support($\mathcal{X} \rightarrow \mathcal{Y}$) ≥ minSupport und eine Konfidenz($\mathcal{X} \rightarrow \mathcal{Y}$) ≥ minKonfidenz besitzt.

Die naive Herangehensweise des Durchprobierens aller denkbaren Assoziationsregeln – vollständige Enumeration genannt – ist extrem rechenintensiv und darum nicht praktikabel. Denn es wird nicht auf der Grundmenge $\mathcal{G}$ operiert, sondern auf der Potenzmenge $2^{\mathcal{G}}$.

Die folgende Idee hilft, einen effizienten Algorithmus zu konstruieren: Alle Assoziationsregeln $\mathcal{X} \rightarrow \mathcal{Y}$ die auf denselben Item-Mengen basieren ($\mathcal{X} \cup \mathcal{Y}$ ist identisch), haben denselben Support (siehe Abb. 3.14). Damit können wir die Generierung der Assoziationsregeln in zwei Schritte aufteilen (siehe Algorithmus 3.3): Finden aller häufigen Item-Mengen (Schritt 1) und Generierung von Assoziationsregeln aus den häufigen Item-Mengen (Schritt 2).

TID	Item-Mengen	Mögliche Assoziationsregeln mit gleicher Item-Menge	
1	{Windeln, Bier}	{Windeln}→{Bier, Brot}	(Supp=1/5, Konf =1/4)
2	{Windeln, Milch, Brot, Käse}	{Bier}→{Windeln, Brot}	(Supp=1/5, Konf =1/4)
3	{Bier, Milch, Brot, Butter}	{Brot}→{Windeln, Bier}	(Supp=1/5, Konf =1/3)
4	{Windeln, Bier, Milch, Brot}	{Windeln, Brot}→{Bier}	(Supp=1/5, Konf =1/2)
5	{Windeln, Bier, Milch, Butter}	{Windeln, Bier}→{Brot}	(Supp=1/5, Konf =1/3)

Abb. 3.14 Assoziationsregeln mit gleicher Item-Menge haben gleichen Support

Für den ersten Schritt kann man folgende Monotonie-Eigenschaft nutzen: Jede Teilmenge einer häufig auftretenden Item-Menge ist auch selber häufig [7]. Der Apriori-Algorithmus 3.4 berechnet zuerst alle häufigen 1-Item-Mengen mit einem Support $\geq$ minSupport. Dies setzt einen kompletten Datenbankdurchlauf (engl. Table Scan) voraus. Nur aus den häufigen 1-Item-Mengen werden nun 2-Item-Mengen gebildet und deren Häufigkeit geprüft, da eine Item-Menge, die eine nicht-häufige Teilmenge enthält, nicht häufig sein kann, was aus der Transitivität der Teilmengenrelation folgt. Der Algorithmus generiert daher alle häufigen $(k+1)$-Item-Mengen aus den häufigen k-Item-Mengen (siehe Abb. 3.15).

Abbildung 3.16 zeigt, wie man aus k-Item-Mengen, $(k+1)$-Item-Mengen generieren kann. Die Abbildung gibt die Potenzmenge wieder, die sich aus allen Teilmengen der Menge $\{A, B, C, D\}$ einschließlich der leeren Menge ($\varnothing$) zusammensetzt. Teilmengen-Verbindungen zwischen den Mengen werden dabei mit Kanten symbolisiert. Damit entsteht eine

---

Algorithmus 3.3 Apriori Algorithmus [7]

Input: Datenbank mit Transaktionen, minSupport, minKonfidenz
Output: Assoziationsregeln

1: Schritt 1: Finde alle häufigen Item-Mengen mit einem Support $\geq$ minSupport
2: Schritt 2: Generiere für jede häufige Item-Menge alle Assoziationsregeln mit einer Konfidenz $\geq$ minKonfidenz

---

Algorithmus 3.4 Apriori-Algorithmus: Schritt 1 (Finde alle häufigen Item-Mengen mit einem Support $\geq$ minSupport) [7]

Input: Datenbank mit Transaktionen, minSupport
Output: häufige Item-Mengen

1: Generiere häufige Item-Mengen mit einem Element ($k = 1$)
2: **Wiederhole**
3: Generiere Kandidatenmenge (($k + 1$)-Item-Mengen) aus den häufigen k-Item-Mengen
4: Entferne aus der Kandidatenmenge alle Mengen, die als Teilmenge eine nicht häufige k-Item-Menge haben
5: Berechne den Support aller Elemente der Kandidatenmenge
6: Entferne alle nicht häufigen ($k + 1$)-Item-Mengen aus der Kandidatenmenge
7: $k = k + 1$
8: **Solange bis** keine neuen häufigen Item-Mengen gefunden werden

Abb. 3.15   Beispiel des Apriori-Algorithmus (in Anlehnung an [162, S. 467])

Abb. 3.16   Potenzmenge von $\{A, B, C, D\}$ als Hasse-Diagramm

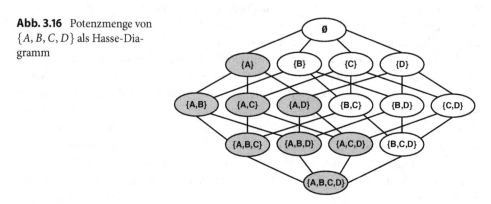

Halbordnung der Teilmengen, die in der Abbildung durch ein Hasse-Diagramm visualisiert wird. Falls eine dieser Mengen nicht häufig ist (wie z. B. $\{A\}$), dann sind auch alle Mengen, die $\{A\}$ enthalten, nicht häufig (Grau in der Abb. 3.16). Damit müssen Unterknoten solcher Knoten, denen graphentheoretisch Unterbäume entsprechen, nicht evaluiert werden (Prinzip der *beschränkten Enumeration*).

Der zweite Schritt im Algorithmus 3.3 generiert aus den häufigen Item-Mengen Assoziationsregeln mit einer Konfidenz $\geq$ minKonfidenz. Auch für den zweiten Schritt kann man eine Monotonie-Eigenschaft nutzen. Sei $\mathcal{L}$ eine häufige Item-Menge, z. B. $\mathcal{L} = \{A, B, C, D\}$. Für Assoziationsregeln $\mathcal{X} \rightarrow \mathcal{Y}$, die auf derselben Item-Menge $\mathcal{L} = \mathcal{X} \cup \mathcal{Y}$ basieren, gilt, dass mit steigender Anzahl von Items in der Konklusion $\mathcal{Y}$, die Konfidenz der Regel $\mathcal{X} \rightarrow \mathcal{Y}$ nicht zunimmt. Beispielsweise gilt: Konfidenz($\{A, B, C\} \rightarrow \{D\}$) $\geq$ Konfidenz($\{A, B\} \rightarrow \{C, D\}$) $\geq$ Konfidenz($\{A\} \rightarrow \{B, C, D\}$).

Wenn also beispielsweise eine Regel $\{A, B, C\} \rightarrow \{D\}$ nicht die minimale Konfidenz erreicht, brauchen folgende Regeln nicht mehr überprüft zu werden, da auch ihre Konfidenz kleiner als minKonfidenz sein wird: $\{A, B\} \rightarrow \{C, D\}$, $\{A, C\} \rightarrow \{B, D\}$, $\{B, C\} \rightarrow \{A, D\}$, $\{A\} \rightarrow \{B, C, D\}$, $\{B\} \rightarrow \{A, C, D\}$ und $\{C\} \rightarrow \{A, B, D\}$. Der Algorithmus 3.5 erweitert für eine häufige Item-Menge $\mathcal{L}$ schrittweise die Konklusion $\mathcal{Y}$ der Regel $\mathcal{X} \rightarrow \mathcal{Y}$ für die Regeln, deren Konfidenz größer oder gleich minKonfidenz ist.

Algorithmus 3.5 Apriori Algorithmus: Schritt 2 (Generiere aus einer häufigen Item-Menge *l* alle Assoziationsregeln mit einer Konfidenz ≥ minKonfidenz) [7]

Input: Eine häufige Item-Menge L, minKonfidenz
Output: Assoziationsregeln für die Item-Menge L

1: $i = 1$
2: m = Anzahl der Items in L
3: Mögliche 1-elementige Konklusionen Y_1 = Item-Menge L
4: **Wiederhole**
5:   **Für alle** möglichen i-elementigen Konklusionen $y_i \in Y_i$
6:     konf = Support(L)/Support(y_i)
7:     **Wenn** konf ≥ minKonfidenz **Dann**
8:       Prämisse $x = L \setminus y_i$
9:       Speichere Regel $x \rightarrow y_i$ mit Konfidenz = konf und Support = Support(L)
10:    **Sonst**
11:      Entferne y_i aus den i-elementigen Konklusionen Y_i
12:    **Ende Wenn**
13: **Ende Für**
14: Generiere aus allen verbliebenen i-elementigen Konklusionen Y_i, alle möglichen $(i+1)$-elementigen Konklusionen Y_{i+1}
15: $i = i + 1$
16: **Solange bis** $i = m$ **oder** $Y_{i+1} = \emptyset$

3.2.3 Klassifikation

> **Klassifikation** (engl. Classification) ist die Zuordnung von Datenobjekten mit unbekannter Klassenzugehörigkeit zu einer „am besten" passenden Klasse. Kriterien sind dabei z. B. die Minimierung des Klassifikationsfehlers oder die Maximierung des Zugehörigkeitsgrads. Die Zuordnung geschieht durch einen **Klassifikator**, der in der Lern- bzw. Schätzphase anhand einer Menge von **Trainingsdaten**, d. h. Datenobjekten mit bekannter Klassenzugehörigkeit, trainiert wird (siehe Abb. 3.17).

Klassifikation gehört zur Gruppe des *überwachten Lernens* (engl. Supervised Learning). Damit ist gemeint, dass die korrekte Klassenzugehörigkeit für die Trainings- und Testdaten bekannt ist.

Beispiel 1 **Insolvenzprognose:** Klassifiziere ein Unternehmen als kreditwürdig oder nicht. Die Trainingsdaten bestehen aus einer Menge von historischen GuV- und Bilanzdaten sowie Geschäftsberichten, und der Information, ob die Firma innerhalb der folgenden 5 Jahre Insolvenz beantragt hat (Klassenzugehörigkeit bekannt). Aus diesen Daten werden Klassifikationsmerkmale abgeleitet und der apriori gewählte Klassifikator trainiert, d. h.

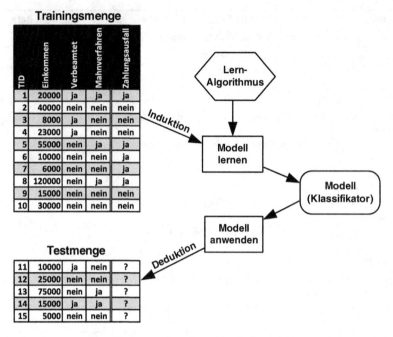

Abb. 3.17 Lernen eines Klassifikators aus Trainingsdaten [290]

unbekannte Parameter des Klassifikationsmodells geschätzt. Der Klassifikator wird genutzt, um einen neuen Fall, also ein Unternehmen mit unbekannter Klassenzugehörigkeit, als kreditwürdig oder nicht zu klassifizieren [243].

Beispiel 2 **Direkt-Marketing**: Ein Versandhaus will entscheiden, welchen potenziellen Kunden es einen Katalog zusenden soll. Die Zusendung eines Katalogs an einen potenziellen Kunden, der nichts bestellt, verursacht unnötige Kosten. Das Nicht-Zusenden eines Katalogs an einen potenziellen Kunden, der, falls er einen Katalog hätte, etwas bestellen würde, bedeutet verlorenen Umsatz. Anhand von historischen Bestell- und Kundendaten kann ein Klassifikator trainiert werden, der Neukunden in die Klassen „wahrscheinlich Käufer: Erhält Katalog" und „wahrscheinlich kein Käufer: Erhält keinen Katalog" klassifiziert.

3.2.3.1 Modellvalidierung

Wie erwähnt, ist das Ziel eines Klassifikationsverfahrens *unbekannte* Datenobjekte möglichst gut der für sie richtigen Klasse zuzuordnen. Die Anpassungsgüte kann dabei durch Klassifikationsfehler, -wahrscheinlichkeiten oder Klassenzugehörigkeitsgrade bestimmt werden. Beim Lernen eines Klassifikators kann es zur **Überanpassung** (engl. *overfitting*) kommen. Überanpassung bedeutet, dass ein Klassifikator zwar sehr gut die Trainingsdaten klassifizieren kann, aber diese Klassifizierungsleistung sich nicht auf neue Datenobjekte

Abb. 3.18 Vier-Felder-Tafel
mit zwei möglichen Klassen-
einteilungen: *Klasse 1* (positiv)
und *Nicht Klasse 1* (negativ)

		Realität		
		Klasse 1 (positiv)	Nicht Klasse 1 (negativ)	Σ
Klassifikations-Entscheidung	Klasse 1 (positiv)	Richtig Positiv (RP)	Falsch Positiv (FP)	(RP+FP)
	Nicht Klasse 1 (negativ)	Falsch Negativ (FN)	Richtig Negativ (RN)	(FN+RN)
	Σ	(RP + FN)	(FP + RN)	(RP + FN + FP + RN)

übertragen lässt. Der Grund ist ein unnötig komplexer Klassifikator (etwa ein zu großer
Entscheidungsbaum oder zu viele Regressoren), der zwar auf den *Trainingsdaten* eine per-
fekte Klassifikationsgenauigkeit erzielt, aber nicht bei den *Testdaten* und bei neuen Fälle.
Deswegen ist es sinnvoll, die Daten in zwei Gruppen – Trainings- und Testdaten – aufzuteilen. Dafür haben sich die Begriffe **Bipartitionierung** oder **Kreuzvalidierung** (engl.
cross validation) etabliert.

- **Bipartitionierung** (*engl. Train and Test*): Alle verfügbaren Datenobjekte mit bekannter
  Klassenzugehörigkeit werden in zwei (z. B. gleich große) Teilmengen zufällig aufgeteilt.
  Nur die Trainingsdaten werden zum Lernen des Klassifikators benutzt. Aus den Testdaten wird die Klassifikationsgenauigkeit bzw. der Klassifikationsfehler abgeschätzt.
  Bei insgesamt geringer Anzahl von Datenobjekten können bei der Bipartitionierung zu
  wenig Datenobjekte zum Training vorhanden sein. Dies wird bei der Kreuzvalidierung
  vermieden.
- m-fache **Kreuzvalidierung**: Alle Datenobjekte werden in m gleich große Teilmengen
  aufgeteilt. Es werden jeweils $m - 1$ Teilmengen zum Training des Klassifikators und die
  verbliebene Teilmenge zum Testen benutzt. Dies wird m mal wiederholt, sodass jede der
  m Teilmengen genau einmal zum Testen benutzt wird. Als gesamte Klassifikationsgenauigkeit wählt man den Mittelwert aus allen m Tests.
- **Leave-one-out**-Kreuzvalidierung: Dies ist ein Spezialfall der m-fachen Kreuzvalidierung. Falls es n Datenobjekte gibt, wird jeweils mit allen bis auf einem Datenobjekt
  gelernt ($n - 1$) und dann auf dem verbleibenden Datenobjekt getestet. Dies wird n-mal
  wiederholt.

Anhand einer *Vier-Felder-Tafel* (engl. confusion matrix) können die einzelnen Gütemaße
des Klassifikationsfehlers veranschaulicht werden (siehe Abb. 3.18). Im einfachsten Fall hat
man zwei Klassifikationsmöglichkeiten: „Klasse 1" und „Nicht Klasse 1". Dies kann z. B.
die Entscheidung bei einer Email zwischen „Spam" und „Nicht Spam" sein oder bei der
Kreditprüfung zwischen „Insolvenz in den nächsten 5 Jahren" und „Keine Insolvenz in
den nächsten 5 Jahren".

Das Klassifikationsergebnis muss nun mit der tatsächlichen Klasse, die als Wert im zugehörigen Feld der Testdaten enthalten ist, verglichen werden. Damit ergeben sich bei zwei Klassenausprägungen vier Möglichkeiten für richtige bzw. falsche Klassifikationen:

- Richtig Positiv (RP). Korrekt als Klasse 1 (positiv) klassifiziert.
- Falsch Positiv (FP). Falsch als Klasse 1 (positiv) klassifiziert. (In der Statistik, Fehler 1. Art genannt)
- Falsch Negativ (FN). Falsch als nicht Klasse 1 (negativ) klassifiziert. (In der Statistik, Fehler 2. Art genannt)
- Richtig Negativ (RN). Korrekt als nicht Klasse 1 (negativ) klassifiziert.

Die **Klassifikationsgenauigkeit** (engl. *classification accuracy*) gibt an, wie viel Prozent der Datenobjekte in der Testmenge korrekt der richtigen Klasse zugeordnet wurden. Bei zwei Klassen heißt das:

$$\text{Klassifikationsgenauigkeit} = \frac{RP + RN}{RP + FP + FN + RN} \qquad (3.15)$$

Der tatsächliche **Klassifikationsfehler** (engl. *classification error*) gibt analog an, wie viel Prozent der Datenobjekte in der Testmenge einer falschen Klasse zugeordnet wurden:

$$\text{Klassifikationsfehler} = 1 - \text{Klassifikationsgenauigkeit}$$
$$= \frac{FP + FN}{RP + FP + FN + RN} \qquad (3.16)$$

Man beachte, dass die Messgrößen *Klassifikationsgenauigkeit* und *Klassifikationsfehler* falsch Positive und falsch Negative gleich gewichten, siehe den Zähler in Gl. 3.16. In der Praxis sind diese beiden Klassifikationsfehler unterschiedlich kostspielig hinsichtlich ihrer Auswirkungen.

Beispiel Eine wichtige, fälschlich als Spam gekennzeichnete Email ist eventuell wesentlich unangenehmer als eine nicht als Spam erkannte Spam-Email. Genauso ist ein abgelehnter Kreditantrag eines solventen Kunden eventuell weniger kostspielig (entgangener Gewinn) als ein genehmigter Kreditantrag an einen insolventen Kunden. In solchen Fällen ist eine Gewichtung der beiden Fehler (FP, FN) anhand von (Opportunitäts-)Kosten sinnvoll.

Precision und Recall sind weitere Messgrößen der Klassifikationsgüte, die zwischen beiden Fehlerarten unterscheiden.

Präzision (auch Relevanz) (engl. **Precision**) gibt den Anteil der richtig positiv Klassifizierten (RP) an der Gesamtzahl der positiv Klassifizierten (RP + FP) an:

$$\text{Precision} = \frac{RP}{RP + FP}. \qquad (3.17)$$

Sensitivität (auch Trefferquote) (engl. **Recall**) gibt den Anteil der richtig positiv Klassifizierten (RP) an der Gesamtzahl der Positiven (RP + FN) an:

$$Recall = \frac{RP}{RP + FN}. \tag{3.18}$$

Präzision und Sensitivität werden insbesondere zur Evaluation von Suchergebnissen beim *Information Retrieval* herangezogen. Eine Suchmaschine macht im Prinzip für eine Suchanfrage eine Klassifikation von Seiten nach „relevant" (Treffer) und „nicht relevant" (kein Treffer). Anhand eines Testdatensatzes kann man analog die Güte einer Suchmaschine messen. Präzision ist dabei der Anteil der relevanten Treffer an allen Treffern. Sensitivität (Recall) ist der Anteil der relevanten Treffer an allen relevanten Seiten.

Das **F-Maß** kombiniert Precision und Recall durch das harmonische Mittel und sollte möglichst nahe Eins sein.

$$F = 2 \times \frac{Precision \times Recall}{Precision + Recall} \tag{3.19}$$

3.2.3.2 Verfahren

Neben dem Laufzeitverhalten ist das wichtigste Kriterium für die Auswahl eines Klassifikationsverfahrens die Klassifikationsgenauigkeit. Daneben spielen weitere Kriterien je nach Anwendungsfall eine Rolle, wie beispielsweise Nachvollziehbarkeit des Klassifikators, Skalierbarkeit, sowie die Geschwindigkeit des Modell-Lernens und -Anwendens.

In den nächsten Abschnitten stellen wir folgende Klassifikationsverfahren vor: Naive Bayes Verfahren, Entscheidungsbaum-Verfahren, k-nächste Nachbarn, und Support Vector Machines (SVM). Diese Verfahren haben ihren Ursprung in der Statistik oder der Informatik, speziell im *Maschinellen Lernen* und in der *Künstlichen Intelligenz*.

Naives Bayes Verfahren

Bayes Klassifikatoren berechnen die Wahrscheinlichkeit der Zugehörigkeit eines Objekts $x = (x_1, \ldots, x_d)$ zu einer Klasse $c \in C$ durch die Bestimmung der bedingten Wahrscheinlichkeit $P(c \mid x)$ [96].

Das Klassifikationsproblem kann wie folgt beschrieben werden: Gegeben sei ein Datenobjekt x mit unbekannter Klassenzugehörigkeit. Gesucht ist die Klasse $c \in C$, für die die bedingte Wahrscheinlichkeit $P(c \mid x)$ ihres Auftretens, gegeben das Datenobjekt $x = (x_1, \ldots, x_d)$, unter allen Klassen $c \in C$ am größten ist. Diese bedingte Wahrscheinlichkeit $P(c \mid x)$ ist jedoch meist unbekannt. Durch den **Satz von Bayes** kann die Wahrscheinlichkeit $P(c \mid x)$ berechnet werden:

$$P(c \mid x) = \frac{P(x \mid c) \cdot P(c)}{P(x)}. \tag{3.20}$$

Dabei ist $P(c)$ die A-Priori-Wahrscheinlichkeit der Klasse c, $P(x \mid c)$ die Wahrscheinlichkeit $x = (x_1, \ldots, x_d)$ zu beobachten unter der Bedingung, dass x zu der Klasse c gehört, und $P(x)$ die Wahrscheinlichkeit, x zu beobachten. Da $P(x)$ für alle Klassen in der Gl. 3.20 identisch ist, kann man diesen Term ignorieren und die Klasse c wählen, die $P(x \mid c)P(c)$ maximiert:

$$c^* = \arg\max_{c \in C} P(x_1, \ldots, x_d \mid c)P(c). \tag{3.21}$$

$P(c)$ kann nun aus der beobachteten Häufigkeit der einzelnen Klassen geschätzt werden. Aber wie schätzt man die gemeinsame Wahrscheinlichkeit $P(x_1, \ldots, x_d \mid c)$? Oftmals reicht die Datenbasis nicht aus, um direkt $P(x_1, \ldots, x_d \mid c)$ zu berechnen. Beim *naiven Bayes Verfahren* unterstellt man grob vereinfachend die **bedingte stochastische Unabhängigkeit** zwischen den Attributwerten eines Datenobjekts **gegeben die Klasse** c (sog. „Idiot-Bayes-Ansatz"). Mit dieser Annahme kann $P(x_1, \ldots, x_d \mid c)$ einfach berechnet werden als Produkt aller d eindimensionalen Randwahrscheinlichkeiten:

$$P(x_1, \ldots, x_d \mid c) = \prod_{k=1}^{d} P(x_k \mid c). \tag{3.22}$$

Damit erhält man die Entscheidungsregel des naiven Bayes-Klassifikators:

$$c^* = \arg\max_{c \in C} \prod_{k=1}^{d} P(x_k \mid c)P(c) \tag{3.23}$$

Wähle die Klasse $c \in C$, für die die A-posteriori Klassifikationswahrscheinlichkeit $\prod_{k=1}^{d} P(x_k \mid c)P(c)$ maximal ist. Im Gegensatz zum naiven Bayes Verfahren berücksichtigen **Bayessche Netzwerke** [202, 134] stochastische Abhängigkeiten zwischen den einzelnen Attributen (siehe Abschn. 4.1.2). Allerdings setzt das Lernen solcher Netze voraus, dass die Datenbasis hinreichend groß ist, insbesondere dann, wenn der Graph stark vernetzt ist.

Beispiel Gegeben sei die Datenmatrix (x_{ij}) in Tab. 3.1. Zahlungsausfall(Klasse) ist das zu lernende Klassifikationsmerkmal. Es gibt zwei Klassen: Klasse 1 (c_1), Zahlungsausfall = Ja, und Klasse 2 (c_2), Zahlungsausfall = Nein. Die Trainingsdaten bestehen aus drei weiteren, binären Attributen: Einkommen > 40.000 (Ja/Nein), Verbeamtet (Ja/Nein) und Mahnverfahren (Ja/Nein).

Anhand der Trainingsdaten soll der naive Bayes-Klassifikator bestimmt und anschließend ein neuer Kunde (x) klassifiziert werden. Der neue Kunde habe folgende Daten: Einkommen > 40.000 = Ja (x_1), Verbeamtet = Ja (x_2) und Mahnverfahren = Ja (x_3), kurz: $x = (x_1, x_2, x_3) = (\text{Ja}, \text{Ja}, \text{Ja})$.

Die A-Priori-Wahrscheinlichkeit für einen Zahlungsausfall wird nach Tab. 3.1 mit 50 % geschätzt, d. h. es gilt $\hat{P}(c_1) = 1/2$ und $\hat{P}(c_2) = 1/2$. Der Term $\prod_{k=1}^{d} \hat{P}(x_k \mid c)$ wird nun für beide Klassen c_1 und c_2 berechnet. Für die Klasse c_1 (Zahlungsausfall = Ja) gilt $\prod_{k=1}^{d} \hat{P}(x_k \mid c_1) = \hat{P}(x_1 \mid c_1)\hat{P}(x_2 \mid c_1)\hat{P}(x_3 \mid c_1) = 1/3 \times 0 \times 3/4 = 0$. Für c_2 (Zahlungsausfall =

Tab. 3.1 Beispieldaten für naives Bayes Verfahren

Einkommen > 40.000	Verbeamtet	Mahnverfahren	Zahlungsausfall(Klasse)
Ja	Nein	Nein	Nein
Nein	Nein	Ja	Ja
Nein	Ja	Ja	Nein
Ja	Ja	Nein	Nein
Nein	Nein	Ja	Ja
Ja	Nein	Ja	Ja

Nein) folgt $\prod_{k=1}^{d} \hat{P}(x_k \mid c_2) = \hat{P}(x_1 \mid c_2)\hat{P}(x_2 \mid c_2)\hat{P}(x_3 \mid c_2) = 2/3 \times 1 \times 1/4 = 1/6$. Damit ist $\prod_{k=1}^{d} \hat{P}(x_k \mid c_1)\hat{P}(c_1) = 0 \times 0,5 = 0$ und $\prod_{k=1}^{d} \hat{P}(x_k \mid c_2)\hat{P}(c_2) = 1/6 \times 1/2 = 1/12$. Folglich wird der neue Kunde der Klasse „Zahlungsausfall = Nein", c_2, zugeordnet, d. h. es wird mit keinem Zahlungsausfall bei dem Kunden gerechnet und folglich auf ausreichende Bonität geschlossen.

Vor- und Nachteile Die Vorteile des naiven Bayes Verfahrens sind eine hohe Klassifikationsgeschwindigkeit neuer Datenobjekte, sowie eine relativ hohe Lerngeschwindigkeit des Klassifikationsmodells auch mit vielen Trainingsdaten und Attributen. Ein weiterer Vorteil ist, dass das Klassifikationsmodell auch inkrementell aktualisiert werden kann, d. h. bei neuen Daten das Modell nicht vollständig von neuem erstellt werden muss [270, S. 280].

Beispiel Bei Anwendung eines Spam-Filters ist dies relevant, da dieser nicht jedes Mal neu berechnet werden soll, nur weil der Nutzer eine neue Email als Spam kategorisiert hat. Die Anpassung des Spam-Filters kann hierbei ohne Rückgriff auf alte Emails sofort erfolgen.

Anhand der gelernten Wahrscheinlichkeiten des Bayes-Klassifikators kann man erkennen, welche Attribute für die Klassifikation in einer Klasse besonders relevant sind. Sie haben im Produkt der d Randwahrscheinlichkeiten den größten Wert. Ein Nachteil des naiven Bayes Verfahrens ist es, dass die Klassifikation die wechselseitige Abhängigkeit – nicht nur paarweise, sondern auch höherer Ordnung – von Attributwerten unberücksichtigt lässt. In einigen Anwendungen ist gerade das gemeinsame Auftreten von Attributwerten problemtypisch (etwa „online pharmacy" bei der Spam-Erkennung), wobei jedoch das einzelne Auftreten (nur „online" oder „pharmacy") nicht auf eine Klasse hindeutet.

Entscheidungsbaum-Verfahren

Im Entscheidungs- oder Klassifikationsbaumverfahren (engl. *Decision Tree*) wird der Klassifikator als ein **Entscheidungsbaum** repräsentiert. Ein Entscheidungsbaum ist ein gerichteter Baum und besteht aus einer Menge von Knoten und Kanten. Die Knotenmenge setzt sich aus einem *Wurzelknoten*, *Blattknoten* mit einzelnen Klassenzuweisungen und *inneren Zwischenknoten annotiert* mit Splitting-Attributen zusammen. Der Wurzel- und die Zwischenknoten repräsentieren Boolsche Variablen, die Blattknoten die Klassenzugehörigkeit

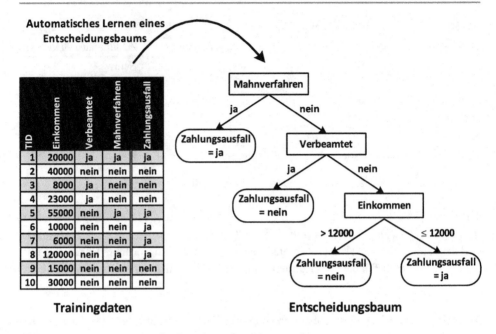

Abb. 3.19 Lernen eines Entscheidungsbaums aus Trainingsdaten

eines Objekts. Die Kanten verbinden Knotenpaare miteinander und sind mit den Werten der Splitting-Attribute markiert. Jeder Pfad vom Wurzelknoten bis zu einem Blattknoten repräsentiert eine Klassifikationsregel (siehe Abb. 3.19). Es können zwei Aufgaben unterschieden werden:

- Entscheidungsbaum lernen: Anhand von Trainingsdaten mit bekannter Klassenzugehörigkeit wird ein Entscheidungsbaum konstruiert.
- Klassifizieren: Ein neues Datenobjekt mit unbekannter Klassenzugehörigkeit wird mithilfe des erlernten Entscheidungsbaums einer Klasse zugeordnet.

Um ein Datenobjekt zu klassifizieren startet man am Wurzelknoten. Abhängig von den Attributwerten des Datenobjekts geht man schrittweise in Pfeilrichtung im Baum von einem inneren Knoten zum nächsten und verzweigt dort entsprechend bis am Pfadende ein Blattknoten erreicht ist, der die Klassenzugehörigkeit des Objekts beinhaltet (siehe Abb. 3.19). Ein Entscheidungsbaum repräsentiert die Menge *aller* unter dem Lernkriterium möglichen Entscheidungsregeln. Aufgrund der Baumstruktur sind die Pfade und damit die Entscheidungsregeln eindeutig. So besteht z. B. der Entscheidungsbaum in Abb. 3.19 aus der Menge der vier folgenden Regeln:

1. Wenn Mahnverfahren, dann Zahlungsausfall
2. Wenn kein Mahnverfahren und verbeamtet, dann kein Zahlungsausfall

3. Wenn kein Mahnverfahren und nicht verbeamtet und Einkommen > 12.000, dann kein Zahlungsausfall

4. Wenn kein Mahnverfahren und nicht verbeamtet und Einkommen ≤ 12.000, dann Zahlungsausfall

Die Konstruktion eines Entscheidungsbaumes startet mit dem Wurzelknoten und erfolgt rekursiv (siehe Algorithmus 3.6). In jedem Knoten untersuchen wir jedes Attribut und suchen nach Attribut-Werten, die die Datenobjekte in möglichst „reine", d. h. homogene Partitionen bezüglich der Klassenzugehörigkeit aufteilen. Unter allen Attributen wählen wir das Attribut für einen Verzweigung (Split) aus, welches eine möglichst „reine" Partition, d. h. einen geringen Klassifikationsfehler, erzeugt. Der Algorithmus wird rekursiv für alle neuen Knoten aufgerufen. Stoppregel der Rekursion sind die beiden Ereignisse, dass 1) die Teilmenge der Datenobjekte, auf die der jeweilige Knoten verweist, so „rein" ist, dass kein weiterer Split erfolgen muss und 2) keine weiteren Split-Attribute mehr vorhanden sind. Falls ein Knoten nur Datenobjekte ein und derselben Klasse enthält, wird diesem Knoten diese Klasse zugewiesen (Blattknoten).

Algorithmus 3.6 Rekursive Entscheidungsbaum-Konstruktion [85, S. 127]

Input: Trainingsdaten D mit bekannter Klassenzugehörigkeit, Menge der Klassifikationsattribute A
Output: Entscheidungsbaum

```
 1:  Wenn alle Instanzen in D zu einer Klasse C gehören Dann
 2:      Füge Blattknoten mit Klassen-Entscheidung C hinzu
 3:  Sonst Wenn die Attributmenge leer ist (A = ∅) Dann
 4:      Füge Blattknoten hinzu mit Klassen-Entscheidung basierend auf der häufigsten Klasse
 5:  Sonst
 6:      Für alle Attribute a ∈ A
 7:          Für alle möglichen Splits von a
 8:              Berechne den Informationsgewinn bei diesem Split
 9:          Ende Für
10:      Ende Für
11:      Erzeuge einen Entscheidungsknoten für das Attribut a mit dem höchsten Informationsgewinn
12:      Sperre Attribut a für die weiteren Unterverzweigungen (A = A ∖ {a})
13:      Führe den besten aller Splits für Attribut a durch
14:      Für alle durch den Split entstanden Teilmengen von D
15:          Entscheidungsbaum-Konstruktion (Teilmenge von D, A)
16:      Ende Für
17:  Ende Wenn
```

Wie soll nun in jeder Rekursion das Attribut für den nächsten Split gewählt werden? Wie misst man die Homogenität bzw. Inhomogenität einer aus einem Split erzeugten Partition? Für die Quantifizierung der Inhomogenität der Partitionen nach einem Split haben sich insbesondere zwei Maße bewährt: Entropie und Gini-Index.

Die **Entropie** ist ein Maß für den Informationsgehalt einer Verteilung bzw. für die Konzentration einer Objektmenge. Die Entropie einer Partition P mit k Klassen ist definiert

	keine Unreinheit		etwas Unreinheit		große Unreinheit	
Klasse	C1	C2	C1	C2	C1	C2
Anzahl	0	6	1	5	3	3
p	$p_1=0/6=0$ $p_2=6/6=1$		$p_1=1/6$ $p_2=5/6$		$p_1=3/6$ $p_2=3/6$	
Entropie	$= -0 \log 0 - 1 \log 1$ $= 0$		$= -(1/6)\log(1/6)-(5/6)\log(5/6)$ $= 0{,}65$		$= -(3/6)\log(3/6)-(3/6)\log(3/6)$ $= 1$	
Gini	$= 1 - (0/6)^2 - (6/6)^2$ $= 0$		$= 1 - (1/6)^2 - (5/6)^2$ $= 0{,}278$		$= 1 - (3/6)^2 - (3/6)^2$ $= 0{,}5$	

Abb. 3.20 Rechenbeispiel Entropie und Gini-Index (es gilt $0 \log 0 = 0$)

als

$$\text{Entropie}(P) = -\sum_{i=1}^{k} p_i \cdot \log_2 p_i \tag{3.24}$$

mit p_i als relative Häufigkeit der Klasse i in der Partition P.

Ein kleiner Wert der Entropie bedeutet eine geringe Unreinheit, eine große Entropie eine große Unreinheit der Partition und folglich eine hohe Fehlklassifikationsrate. Eine Partition P hat die Entropie$(P) = 0$, falls es nur Datenobjekte einer Klasse enthält, d. h. falls es ein $p_i = 1$ gibt. Bei zwei gleich häufigen Klassen einer Partition, d. h. $p_1 = p_2 = \frac{1}{2}$, ist die Entropie$(P) = 1$ (siehe Abb. 3.20).

Der **Informationsgewinn** (engl. *information gain*) misst die Reduktion der Entropie durch einen Split. Der Informationsgewinn eines Split-Attributs a mit der Partition $P_1, P_2, \ldots, P_m$ in Bezug auf Start-Partition P ist definiert als

$$\text{InfGewinn}(P, A) = \text{Entropie}(P) - \sum_{i=1}^{m} \frac{|P_i|}{|P|} \cdot \text{Entropie}(P_i) \tag{3.25}$$

Die marktgängigen Entscheidungsbaum-Lernverfahren *ID3* und *C4.5* [249] wählen das Attribut für einen Split aus, welches zu dem größten Informationsgewinn führt.

Der **Gini-Index** einer Partition P mit k Klassen ist definiert als

$$\text{Gini}(P) = 1 - \sum_{i=1}^{k} p_i^2 \tag{3.26}$$

mit p_i als relative Häufigkeit der Klasse i in der Partition P. Der Gini-Index kann von 0 für keine Unreinheit bis 0,5 für große Unreinheit einer Partition gehen (siehe Rechenbeispiel in Abb. 3.20).

Der Gini-Index eines Split-Attributs a mit der Partition $P_1, P_2, \ldots, P_m$ in Bezug auf Start-Partitionierung P ist definiert als der gewichtete Durchschnitt der Gini-Indizes der m Teilmengen:

$$\text{Gini}(P, A) = \sum_{i=1}^{m} \frac{|P_i|}{|P|} \cdot \text{Gini}(P_i) \tag{3.27}$$

Die Entscheidungsbaumverfahren *CART*, *SLIQ* und *SPRINT* [249] wählen das Attribut für einen Split aus, das zum kleinsten Wert des Gini-Index führt.

Overfitting Problem Ein Problem des Entscheidungsbaum-Verfahrens ist, dass oft sehr große Entscheidungsbäume entstehen können. Ein großer, d. h. tiefer und breiter Entscheidungsbaum führt zwar zu einer hohen Klassifikationsgenauigkeit auf den Trainingsdaten, jedoch nicht unbedingt zu einer hohen Klassifikationsgenauigkeit auf den Testdaten. Dieses Problem folgt aus der Überanpassung (Overfitting) des Entscheidungsmodells. Darum wird oft nach dem Lernen des Entscheidungsbaums ein weiterer Schritt durchgeführt: das sogenannte **Pruning** (Zurechtstutzen, Vereinfachen) des Baums. Beim Pruning wird ein kompletter Teilbaum durch einen neuen Blattknoten ersetzt. Dies verringert zwar die Klassifikationsgenauigkeit der Trainingsdaten, vereinfacht jedoch den Baum, sodass er einfacher zu verstehen ist. Allerdings erhöht sich möglicherweise der Klassifikationsfehler auf den Trainingsdaten. Dagegen ist oft zu beobachten, dass sich der Klassifikationsfehler auf den Testdaten verringert.

Vor- und Nachteile Ein Entscheidungsbaum ist einfach zu interpretieren, da jeder vollständige Pfad im Entscheidungsbaum eine Klassifikationsregel darstellt. Je wichtiger ein Attribut für die Klassifikation ist, desto höher (dichter am Wurzelknoten) ist es im Entscheidungsbaum. Dies kann wichtige Einsichten z. B. für eine Marketingkampagne oder Insolvenzanalyse geben, da ein Entscheider sieht, welche Attribute am wichtigsten sind und in welcher Reihenfolge die Attribute zu der Klassifikation eines Objekts beitragen. Das Entscheidungsbaum-Verfahren kann sowohl mit kategorialen als auch kardinal skalierten Daten umgehen. Im letzteren Fall wird zu Größenklassen übergegangen. Im Gegensatz zum naiven Bayes Verfahren werden wechselseitige Abhängigkeiten zwischen Attributen berücksichtigt. Ein Nachteil des Entscheidungsbaumverfahrens ist, dass es kein inkrementelles Lernen ermöglicht. Folglich muss ein Entscheidungsbaum, wenn der bisherige Datensatz um neue Daten erweitert wird, komplett (global) neu gelernt werden [270, S. 284].

k-nächste Nachbarn (kNN)

Beim k-nächste Nachbarn Verfahren (engl. *k-nearest Neighbour*) [27] werden für ein zu klassifizierendes Datenobjekt seine k-nächstgelegenen Datenobjekte mit bekannter Klassenzugehörigkeit betrachtet (siehe Abb. 3.21). Dafür ist ein geeignetes Abstandsmaß, etwa der Euklidische Abstand, auszuwählen. Da die verschiedenen Attribute, die den Datenraum aufspannen, oft unterschiedliche Wertebereiche haben bzw. unterschiedlich wichtig für die Klassifikation sind, werden die Attribute oft noch entsprechend skaliert. Das zu klassifizierende Datenobjekt wird der Klasse zugeordnet, die die größte Zugehörigkeitswahrscheinlichkeit (geschätzt durch die relative Häufigkeit) unter all den Klassen hat, zu denen die k-nächsten Nachbarn gehören.

Alternativ kann auch jedem der k-Nachbarn ein unterschiedliches Gewicht gegeben werden, je nach Abstand zu dem zu klassifizierenden Datenobjekt. Nähere Datenobjekte

Abb. 3.21 Das k-nächste Nachbarn Verfahren sucht für ein neu zu klassifizierendes Datenobjekt (x) die k (in dem Beispiel $k = 4$) nächsten Datenobjekte mit bekannter Klassenzugehörigkeit (A oder B) und weist dem neuen Datenobjekt die häufigste Klasse (B) zu

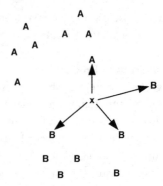

haben dann einen größeren Einfluss auf die Klassenzuordnung als weiter entfernte Datenobjekte.

Algorithmus 3.7 k-nächste Nachbarn Klassifikator [85, S. 122]

Input: Trainingsdaten D mit bekannter Klassenzugehörigkeit,
zu klassifizierendes Objekt x, Klassenanzahl k
Output: Klassenzugehörigkeit von x
  1: Entscheidungsmenge E besteht aus k-nächsten Nachbarn von x in Trainingsdaten D
  2: Gewichtung des Einflusses der Entscheidungsmenge E nach der Entfernung zum Objekt x
  3: Klasse von x ist gewichtete häufigste Klasse in Entscheidungsmenge E

Vor- und Nachteile Der Klassifikator des k-nächste Nachbarn Verfahrens ist einfach nachzuvollziehen. Da kNN direkt auf den Trainingsdaten operiert, können jederzeit neue Daten hinzugefügt werden, ohne dass eine aufwändige Neuberechnung des Klassifikators stattfinden muss. Das Verfahren kann auch zur Prognose von numerischen Werten benutzt werden, etwa für ein Rating eines Buches durch einen Nutzer in einem Empfehlungsdienst.

Der Hauptnachteil des k-nächste Nachbarn Verfahrens ist, dass alle Trainingsdaten für die Klassifikation vorhanden sein müssen. Falls die Trainingsdaten Millionen von Datensätzen enthalten, müssen diese nicht nur gespeichert werden, sondern das Finden der k-nächsten Nachbarn ist auch sehr zeitaufwändig. Für manche Anwendungen, wie z. B. Echtzeit-Empfehlungen in einem Webshop, kann kNN dann zu langsam sein. Geeignete Index-Strukturen [139, 183, 55, 121] bzw. Orts-sensitives Hashing (engl. *Locality Sensitive Hashing*) [104, 10] können jedoch teilweise Abhilfe schaffen.

Support Vector Machine

Bei der *Stützvektormethode* (engl. Support Vector Machine (SVM)) [268] werden Datenobjekte wie in vielen anderen Klassifikationsverfahren als Vektoren im d-dimensionalen Datenraum $\mathbb{R}^d$ repräsentiert. Eine SVM sucht nach einer trennenden **Grenze** (engl. *Margin*), die die Punkte mit verschiedener Klassenzugehörigkeit möglichst gut trennt (siehe

Abb. 3.22 Support Vector
Maschine trennt mithilfe einer
trennenden Grenze (Margin)
Punkte zweier Klassen (*Kreise,
Dreiecke*)

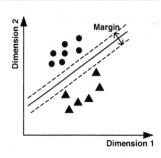

Abb. 3.22). Diese Grenze wird durch so genannte Stützvektoren (engl. *Support Vectors*) repräsentiert. Datenobjekte haben jedoch typischerweise mehr als zwei Attribute ($d > 2$) und somit ist die *Grenze* eine d-dimensionale Hyperebene im $\mathbb{R}^d$. Zusätzlich wird der ursprüngliche Merkmalsraum in einen höherdimensionalen Raum abgebildet, denn in einem höherdimensionalen Datenraum lassen sich möglicherweise eher trennende Grenzen zwischen den Datenobjekten finden. Dieses Verfahren nennt man auch **kernel-basiertes Lernen**. Ein Kern (engl. *Kernel*) ist die Transformationsfunktion von Datenobjekten in einen höherdimensionalen Raum.

Nach [310] führt die Parameterschätzung (das Lernen) der SVM zu einem restringierten, quadratischen Optimierungsproblem. Die Optimierung hat das Ziel, den Abstand zwischen allen möglichen parallelen, affinen Hyperebenen, die (beide) Klassen trennen sollen, zu maximieren, wobei „hohe" Strafkosten für eine Fehlklassifikation von Objekten berücksichtigt werden.

Die benutzte Notation folgt [63]. Sei der Wertebereich der Klassenzugehörigkeit von Datenobjekt i wie üblich bei SVM-Problemen mit $y_i = -1$ bzw. $y_i = +1$ kodiert. Der Parametervektor $\theta \in \mathbb{R}^d$ wird in die „Steigung" $w = (\theta_1, \ldots, \theta_{d-1})$ und den „Achsenabschnitt" θ_d (siehe die affinen Halbgeraden (*Margin*) in Abb. 3.22) gesplittet. Sei $c > 0$ ein Strafkostensatz und $\xi = (\xi_1, \ldots, \xi_d)$ der Variablenvektor, der Fehlklassifikationen misst. Dann lautet das Optimierungsproblem für SVM wie folgt.

Berechne die Hyperebene mit maximalem Margin ($\approx 1/\|w\|$):

$$\min_{w, \theta_d, \xi} \|w\|^2 + c \cdot \mathbf{1}^T \xi \qquad (3.28)$$

unter der Nebenbedingung, dass die Trainingsdatenpaare $(x_i, y_i)_{i=1,2,\ldots,n}$ korrekt getrennt werden:

$$y_i [(w^T \cdot x_i) + \theta_d] \geq 1 \qquad (3.29)$$

für alle $i = 1, 2, \ldots, n$.

Abbildung 3.23 veranschaulicht die topologischen und geometrischen Eigenschaften von SVM im zweidimensionalen Datenraum $\mathbb{R}^2$.

Abb. 3.23 Klassifikator SVM
mit Margin und konvexen
Hüllen der Cluster C_1, C_2

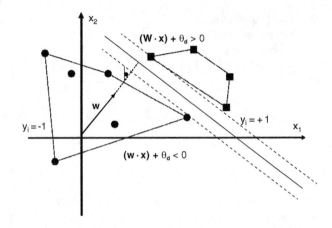

Vor- und Nachteile Falls der Kernel korrekt spezifiziert ist, hat SVM eine äußerst hohe Klassifikationsgüte. Nach abgeschlossenem Training des Klassifikators ist die Klassifikation neuer Datenobjekte sehr schnell, da im wesentlichen nur berechnet werden muss, auf welcher Seite der trennenden Grenze (*Margin*) sich ein Datenpunkt befindet. Ein Nachteil ist, dass für jeden Datensatz die Kernelfunktion spezifiziert und deren Parameter geschätzt werden müssen. Das automatische Durchprobieren verschiedener Parameter und Kernels hilft zwar dabei, erfordert jedoch einen genügend großen Trainings-Datensatz, damit die Klassifikationsgüte durch Kreuz-Validierung noch zuverlässig bestimmt werden kann.

3.2.4 Allgemeine Struktur von Data Mining Algorithmen

Data Mining Algorithmen können durch vier grundlegende Komponenten beschrieben werden [114, S. 15]. Die Ausgestaltung dieser Komponenten ist für die einzelnen Data Mining Algorithmen und Aufgaben unterschiedlich.

1. **Modell- bzw. Musterstruktur:** Sie bestimmt die zugrundeliegende Struktur oder funktionale Form des Musters, welche der Algorithmus in den Daten sucht.
   Beispiel 1: Beim Entscheidungsbaumverfahren wird das Modell, das alle Klassifikationsregeln umfasst, durch einen gerichteten Baum mit Entscheidungs- und Blattknoten repräsentiert (vgl. Abschn. 3.2.3).
   Beispiel 2: Beim k-Means Clustering ermöglicht die Modellstruktur eine Segmentierung der Datenobjekte in k Cluster (vgl. Abschn. 3.2.1).
2. **Gütefunktion:** Sie bewertet die Qualität eines Modells.
   Beispiel 1: Die Qualität eines Klassifikationsmodells kann anhand der Klassifikationsgenauigkeit oder des harmonischen Mittels der Klassifikationsfehler gemessen werden.
   Beispiel 2: Beim Clustering wird die Summe der Abstände zwischen den Datenobjekten und dem Centroid des Clusters, dem die Objekte angehören, berechnet.

Abb. 3.24 Heuristische Such-
methode (Hill Climbing) nach
einem Optimum

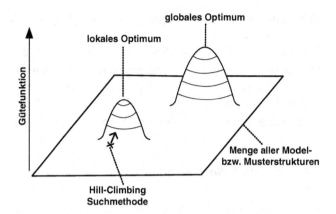

3. **Optimierungs- und Suchverfahren:** Sie sucht innerhalb der möglichen Modellstruk-
   turen nach dem Optimum der Zielfunktion. Meist ist es nicht möglich, vollständig alle
   denkbaren Modellstrukturen zu enumerieren. In solchen Fällen kommen **heuristische
   Optimierungsmethoden** zum Einsatz [46]. So genannte „Gierige Algorithmen" (engl.
   Greedy Algorithm) wählen als jeweils nächsten Schritt das Modell aus, das den größten
   Anstieg der Gütefunktion bewirkt [46, S. 60]. Beispiele für Greedy Algorithmen sind
   Gradienten-Verfahren (engl. *Hill Climbing Methods*) mit der je nach Problemtyp passen-
   den *Methode des steilsten Anstiegs* oder *Abstiegs* [46, S. 39].
   Genetische Algorithmen [15, 93] ahmen die biologische Evolution nach, indem iterativ
   neue Modelle aus bestehenden („überlebenden") zufällig generiert und mittels *Mutation*
   und *Kreuzung* verändert werden. Anschließend werden die generierten Modelle einer
   Auslese unterzogen (*Selektion*) (Prinzip „Survival of the fittest").
   Typischerweise finden heuristische Methoden nicht immer das globale Optimum, d. h.
   das beste Modell, sondern können in lokalen Optima steckenbleiben (siehe Abb. 3.24).
   Ein Optimalitätsnachweis ist folglich nicht möglich.
   Beispiel 1: Das Entscheidungsbaumverfahren führt bei dem Attribut einen Split durch,
   welches für diesen Split das Gütekriterium am meisten verbessert (Greedy Algorithmus). Die Wahl des Splits ist nicht vorausschauend und wird auch später nicht wieder
   rückgängig gemacht (kein *Backtracking*).
   Beispiel 2: Der k-Means Algorithmus findet nicht immer das beste Clustering. Der Algorithmus kann in einem lokalen Minimum terminieren.
4. **Datenmanagement-Strategie:** Management des effizienten Datenzugriffs während der
   Muster-Suche. Man kann generell zwischen Data Mining Verfahren unterscheiden, die
   auf Hauptspeicherzugriff optimiert sind, und solchen, die auch Daten zulassen, die so
   groß sind, dass sie nicht mehr in den Hauptspeicher passen und bei der gegenwärti-
   gen *Speichertechnologie* auf einen Sekundärspeicher ausgelagert werden müssen. Die
   letztgenannten Verfahren sind auf Festplattenzugriffe optimiert. Der Aufbau von speziellen Daten- bzw. Index-Strukturen für die Speicherung erlaubt eine effiziente Verarbeitung [97].

Weiterführende Literatur An erster Stelle empfehlen wir das Buch „Knowledge Discovery in Databases: Techniken und Anwendungen" von Ester und Sander (2000), das in vorbildlicher Weise die Einzelprobleme des Data Mining aus Informatikersicht vorstellt und die zugehörigen Algorithmen zusammen mit den teilweise dazu erforderlichen, speziellen Datenstrukturen behandelt [85]. Weiterhin empfehlen wir das Buch „Advances in Knowledge Discovery and Data Mining", das die von Beginn an im Data Mining hervorgetretenen Autoren Fayyad, Piatetsky-Shapiro und Smyth (1996) geschrieben haben [86].

3.3 Text und Web Mining

Text Mining und *Web Mining* können als spezielle Formen des *Data Mining* bzw. der *explorativen Datenanalyse* aufgefasst werden, wobei der Datentyp überwiegend un- bzw. semistrukturierter Text ist [85]. Wie auch das Data Mining, sollen Text und Web Mining das Wissen erweitern bzw. helfen, neue Fragestellungen aufzuwerfen, d. h. Hypothesen zu generieren. Die beiden Mining Verfahren sind methodisch gesehen ähnlich, aber nutzen recht verschiedene Datenquellen und beziehen sich auf verschiedene Anwendungsgebiete, sodass sie im Folgenden getrennt behandelt werden.

3.3.1 Text Mining

Text Mining beinhaltet statistische oder maschinelle Lern- und Analyseverfahren, um latente Strukturen und Inhalte in un- oder schwach strukturierten Textdaten – wie die Formate TXT, PDF, Word, HTML oder XML – in einer gegebenen Dokumentensammlung aufzudecken und zu visualisieren.

Text Mining liefert dem Nutzer im Idealfall neue Informationen, sowie Wissen über ihm bislang unbekannte Zusammenhänge von Tatbeständen in einer Menge ausgewählter Dokumente (sog. Korpus).

Beispiel In der Automobilindustrie stiegen Anfang der neunziger Jahre die Neuzulassungen im Vergleich zu den Vorjahren in Deutschland durch die Wiedervereinigung Deutschlands stark an und führten in der Folge zu gestiegenen Garantie- und Schadensmeldungen aus den Vertragswerkstätten. Dem Stand der IT entsprechend wurden die Schadensmeldungen und Garantieleistungen nicht online erfasst, sondern erst in den Werkstätten auf Papier in *Formularen* festgehalten, wenn der Kunde das Fahrzeug wegen Mängeln oder zur Inspektion brachte. **Scannen** in Verbindung mit intensiver Vorverarbeitung ermöglichte anschließend ein Text Mining dieser Schadensdokumente, um einzelne Schadensursachen sowie Bündel von Fehlern bzw. Ursachen aufzudecken. Vom Einsatz nichtüberwachter

Lernverfahren wie der Clusteranalyse erwarteten Händler und Hersteller möglichst schnell und treffsicher bis dahin unbekannte Schadensursachen zu erkennen und die Fertigung entsprechend anzupassen. Es sei nur angemerkt, dass das aufwändige Medium *Papier* inzwischen längst durch eine digitale Speicherung abgelöst ist. Damit kann der Bordspeicher in einer autorisierten Werkstatt ohne Medienbruch ausgelesen werden.

Da sich das Text Mining auf vorhandene, aber dem Nutzer unbekannte Inhalte und Zusammenhänge bezieht, haben sich vier Varianten herausgebildet:

1. Informationsextraktion mittels Computerlinguistik
2. Klassifikation (Zuordnung) von Dokumenten in ein bekanntes Klassifikationsschema
3. Clustern (Gruppierung) von Dokumenten zur Aufdeckung von (in sich homogenen) Gruppen
4. Dokumentenauswahl (Information Retrieval) zum Finden von Texten nach bekannten Suchkriterien.

Bei der **Informationsextraktion** sollen aus Texten strukturierte Informationen extrahiert werden [136, S. 759ff]. Dabei sollen Entitäten, Ereignisse und Relationen zwischen Entitäten und Ereignissen aus Texten extrahiert werden. Beispielsweise sollen aus Ad-Hoc Meldungen von Unternehmen automatisch Firmenübernahmen erkannt und die relevanten Informationen dieses Ereignisses extrahiert werden, wie z. B. die beteiligten Firmen, die Kaufrelation (wer übernimmt wen?), das Datum oder der Kaufpreis.

Typischerweise kommen dabei Verfahren der Computerlinguistik (engl. Natural Language Processing (NLP)) zur Anwendung [29, 136]. Eine typische Vorgehensweise einer Computerlinguistik-gestützten Informationsextraktion enthält folgende Schritte:

- *Satzaufspaltung.* Ein Dokument wird in eine Liste von Sätzen geteilt. Dabei werden bei der Satzaufspaltung meist Satzendzeichen wie „.", „?" oder „!" genutzt. Jedoch wird „." auch bei Abkürzungen (z. B. R.M. Müller) und bei Zahlen (100.000,00 Euro) genutzt. Ein Satzaufspaltungsalgorithmus muss also Punkte in Abkürzungen bzw. Zahlen für die Satztrennung ignorieren [29, S. 112ff].
- *Tokenisierung.* Jeder Satz wird in eine Liste von Wörtern (Tokens) transformiert. Dabei wird anders als im Vektorraum-Modell (siehe später) die Reihenfolge der Wörter im Satz beibehalten. Die einfachste Tokenisierungsmethode nutzt die Leerzeichen zwischen Wörtern für die Zerlegung des Satzes (sog. White-Space-Tokenisierung) [29, S. 109ff].
- *Part-of-speech Tagging.* Jedem Wort wird die Wortart (engl. part-of-speech (POS)) zugeordnet. Beispiele für Part-of-speech-Tags (POS-Tags) sind Nomen, Verben, Artikel, Adjektive, Adverbien, Präpositionen, Konjunktionen usw. Dabei kann dann noch z. B. bei Nomen zwischen normalen Nomen in Einzahl und Mehrzahl sowie Eigennamen unterschieden werden. Dasselbe Wort kann in verschiedenen Sätzen eine andere Wortart haben, je nach Kontext im Satz. Darum ist ein einfaches Nachschlagen des Wortes in einer Wortliste nicht ausreichend für das POS-Tagging. Vielmehr werden POS-Tagger auf syntaktisch annotierten Textkorpora trainiert und z. B. Hidden Markov Modelle

oder Entscheidungsbäume genutzt. Der trainierte POS-Tagger kann dann, wie üblich bei Supervised Learning Verfahren, auf neue Sätze angewandt werden [29, S. 179ff].

Beispiel: Gegeben sei der Satz „Hewlett Packard kauft Autonomy Corporation für 10,2 Mrd. $." Nach dem Tokenisieren und dem POS-Tagging könnte sich folgender angereicherter Satz ergeben: „Hewlett [Nomen Eigenname] Packard [Nomen Eigenname] kauft [Verb Einzahl] Autonomy [Nomen Eigenname] Corporation [Nomen] für 10,2 [Zahl] Mrd. [Zahl] $ [Währung]".

- *Erkennung von Entitäten*. Bei der Erkennung von benannten Entitäten (sog. Named-Entity Recognition (NER)) sollen Teile eines Satzes als z. B. Namen von Personen, Ortsnamen, Organisationen, Zeitangaben oder Geldbeträge erkannt werden. Durch die Definition von Mustern auf Part-of-Speech und Wortebene können Satzteile bestimmt werden, die extrahiert werden sollen. Dabei können die POS-Muster z. B. in der Form von regulären Ausdrücken definiert werden (sog. Chunking) [29, S. 281ff].

  Beispiel: Das Muster „([Nomen Eigenname]|[Nomen])*" würde beliebig lange Wortsequenzen von Eigennamen oder Nomen extrahieren. Im obigen Beispiel würde dieser reguläre Ausdruck die Wortsequenzen „Hewlett Packard" und „Autonomy Corporation" extrahieren.

  Die Mustererkennung kann entweder anhand von manuell erstellten POS-Mustern erfolgen oder aber die POS-Muster werden wiederum anhand von Trainingsdaten gelernt. In den Trainingsdaten müssen dann die Wortsequenzen entsprechend ihrer semantischen Bedeutung annotiert werden, und entsprechende Data Mining Verfahren versuchen dann, Muster für die Extraktion zu lernen. Die manuelle Erstellung eines annotierten Textkorpus als Trainingsmenge stellt jedoch ein hohen Aufwand dar. Crowdsourcing ist eine Möglichkeit dies schnell und kostengünstig durchführen zu lassen [147, 220].

- *Erkennung von Relationen*. Die erkannten Entitäten werden durch Templates strukturiert und beantworten Fragen über das *wer, wen, was, wann, wo* und *warum*. Dadurch stehen die Entitäten in Relationen miteinander [29, S. 284ff].

  Beispiel: Im obigen Beispiel wird erkannt, dass Hewlett Packard Autonomy kauft und nicht umgekehrt, weil das Verb des Satzes („kaufen") aktiv ist. Falls das Verb passiv wäre („wird gekauft"), würden Objekt und Subjekt ausgetauscht werden müssen. Dies kann anhand der POS-Tags des Verbs erkannt werden.

Bei der **Klassifikation** (siehe Abschn. 3.2.3) liegen die Klassen fest und es ist für ein bislang unklassifiziertes Dokument die Klassenzugehörigkeit zu bestimmen. Dazu werden „geeignete" (trennscharfe) Klassifikationsmerkmale ausgewählt, deren Merkmalsausprägungen das jeweilige Dokument charakterisieren. Im obigen Kfz-Beispiel könnten Attribute wie Kfz-Eigenschaften, Erstzulassungsdatum, Jahresfahrleistung, Geschlecht und Alter des Fahrers bzw. Halters und die Schadensart Klassifikationsmerkmale sein.

Beim **Clustering** (siehe Abschn. 3.2.1) liegt das Interesse auf der Aufdeckung der „versteckten" Cluster-Struktur, d. h. es gilt herauszufinden, welche Objekte zueinander „ähnlich" sind und diese zu einer Gruppe zusammenzufassen (siehe Abb. 3.25). Die Anzahl der

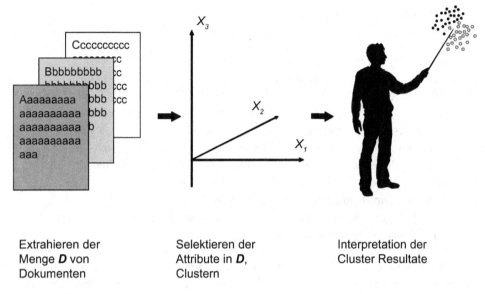

Extrahieren der   Selektieren der   Interpretation der
Menge **D** von   Attribute in **D**,   Cluster Resultate
Dokumenten   Clustern

Abb. 3.25 Clusteranalyse von Texten

Cluster und die Zugehörigkeit, welches Objekt zu welcher Gruppe gehört, sind i. Allg. unbekannt und müssen aus den Daten geschätzt oder „gelernt" werden.

Beispiel Bei Rückruf-Aktionen in der Automobilindustrie ist von Interesse, ob sich die eingehenden Schadensmeldungen wenigen Gruppen zuordnen lassen und welche Merkmale diese Cluster repräsentieren, d. h. welches die „wichtigsten" Einflussgrößen sind, um daraus gezielt Hinweise auf den Bedingungs- und Ursachenkomplex abzuleiten.

Beim **Information Retrieval** hingegen ist es das Ziel, mittels der im Kontext vorgegebenen Schlüsselwörter eine Teilmenge fachlich relevanter Einzeldokumente zu finden. Die Kenntnis dieser Menge ist das eigentliche Analyseziel.

Wir wollen im Folgenden auf die textuelle Analyse von Dokumenten mittels Clusteranalyse eingehen (für Informationen zu algorithmischen Details, siehe Abschn. 3.2).

Die Clusteranalyse kann nicht unmittelbar auf Texten aufsetzen, da Texte einen symbolischen Datentyp haben, die überwiegende Anzahl von Clusterverfahren aber numerische, genauer metrische Datenräume voraussetzt, wie z. B. der *k-Means Algorithmus*. Daher ist eine Transformation der Textelemente (*Terme* oder *Wörter*) nötig. Der gängigste Ansatz ist das **Vektorraum-Modell**, bei dem jedes Dokument D_j durch den Vektor seiner Worthäufigkeiten repräsentiert wird, d. h. es wird eine geeignete Abbildung $g : D_j \rightarrow \mathbb{R}^d$ gesucht. Zu alternativen Ansätzen vgl. [34]. Aufgrund der i. Allg. sehr großen Anzahl von Termen in Dokumenten (in der Größenordnung von Mio.) muss die Dimension d^* des ursprüngliche Vektorraums $\mathbb{R}^{d^*}$ auf ein „geeignetes" $d \ll d^*$ reduziert werden, worauf später eingegangen wird.

Wir benutzen die folgende Symbolik:

- D sei die selektierte Teilmenge von n Dokumenten D_j, mit $j = 1, 2, \ldots, n$
- w_l sei ein Term in D, $l = 1, 2, \ldots, m$
- x_{jl} sei das (noch zu bestimmende) Termgewicht von w_l im Dokument D_j
- s_j ist die Länge des Dokuments D_j, $j = 1, 2, \ldots, n$
- $x_j = (x_{j1}, x_{j2}, \ldots, x_{jm})$ m-dimensionaler Merkmalsvektor von Dokument D_j, $j = 1, 2, \ldots, n$, dessen Komponenten die Termgewichte sind
- tf_{jl} ist die absolute Häufigkeit (engl. *Term Frequency*) von Term w_l in D_j
- n_l ist die absolute Häufigkeit der Dokumente, die den Term w_l enthalten
- n ist der Umfang der Dokumentenkollektion D, $n = |D|$
- d^*, d sind die Dimensionen der jeweiligen Datenräume.
- $\text{idf}_l = \log(n/n_l) = -\log(n_l/n)$ ist die inverse Dokumenthäufigkeit (engl. *Inverse Document Frequency*) als Spezifität von Term w_l

Zwei Problemkreise sind zu behandeln. Zum einen kann die Länge der Vektoren, die ein Dokument charakterisieren, sehr groß werden ($\sim$ 1 Mio. Terme). Zweitens sollten die Terme nach [259] dann ein großes Gewicht erhalten, wenn sie häufig und „typischerweise" in den relevanten Dokumenten vorkommen, aber selten in der gesamten restlichen Kollektion. Um dem letzteren Aspekt Rechnung zu tragen, wird

$$x_{jl}^{\text{naiv}} = \text{tf}_{jl}\,\text{idf}_l \tag{3.30}$$

festgesetzt und vorläufig als (naives) Termgewicht x_{jl} benutzt. Diese Gewichtswahl ist ungeeignet. Wenn die Häufigkeit von Wörtern im Dokument j „hoch" ist, dann gilt dies auch für tf_{jl}. Folglich kommt es zu der unerwünschten Nebenwirkung, dass umfangreichere Dokumente eine größere Auswahlwahrscheinlichkeit als kürzere haben; denn nicht primär der Umfang eines Dokuments zählt, sondern dessen Relevanz. Wie kann man die „Relevanz" messen und welche Maßzahl bildet dies adäquat ab? Als Lösung wird die *Normalisierung* der Gewichte x_{jl} vorgeschlagen [258], sodass die Auswahlwahrscheinlichkeit für jedes Dokument D_j nahezu gleich ist und damit unabhängig von der Dokumentlänge s_j wird.

$$x_{jl} = \text{tf}_{jl}\,\text{idf}_l/c_j \tag{3.31}$$

Die Konstante $c_j \in \mathbb{R}_+$ in Gl. 3.31 ist definiert durch

$$c_j = \sqrt{\sum_{k=1}^{m}(\text{tf}_{jk}\,\text{idf}_k)^2}. \tag{3.32}$$

Damit ergibt sich als Merkmalsvektor von Dokument D_j: $x_j = (x_{j1}, x_{j2}, \ldots, x_{jd})$. Um nun Dokumente paarweise miteinander im $\mathbb{R}^d$ vergleichen zu können, muss ein geeignetes Abstands- bzw. Ähnlichkeitsmaß zwischen Paaren (x_i, x_k) benutzt werden. Dazu

Abb. 3.26 Gewichtsvektoren
dreier Dokumente im $\mathbb{R}^2$

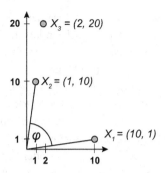

steht ein breites Spektrum von Verfahren zur Verfügung (siehe Abschn. 3.2.1 und [66]). Statt der Euklidischen Distanz wird bei Textdokumenten eine Ähnlichkeitsfunktion benutzt, der der Kosinus (cos) des Winkels (φ) zwischen den beiden Termgewichtsvektoren (x_i, x_k) zugrunde liegt [35], d. h. sim : $\mathbb{R}^{2d} \to \mathbb{R}_{[0,1]}$ mit $\mathrm{sim}_{\cos}(x_i, x_k) = \cos \varphi(x_i, x_k)$ mit

$$\mathrm{sim}_{\cos}(x_i, x_k) = \frac{x_i^{\mathrm{T}} \cdot x_k}{\|x_i\| \|x_k\|}. \tag{3.33}$$

Diese Ähnlichkeitsfunktion hat den Wert $\mathrm{sim}_{\cos}(x, y) = 0$, falls x orthogonal zu y ist ($x \perp y$), d. h. zwei betrachtete Dokumente haben keinen Term gemeinsam. Sind zwei Dokumente dagegen identisch, so ist $\mathrm{sim}(x, y) = 1$.

Beispiel Fall 1: $x_1 = (10, 1)$; $x_2 = (1, 10)$. Dann ist $\|x_1\| = \|x_2\| = \sqrt{101}$ und $\mathrm{sim}(x_1, x_2) = \frac{20}{101} \approx 0,198$.

   Fall 2: $x_2 = (1, 10)$; $x_3 = 2x_2 = (2, 20)$. Folglich $\|x_2\| = \sqrt{101}$, $\|x_3\| = 2\sqrt{101}$ und $\mathrm{sim}(x_2, x_3) = 1$. Die Lage der drei Vektoren im $\mathbb{R}^2$ veranschaulicht Abb. 3.26.

   Neben der Wahl eines geeigneten Ähnlichkeitsmaßes ist die Reduktion der Dimension des Datenraums $\mathbb{R}^{d^*}$, d. h. der Länge der Vektoren x_j, sinnvoll. Die Reduktion der Vektorraumdimension d^* geschieht in mehreren Schritten:

1. Füllwörter (*Stop Words*) und Allerweltswörter entfernen,
2. Terme auf den Wortstamm reduzieren,
3. seltene Terme, die nur in wenigen Dokumenten auftreten, eliminieren, sowie
4. Klein- bzw. Großschreibung vereinheitlichen, indem sämtliche Terme klein geschrieben werden.

Diese Filterung ist dadurch gerechtfertigt, dass Füllwörter wie Artikel, Konjunktionen, Präpositionen oder Possessivpronomen nahezu nicht informativ sind. Dazu rechnen u. a. *„der, die, das, und, oder, aus, in, vor, mein, dein"*. Hinzu kommen Allerweltswörter wie *man* usw. Wortstämme wie *„Haus, Häuser, Hauses"* sind ebenfalls redundant und werden durch einen gemeinsamen Repräsentanten wie beispielsweise „*Haus*" ersetzt. Gleiches gilt für „seltene oder fremdartige" Wörter wie „*Hydraulisches Bremssystem*" in einem Korpus über *Lyrik*. Sie erscheinen dort „exotisch" und werden gestrichen [95].

Dies ist nicht immer sinnvoll, worauf in [175] hingewiesen wird. Denn Ähnlichkeit zwischen zwei Objekten oder Personen ist intuitiv dann größer, wenn sie sich auf Merkmalswerte bezieht, die gleich sind und eine geringe Eintrittswahrscheinlichkeit haben, d. h. „selten" sind. Zwei Personen sind ähnlich, wenn jede bei strenger Kälte einen Wintermantel trägt. Noch „ähnlicher" wären sie, wenn sie beide im Winter ein Bad im eisigen Flusswasser nehmen, da dies ganz offensichtlich nur wenige Zeitgenossen tun und damit die Eintrittswahrscheinlichkeit geringer ist als die für das Tragen von Wintermänteln im Winter. Ein Abstandsmaß, das die Eintrittswahrscheinlichkeit explizit als trennscharfes Klassifikationsmerkmal berücksichtigt, ist die **W-Distanz** von Skarabis [279].

Während Füllwörter vollständig anhand von vorgegebenen Listen eliminiert werden, benutzt man Heuristiken für *Allerweltswörter* und *seltene Terme*: Eliminiere Wort w_l, falls es zu „oft" auftritt, d. h.:

$$\sum_j \mathrm{tf}_{jl} \ge n_{\max} \in \mathbb{N} \quad \text{und} \quad \mathrm{tf}_{jl} > 0 \text{ für alle } j = 1, 2, \dots \tag{3.34}$$

Eliminiere (seltenes) Term w_{l+}, falls

$$\sum_j \mathrm{tf}_{jl+} \le n_{\min} \in \mathbb{N}. \tag{3.35}$$

Die Auswahl relevanter Schlüsselwörter kann *manuell* oder durch ein *Kriterium gesteuert* erfolgen. Im letzten Fall wird die (modifizierte) Shannonsche Entropie H benutzt [34]. Sie misst die Gleichförmigkeit der Verteilung eines Terms in einer Dokumentenkollektion.

Sei w_l ein Term in der Dokumentenmenge $\mathbf{D}$. Dann heißt $H_l^{(\mathrm{doc})} : \mathbf{D} \to \mathbb{R}_{[0,1]}$ Entropie von Term w_l

$$H_l^{(\mathrm{doc})} = 1 + \frac{1}{\log_2 n} \sum_{j=1}^n p_{jl} \log_2 p_{jl} \tag{3.36}$$

mit $p_{jl} = \frac{\mathrm{tf}_{jl}}{\sum_j \mathrm{tf}_{jl}}$. Konzentriert sich ein Term auf ein oder wenige Dokumente, so ist die Entropie „groß". Ist ein Term nahezu gleichverteilt über alle Dokumente, d. h. er hat keine große „*Trennschärfe*", so ist $H_l^{(\mathrm{doc})}$ „niedrig". Die obige Maßzahl ist mit der Shannonschen Entropie nicht identisch [34], vielmehr gilt

$$H_l = -\sum_j p_{jl} \log_2 p_{jl} = -\log_2 n (H_l^{(\mathrm{doc})} - 1). \tag{3.37}$$

Da sehr häufige Wörter im Falle großer Entropie zu stark präferiert werden, entsteht dadurch eine Verzerrung der Merkmalsauswahl (*Feature Selection Bias*). Dem kann mit der Berücksichtigung von Straffunktionen in H und Termreihung (*Term Ranking*) begegnet werden. Beim Ranking geht man wie folgt vor:

1. Wähle eine obere Schranke $m^{(\text{upper})}$, z. B. $m^{(\text{upper})} = 10$
2. Ordne Term w_l gem. $H_l^{(\text{doc})}$
3. Selektiere die $m^{(\text{upper})}$ besten („top-ranked") Terme w_l^*.

Es ist möglich, dass das Ranking die obige Verzerrung nicht egalisiert; deshalb wird es ergänzt, indem die Entropie um den „Straffaktor" $\frac{1}{\text{idf}_l}$ erweitert wird [34].

Es folgt

$$\tilde{H}_l = \frac{H_l^{(\text{doc})}}{\text{idf}_l}. \tag{3.38}$$

Der folgende Greedy Algorithmus zur Termauswahl ist in [35, S. 248] skizziert.

Algorithmus 3.8 Termauswahl [34, S. 248]

Input: m, $(D_j)_{j=1,2,\ldots,m}$
Output: (w_l^*), $l =, 1, 2, \ldots, m^{(\text{upper})}$

 1: **Wiederhole**
 2:    Permutiere $(D_j)_{j=1,2,\ldots,n}$
 3:    **Wiederhole**
 4:       Finde $w_l^* = \arg\max_{l \in D_j} \tilde{H}_l$
 5:       Markiere alle Dokumente D_j, die w_l^*, $l = 1, 2, \ldots, m^{(\text{upper})}$ enthalten
 6:       Lösche alle markierten D_j in D
 7:    **Solange bis** noch nicht alle D_j markiert sind
 8:    **Wenn** nicht $m^{(\text{upper})}$ Terme ausgewählt **Dann**
 9:       lösche Markierungen von (D_j)
10:       Terme ausgewählt = FALSCH
11:    **Sonst**
12:       Terme ausgewählt = WAHR
13:    **Ende Wenn**
14: **Solange bis** Terme ausgewählt

Bevor ein Text-Mining Fall vorgestellt wird, wollen wir auf das Web Mining eingehen, da Text Mining dort ebenfalls eine große Rolle spielt.

3.3.2 Web Mining

Web Mining bezeichnet die explorative Datenanalyse zur Wissensaufdeckung, falls als Datenquelle das *World Wide Web (WWW)* genutzt wird.

Wie beim Text Mining kommen hier Verfahren der *Statistik*, der *Linguistik*, der *Cluster-analyse* und *Klassifikation*, des *maschinellen Lernens* oder auch der *Künstlichen Intelligenz* zur Anwendung.

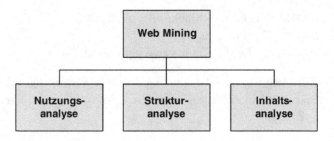

Abb. 3.27 Arten der Wissensaufdeckung beim Web Mining

Entsprechend der Praxisbedürfnisse haben sich drei Schwerpunkte herausgebildet (siehe Abb. 3.27).

Die **Nutzungsanalyse** analysiert das Nutzerverhalten beim Aufsuchen von Webseiten bei vorgegebener Adresse (URL) oder via Suchmaschinen. In erster Linie rechnen dazu sog. *Klickstatistiken*, die aufgrund von Häufigkeitsanalysen Nutzer- und Seitenprofile erstellen, um Seiten hinsichtlich der Zugriffspfade zu verbessern oder Inhalte für gegebene Nutzerprofile zu „individualisieren". Eine weitergehende Analyse nicht-kommerzieller Portale ist in [74] enthalten (siehe Abschn. 6.2.2).

Die **Strukturanalyse** befasst sich mit den topologischen Eigenschaften anhand der Verkettung („Hyperlinks") von Webseiten. Für die thematische und nutzerfreundliche Gestaltung solcher Web-Ressourcen ist es für die Website-Administratoren wichtig zu wissen, ob z. B. Seiten mehr Verweischarakter (sog. hub pages) haben oder inhaltsbezogen (sog. content pages) sind.

Die **Inhaltsanalyse** schließlich bezieht sich wie auch das *Text Mining* auf das Aufdecken unbekannter Zusammenhänge und Fakten in multimedialen Dokumenten, die aus dem Web extrahiert werden. Damit lässt sich insbesondere bei dynamischen XML/HTML-Dokumenten relativ einfach beispielsweise Markttransparenz für Anbieter, Konkurrenten und Kunden verbessern. Liegen nicht festformatierte oder semi-strukturierte Dokumente vor, sondern unstrukturierte Texte, so ist erheblicher Aufwand für die notwendige Vorverarbeitung erforderlich.

Beispiel Zur Illustration von Text und Web Mining greifen wir auf einen Clusteranalyse-Fall zurück, der sich auf Webseiten bezieht, siehe [278] und [34, S. 249–250].[1] Die Anzahl der Webseiten beträgt 11.000. Bei elf Kategorien A, B, …, K sind dies durchschnittlich 1000 Seiten je Kategorie. Die Kategorien lassen sich vier thematischen Gebieten zuordnen [278]: Banking and Finance (A, B, C), Programming Languages (D, E, F), Science (G, H) und Sport (I, J, K) (siehe Tab. 3.2). Mittels Clusteranalyse (k-Means Algorithmus) soll illustriert werden, zu welchen Ergebnissen die obige Vorgehensweise beim Web bzw. Text Mining führt.

Die Anwendung der einzelnen Schritte zur Termreduktion ergibt folgende Ergebnisse (siehe Abb. 3.28). Dabei wurden folgende Einstellungen gewählt [35]: zu kurze Wortlänge

---

[1] http://www.pedal.rdg.ac.ik/banksearchdataset

Abb. 3.28 Schrittweise Termreduktion

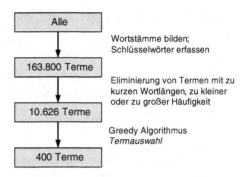

Wortstämme bilden;
Schlüsselwörter erfassen

Eliminierung von Termen mit zu
kurzen Wortlängen, zu kleiner
oder zu großer Häufigkeit

Greedy Algorithmus
Termauswahl

von w: $\text{length}(w) < 4$; zu geringe Häufigkeit von w_l: $\sum \text{jtf}_{lk} < 15$; zu große Häufigkeit von w_{lj}: $\sum \text{jtf}_{lk} > \frac{11.000}{12} \cong 917$.

Die Tab. 3.3 zeigt die Cluster-Ergebnisse mittels k-Means für die Themenbereiche „Banking-Finance" und „Sport" sowie „Building Societies" und „Insurance Agencies", die [278] erzielt haben. Die Datenvorbehandlung entspricht dabei nicht der oben dargestellten Vorgehensweise. Offensichtlich lassen sich Daten aus dem ersten Themenbereich schlechter gruppieren als Daten, die aus dem Bereich „Building Societies" und „Insurance Agencies" stammen. Das Ergebnis ist überraschend, da sich die Teilbereiche „Banking-Finance" und

Tab. 3.2 Vergleichs-Klassifikationsschema für Webseiten

Nr.	Label	Kategorie	Thema
1	A	Commercial Bank	Banking & Finance
2	B	Building Societies	Banking & Finance
3	C	Insurance Agency	Banking & Finance
4	D	Java	Programming Language
5	E	C/C++	Programming Language
6	F	Visual Basic	Programming Language
7	G	Astronomy	Science
8	H	Biology	Science
9	I	Soccer	Sport
10	J	Motor Racing	Sport
11	K	Other Sport	Sport

Tab. 3.3 Prozentuale Genauigkeit der Clusteranalyse (k-means) für Datengruppen A vs. I, B vs. C [278]

Datensätze	k-Means
A vs. I (Banking – Soccer)	67,5 %
B vs. C (Building Soc. – Insurance Agency)	75,4 %

Tab. 3.4 Prozentuale Genauigkeit dreier Clusterverfahren [35]

Datensätze	k-Means	Fuzzy k-Means	Vektor-Quantifizierung
A vs. I	95 %	94 %	94 %
B vs. C	75 %	85 %	85 %
(A, B, C) vs. (D, E, F) vs. (G, H) vs. (I, J, K)	70 %	72 %	78 %
Mittlere CPU-Laufzeit	7 s	11 s	7 s

„Sport" weniger inhaltlich zu überlappen scheinen als es im Themenbereich „Building Societies – Insurance Agencies" der Fall ist.

In [35] werden die Webseitendaten erneut analysiert, wobei die obige schrittweise
Termreduktion benutzt und weitere Verfahren zum Vergleich herangezogen wurden (siehe Tab. 3.4). Man sieht ein verbessertes Clustering-Ergebnis dank der Termreduktion.

Methoden der Unternehmenssteuerung

4

Mit dem Wissen wächst der Zweifel.
Johann Wolfgang von Goethe

In den vorigen Kapiteln hatten wir uns mit der Bereitstellung von Daten und mit dem Data Mining befasst. In diesem Kapitel gehen wir auf die **Methoden der Unternehmenssteuerung** mithilfe von *Business Intelligence* ein, speziell auf quantitative Methoden. Die einzelnen Problembereiche, die vorgestellt werden, sind in der Abb. 4.1 veranschaulicht. Die Aktionsphasen decken entsprechend den Managementbereich von *Prognose* bis *Fehlerrückverfolgung* ab.

> Die **Methoden der Unternehmenssteuerung** bilden das Herzstück von *Business Intelligence* (BI). Sie stellen dem mittleren und höheren Management in allen Funktionsbereichen eines Unternehmens und dort bei allen Planungs-, Entscheidungs- und Kontrollaufgaben die gewünschten *Daten* und *Informationen*, die zugehörigen betrieblichen *Modelle* und die im Einzelfall geeigneten *Methoden* nutzerspezifisch zur Verfügung.

Wir beginnen mit **Prognose- und Szenarioverfahren** im Abschn. 4.1. Diese Verfahren liefern dem Management Soll- oder Planwerte sowie Voraussagen über und Einschätzungen von Geschäftslage und -verlauf im Planungshorizont. Auf diesen Größen bauen anschließend insbesondere Planung und Entscheidung und in Einzelfällen auch Controlling auf. Dazu gehören i. Allg. Angaben über die Genauigkeit bzw. die Fehlermarge und den Vertrauensgrad der Voraussagen.

Die folgende Phase umfasst **Planung und Konsolidierung** (siehe Abschn. 4.2). An die Fixierung von Plangrößen und Budgets schließt sich die Entscheidungsphase an, die auf

R.M. Müller, H.-J. Lenz, *Business Intelligence*, eXamen.press,
DOI 10.1007/978-3-642-35560-8_4, © Springer-Verlag Berlin Heidelberg 2013

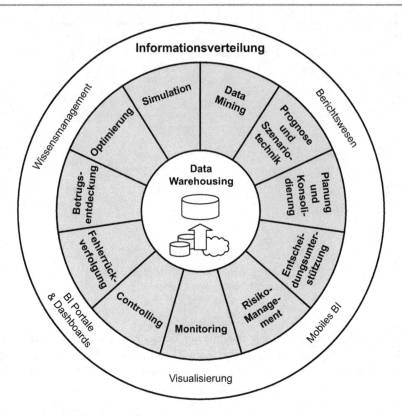

Abb. 4.1 Business Intelligence im Überblick

der operativen, taktischen und strategischen Ebene zu Unternehmenspolitik und entsprechenden Aktionen führt. Abschnitt 4.3 stellt daher die **Entscheidungsunterstützung** vor.

Systeme zur Entscheidungsunterstützung machen im Wesentlichen von zwei Methoden Gebrauch: **Simulation** und **Lineare Optimierung**, die in den Abschn. 4.9 und 4.10
abgehandelt werden.

Wie die Aktivitäten um Risikobegrenzung im Rahmen von *Basel I–III* und insbesondere
die weltweite *Wirtschafts- und Finanzkrise* von 2008 gezeigt haben, gewinnen das *Risiko-
bewusstsein* und die *Risikovorsorge* bei Entscheidungsprozessen durch politischen Druck,
Globalisierung und Wirtschafts- und Umwelterfordernisse immer mehr an Bedeutung.
Wir tragen dieser Entwicklung mit dem Abschn. 4.4 über **Risikomanagement** Rechnung.

Während ältere Informationssysteme dem sog. *Feuerwehr-Prinzip* (Entscheidung, dann
Aktion und danach Kontrolle) folgten, zeichnen die neueren entscheidungsunterstützenden Systeme die laufende Überwachung der Aktionen hinsichtlich der Einhaltung von
Planvorgaben aus. Diese Aufgabe übernimmt das **Monitoring** (siehe Abschn. 4.5), das
als Teil vom Controlling aufgefasst werden kann, und geeignete Verfahren und entspre-

chende Software zur Verfügung stellt. **Controlling** und **Kennzahlensysteme** werden im Abschn. 4.6 vorgestellt.

Unternehmen können noch so ein ausgefeiltes Planungssystem haben, bestmögliche Entscheidungen – i. Allg. unter unsicheren Erwartungen und unvollständiger Information – treffen, und alle Arbeitsprozesse wohlstrukturiert und effizient hinsichtlich von Soll-Ist-Abweichungen überwacht haben. Dennoch sind sie nicht davor gefeit, dass Dienstleistungen mangelhaft erbracht werden oder Fehler in der Herstellung von Erzeugnissen auftreten, sodass Garantieansprüche der Kunden und Image-Einbußen entstehen. Die Rückrufaktionen in der Automobilindustrie sind beredtes Zeugnis dafür, dass „das Kind in den Brunnen gefallen ist". In solchen Situationen ist die **Fehlerrückverfolgung** *(Trouble Shooting)* der geeignete Ansatz, durch *abduktives Schließen* innerhalb eines Expertenteams *(Task Force)* von den ersten Hinweisen, Symptomen bzw. Fehlern auf die dahinter stehenden Ursachen und Bedingungen mit möglichst hoher *Konfidenz* oder *Treffsicherheit* zu schließen. Man beachte, dass von den Symptomen auf die Ursache geschlussfolgert wird (d. h. entgegengesetzt der Wirkungsrichtung) und demnach die zweiwertige Logik nicht anwendbar ist (siehe Abschn. 4.7).

Im Abschn. 4.8 gehen wir einen Schritt weiter und wenden uns der Aufdeckung möglicher *betrügerischer Handlungen* von Mitarbeitern, Managern und Dritten zu. Insbesondere die vermehrte Nutzung des Internets durch gutgläubige Privatpersonen stellt bei der **Betrugsaufdeckung** (engl. *Fraud Detection*) und Betrugsabwehr besondere Anforderungen. Zur „Einstimmung" auf die Problematik vergegenwärtige man sich die jährliche Anzahl von EC- und Kreditkartenbetrügereien in Milliardenhöhe durch betrügerische Nutzung gefälschter oder gestohlener Geld- und Kreditkarten.

4.1 Prognose- und Szenariotechnik

Prognose- und Szenariotechnik sind Verfahren, um anhand vorliegender historischer Daten $(\ldots, x_{t-2}, x_{t-1}, x_t)$ konditionale Aussagen vom Zeitpunkt t über zukünftige Werte der *Variablen* (auch *Deskriptoren* genannt) $x_{t+1}, x_{t+2}, \ldots, x_{t+\tau}$ unter Abschätzung der Trefferwahrscheinlichkeit zu berechnen. Der Parameter $\tau \in \mathbb{N}$ bezeichnet den gewählten Prognosehorizont.

Der Begriff **Prognose** kommt aus dem Griechischen und bezeichnet *Voraussage*. Seriöse Prognosen sollten zumindest nachprüfbar sein. Diese liefern eine kurz- bzw. mittelfristige Vorausschau künftiger Entwicklungen, Zustände oder Ereignisse [269]. *Quantitative Prognoseverfahren* basieren auf Zeitreihen als eine Folge zeitlich geordneter, in der Mehrzahl kardinal skalierter Beobachtungs- oder Messwerte. Die Prognosedistanz $\tau \in \mathbb{N}$ hängt von der Granularität der Zeitachse und dem Umfang an Vergangenheitsdaten, wie z. B. der Länge der Zeitreihen, ab. Sie ist üblicherweise bei Tageswerten eine Woche, bei Monatswerten höchstens ein Jahr (12 Monate) und bei Jahreswerten etwa fünf Jahre.

Beispiele dazu sind Prognosen über die täglichen betrieblichen Unfälle, die Entwicklung des Bierkonsums in Deutschland, das Passagieraufkommen im internationalen Flugverkehr, den Markenwert von langlebigen Luxusgütern, den Ausgang einer Wahl mittels Umfragen oder die Durchfallquote bei Bachelor-Prüfungen an einer Hochschule.

Szenarioverfahren liefern ebenfalls Zukunftsaussagen. Sie sind aber langfristig angelegt (mit Zeiträumen zwischen 5 und 25 Jahren) und sind überwiegend qualitativ, d. h. die Daten basieren auf Nominal- oder höchstens Ordinalskalen. Dies macht insofern Sinn, als sich derartig skalierte, „weiche" Zukunftsaussagen wegen der inhärenten Unsicherheit als *robuster* erwiesen haben. Ein Szenarioverfahren erstellt alternative, hypothetische, plausible und in sich widerspruchsfreie Zukunftsbilder in einem wohl definierten sozio-ökonomischen Kontext. Es berücksichtigt dabei mehrere qualitative Einflussfaktoren und deren Wechselwirkungen (Interdependenzen). So sind bei der Szenariostudie „Mobilität Europa 2020", die ein Automobilhersteller hinsichtlich der Rolle und Entwicklung des Individualverkehrs in Westeuropa untersuchte, Einflussgrößen (sog. Deskriptoren) wie *Energiepreis, Antriebsart, Verkehrs-, Raumordnungs-* und *Umweltpolitik, wirtschaftliche Lage,* sowie die *Arten des Individualverkehrs* (berufs-, freizeit- oder einkaufsbedingt) von Interesse.

4.1.1 Prognoseverfahren

Wir wenden uns in diesem Abschnitt der Prognose von wirtschaftlichen Zeitreihen zu. Ausgangspunkt ist eine Analyse der Zeitreihe, an die sich die Auswahl der Prognoseformel anschließt. Man sollte nicht bei der Darstellung der Daten in Tabellenform bleiben, sondern diese auch graphisch in einem kartesischen Koordinatensystem oder in anderer Form visualisieren.

Für das menschliche Visualisierungssystem viel geeigneter als eine Tabelle (siehe Abb. 4.2) [107] ist die graphische Darstellung von Zeitreihen, die wesentlich mehr Struktur wie Trend, Saison, Konjunktur usw. aber auch Ausreißer oft auf einen Blick aufzuzeigen vermag (siehe Abb. 4.3). Abgesehen von den kartesischen Koordinaten und den Bezeichnern besteht bei Zeitreihen die Abbildung i. Allg. aus einem Polygonzug. Die Zeitreihe in Abb. 4.3 enthält eine ausgeprägte saisonale Komponente. Sie kann man gut visualisieren, wenn die einzelnen Saisonfiguren jedes Jahres übereinander gelegt werden (siehe Abb. 4.4). Man erkennt „auf einen Blick", dass die Saisonfiguren jahreszeitabhängig sind, und dass sich die Saisonausschläge von Jahr zu Jahr vergrößern. Diese zunehmende Volatilität des Absatzes stellt erhöhte Anforderungen an die kurz- und langfristige Produktions- und Kapazitätsplanung.

Bevor wir auf die methodischen Aspekte eingehen, soll im folgenden Algorithmus 4.1 die generelle Vorgehensweise bei der Erstellung von Prognosen vorgestellt werden. Mit geringfügigen Änderungen gilt dies auch für Szenarien.

Abb. 4.2 Monatlicher Tank-bierabsatz (khl) 1974–1989 [107]

1974	1975	1976	1977	1978	1979	1980	1981
2339	1638	2101	2363	2697	3279	3438	4021
1588	1798	2307	2700	3388	3561	4044	4570
1800	2235	2281	2794	3609	4343	4584	4461
1858	2481	2827	3371	3570	4103	4536	4771
2001	2479	2713	3303	3783	4749	5711	5383
2169	1988	3083	3585	4163	4711	6225	4843
2911	2804	3657	4364	4405	5661	5609	5504
3414	2820	3872	4198	4890	5503	5860	5633
2077	2666	3149	3547	4206	4494	4800	5360
2184	2494	2773	3491	3923	4595	5256	5297
1913	2308	2382	3246	3893	4740	4576	4546
1809	2212	2798	3102	3543	4179	4330	4733

1982	1983	1984	1985	1986	1987	1988	1989
4646	4811	6236	6770	6771	7386	7034	7150
4646	5896	6582	7881	7237	6279	7449	8525
5868	7426	8029	8290	8335	8370	8569	9530
6346	7076	7661	8720	8966	8356	10320	
6857	7749	8471	9813	11709	11318	10340	
6602	8293	9103	9913	9402	8964	10641	
8295	9183	10198	9847	11799	11119	11100	
7278	9496	10725	10196	11147	11113	10474	
6829	8620	8785	8546	8645	8783	10427	
6269	8237	7994	9613	9615	10397	10329	
5814	6919	7929	8038	7765	7672	8677	
5686	6721	7527	7217	7948	8202	8651	

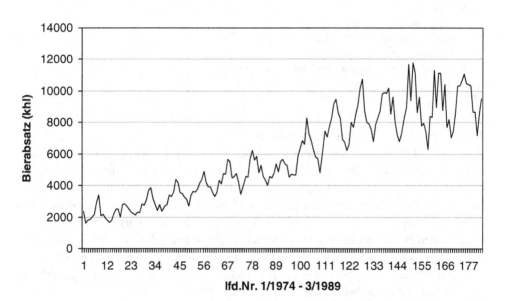

Abb. 4.3 Monatlicher Tankbierabsatz (khl) 1974–1989 [107]

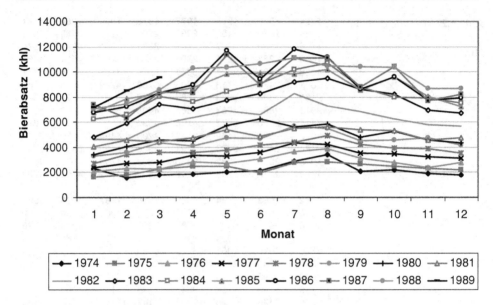

Abb. 4.4 Saisonfiguren Monatlicher Tankbierabsatz (khl) 1974–1989

Algorithmus 4.1 Erstellung von Prognosen

Input: Datenumfang (n, p), Datenmatrix $\mathbf{X} = (x_{ij})_{i=1,2,\ldots,n; j=1,2,\ldots,p}$, Prognosehorizont $\tau_{\max}$
Output: Prognostizierte Werte $\hat{x}_{ij}$

  1: **Wiederhole**
  2:    Wähle Prognosemodell
  3:    Schätze Parameter des Modells
  4:    Führe Residualanalyse durch
  5: **Solange bis** Anpassungsgüte des Modells okay ist
  6: Erstelle Prognosen $\hat{x}_{ij}(n + \tau)$ für $\tau = 1, 2, \ldots, \tau_{\max}$

4.1.1.1 Das formale Prognoseproblem

Ausgangspunkt seien die Daten eines gegebenen univariaten Prognoseproblems. Sie sind historisch, zeitlich aufsteigend geordnet und liegen in Form einer i. Allg. äquidistanten Zeitreihe $(x_1, x_2, \ldots, x_n)$ der Länge $n \in \mathbb{N}$ vor. Die Zeitreihe wird als finite Realisation $(x_{t_1}, x_{t_2}, \ldots, x_{t_n})$ eines zugrunde liegenden stochastischen Prozesses, d. h. als Folge von Zufallsvariablen $(X_t)_{t=-\infty,\ldots,+\infty}$ aufgefasst. Je nach Umfang der Vorinformation unterscheidet man zwischen uni- und multivariaten, skalaren und vektoriellen Zeitreihenmodellen. Dazu existiert seit den dreißiger Jahren eine sehr umfangreiche Literatur, siehe u. a. [316]. Einen breiten Überblick über die „klassischen" Modelle gibt [187]. **Ein-Variablen-Modelle mit additivem Fehler** sind wie folgt definiert:

$$X_t = f(X_{t-1}, X_{t-2}, \ldots, X_{t-n}) + e_t. \tag{4.1}$$

Abb. 4.5 Komponentenmodelle

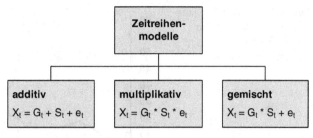

Komponentenentwicklung ($e_t = 0$):
konstant: $dX_t/dS_t = 1$ niveauabhängig: $dX_t/dS_t = G$

G_t: glatte Komponente (wie Trend, Wachstum)
S_t: zyklische Komponente (wie Saison, Konjunktur)
e_t: Restkomponente

Dagegen kennzeichnet die **Mehrvariablenmodelle** die Abhängigkeit zwischen sog. Kovariablen. Wir betrachten vereinfachend nur den bivariaten Fall:

$$X_t = f(X_{t-1}, X_{t-2}, \ldots, X_{t-n}; Y_{t-1}, Y_{t-2}, \ldots, Y_{t-n}) + e_t. \tag{4.2}$$

Aus dem Prognosemodell gewinnt man im univariaten Fall die Prognoseformel $\hat{X}_{t+\tau}$, indem man zu dem bedingten Erwartungswert $E_t(X_{t+\tau})$ zum Zeitpunkt t mit der Prognosedistanz $\tau \leq \tau_{\max}$ übergeht:

$$\hat{X}_{t+\tau} = E_t(X_{t+\tau}). \tag{4.3}$$

In der betrieblichen Praxis ist diese Prognoseformel nicht anwendbar, da im Erwartungswert noch unbekannte Parameter des Zeitreihenmodells enthalten sind. Diese sind vorab mit statistischen Verfahren wie Kleinst-Quadrate- oder Maximum-Likelihood-Verfahren zu schätzen [40]. Formal gesehen heißt dies, in Gl. 4.3 zu dem geschätzten bedingten Erwartungswert

$$\hat{E}_t(X_{t+\tau}) \tag{4.4}$$

überzugehen.

Die Prognose- bzw. Zeitreihenmodelle umfassen eine große Teilklasse von Modellen, die man als **Komponentenmodelle** bezeichnet (siehe Abb. 4.5). Sie bestehen in der Wirtschaft typischerweise aus verschiedenen Zeitreihenkomponenten (siehe Abb. 4.5):

1. glatte Komponente (Trend bzw. Wachstum),
2. zyklische Komponente (wie Saison oder Konjunktur) und
3. Restkomponente.

Charakteristisch ist die unterschiedliche *additive* bzw. *multiplikative* Verknüpfung der Zeitreihenkomponenten.

 **Abb. 4.6** Trendmodell: Jähr-
liche Anzahl Fluggäste in
London Heathrow

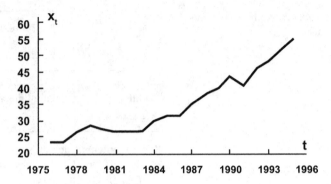

Wir stellen im Folgenden spezielle Komponentenmodelle vor: Ein einfaches Trendmodell und ein Saison-Trend-Modell. Beim **Trendmodell** ist erkennbar, dass sich zeitlich das
Niveau durch Wirtschaftswachstums- bzw. Schrumpfeffekte ändert (siehe Abb. 4.6).

Dagegen können sich bei gemischten Zeitreihenmodellen sowohl das Niveau als auch
die Saisonfigur ändern. Beim **multiplikativen Saison-Trend-Modell** sind die Saisonausschläge proportional zum jeweiligen Niveau (Trend) (siehe Abb. 4.7), während sie bei einem **additiven Modell** zeitlich konstant bleiben.

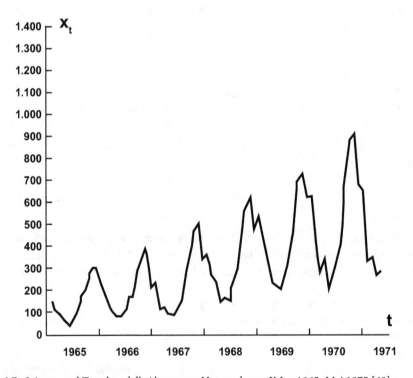

Abb. 4.7 Saison- und Trendmodell: Absatz von Unternehmen X Jan 1965–Mai 1975 [40]

4.1.1.2 Trendmodelle

Wir wenden uns zunächst den (linearen) *Trendmodellen* zu, für die gilt:

$$X_t = \alpha_0 + \alpha_1 t \tag{4.5}$$

Hierzu rechnen *Gleitende Mittelwerte* und *Geometrische Glättung*, die spezifische Modellannahmen über den „wahren" Prozess implizieren. **Gleitende Mittel der Länge** m sind i. Allg. asymmetrisch und berechnen für jeden Zeitpunkt T die Summe der zurückliegenden m Beobachtungswerte $x_T + x_{T-1} + \ldots + x_{T-m+1}$. Algorithmisch werden zwei Hilfssummen benötigt, M_T und N_T, die für Achsenabschnitt und Steigungsparameter stehen. Aus denen wird die Prognoseformel abgeleitet [207]:

$$M_T = \frac{1}{m} \sum_{t=T-m+1}^{T} x_t \tag{4.6}$$

$$N_T = \frac{12}{m(m^2-1) \sum_{t=-(m-1)/2}^{(m-1)/2} t x_t} \tag{4.7}$$

Damit lassen sich Abschnitts- und Steigungsparameter wie folgt *rekursiv fortschreiben*:

$$\hat{\alpha}_0(T) = M_T - N_T \left(T - \frac{m-1}{2} \right) \tag{4.8}$$

$$\hat{\alpha}_1(T) = N_T \tag{4.9}$$

Als Prognoseformel für Gleitende Mittel folgt:

$$\hat{x}_t(\tau) = \hat{\alpha}_0(t) + \hat{\alpha}_1(t)(t+\tau) = M_t + N_t \left(\frac{m-1}{2} + \tau \right). \tag{4.10}$$

Wir stellen kurz einige Eigenschaften Gleitender Mittel zusammen:

1. asymmetrische, einparametrische Gewichtsfunktion $g_t = 1/m$ für alle $t \in \mathbb{N}$
2. Speicheraufwand: $(m+1)$ Werte.

Während *Gleitende Mittel* allen Vergangenheitswerten dasselbe Gewicht zuweisen, weist sog. **„Exponentielles Glätten"** (**Geometrische Glättung**) den aktuellen Werten ein höheres Gewicht als den vergangenen zu. So lautet beim Modell der Konstanz, $x_t = \alpha + e_t$, das im Folgenden zuerst betrachtet werden soll, die Gewichtsfunktion $g_\tau = \lambda(1-\lambda)^{t-\tau}$. Bezeichnet man mit S_t den Glättungsoperator und mit $\lambda \in \mathbb{R}_{[0,1]}$ den Glättungsparameter für geometrische Glättung im Modell der Konstanz („Glättung 1. Ordnung"), so folgt:

1. Form mit proportionaler Fehlerkorrektur

$$S_t = S_{t-1} + \lambda(x_{t-1} - S_{t-1}) \quad \Leftrightarrow \quad \nabla S_t = \lambda e_t \tag{4.11}$$

2. (approximative) Filterform

$$S_t \approx \sum_{\tau=0}^{t-1} g_\tau x_{t-\tau} \tag{4.12}$$

3. Prognoseform

$$\hat{x}_t(\tau) = S_t. \tag{4.13}$$

Dies bedeutet, dass für festes t für alle $\tau \geq 0$ der prognostizierte Wert konstant und gleich S_t ist. Die einfache geometrische Glättung liefert, wenn das Modell zutrifft, erwartungstreue Prognosen, d. h. $E(S_t) = \alpha$ und die Prognosevarianz ist $V_\lambda(S_t) = \lambda \sigma_e^2 / (2 - \lambda)$. Offensichtlich nimmt die Prognosevarianz V_λ mit größer gewähltem λ und größer werdender Streuung der Zeitreihe monoton zu.

Wir wenden uns nun dem in der Praxis oft benutzten linearen Trend- bzw. (ungebremsten) Wachstumsmodell zu (siehe Abb. 4.6). Es existieren zwei äquivalente Zugänge für die „exponentielle" Glättung zweiter Ordnung: Komponentenglättungen oder Glättung der Glättung nach [45]. Wir folgen hier dem Brownschen Ansatz mit einem einzigen Glättungsparameter λ. Das zugrundeliegende Zeitreihenmodell lautet

$$x_t = \alpha_0 + \alpha_1 t + e_t. \tag{4.14}$$

Die erste Glättung der Zeitreihe $(x_t)_{t=1,2\ldots,n}$ führt zu $S_t^{[1]} = \lambda x_t + (1 - \lambda) S_{t-1}^{[1]}$. Im zweiten Schritt wird $(S_t^{[1]})_{t=1,2\ldots,n}$ geglättet. Dies ergibt $S_t^{[2]} = \lambda S_t^{[1]} + (1 - \lambda) S_{t-1}^{[2]}$. Nunmehr lassen sich Trend- und Grundwert des Trendmodells schätzen:

$$\hat{\alpha}_{1,t} = \frac{\lambda}{1 - \lambda} (S_t^{[1]} - S_t^{[2]}) \tag{4.15}$$

$$\hat{\alpha}_{0,t} = 2 S_t^{[1]} - S_t^{[2]}. \tag{4.16}$$

Damit folgt als Prognoseformel

$$\hat{x}_t(\tau) = (1 - \lambda) S_t^{[1]} + \lambda S_t^{[2]} \tag{4.17}$$

bzw.

$$\hat{x}_t(\tau) = \hat{\alpha}_{0,t} + \hat{\alpha}_{1,t}(t + \tau). \tag{4.18}$$

Die Abb. 4.8 veranschaulicht die Prognosequalität des doppelten „exponentiellen" Glättens zweiter Ordnung im Trendmodell.

Abb. 4.8 Exponentielles Glätten 2. Ordnung im Trendmodell: jährlicher Tankbierabsatz; $\tau = 6$, $\lambda = 0{,}53$

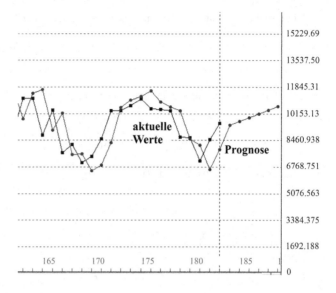

4.1.1.3 Saison- und Trendmodelle

Ökonomische Zeitreihen sind typischerweise durch das gleichzeitige Auftreten von Saison und Trend charakterisiert (siehe Abb. 4.7) [109]. In gängigen betriebswirtschaftlichen Informationssystemen wie SAP oder Oracle wird dazu das Holt-Winters Verfahren angeboten. Ernsthafte Konkurrenzverfahren sind das Box-Jenkins Verfahren, siehe ARIMA-Modelle, oder Lineare Regressionsmodelle, die polynomiale Trend- und trigonometrische Saisonkomponenten aufweisen, [41, 197] und Zustandsraummodelle, die rekursive Parameterschätzer nutzen (siehe *Kalman Filter*).

Wir beschränken uns hier auf das Holt-Winters Verfahren [322, 128]. Weiterhin betrachten wir nur die multiplikative Verknüpfung von linearer Trend- und Saisonkomponente mit additiver Restkomponente sowie einer starren Saisonfigur mit fester Periodenlänge P, z. B. $P = 12$ Monate bei monatlichen Beobachtungswerten, also $X(t) = (\alpha_0(t) + \alpha_1(t))S_t + e_t$.

Die Schätzung von Grund- und Trendwert sowie der Saisonkomponente erfolgt sukzessiv und damit „suboptimal", was aber die Einfachheit des Verfahrens in der Praxis ausgleicht. Hinzu kommt, dass die Prognose ein Teil der Produktionssteuerung ist, bei der die (prognostizierten) Vergangenheitswerte erneut aufgrund der benutzten linearen Produktionsregel geglättet werden [265]. Folglich ist in der Praxis die Prognosegüte allein nicht ausschlaggebend, denn die Anpassung eines Prognosemodells erfolgt wie eingangs aufgezeigt mit einem Kleinst-Quadrate-Ansatz, die Produktionssteuerung nutzt aber (stückweise) lineare Kostenfunktionen.

Das Holt-Winters Verfahren benötigt für die anfallenden Glättungen drei Glättungsparameter, λ_G, λ_T und λ_S.

1. Schätzung bzw. Glättung der Saisonkomponente S_t (Periodenlänge P fest)

$$\hat{S}_t = \lambda_S \frac{x_t}{\hat{\alpha}_{0,t}} + (1 - \lambda_S)\hat{S}_{t-P} \tag{4.19}$$

2. Schätzung bzw. Glättung vom Grundwert α_0

$$\hat{\alpha}_{0,t} = \lambda_G \frac{x_t}{\hat{\alpha}_{0,t}} + (1 - \lambda_G)\hat{S}_{t-P} \tag{4.20}$$

3. Schätzung bzw. Glättung vom Trendwert α_1

$$\hat{\alpha}_{1,t} = \lambda_T(\hat{\alpha}_{0,t} - \hat{\alpha}_{0,t-1}) + (1 - \lambda_T)\hat{\alpha}_{1,t-1} \tag{4.21}$$

4. Prognoseformel mit Prognosedistanz $\tau \geq 0$

$$\hat{x}_t(\tau) = (\hat{\alpha}_{0,t} + \hat{\alpha}_{1,t})\hat{S}_{t,P} \tag{4.22}$$

mit

$$\hat{S}_{t,P} = \begin{cases} \hat{S}_{t+\tau-P} & \text{falls } 1 \leq \tau \leq P \\ \hat{S}_{t+\tau-2P} & \text{falls } P+1 \leq \tau \leq 2P \\ \text{usw.} \end{cases} \tag{4.23}$$

Wir wenden nun das Holt-Winters-Verfahren in seiner multiplikativen Form auf die Reihe „monatlicher Tankbierabsatz 1974–1989" in Abb. 4.9 an. Wir wählen als Periodenlänge $P = 12$. Mit $\lambda_G = 0{,}33$, $\lambda_T = 0{,}01$ und $\lambda_S = 0{,}76$ ergibt sich eine gute Anpassung von Modell an die Daten mit einem Bestimmtheitsmaß für die Anpassungsgüte von $R^2 = 0{,}999$.

Wie aus Abb. 4.9 erkennbar ist, ist die Anpassung der geschätzten Saisonfigur an die beobachtete über den gesamten Zeitbereich recht gut. Auch die Anpassung am „aktuellen Rand" ist gut, gleiches gilt für die Ein-Schritt-Prognosen ($\tau = 1$). Dies ist angesichts eines Bestimmtheitsmaßes von $R^2 \approx 1$ nicht weiter verwunderlich.

Da die obigen Glättungen rekursiver Natur sind, werden Anfangswerte für die drei Komponenten benötigt. Dafür gibt es sehr unterschiedliche Vorschläge, z. B. [322, 59]. Wir folgen [59]. Sei P die Periodenlänge der Saison, m die im Datensatz vorhandene Anzahl Zyklen jeweils der Länge P und $\bar{x}_l$ das l-te Jahresmittel, $l = 1, 2, \ldots, m$, dann folgt als Anfangsschätzung für die glatte (lineare) Komponente:

1. Trendwert

$$\hat{\alpha}_{1,0} = \frac{\bar{x}_m - \bar{x}_1}{(m-1)P} \tag{4.24}$$

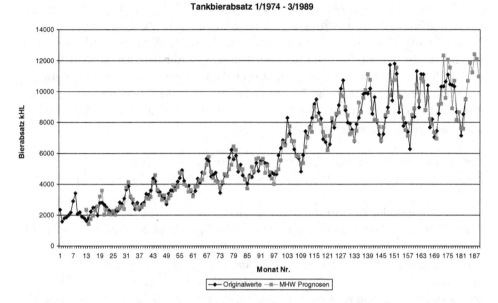

Abb. 4.9 Multiplikatives Holt-Winters Verfahren: Monatlicher Tankbierabsatz 1974–1989

2. Grundwert

$$\hat{\alpha}_{0,0} = \bar{x}_1 - P\hat{\alpha}_{1,0} \tag{4.25}$$

3. (roher) Saisonkoeffizient

$$\tilde{S}_t = \frac{x_t}{\bar{x}_i + \hat{\alpha}_{1,0}(j - (P+1)/2)}. \tag{4.26}$$

Man beachte, dass die Indizes i, j, t und die Saisonlänge P über $t = (i - 1)P + j$ für alle $t = 1, 2, \ldots, m$ zusammenhängen. Mittelt man die rohen Saisonkoeffizienten über die m Perioden und normalisiert diese so, dass $\sum_{j=1}^{P} \hat{S}_{j,0} = P$ gilt, dann ergeben sich als Anfangswerte:

1. Mittelung

$$\bar{S}_j = \frac{1}{m} \sum_{k=0}^{m-1} \tilde{S}_{j+kP} \qquad \text{für alle } j = 1, 2, \ldots, P \tag{4.27}$$

2. Normalisierung

$$\hat{S}_{j,0} = \bar{S}_j \frac{P}{\sum_{i=1}^{P} \bar{S}_i} \qquad \text{für alle } j = 1, 2, \ldots, P. \tag{4.28}$$

Vom analytischen Standpunkt aus gesehen ist es interessant, das „Exponentielles" Glätten in einen größeren Zusammenhang zu den integrierten, autoregressiven Moving-Average Modellen (*ARIMA*) zu stellen, die Box und Jenkins [40, 41] ausgiebig untersuchten. Cogger [65] bewies das folgende Theorem für Zeitreihen ohne Saison, das den theoretischen Zusammenhang verdeutlicht, der zwischen den methodisch gut fundierten parametrischen ARIMA-Zeitreihenmodellen und den oben vorgestellten, mehr heuristisch basierten Glättungsmodellen besteht. Dabei bezeichnet I_k die k-fache „Integration" einer Zeitreihe, was äquivalent zur „inversen, k-fachen Differenz" ist.

Theorem 4.1 *„Exponentielles" Gewichten k-ter Ordnung ist äquivalent zu $I_k \mathrm{MA}_k$, d. h. zur k-fachen Differenz (I_k^{-1}) eines Moving-Average (MA) Prozesses der Ordung $k \in \mathbb{N}$.*

So muss eine instationäre Zeitreihe vom Typ I_1 mit dem 1. Differenzenfilter $\nabla x_t = x_t - x_{t-1}$ in eine stationäre Folge transformiert werden. Moving-Average Modelle der Ordnung k sind durch $X_t = e_t + \theta_1 e_{t-1} + \ldots + \theta_k e_{t-k}$ spezifiziert. Der für die Praxis große Vorteil der Zeitreihenmodelle vom Typ *Box* und *Jenkins* liegt darin, dass diese Klasse ein breites Spektrum spezieller Glättungsmodelle umfasst, sodass mittels *Trial and Error Modellsuche* für jede Zeitreihe ein passendes Prognosemodell gefunden werden kann und nicht ein ganz spezielles – wie beispielsweise „Exponentielles Glätten zweiter Ordnung im linearen Trendmodell" – vorgegeben werden muss.

4.1.2 Szenariotechnik

Aufgabe der Szenariotechnik ist es, qualitative Aussagen über den für eine Unternehmung relevanten künftigen Weltausschnitt hinsichtlich der langfristigen Entwicklung und des künftigen Zustands zu treffen. Die *Langfristigkeit* ist durch **Prognosedistanzen** τ in der Größenordnung von fünf bis fünfundzwanzig Jahren gekennzeichnet.

Wegen der großen Unsicherheiten von Daten und Prognosen bei großem Zeithorizont wird auf Ordinal- bzw. Nominalskalen zurückgegriffen, um die Voraussagen zu *robustifizieren*. Die Wahl eines nicht metrischen Skalenniveaus bedeutet beispielsweise, den Benzinpreis (B) nicht quantitativ mit der Maßeinheit Euro/l, sondern *qualitativ* auszudrücken. Dabei bieten sich zwei Spezifikationen des Wertebereichs an: range(B) = {niedrig, mittel, hoch} oder range(B) = {fällt, stagniert, steigt}. Beim ersten Fall ist der (*Deskriptor*) vom Datentyp Bestandsgröße (engl. *stock*), beim zweiten vom Typ Stromgröße (engl. *flow*)).

Die Szenariotechnik erfasst Unschärfe und Unsicherheit der Strom- und Bestandsgrößen sowie der „Einheitswerte" (*value per unit* (vpu)), wie z. B. Benzinpreis je Liter oder Stromverbrauch je Stunde, und spezifiziert Richtung und Stärke der Wechselwirkungen

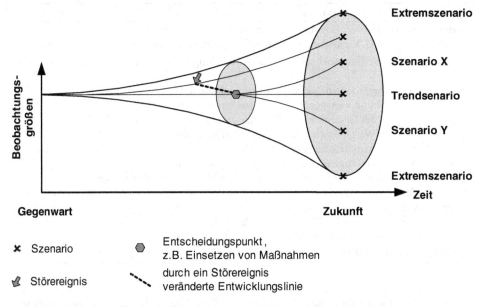

Abb. 4.10 Sog. Szenario Trichter [101]

zwischen den Einflussgrößen. Alle Risikobewertungen und Möglichkeitsgrade können wegen des problemimmanenten „Datenmangels" zukünftiger Werte nur rein subjektiv bestimmt werden. Grob lässt sich die Zukunftsperspektive im Diagramm *Szenario-Trichter* zusammenfassen [101] (siehe Abb. 4.10). Man beachte, dass in der „klassischen" Szenariotechnik der Gegenwartszustand selbst nicht modelliert wird, sondern es wird nur der zukünftige Endzustand beschrieben.

Das Diagramm zeigt mögliche zukünftige Zustände quasi in einer *Zukunftsprojektion*, die je nach Annahmen **Trend-** oder **Extremszenarien** darstellen. Letztere erlauben es, eine Vorstellung von der Unschärfe des Verfahrens zu gewinnen, indem die Spanne zwischen den Szenariogrößen bei optimistischer und pessimistischer Einschätzung berechnet wird. Dabei ist zu beachten, dass die meisten Szenario-Verfahren keine eigentliche *Übergangsdynamik* abbilden, sondern in komparativ-statischer Sicht nur zukünftige Alternativen als mögliche Ergebnisse von (nicht modellierten) Übergängen gegenwärtiger in zukünftige Zustände aufzeigen. Der Arbeitsprozess der Modellierung und der Anwendung der Szenariotechnik kann wie folgt algorithmisiert werden (siehe Algorithmus 4.2).

Den am besten geeigneten Unsicherheitskalkül bildet aus unserer Sicht die **Wahrscheinlichkeitstheorie** in Verbindung mit **Bayesschen Netzwerken**. Dieser Kalkül bestimmt die marginale Wahrscheinlichkeitsverteilung p_v sowie die bedingte Verteilung $p_{v\,|\,\text{parent}(v)}$ eines jeden Deskriptors $v \in V$. Dabei bezeichnet parent(v) die Menge der Einflussgrößen auf Knoten v. Die bedingten Verteilungen legen dabei die Stärke der Abhängigkeiten zwischen den beteiligten Deskriptoren $v \in V$ fest [134]. Alternativ existiert

---

Algorithmus 4.2 Szenariotechnik

Input: Szenario-Horizont T, Unsicherheitsscore us, Abhängigkeitsmaß dep
Output: Modellgraph G, Knotenbewertungen/Bewertungstabellen, Szenario s

1: Bestimme Untersuchungsziel, -objekte und Anwendungsdomäne (Kontext, „frame of discernment")
2: Grenze Anwendungsdomäne sachlich, zeitlich und räumlich ab
3: Definiere formal und semantisch die Untersuchungsziel-relevanten Deskriptoren (Variablen) unter Beachtung des Deskriptortyps (Bestands-, Strom- o. Einheitswertgröße)
4: Lege (endlichen) Wertebereich (*range*) jedes Deskriptors fest
5: Erstelle Abhängigkeitsstruktur mittels Modellgraph $G = (V, E)$ mit V = Deskriptorenmenge und E = Menge von Kantenpaaren zwischen je zwei Knoten
6: Bewerte Eintrittsgrade der Werte $w \in \text{range}(v)$, $v \in V$ durch Unsicherheitsscore *us*
7: Bewerte Stärke der wechselseitigen Abhängigkeit (Interdependenz) zweier Deskriptoren (Knoten), v_i, v_j durch Abhängigkeitsmaß $\text{dep}(v_i, v_j)$
8: Fixiere Werte $w \in \text{range}(v')$ für gewählte Zielgrößen $v' \in V' \subseteq V$ für Szenario s.
9: Führe What-if-Rechnungen für s durch
10: Interpretiere Ergebnis von s

---

ein weniger stringent aufgebautes Verfahren, das Gewichtungsfaktoren („scores") für Eintrittsgrade und paarweise Abhängigkeiten verwendet und unter der Bezeichnung **Cross-Impact-Analyse** populär geworden ist.

Im Folgenden geben wir einen kurzen Überblick über die *Cross-Impact-Analyse* [204]. Sie wurde vom Batelle Institut, USA, entwickelt. Wir veranschaulichen die Schwäche der Cross-Impact-Analyse und stellen ein alternatives Szenario-Verfahren vor, das auf **Bayes-Netzwerken** beruht [173].

Beispiel Zu einem festen Zeitpunkt, sagen wir im Jahre 2015, wird der europäische Automobilmarkt für Premium-Luxuswagen entlang eines Zeitraums von 25 Jahren betrachtet. Den Markt beherrschen wenige internationale Hersteller. Ein namhafter Hersteller interessiert sich aus naheliegenden Gründen für die Entwicklung des Individualverkehrs als Zielgröße – unter dem Schlagwort „Mobilität 2040". Besondere Berücksichtigung sollen die wirtschaftlichen, sozialen, kulturellen, technischen und umweltmäßigen sowie staatlichen Einflüsse bekommen, siehe u. a. das sog. *„umweltpolitische Umdenken"*, um die langfristige Modellpolitik argumentativ zu unterstützen.

Werfen wir nun einen Blick auf die Modellierung, deren erste Schritte bei allen Szenarioverfahren mehr oder weniger identisch sind. Mit Hilfe von Attributen (Variablen), die als *Deskriptoren* bezeichnet werden und jeweils nur wenige (zwei bis drei) *Merkmalsausprägungen* haben, wird der *Zustandsraum* (Produktraum der Wertebereiche der Ziel- und Einflussgrößen) des realen Systems beschrieben. Nachdem die Menge der relevanten Deskriptoren und deren Wertebereiche festgelegt sind, wird die *Art der Abhängigkeit* zwischen den Deskriptoren und deren Stärke aufgrund von Annahmen und Hypothesen mittels Expertenmeinung festgelegt. Daran schließen sich Wenn-Dann-Berechnungen an, die Aufschluss darüber geben sollen, in welchem Zustand sich das System unter alternati-

Tab. 4.1 Cross-Impact Matrix: Drei-Deskriptoren-Fall

		A		B			C		
		a1	a2	b1	b2	b3	c1	c2	c3
A	a1								
	a2								
B	b1							k(b1,c2)	
	b2								
	b3								
C	c1								
	c2								
	c3								

ven Szenarioprämissen über Zielwerte und Ausprägungen der Einflussgrößen zum 25 Jahre späteren Zeitpunkt befinden könnte.

Die Cross-Impact Analyse stellt die ausgewählten Deskriptoren in einer quadratischen Matrix gegenüber und legt bilateral (!) die negativen oder positiven Wirkungszusammenhänge zwischen den Kategorien je zweier Deskriptoren auf einer Ordinalskala fest [204]. In Tab. 4.1 sind drei Deskriptoren mit zwei (bei Deskriptoren A) bzw. drei Kategorien (bei B und C) dargestellt. In die Matrixelemente (Felder) werden die ordinalen Abhängigkeitsmaßzahlen k_{ij} eingetragen. Das Vorzeichen gibt an, ob der Deskriptor eine negative oder positive Wirkung hat. Der Wert $k_{ij} \in \{-3, -2, -1, 0, 1, 2, 3\}$ verweist auf die Stärke des Einflusses, wobei der Wert 0 „kein Einfluss" signalisiert – ein Surrogat für „*stochastische Unabhängigkeit*".

Diese Vorgehensweise hat mehrere Schwächen:

1. Es wird für jeden Deskriptor einzig ermittelt, welcher der restlichen Deskriptoren in welcher Richtung und wie stark beeinflusst wird (*bilaterales Wirkungsprinzip*)
2. Die *Trennbarkeit* von direkten und indirekten Einflüssen ist unmöglich
3. *Wechselwirkungen* zwischen drei und mehr Größen sind nicht erfassbar
4. Zu viele *bilaterale Beziehungen* werden erfasst
5. *Widersprüche* in der Unsicherheitsbewertung sind unvermeidbar, die über Restriktionen der in Wahrscheinlichkeiten umgerechneten Abhängigkeitsgrade k_{ij} aufgelöst werden.
6. *Zeitliche Abhängigkeiten* bleiben unberücksichtigt, da das Modell statisch ist, d. h. man stellt eine Art Schirm in der Zukunft auf (siehe Abb. 4.1), die Deskriptoren und deren bilaterale Zusammenhänge projiziert werden. Auch dies ist widersprüchlich, da die Veränderung von Zielgrößen wie *Aufwand und Ertrag* unterschiedliche *Reaktions- und Totzeiten* benötigen, um Wirkung bei der Änderung von Steuerparametern wie *Rationalisierung* und *Werbung* zu zeigen.

Wir stellen nun alternativ zur Cross-Impact Analyse die gut ausgebaute **Theorie Bayesscher Netzwerke** vor [165]. Für jeden Deskriptor x_i ist die Menge der Deskriptoren parent(x_i) zu spezifizieren, von der dieser unmittelbar *ursächlich* abhängt. Es wird dabei nicht das *Einflussprinzip*, sondern das *Verursachungsprinzip* verwendet, was erfahrungsgemäß den Experten eine intuitive Herangehensweise an den Modellaufbau ermöglicht. Hinzu kommt, dass der Modellbauer sich nur um direkte Ursachen-Wirkungs-Beziehungen kümmern muss, da die Relation $(V, \rightarrow)$ transitiv ist und das Markov-Prinzip gilt.

Dieser erste qualitative *Analyseschritt* führt als Ergebnis zu einem gerichteten, azyklischen Graphen (DAG = (V, E)). Hierbei repräsentiert V die Knoten- oder Deskriptorenmenge, und die Kantenmenge E die multi-kausalen Abhängigkeiten zwischen Deskriptoren. Man beachte, dass rückgekoppelte Systeme zu zyklischen Graphen führen und hier ausgeschlossen sind.

Die Modellierung mittels Bayesscher Netze bringt gegenüber der Cross-Impact-Analyse vier Vorteile:

1. Modellierung aller relevanten *Wechselwirkungen*,
2. strikte *Trennung* von direkten und indirekten Einflussgrößen,
3. strenge Beachtung des *Kausalitätsgedankens* und
4. intuitive, auf Ursache-Wirkungs-Zusammenhang beruhende *Interpretierbarkeit* der Szenarioergebnisse durch den Modellbauer bzw. Endanwender.

Im *zweiten Schritt* schließt sich eine Bewertung der Unsicherheit und der Einflussstärke an. Die Bewertung erfolgt mittels subjektiver Wahrscheinlichkeiten. Wahrscheinlichkeitsaussagen haben sich seit Jahrzehnten bewährt und lassen sich gut interpretieren. Dabei sind marginale Wahrscheinlichkeiten $p(x_j) = p(x_j | \varnothing)$ zu bestimmen, wenn der betrachtete Deskriptor x_j nicht von anderen abhängt; bedingte Wahrscheinlichkeiten $p(x_j | \text{parent}(x_j))$ müssen subjektiv geschätzt werden, wenn der Knoten j dagegen einmündende Kanten hat, d. h. $\text{parent}(x_j) \neq \varnothing$. N bezeichne die Anzahl der Deskriptoren des Modells. Dann gilt aufgrund der Markov-Eigenschaft des Netzes

$$p(x_j | \{x_1, x_2, \ldots, x_N\} - \{x_j\}) = p(x_j | \text{parent}(x_j)) \qquad (4.29)$$

Dies bedeutet, dass zur Bestimmung der Zustandswahrscheinlichkeit $p(x_j | \varnothing)$ einzig die *partielle Information* $\text{parent}(x_j)$ für alle $j = 1, 2, \ldots, N$ ausreicht, was die Spezifikationslast des Modellbauers erheblich vereinfacht. Gleichung 4.30 zeigt auf, wie partielle (lokale) Information in Form marginaler ($p(x_j)$) und bedingter Verteilungen $((p(x_j | \text{parent}(x_j)))$ *verlustfrei* zur gemeinsamen Verteilung $p(x_1, \ldots, x_N)$ zusammengesetzt werden kann.

Die gemeinsame Verteilung des Netzwerkes hat dann die vereinfachte Darstellung als Produkt aller marginalen und bedingten Verteilungen. Marginale Verteilungen werden durch $p(x | \varnothing)$ notiert:

$$p(x_1, x_2, \ldots, x_N) = \prod_{j=1}^{N} p(x_j | V(x_j)) \qquad (4.30)$$

Modellierung und Modellnutzung kann am einfachsten durch das obige Mobilitäts-Beispiel verdeutlicht werden.

Abb. 4.11 Mobiltät in Europa
2015–2040

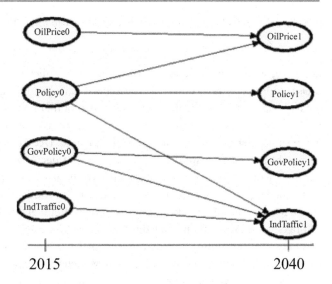

2015   2040

Beispiel Wir betrachten erneut das Problem „Mobilität Europa 2015–2040" und wählen ein stark vereinfachtes Bayessches Szenario-Modell mit zwei Bezugszeitpunkten und $2 \cdot 4$ Variablen. Die Zeitpunkte sind die „*Basisperiode 0*" (2015) und die „*Zielperiode 1*" (2040). Deskriptoren sind neben dem Ölpreis und der Stärke des Individualverkehrs die Finanz- und die (allgemeine) Regierungspolitik. Deskriptoren und deren Interdependenzen gehen aus der Abb. 4.11 hervor. Man beachte, dass unterstellt ist, dass für die Zeitpunkte 2015 und 2040 die zwei bzw. vier Deskriptoren jeweils nicht in Wechselwirkung stehen.

Die Unsicherheitsbewertung jedes Deskriptorwerts erfolgt mittels diskreter marginaler bzw. bedingter Wahrscheinlichkeiten in Form von *Kontingenztabellen* (engl. *Conditional Probability Tables (CPTs)*). Wir zeigen aus Platzgründen stellvertretend zwei dieser insgesamt acht Tabellen in Abb. 4.12.

An der Randverteilung erkennt man, dass der derzeit geltende Ölpreis mit Sicherheit als hoch eingeschätzt wird, $p(\text{oilprice}_0 = \text{high}) = 1$. Andererseits wird festgelegt, dass man „doch etwas bezweifelt", dass künftig der Ölpreis niedrig ist, selbst wenn der heutige niedrig wäre und die heutige (Finanz)politik „ökonomisch" ausgerichtet ist. Diese „Einschätzungs-

OilPrice0	[×]
Edit Functions View	
low	0
medium	0
high	1

OilPrice1						[×]
OilPrice0	low		medium		high	
Policy0	ecology	econo...	ecology	econo...	ecology	econo...
low	0.2	0.7	0.3	0.2	0.1	0.1
medium	0.5	0.2	0.6	0.7	0.1	0.3
high	0.3	0.1	0.1	0.1	0.8	0.6

Abb. 4.12 Marginale (*links*) und bedingte (*rechts*) Verteilung des aktuellen und künftigen Ölpreises

regel" wird mittels bedingter Wahrscheinlichkeit wie folgt spezifiziert:

$$p(\text{oilprice}_1 = \text{low} \mid \text{oilprice}_0 = \text{low}, \text{policy}_0 = \text{economy}) = 0,7.$$

Die Regel wird so interpretiert, dass die Wahrscheinlichkeit eines künftig niedrigen Öl-preises (oilprice$_1$ = low) mit 70 % eingeschätzt wird, *falls* der gegenwärtige Preis ebenfalls niedrig ("low") ist *und* die momentane Finanzpolitik ökonomisch ("econo...") orientiert ist. Wie man an diesem Ausschnitt bereits erkennt, ist die Modellierung für den *Modell-bauer* transparent, dezidiert und leicht überprüfbar. Der Aufwand, die Regeln zu erstellen, darf nicht unterschätzt werden; denn er steigt mit der Anzahl (N) der Deskriptoren und der maximalen Kardinalität $|B|$ der Wertebereiche der Deskriptoren. Dabei muss für jede Regel (bedingte Verteilung) ein Konsens unter den Modellbauern gefunden werden. Bei einem Modell mit zehn Deskriptoren, die jeweils drei Werte haben, heißt dies, dreißig Ver-teilungen zu spezifieren und sechzig Wahrscheinlichkeiten subjektiv festzulegen!

Quasi als "Belohnung" für den intellektuellen Aufwand, den ohne Zweifel die Spezi-fikation eines kompletten, umfangreichen Modellgraphen als DAG und der zugehörigen gemeinsamen *Verteilung* $p(x_1, x_2, \ldots, x_N)$ macht, lassen sich beliebige Szenarien wie "Extrem- oder Durchschnittsszenarien" als spezielle Wahrscheinlichkeitsverteilungen unter variierenden Annahmen leicht berechnen. Wir präsentieren im Folgenden zwei Szenarien.

Das erste Szenario ist eine Art *Normalzustands-Szenario*, das aus den ursprünglich ge-troffenen Wahrscheinlichkeitsannahmen resultiert (siehe Abb. 4.13). Es ist deutlich er-kennbar, dass der künftige Individualverkehr (*IndTraffic1*) eher stagniert oder wächst als schrumpft (siehe Abb. 4.13).

Diesem Szenario kann man vergleichsweise ein "*grünes Szenario*" gegenüberstellen. Da-bei wird ein hoher aktueller Ölpreis, auf "*Reurbanisierung*" setzende gegenwärtige und künftige Regierungspolitik, heute schon abnehmender Individualverkehr und eine wirt-schaftsunfreundliche Fiskalpolitik unterstellt. Daraus folgt u. a., dass der künftige Indivi-dualverkehr eher stagniert (50 %) und dass der Ölpreis sicherlich eher hoch sein dürfte (80 %).

Man beachte zwei wichtige Aspekte des auf Bayesschen Netzen basierenden Szenario-Verfahrens:

1. Der Modellbauer muss vermutete Wechselwirkungen auch höherer Ordnung im Gegen-satz zu der Cross-Impact Analyse explizit spezifizieren.
2. Wenn Modellgraph und alle Wahrscheinlichkeitsverteilungen (CPTs) spezifiziert sind, können in sehr intuitiver Art und Weise Szenarien durchgespielt werden, indem einzig die Wahrscheinlichkeiten der Merkmalsausprägungen der betreffenden Deskriptoren auf 100 % gesetzt werden.
Der Inferenzmechanismus Bayesscher Netzwerke berechnet die resultierenden Vertei-lungen der nicht fixierten Deskriptoren [165, 134].

Abschließend soll eine Klarstellung erfolgen. Man kann sich bei der Szenario-Technik wie bei allen Verfahren der Zukunftsforschung fragen, ob nicht ein "Glasperlen-Spiel" betrie-

Abb. 4.13 Istzustandsszenario

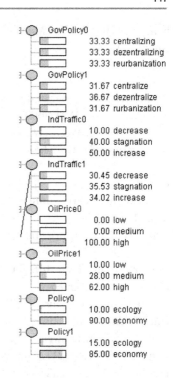

Abb. 4.14 Grünes Szenario

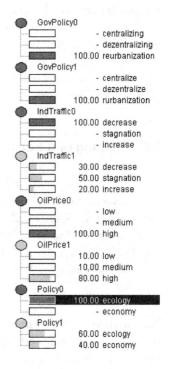

ben wird. Hilfreich für Manager dürfte in jedem Fall als erster Schritt die *systematische Analyse (Modellierung)* eines realen, wohldefinierten Kontextes sein, die auf

1. Klärung der Problemstellung,
2. sachlicher, zeitlicher und räumlicher Kontextabgrenzung,
3. Definition der Deskriptoren und deren Wertebereiche,
4. Erfassung der Wechselwirkung der Einflussfaktoren und
5. Bewertung der Unsicherheiten

beruht.

Im zweiten Schritt können alternative Annahmebündel und Störereignisse gebildet werden. Daran schließt sich bei Bedarf drittens i. Allg. das Durchspielen von Szenarien einschließlich ihrer zielorientierten Bewertung an.

Weiterführende Literatur Eine breit gefächerte, methodisch sauber erarbeitete Übersicht über die sehr verschiedenen Prognoseverfahren – auch im Umfang ihrer mathematischen Voraussetzungen – einschließlich der Randgebiete gibt das Sammelwerk „Prognoserechung", das Mertens und Rässler (2012) herausgegeben haben [198]. Nicht unerwähnt bleiben darf ein Hinweis auf den „Bestseller" über *Prognoseverfahren* von Box, Jenkins und Reinsel (1994) [41] „Time series analysis: forecasting and control", dessen erste Auflage bereits 1970 erschien und der nunmehr in der dritten Auflage vorliegt. Dieses Buch machte die mehr im akademischen Bereich bekannten *Autoregressiven-Moving-Average-Prozesse* im wirtschaftlichen Umfeld als parametrische ARIMA-Modellklasse populär. Die ersten beiden Autoren verhalfen den linearen, varianzminimalen Prognosemodellen erstmals zum kommerziellen, umfassenden Durchbruch. Im Gegensatz zum sog. *exponentiellen Glätten* sind die *Box-Jenkins-Verfahren* rechentechnisch aufwändig, aber methodisch sauber begründet.

4.2 Planung und Konsolidierung

Planung ist ein Aktionsprogramm für die Zukunft [116] und hat damit antizipativen Charakter (im Sinne von *Antizipationsentscheidungen*) [152, S. 12], [157, S. 187]. Sie umfasst alle Vorausüberlegungen über die erstrebten Ziele (Z) sowie die Aktionen (Mittel (M) und Wege (W)) zu ihrer Erreichung im Rahmen von *Zielplanung* und *Maßnahmenplanung*.

Planung als Vorbereitung unternehmerischen Handelns kann formal auf das Festlegen des Tripels (Z, M, W) reduziert werden. So kann im Einzelfall als Ziel Z die Jahresgewinnverbesserung eines Busbetriebs im ÖPNV stehen und als Mittel M dient die Erhöhung des jährlichen Personalbudgets, um als Weg (*W*) dahin beispielsweise den Servicegrad der Werkstatt zu erhöhen und damit Einnahmenausfall-verursachende, unproduktive Werkstatttage der Busse zu senken.

Im Unternehmen hat die *Planung* eine Doppelfunktion [116, S. 3]:

1. **Steuerungsfunktion der Planung.** Das Befolgen von Plänen vermindert Unklarheiten über die nächsten Schritte und koordiniert die Aktivitäten unterschiedlicher Mitarbeiter.
2. **Auswahlfunktion der Planung.** Ein Plan beinhaltet eine Entscheidung zwischen möglichen Planalternativen. Hierbei wird ein möglichst effektives und effizientes Erreichen der Organisationsziele angestrebt.

Abschließend sei angemerkt, dass den Planungsvorgang damit ganz offensichtlich *Zukunftsbezogenheit* und *Rationalität* auszeichnen [157, S. 187].

4.2.1 Planungsaktivitäten

Planungsaktivitäten lassen sich anhand verschiedener Merkmale klassifizieren [143, S. 119ff], [105, S. 228], [251, S. 24ff], [129, S. 169ff]:

- **Planungshorizont:** Man kann zwischen *strategischer* (langfristiger, ab 5 Jahre), *taktischer* (mittelfristiger, 2–5 Jahre) und *operativer* (kurzfristiger, bis 1 Jahr) Planung unterscheiden [251, S. 19ff]. In der *strategischen Planung* ist die grundsätzliche Ausrichtung des Unternehmens, das Fixieren langfristiger Ziele und konzipierter Aktivitäten unter Berücksichtigung der damit verbundenen Risiken, knapper Ressourcen und mithilfe von Szenario-Verfahren analysierter Wirtschaftsperspektiven und möglicher Umwelteinflüsse wichtig (siehe Abschn. 4.1.2).
  In der *taktischen* und *operativen* Planung dagegen werden Teilziele mit entsprechenden Maßnahmen zur Zielerreichung *funktions-*, *prozess* oder *objektbezogen* definiert. Ziele und Aktionen werden damit *strategiekonform* auf mittel- bzw. kurzfristige Teilpläne der einzelnen Unternehmensbereiche „heruntergebrochen". In mehrstufigen Mehrproduktunternehmen ist dazu eine komplexe Plankoordination unumgänglich [332].
- **Planungsarten:** Man kann je nach Funktionsbereich zwischen verschiedenen Planungsarten unterscheiden. Diese Teilpläne sind jedoch nicht isoliert zu betrachten, sondern weisen vielfältige Abhängigkeiten auf. So hat die Absatzplanung Einfluss auf die Umsatz-, Investitions-, Personal-, Fertigungs- und Beschaffungsplanung [105, S. 229ff]. Abbildung 4.15 visualisiert die Interdependenzen der verschiedenen betrieblichen Teilpläne.
  Die *vertikale* und *horizontale Integration* der Teilpläne kann dabei von verschiedenen Richtungen aus gestartet werden. Beispielsweise kann bei einer Jahresplanung mit der *Gewinnvorgabe* begonnen werden und die dafür notwendigen Absatzmengen, -preise,

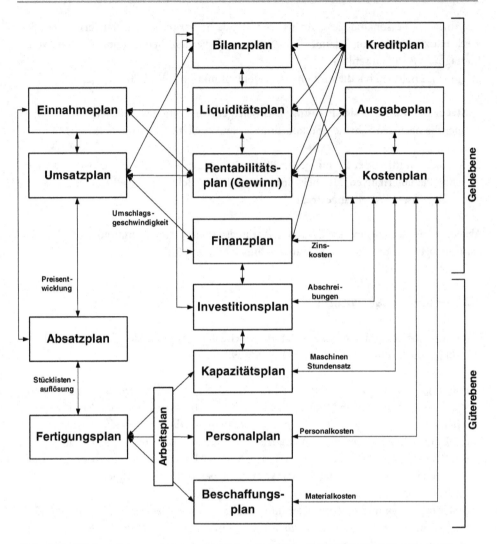

Abb. 4.15 Abhängigkeiten zwischen betrieblichen Teilplänen [296], [105, S. 230], [251, S. 19]

Rabatte und Herstellkosten berechnet werden. Andererseits können ausgehend von geplanten Absatzmengen die daraus resultierenden Absatzpreise, Kosten, Rabatte und der
Jahresgewinn geplant werden. Die alternativen Teilplanungen ergeben sich durch die *Interdependenzen* der betrieblichen Kenngrößen.

• **Planungsebenen:** Unternehmen können hierarchisch z. B. in Konzerne, Gesellschaften,
  Betriebe, Abteilungen, Sparten oder auch Produktgruppen-Geschäftsbereiche strukturiert sein. Neben der horizontalen Planintegration ist darum auch eine vertikale Planintegration notwendig.

Man kann grob zwischen drei *Strategien* der vertikalen Planintegration unterscheiden [105, S. 231ff], [251, S. 20ff]:

- **Top-Down Planung.** Die Planung beginnt mit den strategischen Konzernzielen (Z_0) des Unternehmens, die dann auf die Bereichs- (Z_1) und Produktebene (Z_2) heruntergebrochen werden. Daran anschließend werden aus den Zielen (Z_1, Z_2), Mittel (M_1, M_2) und Wege (W_1, W_2) abgeleitet und vorgegeben. Der Vorteil dieser Herangehensweise ist, dass die Pläne der unteren Ebenen wie Arbeitsplatz oder Werkbank, auf die obersten Unternehmensziele (Z_0) abgestimmt sind. Nachteilig ist, dass für eine realistische Planung oft nicht genügend Informationen in der Konzernspitze vorhanden ist.

- **Buttom-Up Planung.** Der Planungsprozess beginnt mit den Plänen der einzelnen Teilsparten, (M_1, M_2) und (W_1, W_2), die anschließend zur Konzernplanung aggregiert werden und mit den Top-Zielen (Z_0) abgeglichen werden müssen. Vorteil ist die realistische Planung, da die einzelnen Abteilungen bessere Kenntnisse über Marktgegebenheiten und Kostenstrukturen haben als die Konzernleitung. Nachteilig ist, dass die Teilpläne ungenügend auf die Konzernziele (Z_0) abgestimmt sind und die Gefahr besteht den Status Quo in der Planung fortzuschreiben.

- **Gegenstromverfahren.** Hierbei wird sowohl Top-Down als auch Buttom-Up geplant und die einzelnen Teilpläne im Dialog bei kleinen bis mittleren Unternehmen abgeglichen. Durch das *Gegenstromverfahren*, einer Art „Jo-Jo"-Vorgehensweise, werden die *Top-Down-Vorgaben* der strategischen und taktischen Ebene mit den *Bottom-Up-Korrekturen* oder einer *Zielverpflichtung* auf der operativen Ebene verknüpft [332]. Vorteil ist, dass sowohl Konzernziele realistischer werden als auch Bereichspläne auf die Konzernziele abgestimmt sind. Nachteil ist der hohe Abstimmungs- und Kommunikationsbedarf. Einen formal-mathematischen Ansatz auf das Gegenstromverfahren aus Sicht des Operations Research beschreibt [267].

4.2.2 Planungswerkzeuge

Planungswerkzeuge unterstützen informationstechnisch den kompletten oder Teile des Planungsprozesses. Folgende IT Unterstützungsfunktionen sind wünschenswert, die jedoch nicht alle in einem Planungswerkzeug vorhanden sein müssen [143, S. 120], [105, S. 232]:

- **Planspeicherung und -versionierung.** Plandaten werden zentral im Data Warehouse gespeichert. Dabei sollen Änderungen der Plandaten durch Versionierung nachvollziehbar bleiben. Neben den realen Daten (Werten der jeweiligen Variablen) sind folglich die benötigten Metadaten im Repositorium festzuhalten.
  Beispiel: Zu jeder Planungs- bzw. Sollgröße werden als Metadaten u. a. Zeitpunkt, Typ, Methode, Verantwortlicher und Periodizität der Planung festgehalten.
- **Planungsfunktion.** Der Planer wird unterstützt durch Kopierfunktionen, die Daten vorheriger Perioden als „Standardwerte" (Defaults) in den entsprechen Zellen vorschlägt. Alternativ sind mathematische *Prognoseverfahren* integriert, die basierend auf den Vergangenheitswerten zukünftige Werte vorhersagen (siehe Abschn. 4.1.1).

- **Planintegration.** Zu den Unterstützungsfunktionen gehört die Bereitstellung von Kommunikations- und Abstimmungsfunktionen für die vertikale und horizontale Integration der Teilpläne im Rahmen mehrstufiger Unternehmensplanung mittels Gegenstromverfahren (Top-Down-, Bottom-Up-Austausch, Konfrontation und Clearing). Die Abstimmung kann z. B. bei kleineren Unternehmen durch Diskussions- und Kommentarfunktionen und Voting erfolgen.

  Mit der Spezifikation eines umfassenden Unternehmensmodells und dem Einsatz geeigneter Planungswerkzeuge wie z. B. *INZPLA* in Verbindung mit Software für große Optimierungsprobleme, lässt sich im Rahmen der integrierten Zielverpflichtungsplanung der Abstimmungsprozess weitestgehend automatisieren [332]. Bei Großunternehmen muss auf automatische Lösung von komplexen betrieblichen Mehrgleichungssystemen und eingebundene lineare Optimierung zurückgegriffen werden, da die Anzahl der Gleichungen in der Größenordnung von Millionen liegt.

  Ein neuerer Ansatz, der das Planungsverfahren *INZPLA* ergänzt, ist die Planung mit unscharfen Daten, die auf *Fuzzy-Logik* und betrieblichen Mehrgleichungsmodellen (siehe auch Abschn. 4.6.2 über Kennzahlensysteme) beruht [214, 168]. Das **Fuzzy-Logik Verfahren** berechnet für jede *Fuzzy-Zahl* (Fuzzy-Variable) den sog. *„konsistenten Kern"* (zulässigen Bereich) als *Schnittmenge* aller zulässigen Wertebereiche dieser Fuzzy Variablen, der sich aus jeder einzelnen Gleichung ergibt, in der die betreffende Variable auftritt. Falls für eine Variable die Überlappung leer ist, wird der gesamte Datensatz als *Modell-inkonsistent* deklariert. Andernfalls sind die Daten *Modell-konsistent* (Modellkonform).

  Beispiel: Man kann die Fuzzy Variable *Gewinn* aus dem DuPont-Kennziffernsystem auf dreierlei Arten berechnen. $Gewinn_1$ = Umsatz-Kosten, $Gewinn_2$ = ROI*Kapital, $Gewinn_3$ = Handelsspanne × Umsatz. Sind die Daten unscharf, so ist eine Abgleich der unter partieller Information ermittelten drei Größen unabdingbar, um einen Modellkonsistenten Planungswert zu bestimmen.

  Alternativ kann ein statistisches Verfahren zur Berücksichtigung der „Fehlerfortpflanzung" (engl. error propagation) eingesetzt werden, das mittels der **Methode der Verallgemeinerten Kleinsten Quadrate** (GLS) Modell-konsistente Schätzwerte der (nur ungenau beobachtbaren) Variablen berechnet. Eine weitere Option schließlich besteht darin, die **Particle-Filter-Theorie** im Rahmen einer Markov-Chain-Monte-Carlo-Studie (MCMS) einzusetzen. Zu Einzelheiten der Prüfung der Modell-Konsistenz von unscharfen Daten siehe Abschn. 4.6. Die Methodik der MCMC-Simulation wird in [62] abgehandelt, deren Anwendung auf die Prüfung betrieblicher Modell-Konsistenz in [155].

- **Simulation.** Simulationen und What-If-Analysen helfen die Auswirkungen von Planalternativen abzuschätzen. Für Details über betriebliche Simulationsverfahren wird auf Abschn. 4.9 verwiesen.

- **Soll-Ist-Vergleich.** Plandaten werden mit den erfassten Ist-Daten konfrontiert, und es werden gemäß des „Management-by-Exception"-Prinzips eine Ursachenanalyse und ggf. Korrekturmaßnahmen ausgelöst (vgl. Abschn. 4.6).

4.2.3 Konsolidierung

Konzerne haben typischerweise verschiedene, unter Umständen internationale Tochtergesellschaften, die wiederum Beteiligungen haben können. Diese Tochtergesellschaften sind zwar rechtlich selbstständig, werden aber wirtschaftlich vom Konzern geleitet bzw. es besteht ein beherrschender Einfluss. Um ein korrektes Bild auf Konzernebene zu erhalten, ist eine **Konsolidierung** der Finanzdaten notwendig.

Bei der **Konsolidierung** werden konzerninterne Transaktionen und Bestandsgrößen (sog. Verflechtungen) saldiert, d. h. konzerninterne Umsätze, Kosten, Erträge, Gewinn, Forderungen, Verbindlichkeiten und Rückstellungen werden gegeneinander aufgerechnet. Der Konzern wird so dargestellt, als ob er ein einheitliches Unternehmen wäre (sog. *Einheitsfiktion*).

Computergestützte Konsolidierungssysteme unterstützen das Management, den konsolidierten Konzernabschluss zu erstellen. Erst in letzter Zeit werden zur Ausnutzung von Bewertungs- und Schätzspielräumen Verfahren des Business Intelligence hinzugezogen.

Gesetzlich sind Konzerne sowohl durch das *Handelsgesetzbuch (HGB)* als auch durch die *International Accounting Standards/International Financial Reporting Standards (IAS/IFRS)* verpflichtet, einen Konzernabschluss aufzustellen. Teilweise erstellen Konzerne bzw. ihre Tochtergesellschaften auch (zusätzlich) ihre Periodenabschlüsse nach den *U.S. Generally Accepted Accounting Principles (US-GAAP)*.

Die **Managementkonsolidierung** unterscheidet sich von der gesetzlich geforderten Konzernrechnungslegung dadurch, dass nach anderen Gesichtspunkten verdichtet werden kann, wie etwa nach Geschäftsbereichen, Regionen oder Stimmrechten [105, S. 234].

Die Konsolidierung umfasst folgende Schritte [193, S. 62]:

- **Modellierung der Konzernstruktur.** Grundlage der Konsolidierung ist die Modellierung der Konzernstruktur mit den jeweiligen Beteiligungsverhältnissen [193, S. 62]. Die Konzernstruktur muss jeweils bei Konzernumstrukturierungen sowie Beteiligungskäufen oder -verkäufen aktualisiert werden.
- **Währungsumrechnung.** Währungen werden anhand des aktuellen, eines historischen Wechselkurses oder eines Durchschnittswechselkurses umgerechnet.
- **Saldierung.** Konzerninterne Verflechtungen bei Forderungen, Verbindlichkeiten, Rückstellungen, Aufwand und Ertrag werden bereinigt.
- **Konsistenzprüfung.** Um zu verhindern, dass inkorrekte Daten die Konzernbilanz verzerren, sind Konsistenzprüfungen durchzuführen (siehe Abschn. 2.4).

Beispiel Sei B ein Mutterunternehmen und B_1, B_2 zwei Tochterunternehmen, die B im Sinne von IAS/IFRS beherrscht. *Konsolidierung* bedeutet dabei, dass wegen der existierenden

Tab. 4.2 Buchungssätze zu Käufen und Lieferungen zwischen den Konzerntöchtern B_1, B_2 und mit Dritten

Lieferant	Betrag (in €)	Abnehmer
B_1	100,00	B_2
B_1	500,00	Extern
B_2	1000,00	Extern
B_2	10,00	B_1

Verflechtung innerkonzernliche Bilanz- und GuV-Positionen gegeneinander aufgerechnet werden. F_1, F_2 und V_1, V_2 repräsentieren die innerkonzernlichen Forderungen und Verbindlichkeiten der Töchter, die im einfachsten Fall betragsgleich sein sollen. Dann folgt, dass sich die Schuldverhältnisse (F_B, V_B) der Töchter untereinander durch Konsolidierung

Tab. 4.3 Konsolidierung: GuV bei den Konzerntöchtern B_1, B_2 und der Konzernmutter B

GuV B1				
Aufwand			Ertrag	
Beschaffung	10,00	Erlös		600,00
	intern	10,00	intern	100,00
	extern	0,00	extern	500,00
Gewinn	590,00			
Summe	600,00			600,00

GuV B2				
Aufwand			Ertrag	
Beschaffung	100,00	Erlös		1.010,00
	intern	100,00	intern	10,00
	extern	0,00	extern	1.000,00
Gewinn	910,00			
Summe	1.010,00			1.010,00

Abschluss GuV B				
Aufwand			Ertrag	
Beschaffung	0,00	Erlös		1.500,00
	intern	110,00	intern	110,00
	extern	0,00	extern	1.500,00
Gewinn	1.500,00			
Summe	1.500,00			1.500,00

Tab. 4.4 Konsolidierung: Abschlussbilanzen bei den Konzerntöchter B_1, B_2 und der Konzernmutter B

Endbilanz B1

Aktiva		Passiva	
Kasse	100,00	Eigenkapital	660,00
Forderungen	600,00	Verbindlichkeiten	10,00
intern	100,00	intern	10,00
extern	500,00	extern	0,00
Bilanzsumme	700,00		700,00

Endbilanz B2

Aktiva		Passiva	
Kasse	50,00	Eigenkapital	960,00
Forderungen	1.010,00	Verbindlichkeiten	100,00
intern	10,00	intern	100,00
extern	1.000,00	extern	0,00
Bilanzsumme	1.060,00		1.060,00

Endbilanz B

Aktiva		Passiva	
Kasse	150,00	Eigenkapital	1.650,00
Forderungen	1.500,00	Verbindlichkeiten	0,00
intern	110,00	intern	110,00
extern	1.500,00	extern	0,00
Bilanzsumme	1.650,00		1.650,00

(Summierung) auf Konzernebene B exakt eliminieren, d. h.

$$F_B = V_B = \sum_{i=1}^{2} F_i - \sum_{i=1}^{2} V_i = 0. \tag{4.31}$$

Die Wirkung der Konsolidierung auf Bilanz und GuV zeigen wir anhand der folgenden vier Transaktionen (Buchungen) (siehe Tab. 4.2).

Die Verbuchung der Buchungssätze führt zu folgenden Gewinn- und Verlustrechnungen bei den beiden Töchtern B_1, B_2 und beim Mutterkonzern B (siehe Tab. 4.3). Man beachte, dass interne *Aufwands-* und *Ertragsposten* gegeneinander aufgerechnet werden.

Nach Abschluss der Konsolidierung und einer Gewinnverbuchung durch Erhöhung des Eigenkapitals bei der Konzernmutter B und deren Töchtern, ergeben sich die Endbilanzen (siehe Tab. 4.4). Man erkennt auch wieder die Wirkung der Konsolidierung, da *interne Forderungen* gegen *interne Verbindlichkeiten* bei B verrechnet werden.

Weiterführende Literatur Eine gute praxisorientierte Einführung liefert Rieg (2008) „Planung und Budgetierung" [251]. Eine gelungene theoretische Einführung ist Schneeweiß (1992) „Planung Band 2: Konzepte der Prozess- und Modellgestaltung" [266]. Für die Konsolidierung empfehlen wir Baetge, Kirsch und Thiele (2011) „Konzernbilanzen" in der nun schon neunten Auflage [16].

4.3 Entscheidungsunterstützung

> **Entscheidungsunterstützende Systeme (EUS) (engl. *Decision Support Systems* (*DSS*))** sind rechnergestützte, interaktive Systeme, die Managern mit Methoden, Modellen und Daten assistieren [196, S. 12].

Entscheidungsunterstützungssysteme ersetzen nicht Erfahrung und Intuition eines Managers. Es wird überwiegend nicht angestrebt, Entscheidungen ohne Managereingriff zu treffen, d. h. vollständig an den Computer zu delegieren.

Eine Ausnahme scheinen die seit wenigen Jahren zu beobachtenden Finanztransaktionen im Millisekundenbereich beim Investmentbanking zu sein. Zunehmend werden diese Handelsentscheidungen automatisch mittels Algorithmen nicht nur vorgeschlagen, sondern auch automatisch durchgeführt (sog. Algorithmic Trading). Bis zu 50 % aller Transaktionen auf Börsen werden inzwischen durch algorithmisches Handeln ausgelöst [123]. Damit einhergehend ist der Drang, diese immer weiter zu beschleunigen, was zum sog. Hochgeschwindigkeitshandel führt, bei dem zwischen Kauf und Verkauf manchmal nur wenige Millisekunden liegen. So nahm die London Stock Exchange unlängst „eine neue Version ihrer Handelsplattform in Betrieb, um [. . .] die Laufzeit eines Datenpakets vom Sender zum Empfänger von bislang 110 Millisekunden auf 10 Millisekunden zu reduzieren" [234]. Server von Finanzdienstleistern werden möglichst nahe an oder sogar in das Rechenzentrum der Börse gestellt um die Latenzzeit um einige Millisekunden senken zu können [234]. Die Finanzkrise 2010–2013 stellt derartige Strategien der „Dominanz der Software" im Wirtschaftsalltag massiv infrage. Stattdessen zielen Entscheidungsunterstützungssysteme darauf ab, mithilfe der Interaktion von Mensch und Computer Entscheidungen zu verbessern, was nicht notwendigerweise zu effizienteren Entscheidungen der Manager führt.

Power [245] unterscheidet zwischen fünf Arten von Entscheidungsunterstützungssystemen (*EUS*) (siehe Abb. 4.16):

- **Datengetrieben:** Hierunter fallen im wesentlichen Data Mining (siehe Kap. 3), OLAP (siehe Abschn. 2.5), Reporting (siehe Abschn. 5.1) und Dashboards (siehe Abschn. 5.4) soweit diese quantitative Daten darstellen.

Abb. 4.16 Arten von Entscheidungsunterstützungssystemen

- **Modellbasiert:** Diese nutzen mathematische Modelle in Form von z. B. Differential-, Fuzzy-, Gleichungs- oder Ungleichungssystemen. Optimierungs- und Simulations- sowie Prognosesysteme fallen ebenfalls in diese Kategorie.
- **Kommunikationsbasiert:** Systeme, die die Kommunikation von Entscheidungsträgern erleichtern und das gemeinsame Arbeiten an einer Aufgabe unterstützen (siehe Abschn. 5.5). Tools zu Chat, Video-Konferenzen, Screen-Sharing und zum Management von Gruppen-Diskussionen und -Aussagen fallen in diese Kategorie.
- **Dokumentbasiert:** Sie unterstützen die Suche, Verteilung und Versionierung von unstrukturierten Daten. Text und Web Mining Methoden werden zusätzlich eingesetzt, um Muster in den Dokumenten zu finden (siehe Abschn. 3.3). Die Integration von unstrukturierten und strukturierten Daten, sowie die Kommunikation unter Mitarbeitern über Daten, Information und Wissen wird im Abschn. 5.5 (Integration von Wissensmanagement) besprochen.
- **Wissensbasiert:** Sie setzen auf Wissensmodellen wie deterministischen Regelsystemen, probabilistischen oder possibilistischen Netzwerken auf [33] (siehe Abschn. 4.7), um von bestehenden Fakten logisch auf neue zu schließen.

Abb. 4.17 Komponenten
eines regelbasierten Exper-
tensystems [53, S. 64]

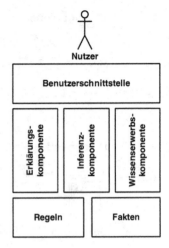

Daten-, Modell-, Kommunikations- und Dokumentbasierte Entscheidungsunterstüt-
zungssysteme werden in den Abschnitten über OLAP, Data Mining, Berichtswesen,
Prognose, Optimierung, Simulation, Text Mining und Wissensmanagement besprochen.
Im Folgenden werden wir zwei wissensbasierte Systeme im Detail vorstellen: *Regelbasierte
Expertensysteme* und *Fallbasiertes Schließen*.

4.3.1 Regelbasierte Expertensysteme

> Regelbasierte **Expertensysteme** schlussfolgern bei gegebener Anfrage (Ziel oder Hy-
> pothese) aus einer Menge von *Regeln* (Wissensbasis) und *Fakten* auf neue Aussagen
> („*Konklusionen*") und kommen dadurch zu Empfehlungen, vergleichbar mit dem
> Rat von Experten [308, S. 543ff].

Voraussetzungen für den Einsatz von Expertensystemen sind gesichertes Faktenwissen,
funktionelles und prozedurales Wissen, sowie klar abgegrenzte Fragestellungen eines en-
gen, zeitlich stabilen Kompetenzbereichs (Kontext, Domäne). Eigenschaften von Expertensystemen sind die klare Trennung von Wissensbasis und Inferenzmaschine und ein Selbst-
Erklärungsmechanismus über Aktionen und Schlussfolgerungen (siehe Abb. 4.17).
    Die **Wissensbasis** eines Expertensystems setzt sich aus zwei Wissenstypen zusammen:

- **Regeln.** Die Wissensrepräsentation basiert auf Produktionsregeln der Form *if <Prämisse>
  then <Konklusion>*. Prämissen- und Konklusionsteil bestehen aus *Klauseln*, die aus der
  Verknüpfung von Konstanten oder Variablen mit einem Prädikat bestehen. Sie können
  durch die logischen Operatoren *Negation* (not), *Konjunktion* (and) und *Disjunktion* (or)

zusammengesetzte Klauseln der Form *not A and B or C* erweitert werden. Mittels der *Implikation* (then) werden aus (zusammengesetzten) Klauseln *Regeln* erstellt.

- **Fakten.** Sind Klauseln, die *wahr* im Sinne zweiwertiger Boolscher Logik sind.

Beispiel Wir betrachten einen grob vereinfachten Fall der Kreditvergabe an den Kunden mit dem Vornamen *Hans*. Es existieren drei fallübergreifende Regeln, die Allaussagen repräsentieren („für alle Kunden gilt…") und drei Fakten, die nur für den Kunden *Hans* gelten. Die Fakten werden als zweistellige Prädikate (semantische Tripel) vom Typ `<Prädikat₁>` hat `<Prädikat₂>` intern gespeichert, wobei das `Prädikat₁` fest an ‚Hans' gebunden ist. Regeln und Fakten sind hier verkürzt nur mit dem `Prädikat₂` wiedergegeben.

Regelmenge:

r1: if ‚Beamter' then ‚Risiko für Arbeitsplatzverlust ist gering'
r2: if ‚Hochschulabschluss' then ‚Risiko für Arbeitsplatzverlust ist gering'
r3: if ‚Kein Negativer Schufa-Eintrag' and ‚Risiko für Arbeitsplatzverlust ist gering' and ‚Kein Mahnverfahren' then ‚Kredit bewilligen'

Faktenmenge: ‚Hochschulabschluss', ‚Kein Negativer Schufa-Eintrag', ‚Kein Mahnverfahren'
Frage (Ziel): Ist ‚Kredit bewilligen' wahr?

Die **Inferenzkomponente** steuert Auswahl und anschließende Abarbeitung der Produktionsregeln der Regelbasis. Sie ist gekennzeichnet durch Laufzeit-effiziente Inferenz-Methoden wie *Pattern Matching* und *Konfliktlösungsstrategien*. Letztere dienen der Auswahl einer Regel aus der gesamten Regelmenge, falls mehrere Regeln gleichzeitig auswählbar sind (*„feuern können"*). Die Inferenzkomponente hat zwei Schlussrichtungen zur Auswertung von Regeln: **Vorwärtsverkettung** (forward chaining) und **Rückwärtsverkettung** (backward chaining).

Bei der **Vorwärtsverkettung** (datengesteuertes Schließen) werden zu bekannten Fakten die im Prämissenteil passenden Regeln in der Wissensbasis gesucht und ihr Konklusionsteil zu beweisen versucht. Entweder wird das Ziel (die Frage) erreicht, oder keine Regel kann mehr angewendet werden. Tritt der letzte Fall ein, kann die Frage mit der gegebenen Wissensbasis nicht beantwortet werden. Die Vorwärtsverkettung geht also von den Fakten aus und versucht Regeln solange anzuwenden, bis eventuell das Ziel erreicht ist (siehe Algorithmus 4.3).

Bei der **Rückwärtsverkettung** (zielgetriebene Inferenz) startet man mit dem Ziel und sucht Regeln, die „feuern", d. h. das Ziel als Konklusion enthalten und deren gesamte Prämisse durch die Fakten erfüllt ist (siehe Algorithmus 4.4).

Die Konfliktlösungsstrategie hängt vom jeweiligen Problem ab. Es sind verschiedene Konfliktlösungsstrategien möglich, wie z. B. wähle die Regel, „die die derzeit am höchsten bewertete Hypothese am stärksten beeinflusst", „deren benötigte Fakten am wenigsten

---

Algorithmus 4.3 Vorwärtsverkettung

Input: Faktenbasis F, Regelbasis R, Ziel Z: boolean
Output: Wahrheitswert(Z)

1: Unmarkiere R
2: **Wiederhole**
3:    Wähle Menge $R_{wahr} \subseteq R$ aller unmarkierten Regeln, deren Prämissen in der Faktenbasis erfüllt sind
4:    Wähle Regel $r \in R_{wahr}$ aufgrund einer vorab bestimmten Konfliktlösungsstrategie
5:    Füge zu F die Konklusion von r hinzu (durch Auswertung von r über die Faktenbasis)
6:    Markiere Regel r
7: **Solange bis** Ziel erreicht (wahr) oder keine unmarkierte Regel „feuern" kann

---

Algorithmus 4.4 Rückwärtsverkettung

Input: Faktenbasis F, Regelmenge R, Ziel Z: boolean
Output: Ziel Z wahr?

1: **Wiederhole**
2:    Wähle Menge $R_{wahr} \subseteq R$, deren Konklusion als Ziel gesucht ist
3:    Wähle Regel $r \in R_{wahr}$ aufgrund einer Konfliktlösungsstrategie oder eventuell Backtracking
4:    **Wenn Nicht** Prämisse von $r \in F$ **Dann**
5:        Rufe für Prämisse von r Rückwärtsverkettung(Prämisse) rekursiv auf
6:    **Ende Wenn**
7: **Solange bis** Ziel Z wahr oder keine Regel $r \in R_{wahr}$ mehr „feuern" kann

---

aufwändig zu ermitteln sind", „die den Suchraum am stärksten einschränkt" oder „von der schon die meisten Bedingungen bekannt sind".

Expertensysteme haben viele Vorteile [308, S. 569]. Wenn die Regeln das Entscheidungsproblem gut beschreiben, sind automatische oder auch semi-automatische Entscheidungen schneller und weniger fehleranfällig als manuelle. Entscheidungsregeln sind *explizit* hinsichtlich von Prämissen und Folgerungen und damit unabhängig von Experten einsetzbar. Sie können zusätzlich für *Mitarbeiterschulungen* verwendet werden.

Der Praxiseinsatz von regelbasierten Expertensystemen hat in vielen Fällen jedoch nicht die Erwartungen erfüllt [103]. Dafür gab es verschiedene Gründe [308, S. 571]. Zum einen ist die Akquisition von fallübergreifendem regelbasiertem Wissen sehr schwierig. Oft sind die Problembereiche komplex, ungenau oder unvollständig „verstanden", sodass selbst Experten sich in solchen Fällen schwer tun, Regeln anzugeben, die einen Fall lösen. Einmal erstellte Regelbasen sind aufwändig zu warten, da viele Abhängigkeiten zwischen den Regeln bestehen und Auswirkungen partiell geänderter Regeln zu beachten sind, um die Widerspruchsfreiheit (Konsistenz) der Wissensbasis zu erhalten. Statt eines manuellen Aufbaus eines solchen Regelsystems werden zunehmend **Data Mining Methoden** wie *Entscheidungsbäume* (siehe Abschn. 3.2.3) angewandt, um datengetrieben Regeln herzuleiten und damit Entscheidungsmodelle (semi-)automatisch zu spezifizieren.

Abb. 4.18 Schritte im Case
Based Reasoning [2]

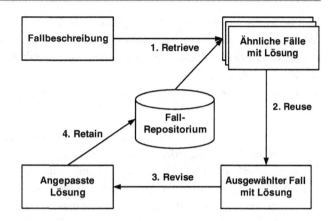

4.3.2 Fallbasiertes Schließen

Fallbasiertes Schließen (engl. *Case Based Reasoning* (CBR)) löst neue Probleme,
indem bekannte Lösungen zu ähnlichen Problemen, die in einer Fallsammlung enthalten sind, genutzt und adaptiert werden [253].

Diese Definition beschreibt, *was* Case Based Reasoning macht, nicht aber *wie*. Das heißt,
CBR ist eine Methodik und kann verschieden eingesetzt werden [314].

Konzeptionell wird CBR oft mittels CBR-Zyklus beschrieben [2, 314] (siehe Abb. 4.18):

1. **Retrieve.** Das Problem wird mit Merkmalen beschrieben. Anhand dieser Merkmale
   werden ähnliche Fälle aus dem Fall-Repositorium abgefragt. Es können verschiedene
   Techniken zum Matching von Problembeschreibung und bestehenden Fällen angewendet werden. In der Literatur wurden unter anderem k-Nächste Nachbarn, neuronale
   Netzwerke, Fuzzy Logik, regelbasierte Systeme, statistische Verfahren und SQL-Abfra-
   gen verwendet [314]. Die geeignete Definition einer Matching-Strategie ist stark vom
   Problemtyp abhängig.
2. **Reuse.** Eine Lösung der vorgeschlagenen bekannten Fälle wird wiederverwendet.
3. **Revise.** Die Lösung wird auf die speziellen Gegebenheiten des Falls angepasst. Dies kann
   dadurch notwendig sein, dass das Problem etwas anders gelagert ist als die vorgeschlage-
   ne Lösung des bekannten Falls. Die Anpassung der bekannten Lösung kann auch durch
   verschiedene Techniken der künstlichen Intelligenz unterstützt werden, wie etwa regelbasierte Systeme, genetische Algorithmen oder „Constrained Satisfaction Systems"
   (Bedingungserfüllungsysteme) [314].
4. **Retain.** Die angepasste, erfolgreich eingesetzte Lösung wird mitsamt der Fallbeschrei-
   bung in dem Fall-Repositorium gespeichert.

CBR hat einige Vorteile gegenüber regelbasierten Expertensystemen. CBR ist flexibel auf verschiedene Problembereiche anwendbar. Das Fall-Repositorium ist relativ leicht zu warten, da das Hinzufügen oder Verändern eines Falles unabhängig von den bereits bestehenden Fällen erfolgen kann.

Für den erfolgreichen Einsatz von CBR sollten verschiedene Voraussetzungen erfüllt sein:

1. Zum einen müssen genügend viele Fälle existieren oder im Unternehmen anfallen, um eine Wiederverwendung der Lösungen zu ermöglichen.
2. Der Problemkontext sollte eine gewisse Stabilität im zeitlichen Ablauf aufweisen, sodass Problemlösungen hinreichend lange relevant bleiben.
3. Die Domäne darf nicht zu vage sein sondern muss präzise beschreibbar sein. Daten- und Fakten, die einen Fall beschreiben, müssen vollständig, fehlerfrei und nicht unscharf sein.

Es bleibt anzumerken, dass die Anpassung einer abgefragten Problemlösung an ein neues Problem unter Umständen recht komplex sein kann und die Optimalität einer Lösung keinesfalls gesichert ist.

Weiterführende Literatur An erster Stelle soll hier das in fünfzehnter Auflage erschienene Buch „Betriebswirtschaftliche Entscheidungslehre" von Bamberg, Coenenberg und Krapp (2012) genannt werden [19]. Die klare Diktion, die methodische Handhabung und die exemplarischen Anwendungen bilden einen guten Einstieg in die vorliegende Thematik. Für gleichermaßen äußerst geeignet halten wir das recht umfangreiche, breit angelegte Buch von Russell und Norvig (2004) „Künstliche Intelligenz: Ein moderner Ansatz" [257]. Insbesondere die Kapitel 11–21 über *Planen, Unsicherheit, Schlussfolgerungen, Entscheidungen* und *Lernen* sind für die Entscheidungsunterstützung relevant.

4.4   Risikomanagement

> **Risikomanagement** ist die Identifikation und Analyse von möglichen Ereignissen, die Unternehmen personell, dinglich, vermögens- und finanzwirtschaftlich negativ beeinflussen können. Steuerung, Überwachen und ggf. die Beseitigung dieser Wagnisse erfolgt in der Art und Weise, dass ein gewünschtes Risikoniveau mit an Sicherheit grenzender Wahrscheinlichkeit nicht überschritten wird.

Man kann zwischen folgenden Risikoklassen unterscheiden [324, S. 6]:

- **Kreditrisiko.** Das Risiko, dass Forderungen an Kreditnehmer bzw. Kunden ausfallen.
- **Marktrisiko.** Das Risiko der Veränderungen von Marktpreisen, etwa von Zinsen, Wechselkursen, Rohstoff- oder Absatzpreisen.

Abb. 4.19 Schritte im Risikomanagement [324, S. 4], [186,
S. 31]

- **Liquiditätsrisiko.** Das Risiko, dass es nicht möglich sein wird, den Finanz- und Kapitalbedarf am Geld- und Kapitalmarkt zu decken.
- **Operationale Risiken.** Risiken der betrieblichen Tätigkeit wie Diebstahl, Katastrophen, Betrug, usw.

4.4.1 Risikomanagement Prozess

Risikomanagement erfolgt in vier Arbeitsschritten (siehe Abb. 4.19) [186, S. 31], [324, S. 4]:

1. **Risikoidentifikation.** Als erstes werden potenzielle Risiken identifiziert. Diese Risiken werden kategorisiert, detailliert beschrieben und in einer unternehmensweiten Risiko-Datenbank mit zugehörigem Repositorium gespeichert. Eine solche Risiko-Beschreibung enthält z. B. die folgenden Angaben: Risiko-Id, Ereignisart, Risikoklasse, Beschreibung, Zeitpunkt, Eintrittswahrscheinlichkeit, Risikomaße, geschätzte Schadenssumme, tatsächliche Schadenssumme, betroffene Geschäftsprozesse, beteiligte Abteilungen, Verantwortlicher, betroffene Produkte, geplantes Maßnahmenbündel und realisierte Aktionen.

2. **Risikoanalyse.** Für die identifizierten Risiken wird das Risiko gemessen. In der Literatur [324, S. 11ff] werden verschiedene *Risikomaße* diskutiert. Die häufigsten sind erwarteter Verlust, Volatilität und Value at Risk (VaR).

3. **Risikosteuerung.** Abhängig von der Risikoanalyse sind verschiedene Reaktionen auf das Risiko möglich [193, S. 33]:
   - **Risikovermeidung** ist oft nur möglich durch Einstellen der risikobehafteten Aktivität.
     Beispiel: Die eigene Währung wird für Verträge gewählt, um Währungsrisiken zu vermeiden.
   - **Risikoverminderung.** Durch Vorsorge soll die Eintrittwahrscheinlichkeit und/oder die Schadenshöhe verringert werden.
     Beispiel: Eine Feuerlöschanlage wird installiert um die Schadenshöhe im Falle eines Feuers zu reduzieren.
   - **Risikolimitierung.** Es werden Handlungsregeln aufgestellt, die das maximale Risiko auf ein akzeptables Maß begrenzen.
     Beispiel: Es werden maximale Bestellwerte für Versand auf Rechnung pro Kunde festgelegt, um den Schaden eines Zahlungsausfalls zu beschränken.
   - **Risikodiversifikation.** Eine Verteilung von Handlungen auf voneinander unabhängige Ereignisse ermöglicht einen Risikoausgleich („Versicherungseffekt"). Alternativ kommen auch negativ korrelierte Ereignisse infrage.

Beispiel: Es wird mehr als ein Zulieferer genutzt, von denen angenommen wird, dass sie unabhängig voneinander agieren – getreu dem Motto „*Man legt nicht alle Eier in denselben Korb*".

- **Risikoüberwälzung.** Das Risiko wird auf eine andere Partei übertragen.
  Beispiel: Das Unternehmen erwirbt eine Versicherung und wälzt damit das Risiko des Schadenseintritts auf das Versicherungsunternehmen ab. Für den Versicherungsschutz muss eine Versicherungsprämie gezahlt werden.

- **Risikoakzeptanz.** Das Risiko wird selbst getragen. Für einen möglichen Schadenseintritt sollte mit einem Budget vorgesorgt werden.
  Beispiel: Das Risiko von Schäden durch einen Terroranschlag, Flugzeugabsturz, Hagel- und Blitzschlag, Wirbelsturm oder durch eine Überschwemmung usw. wird unter Abwägung von erwarteten Kosten und Schaden akzeptiert.

4. **Controlling und Monitoring** umfasst unter dem Risikoaspekt die laufende Überwachung der Risikolimits, gegebenenfalls das Nachsteuern einzelner Risiken sowie von Zeit zu Zeit die laufende Anpassung der Risikomaße, siehe die Historie zu BASEL I, II und III. Im Hinblick auf *Hersteller-* und *Kundenrisiken* siehe Abschn. 4.5.

Risikomanagementsysteme unterstützen das Eingehen, Identifizieren, Analysieren, Steuern und Controlling riskanter Aktivitäten, indem sie eine zentrale Risiko-Datenbank bereitstellen, die Berechnung der Risikomaße automatisieren und die Einhaltung von Risikolimits gewährleisten.

4.4.2 Risikomaße

Gängige **Risikomaße** sind Eintrittswahrscheinlichkeit (p), erwarteter Verlust ($E(X)$), erwarteter Nutzen ($E(u(X))$), Volatilität (σ) und Value at Risk (VaR).

4.4.2.1 Erwarteter Verlust

Für jedes identifizierte Risiko wird die Wahrscheinlichkeit des Eintretens eines Schadens sowie die Schadenshöhe, falls das Risiko eintritt, abgeschätzt. Dabei ist der *erwartete Verlust* die Summe der *Eintrittswahrscheinlichkeiten* p_i multipliziert mit den (sich nicht gegenseitig beeinflussenden) *Schadenshöhen* X_i, d. h. $E(X) = \sum_i p_i X_i$. Problematisch ist, dass der erwartete Verlust nicht das Risiko berücksichtigt; denn Verteilungen mit demselben Erwartungswert μ, aber mit verschiedenen Varianzen σ^2 haben einen identischen erwarteten Verlust. Da nur der Erwartungswert $E(X)$ betrachtet wird, spielt in dieser Situation die Risikohaltung des Managers keine Rolle [324, S. 14].

Beispiel Strategie a: $x_{a,1} = 1000$ Euro Schaden mit einer Eintrittswahrscheinlichkeit $p_{a,1} = 30\,\%$ und $x_{a,2} = 0$ Euro Schaden mit $p_{a,2} = 70\,\%$.

Strategie b: $x_{b,1} = 5000$ Euro Schaden mit $p_{b,1} = 4\,\%$, $x_{b,2} = 500$ Euro Schaden mit $p_{b,2} = 20\,\%$ und $x_{b,3} = 0$ Euro Schaden mit $p_{b,3} = 76\,\%$. Beide Strategien haben denselben erwarteten Verlust von $\mu_a = E(X_a) = E(X_b) = \mu_b = 300$ Euro, d. h. $a \approx b$ für einen **risikoneutralen** Manager.

4.4.2.2 Erwarteter Nutzen

Jedoch kann Strategie b höhere Verluste verursachen als Strategie a, was man in diesem Fall unschwer schon an dem Risikomaß *Varianz* erkennt: $\sigma_a^2 = 2,1 \times 10^5 < \sigma_b^2 = 9,6 \times 10^5$. Ein *risikoaverser* Entscheidungsträger muss dagegen Strategie b gegenüber Strategie a vorziehen, falls er sich **rational**, d. h. risikoscheu verhält, und die *Axiome* rationalen Verhaltens beachtet.

Der Zusammenhang zwischen *Nutzen*, *Risikoscheue* und *Gewinnstreben* wird deutlich, wenn man die Nutzentheorie einbezieht, wie D. Bernoulli bereits 1738 vorschlug [24, 228, 212]. Unterstellt man Endlichkeit der Aktionsmenge A und aller Strategien $a, b, \ldots, z \in A$ sowie, dass die Präferenzordnung $(A, \geq)$ des Managers transitiv und vollständig ist und dem Stetigkeits- und Substitutionsaxiom genügt, so gilt $a \geq b \Leftrightarrow E(u(X_a)) \geq E(u(X_b))$ und der Entscheidungsträger *muss* den (erwarteten) Nutzen maximieren, d. h. $\max_{a \in A} E(u(X_a))$, falls er sich als „**homo economicus**", sprich **rational**, verhält. Dies ist die Kernaussage des Bernoulli-Prinzips [24]. Zur Vollständigkeit des Axiomensystems siehe [134] und zu Kontroversen über die Begrifflichkeit und Messung kardinalen Nutzens siehe [18].

Ist der Entscheidungsträger *risikoscheu*, muss er in allen möglichen Risikosituationen eine konvexe Nutzenfunktion $u : \mathbb{R} \times A \to \mathbb{R}$ seinen Entscheidungen zugrunde legen. Gibt die konvexe Funktion $u(x) = \log_2 x$ für alle $x > 0$ die Nutzenfunktion des Managers ausreichend gut wieder, dann folgt unmittelbar $E(u(X_a)) = 0,46$ und $E(u(X_b)) = 1,95$, d. h. der Manager zieht konsequenterweise, d. h. im Rahmen rationaler Entscheidungen, b der Strategie a vor, kurz $b > a$.

Wäre der Entscheidungsträger dagegen **risikoneutral**, vereinfacht sich die Nutzenfunktion u auf die identische Abbildung $u(x) = x$ oder jede lineare Transformation $u(x) = m + nx$ mit $m, n \in \mathbb{R}$. Zur Illustration nehmen wir vereinfachend für $m = 0$ und $n = 0,5$ an; dann ist $u(x) = x/2$ und es folgt das eingangs erzielte Ergebnis $a \approx b$ mit $E(u(X_a)) = 150$ und ebenfalls $E(u(X_b)) = 150$. Zu weiteren Aspekten von Entscheidungen unter Risiko bzw. Unsicherheit siehe Abschn. 4.5. Zu unvollständiger (partieller) Information siehe Abschn. 2.4 und 4.1.

4.4.2.3 Volatilität

Die *Volatilität* kennzeichnet die Schwankungsbreite einer *Risikoposition*. Sie misst die Streuung der Veränderungen der Vermögenspositionen $(x_i)_{i=1}^{\infty}$ im Zeitablauf. Dafür muss der *Zeithorizont* (n) situationsadäquat festgelegt werden. Üblicherweise wird als Granularität ein „Jahr" gewählt und die Volatilität als Standardabweichung $\sigma \in \mathbb{R}_+$ der jährlichen Abweichungen wie folgt definiert (*annualisierte Volatilität*):

$$\sigma = \sqrt{\frac{1}{n} \sum_{i=1}^{n} (x_i - \mu)^2}. \tag{4.32}$$

Tab. 4.5 Zeitreihe von Tageskursen und logarithmischen Tagesrenditen

	Tag 1	Tag 2	Tag 3	Tag 4	Tag 5
Preis (p_i)	100	101,5	99	100,5	102
Log. Rendite (x_i)		0,01489	−0,02494	0,01504	0,01482

Es ist dabei zu beachten, dass in der Vielzahl der Fälle der Mittel- oder Erwartungswert $\mu \in \mathbb{R}$ unbekannt sein dürfte und damit vorab geschätzt werden muss.

Man kann zwischen zwei **Berechnungsarten** der Volatilität unterscheiden: der *historischen* und der *impliziten Volatilität* [324, S. 15ff]. Die *historische Volatilität* wird aus den Vergangenheitswerten einer Anlage berechnet. Die *implizite Volatilität* wird nicht anhand historischer Werte, sondern der Marktpreise von Optionen ermittelt.

Beispiel Es soll die historische Volatilität berechnet werden. Dafür stehen als Daten die fünf Tageskurse (p_i) in Tab. 4.5 zur Verfügung.

Schritt 1: Berechnung der logarithmischen Tagesrendite (x_i)

$$x_i = \ln\left(\frac{p_i}{p_{i-1}}\right) \tag{4.33}$$

Schritt 2: Berechnung des Mittelwerts ($\hat{\mu}$) der logarithmischen Tagesrenditen

$$\hat{\mu} = \frac{1}{n}\sum_{i=1}^{n} x_i = 0,00495 \tag{4.34}$$

Schritt 3: Berechnung der Standardabweichung ($\hat{\sigma}$) der logarithmischen Tagesrenditen

$$\hat{\sigma} = \sqrt{\frac{1}{n-1}\sum_{i=1}^{n}(x_i - \hat{\mu})^2} = 0,01726 \tag{4.35}$$

Schritt 4: Berechnung der annualisierten Volatilität ($\hat{\sigma}_{\text{ann}}$)

Die Standardabweichung der logarithmischen Tagesrenditen kann in die annualisierte Volatilität umgerechnet werden, indem sie mit der Quadratwurzel des Zeithorizonts ($\sqrt{T}$) multipliziert wird. In einem Kalenderjahr geht man von 250 Handelstagen aus, sodass als Faktor $\sqrt{250}$ folgt.

$$\hat{\sigma}_{\text{ann}} = \hat{\sigma}\sqrt{250} = 0,27286 \tag{4.36}$$

4.4.2.4 Value at Risk (VaR)

Das Value at Risk ist ein verlustorientiertes Risikomaß (Down-Side-Risikomaß), welches den Verlustbereich einer Strategie beschreibt [324, S. 27]. Value at Risk ist der erwartete maximale Verlust einer Risikoposition bei fest vorgegebener Sicherheitswahrscheinlichkeit

Abb. 4.20 Dichtefunktion der Normalverteilung ($\mu = 3000$, $\sigma^2 = 5000^2$) mit Value at Risk (VaR)

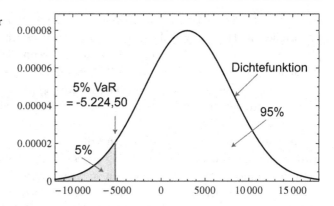

und Wahrscheinlichkeitsverteilung innerhalb einer Zeitperiode (Liquiditätsperiode) [324, S. 31]. Für die Risikoposition X, deren Wertveränderung (Y) durch durch die die Verteilung F_Y charakterisiert wird, wird entsprechend $\mathrm{VaR}_\alpha(Y) = \inf\{y|F_Y(y) \geq \alpha\}$ definiert. Als Sicherheitswahrscheinlichkeit wird üblicherweise $1 - \alpha = 0,90,\ 0,95$ oder $0,99$ gewählt.

Beispiel Eine Investor will das Risiko seiner Anlage (z. B. Gold) bestimmen. Die Liquiditätsperiode ist davon abhängig wie schnell die Risikoposition wieder verkauft werden kann. Bei auf Börsen gehandelten Anlageklassen kann man eine hohe Liquidität unterstellen, jedoch wird eine gewisse Zeit für die Entscheidung gebraucht. Oft wird mit einer Laufzeit von zehn Geschäftstagen gerechnet, was zwei Kalenderwochen entspricht [324, S. 33]. Die Sicherheitswahrscheinlichkeit wird auf $1 - \alpha = 0,95$ festgesetzt.

Für die Berechnung des Risikos nehmen wir an, dass die Wertveränderung (Y) der Risikoposition $Y = 100.000$ durch Gewinne bzw. Verluste in dem Zeitraum ($T = 1$) normalverteilt ist mit dem Erwartungswert $E(Y) = \mu_Y = 3000$ Euro und der Standardabweichung $\sigma_Y = \sqrt{\mathrm{Var}(Y)} = 5000$ Euro, d. h. $P(Y \leq y) = F_{\mu_Y,\sigma_Y}(y)$, kurz $Y \sim N(\mu_Y, \sigma_Y^2)$. Das 5 %-Quantil der Standard-Normalverteilung Φ ist $\Phi^{-1}(\alpha) = z_{0,05} = -1,6449$. Entsprechend gilt für die Verteilung F der Wertänderungen $F_{\mu_Y,\sigma_Y}^{-1}(0,05) = \mu_Y + z_{0,05}\sigma_Y = -5224,50$ (siehe Abb. 4.20).

Ein Value of Risk (VaR) von 5224,50 Euro bei einer Sicherheitswahrscheinlichkeit von 95 % und einer Liquiditätsperiode von einem Tag bedeutet, dass mit einer 95 % Wahrscheinlichkeit die Bank nicht mehr als 5224,50 Euro innerhalb des nächsten Tages verliert.

Bei einer anderen Liquiditätsperiode T ist der einperiodige VaR mit $\sqrt{T}$ zu multiplizieren. Für eine Liquiditätsperiode von zehn Tagen ist damit eine Veränderung der Finanzposition (Y) bis zu $-5224,5 \times \sqrt{10} = -16.521,20$ Euro mit einer 5 %-igen Irrtumswahrscheinlichkeit zu erwarten. Folglich gilt dann $\mathrm{VaR}_{\alpha=0,05}^{T=10}(Y) = -F^{-1}(\alpha)\sqrt{T} = 16.521,20$ Euro.

Für die Berechnung des Value of Risk (VaR) eines Portfolios P müssen die Kovarianzen aller Paare von Wertpapieren in dem Portfolio berücksichtigt werden und nicht nur die einzelner Risikopositionen [324, S. 35]. Durch Diversifikationseffekte des Portfolios kann das gesamte VaR kleiner sein als die Summe der einzelnen VaRs. Das Portfolio-VaR (VaR_P)

ist gleich der Summe der einzelnen VaRs genau dann, wenn die einzelnen Wertpapiere unkorreliert sind ($\rho = 0$), weil dann für das Portfolio P, bestehend aus den Positionen A, B, gilt: $\sigma_P^2 = \sigma_A^2 + \sigma_B^2$. Das VaR$_P$ ist dann am kleinsten, wenn alle Wertpapiere untereinander vollständig negativ korreliert sind ($\rho = -1$) [324, S. 42]. Beispielsweise gilt bei zwei Anlagen für $\rho \neq 0$: $\sigma_P = \sigma_A^2 + \sigma_B^2 + 2\mathrm{cov}_{A,B}$, wobei $\rho_{A,B} = \mathrm{cov}_{A,B}/(\sigma_A \sigma_B)$ ist. Für eine *Diversifikation* oder Risikostreuung mit zwei Positionen muss daher gelten $\mathrm{cov}_{A,B} \leq 0$.

Kritik Das Value at Risk wurde vielfach kritisiert [324, S. 58ff], [289, 288]. Zum einen wird die Annahme der Normalverteilung angegriffen, weil diese nicht mit den beobachteten Verteilungen von Wertpapierkursen zu rechtfertigen ist. Empirisch sind diese nicht normalverteilt, sondern haben fette Enden (engl. fat tails), d. h. Verteilungsauslaufstücke. Dem kann begegnet werden, indem man eine andere Verteilung unterstellt oder verteilungsfrei direkt nur die historischen Daten betrachtet. Ein weiteres Problem ist, dass der VaR nur den maximalen Verlust bei einer gegebenen Sicherheitswahrscheinlichkeit angibt, z. B. $1 - \alpha = 99\%$. Wieviel man in dem Bereich mit der restlichen Verteilungsmasse von 1 % verlieren kann, bleibt unberücksichtigt. Führt man das Risikomanagement eines Unternehmens anhand des Riskomaßes VaR, gibt es für die Akteure den Anreiz, Risiko mit mittlerer Wahrscheinlichkeit und mittlerem Schaden in ein Risiko mit sehr kleiner Wahrscheinlichkeit und sehr hohem Schaden zu verpacken. Solch ein Risikoverhalten wird im englischen recht plakativ als *„picking up pennies in front of a steamroller"* (dt. Cents vor einer Dampfwalze aufsammeln) bezeichnet. Für den einzelnen Mitarbeiter kann dies rational sein, da er beim unwahrscheinlichen Risikoeintritt allerhöchstens seinen Job verliert, aber nicht seine Boni der letzten Jahre zurückzahlen muss. Wie die letzte Finanzkrise in 2008 gezeigt hat, kann dies jedoch für ein Unternehmen zu einem existenzgefährdenden Risikoverhalten führen.

Des Weiteren besteht allgemein die Schwierigkeit, zukünftiges Risiko aus vergangenen Daten abzuschätzen. Dies ist nicht nur ein Problem von VaR sondern von allen Verfahren, die auf historischen Daten basieren. Problematisch wird dies, wenn strukturelle Änderungen der Umwelt – sog. *Strukturbrüche* – eintreten, die die Relevanz der historischen Daten aufheben. Stresstests, Szenariotechniken (siehe Abschn. 4.1.2) und Simulationen (siehe Abschn. 4.9) können dabei helfen, die Auswirkung solcher Ereignisse abzuschätzen. Dies unterstellt jedoch, dass diese zukünftigen Ereignisse dem Entscheider bekannt sind.

Taleb [289, 288] weist jedoch darauf hin, dass gerade seltene Ereignisse mit großer Auswirkung oft nicht nur unbekannt sind, sondern die Entscheidungsträger sich auch nicht ihrer Ignoranz bewusst sind. Diese sog. **schwarzen Schwäne** [289] wie z. B. die Ereignisse des 11. Septembers, der Erste Weltkrieg, die erste Erdölkrise oder die Hypothekenkrise sind im Nachhinein erklärbar, waren jedoch a priori nicht vorstellbar; weder vom Ereignistyp noch vom Zeitpunkt her gesehen. Es ist nicht nur so, dass diese Ereignisse sehr selten sind, und es darum keine verlässliche empirische Wahrscheinlichkeit für sie gibt (known unknowns), sondern man weiß oft auch überhaupt nichts über die Möglichkeit solcher Ereignisse (*unknown unknowns*). Gerade diese unbekannten Ereignisse stellen eine große Herausforderung für das Risikomanagement dar, denn man wird sprichwörtlich von dem

LKW überfahren, denn man nicht gesehen hat. Sie bilden das sog. **Restrisiko**, gegen das „kein Kraut gewachsen" ist.

Weiterführende Literatur Dem Risikomanagement vollständig gewidmet ist das als Einstieg in die Materie gedachte Buch von *Wolke* (2008) [324]. Das Gebiet Risikomanagement überschneidet sich mit dem vorangehenden Abschnitt der Entscheidungsunterstützung, sodass auch hier das Buch von *Russel* und *Norvig Künstliche Intelligenz* empfohlen werden kann [257].

4.5 Monitoring

> **Monitoring** bzw. **Statistische Prozesskontrolle (SPC)** ist ein Verfahren zur Überprüfung in Echtzeit (engl. Real Time), ob die Qualitätsziele hinsichtlich von Zuständen, Prozessen oder (betriebswirtschaftlichen) Funktionen eingehalten sind. Sie setzt wesentlich auf integrierter Mess-, Sensor- sowie Informations- und Kommunikationstechnik auf.

Während die Prozesskontrolle ursprünglich nur in der Fertigungsindustrie zum Einsatz kam, hat sie sich aufgrund verbesserter – insbesondere mobiler – Telekommunikation auch im Dienstleistungsbereich als effizient herausgestellt. Man denke hier nur an die Online-Gesundheits- und Umweltüberwachung oder Verkehrsleitsysteme. Ein Monitoring-System warnt, wenn zielkonform festgelegte *Grenzwerte* überschritten werden. Es löst einen **Eingriff** in den betreffenden Prozess aus, wenn erkennbar ist, dass der Prozess „außer Kontrolle" geraten ist, d. h. die Folge gemessener Istwerte „signifikant" von dem vorgegebenen Sollwert abweicht, d. h. die untere oder alternativ die obere Eingriffsgrenze überschritten ist. Wie im Fall eines Eingriffs zu verfahren ist, obliegt dem Betreiber des Monitoringsystems. Damit ist das Regelsystem bewusst nicht als vollautomatisierter Regelkreis ausgelegt.

Das Problem, ein effizientes Monitoringsystem zu entwerfen, besteht darin, den zugehörigen Sollwert und die Kontrollgrenzen so festzulegen, dass statistische oder Kosten-Nutzen-Kriterien optimal sind. Dazu rechnen

1. Wahrscheinlichkeiten von *Fehlalarm* (Fehler 1. Art) oder *unterlassenem Alarm* (Fehler 2. Art),
2. *Laufzeit* als Zeitspanne zwischen den Zeitpunkten zu dem der Prozess außer Kontrolle geraten ist und der Eingriff in den Prozess erfolgt, sowie
3. die mit einer bzw. keiner Eingriffsentscheidung verbundenen Einstell- und Folgekosten.

Beispiel Die Prozesskontrolle lässt sich am besten durch einen industriellen Anwendungsfall verdeutlichen [23]. Es geht dabei um die Herstellung von Halbtonfilmen, die früher in

Abb. 4.21 Prozesskontrolle
bei der Negativfilmherstellung
[23]

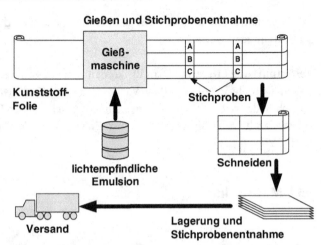

der analogen Fotografie benutzt wurden und die heute noch teilweise von Berufsfotografen oder Künstlern eingesetzt werden (siehe Abb. 4.21).

Wie man erkennt, wird dem Prozess – im wesentlichen Gießen und Schneiden von Halbtonfilm-Kunststofffolie – je nach gewähltem zeitlichen *Abtastintervall* $\Delta t \in \mathbb{R}$ Stichproben entnommen, d. h. Werte des Qualitätsmerkmals *„Emulsionsdicke"* gemessen. Diese werden hinsichtlich Fertigungslage und -streuung ausgewertet und in sog. **Qualitätsregelkarten** visualisiert. Die Anzahl der Stichproben im Kontrollzeitraum $(\Delta t, 2\Delta t, \ldots, n\Delta t)$ ist $n = 25$, und die *Stichprobengröße* ist $m = 4$, d. h. dem Prozess werden im zeitlichen Abstand Δt jeweils m Einheiten entnommen.

Man sieht in Abb. 4.22, dass ab $t = 25$ die Mittelwertskarte ($\bar{x}$-Qualitätsregelkarte) achtmal eine signifikante Abweichung der Fertigungslage signalisiert; dies macht Nach-

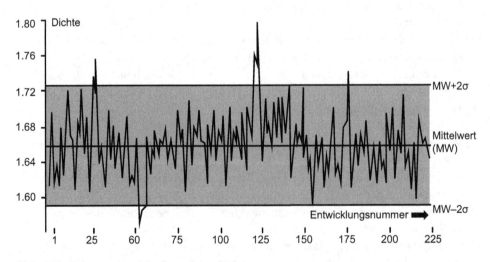

Abb. 4.22 Führung einer Mittelwertskarte [23]

Abb. 4.23 zweiseitige Mittelwertskarte ($\bar{x}$) in der Fertigung von Laminaten, $\alpha = 1\%$

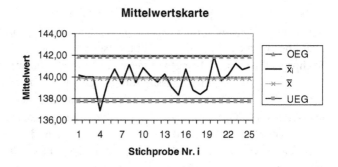

Abb. 4.24 zweiseitige Spannweitenkarte (R) in der Fertigung von Laminaten; $\alpha = 1\%$

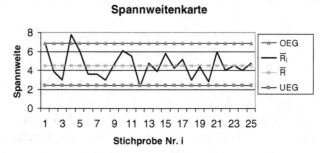

prüfungen erforderlich. Die Karte macht darüber hinaus Wellenbewegungen deutlich, die auf leicht unregelmäßige Belichtung und Entwicklung schließen lassen. In jedem Fall hätte eine Fertigungsstreuungskarte weitere Einsicht in das Prozessgeschehen gegeben.

Beispiel Wir zeigen die Notwendigkeit, Fertigungslage und Fertigungsstreuung simultan zu überwachen, an einem weiteren industriellen Fall, der sich auf die Herstellung von Laminaten bezieht [317]. Das Qualitätsmerkmal ist dabei die *transversale Biegungssteifheit* von Laminaten. Die beiden Abbildungen 4.23 und 4.24 zeigen die zweiseitige Mittelwerts-($\bar{x}$)-Karte und Spannweiten-(R)-Karte, mit $R = x_{max} - x_{min}$ für $n = 25$ Stichproben zu je $m = 5$ Messwerten. Die Irrtumswahrscheinlichkeit beträgt bei beiden Karten $\alpha = 0{,}01$.

Man erkennt anhand der Mittelwertskarte vom Typ Shewart, $\bar{x}$-Karte $= (\text{UEG}_{\bar{x}}, \mu_0, (\bar{x}_i)_{i=1,2,\ldots,n}, \text{OEG}_{\bar{x}})$, dass die Fertigungslage erstmals bei Probe Nr. 4 außer Kontrolle geraten ist, $\bar{x}_4 < \text{UEG}_{\bar{x}}$. Hierbei ist μ_0 der Sollwert der Fertigungslage, von dem wir unterstellen, dass er wie die Fertigungsstreuung (σ) aus einem stabilen Vorlauf geschätzt wurde. Die Mittelwertskarte verdeutlicht, dass danach vermutlich in die Fertigung eingegriffen und der Prozess neu justiert wurde. Bei Probe Nr. 20 ergibt sich dann eine fast ähnliche Situation, die aber nicht zu einem Eingriffsignal führt, da $\bar{x}_{20} < \text{OEG}_{\bar{x}}$. Allerdings deutet sich ein „Gang" in der Fertigungslage am aktuellen Rand der $\bar{x}$-Karte an. Zur Berechnung der unteren ($\text{UEG}_{\bar{x}}$) und oberen Eingriffgrenze ($\text{OEG}_{\bar{x}}$) der $\bar{x}$-Karte siehe [320, S. 486].

Ein etwas anderes Bild zeigt die Fertigung des Plastikmaterials hinsichtlich der Fertigungsstreuung, die hier mittels Spannweitenkarte, R-Karte $= (\text{UEG}_R, \bar{R}, (R_i)_{i=1,2,\ldots,n}, \text{OEG}_R)$ kontrolliert wird. Zur Berechnung der Eingriffsgrenzen dieses Kartentyps bei einer aus stabilem Vorlauf geschätzten mittleren Spannweite ($\bar{R}$) siehe [320, S. 487]. Im gesamten Beobachtungsraum fluktuiert die Fertigungsstreuung um den Sollwert von $\bar{R} = 4{,}5$, allerdings wird anfangs die obere Eingriffsgrenze, OEG_R, zweimal überschritten, wie die Stichproben Nr. 1 und 4 zeigen. Offensichtlich durch die anfängliche Justierung des Herstellprozesses ist die Fertigungsstreuung anschließend „nach oben" unter Kontrolle. Die Tatsache, dass die Spannweite $R_{12} < UEG_R$ und weitere vier Werte nahe der unteren Eingriffsgrenze (UEG_R) liegen, mag hinsichtlich der Laminateigenschaften vermutlich unproblematisch sein, kann jedoch „teuer erkauft" sein; denn dies kann ein Indiz für ein *Verbesserungspotenzial der Wirtschaftlichkeit* sein. Die große Volatilität der Spannweiten R_i, $i = 4, 5, \dots, 25$ jedenfalls sollte Anlass geben, die verwendete Fertigungstechnologie der Laminate zu überprüfen.

Abbildung 4.25 stellt die statistische Prozesskontrolle (*Monitoring*) mit den vier Hauptphasen *Fertigung, Prüfung, Auswertung* und ggf. *Regelung* (Eingriff in die Fertigung) systematisch dar, d. h. als geschlossenen *Regelkreis*.

Von besonderer Bedeutung für die Einführung eines wirksamen Monitorings ist ein Vorverständnis des zugrundeliegenden Herstellungs- oder Dienstleistungsprozesses. Dabei spielen mögliche Veränderungstypen eines Prozesses eine große Rolle, um den Qualitätsregelkreis durch Auswahl der dafür geeigneten Regelkarte(n) gut einzustellen, d. h. zu *optimieren*. Dies erfolgt in der industriellen Praxis ganz überwiegend durch Anwendung des *Prinzips der schrittweisen Verbesserung*. Zwei Veränderungstypen haben in der *Prozesskontrolle* grundlegende Bedeutung:

1. unvermeidbare Veränderungen und
2. vermeidbare Veränderungen (Störungen).

Das Monitoring versucht, *vermeidbare Störungen* frühzeitig und möglichst treffsicher aufzudecken. Die *unvermeidbaren Veränderungen* sind dagegen an Entwicklungs- und Fertigungsvorgaben und an Markteinflüsse gebunden und damit nicht durch das Monitoring selbst steuerbar. Weiterhin sind drei *Herstellprozessphasen* zu unterscheiden:

1. Anlaufprozess,
2. Prozess unter Kontrolle (engl. in control) und
3. Prozess außer Kontrolle (engl. out of control).

In der Anlaufphase eines Fertigungsprozesses wird die **Feinabstimmung** des Prozesses durchgeführt. Sie liefert erste Einblicke in die Herstellung und hilft Qualitätskostenarten, Qualitätsregelkartentyp, Abtastintervall, Stichprobengröße, sowie Prüfgröße, Sollwert und Grenzwerte festzulegen. Ist die **Nullserie** erfolgreich produziert, alle Werkstoffe oder Fremdteile freigegeben, die Werkzeuge einsatzbereit, alle Maschinen justiert und kalibriert, alle Mitarbeiter geschult und die Lieferkette initialisiert, so kann der **Produktionsanlauf** beginnen. Gerät der Herstellprozess im weiteren Verlauf außer Kontrolle, muss eingegriffen und die Produktion erneut eingestellt werden, um die Fertigung wieder „unter Kontrolle" zu bringen.

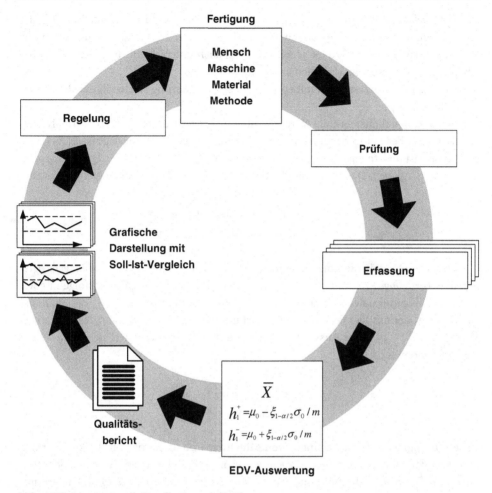

Abb. 4.25 Monitoring als Regelkreis nach [235]

Das zugrundeliegende statistische Prozessmodell sieht wie folgt aus: $(X_t)_{t \in \mathbb{N}}$ bildet eine Folge von Zufallsvariablen, die jeweils das Qualitätsmerkmal (skalar oder vektoriell) repräsentieren. Wir betrachten den Fall, dass der Prozess unter Kontrolle ist, d. h. es gilt

$$\forall t \in \mathbb{N}: X_t \sim F_0 \quad \text{und} \quad \text{i. i. d.} \tag{4.37}$$

„i. i. d." bedeutet, dass die Folge der X_t *identisch und unabhängig verteilt* (engl. independent and identically distributed) ist, mit der Verteilungsfunktion F_0, die im Sollzustand gilt. Für den Fall, dass der Prozess nach dem Zeitpunkt t_0 „außer Kontrolle" gerät, verändert sich die Wahrscheinlichkeitsverteilung wie folgt:

$$F_t = \begin{cases} F_0 & \text{falls } 1 \leq t \leq t_0 \\ F_1 & \text{falls } t > t_0 \end{cases}$$

Die *Verschiebung der Verteilung* F_t nach „links" oder „rechts" in Bezug auf $F_0 \neq F_1$ oder die *Verbreiterung bzw. Kontraktion* durch Zu-/Abnahme der Fertigungsstreuung kann verschiedene Gründe haben und hat je nach Kontext auch unterschiedliche technische, wirtschaftliche und personelle Ursachen sowie Auswirkungen.

Zwei wichtige **Prozesstypen** mit sprungartiger Veränderung spielen in der Praxis eine große Rolle [170].

Typ A: Das Qualitätsmerkmal X_t repräsentiert Messwerte und folgt einer Normalverteilung mit fester Fertigungsstreuung $\sigma^2 \in \mathbb{R}_+$. Die eingestellte Fertigungslage ist $E(X_t) = \mu_t$. Der Prozess ist *instationär*, d. h. in $t_0 + 1$ erfolgt ein Sprung $\Delta_\mu \in \mathbb{R}$ der Fertigungslage, d. h. $X_t \sim N(\mu_0 + \Delta_\mu, \sigma^2)$. Damit hat die Mittelwertsfunktion der Fertigung folgende Gestalt:

$$
\mu_t = \begin{cases} \mu_0 & \text{falls } 1 \le t \le t_0 \\ \mu_0 + \Delta_\mu & \text{falls } t > t_0 \end{cases}
$$

Typ B: Das Qualitätsmerkmal X_t repräsentiert Zählwerte „*Anzahl mangelhaft gefertigter Stücke je Fertigungscharge*". Es wird angenommen, dass X_t entlang der Losfolge in guter Näherung als binomialverteilt angenommen werden kann, also $(X_t)_{t=1,2,\dots} \sim \text{Bi}(n, p_t)$ gilt. Dabei ist der mittlere Fehleranteil (Erwartungswert) $E(X_t) = np_t$ und dessen Varianz $V(X_t) = np_t(1 - p_t)$. Der Ausschuss- oder Schlechtanteil p_t verändert sich ab $t_0 + 1$ um die Sprunghöhe $\Delta_p > 0$:

$$
p_t = \begin{cases} p_0 & \text{falls } 1 \le t \le t_0 \\ p_0 + \Delta_p & \text{falls } t > t_0 \end{cases}
$$

Neben sprunghaften Verschiebungen von Mittelwert und Streuung von *Anzahl* oder *Anteil* kennt das Monitoring weitere Typen von Prozessveränderungen wie *Ausreißer*, *Drift* (Gang), *Schwingung* (Vibration) und *Autokorrelation*. Zusammen mit der Problematik auftretender **Mess- oder Beobachtungsfehler** werden diese Themen vertieft in der einschlägigen Literatur behandelt [181].

Neben den klassischen **Zielkriterien** wie *Wahrscheinlichkeit von Entscheidungsfehlern* oder *mittlerer (Rest-)Lauflänge* des Herstellprozesses bis zum Eingriffszeitpunkt nach einem Qualitätseinbruch spielen *Kosten* (Inspektions-, Reparatur- und Garantiekosten) eine große Rolle beim Entwurf von Regelkarten.

Die Güte des Monitoring hängt weiterhin entscheidend vom **Prozesstyp** und seinen Eigenschaften sowie dem **Qualitätsregelkartentyp** ab. Je nach Länge der Vergangenheit, die berücksichtigt werden soll, d. h. der Länge des „*Gedächtnisses*", lassen sich Regelkarten in vier **Grundtypen** einteilen. Dabei sei S_t die *Prüfgröße*, auf die sich das Monitoring stützt.

1. Karte ohne Gedächtnis: $S_t = X_t$ [275]
2. MOSUM Karte mit Gedächtnis maximaler Länge $k \in \mathbb{N}$: $S_t = (X_{t-k+1} + X_{t-k+2} + \dots + X_{t-1} + X_t)/k$ [255]

Abb. 4.26 Prozentpunkte der Normalverteilung und Herstellerrisiken

	α	$\alpha/2$	$\xi_{\alpha/2}$	$1-\alpha/2$	$\xi_{1-\alpha/2}$
Warngrenzen	0,05	0,025	-1,96	0,975	1,96
	0,10	0,05	-1,64	0,95	1,64
Kontrollgrenzen	0,01	0,005	-2,58	0,995	2,58
	0,02	0,01	-2,33	0,99	2,33

3. EWMA Karte mit geometrisch abgestuftem Gedächtnis und Glättungsparameter $0 \leq |r| \leq 1$: $S_t = (1-r)S_{t-1} + rX_t$ [254]

4. CuSum-Karte mit gleichmäßigem Gedächtnis: $S_t = \max(0, S_{t-1} + X_t - \kappa)$, wobei $\kappa \in \mathbb{R}$ von den Verteilungsfunktionen F_0 und F_1 abhängt [237].

Schließlich muss passend zu Prozesstyp und Zielkriterium die **Entscheidungsregel** $\delta : \mathbb{R} \to \{0, 1\}$ mit „keine Aktion" (0) und „Aktion" (1) festgelegt werden.

Zur Veranschaulichung der Vorgehensweise unterstellen wir einen Gaußprozess mit bekannter, fester Fertigungsstreuung σ^2 und Niveausprung $\Delta\mu = |\mu_0 - \mu_1|$, d. h. $(X_t)_{t=1,2,\dots} \sim N(\mu_t, \sigma^2)$, i. i. d. und $\mu_0 \neq \mu_1$ für alle $t > t_0$. Diesem Prozess wird laufend im zeitlichen Abstand Δt eine Stichprobe im Umfang $m \in \mathbb{N}$ entnommen. Die Struktur der Entscheidungsregel mit $S_t = \bar{x}_t$ für eine Shewart-Mittelwertskarte ist dann

$$\delta(S_t) = \begin{cases} 0 \text{ „keine Aktion"} & \text{falls } h_- \leq S_t \leq h_+ \\ 1 \text{ „Eingriff"} & \text{sonst.} \end{cases}$$

Hierbei wählen wir als Zielkriterium das Herstellerrisiko $\alpha \ll 0{,}5$, z. B. $\alpha = 0{,}01$ oder $0{,}05$. Nunmehr lassen sich die zweiseitigen Kontrollgrenzen mithilfe der Normalverteilungsfunktion Φ wie folgt bestimmen:

$$h_1^- = \mu_0 - \xi_{1-\alpha/2}\sigma_0/m \tag{4.38}$$
$$h_1^+ = \mu_0 + \xi_{1-\alpha/2}\sigma_0/m, \tag{4.39}$$

wobei sich der zugehörige Prozentpunkt über $\xi_{1-\alpha/2} = \Phi^{-1}(1 - \alpha/2)$ ergibt. Die Tabelle in Abb. 4.26 zeigt den Zusammenhang zwischen Herstellerrisiko α und dem Prozentpunkt ξ.

Eine Regelkarte mit dem Kontrollparameter $\theta \in \mathbb{R}$ kann unter statistischen Gesichtspunkten mittels der **Operationscharakteristik** $OC : \mathbb{R} \to \mathbb{R}_{[0,1]}$ mit $OC(\theta) = P(\delta(S_t) = 0 \mid \theta)$ hinsichtlich der sog. Trennschärfe zwischen den beiden Prozesszuständen („unter Kontrolle" (θ_0) und „außer Kontrolle" (θ_1)) und den Wahrscheinlichkeiten (α, β) der Risiken 1. und 2. Art beurteilt werden. Sie gibt die Wahrscheinlichkeit für „Keine Aktion" für jeden Wert des Parameters θ wieder.

Am Sollwert θ_0 ist $1 - OC(\theta_0) = \alpha$. Erfolgt hier ein Eingriff in den Prozess, käme dies **blindem Alarm** gleich, da der Prozess für $\theta = \theta_0$ unter Kontrolle ist. Dem entspricht die **Wahrscheinlichkeit (α) des Fehlers erster Art**. Außerhalb vom Sollwert mit $\theta_t \neq \theta_0$ gibt

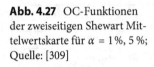

Abb. 4.27 OC-Funktionen der zweiseitigen Shewart Mittelwertskarte für $\alpha = 1\,\%$, 5 %; Quelle: [309]

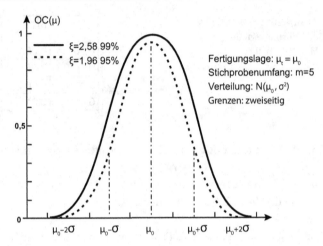

die OC die Wahrscheinlichkeit $\beta(\theta)$ für die inkorrekte Entscheidung („Keine Aktion") als Funktion von θ wieder, d. h. die **Wahrscheinlichkeit des Fehlers zweiter Art**, also dem Risiko einer *unterlassenen* oder sog. **Null-Aktion**.

Der Abfall der OC links und rechts von θ_0 zeigt die Güte (**Trennschärfe**) der Qualitätsregelkarte. Es gilt: Je steiler der Abfall, desto größer ceteris paribus die Trennschärfe. In Abb. 4.27 sind die OC-Funktionen einer Kontrollkarte für die (zweiseitige) $\bar{x}$-Mittelwertskarte vom Typ Shewart, d. h. $\theta \equiv \mu$, für $\alpha = 1\,\%$ und $\alpha = 5\,\%$ wiedergegeben.

Abschließend verdeutlichen wir, dass der Qualitätsmanager zwei Tatbestände auseinanderhalten muss:

1. Auswahl der Qualitätsmerkmale und der Messtechnik, sowie
2. Festlegung der Prüfgröße(n) als Funktion (Transformation) der Messwerte.

Wie eingangs erläutert, hängt die *Güte des Monitoring* oder der *Prozesskontrolle* ganz entscheidend vom Kartentyp ab. Wir verdeutlichen diesen Effekt anhand der Abb. 4.28 und 4.29 im folgenden Beispiel. Es zeigt, dass verschiedene Prüfgrößen, die sogar dieselben Messwerte nutzen, völlig unterschiedliche Effizienz (Trennschärfe) bzw. Fehlerraten aufweisen können. Oder anders ausgedrückt: Gute Messtechnik des Fertigungsingenieurs ist eine Sache, eine andere die Auswahl einer Regelkarte durch den Fachstatistiker.

Beispiel Wir vergleichen eine *$\bar{x}$-Mittelwertskarte vom Typ Shewart* (Abb. 4.28) mit der alternativen *CuSum-Karte* (Abb. 4.29). Das Qualitätsmerkmal ist normalverteilt mit $N(50,100)$. Der Herstellprozess ist vom Typ „Sprungprozess", d. h. ab $t = 21$ liegt der Mittelwert bei $\mu_1 = 52,5$.

Da die Sprunghöhe $\Delta_\mu = 2,5$ relativ klein im Vergleich zur Standardabweichung $\sigma = 10$ ist, kann eine CuSum-Karte die Mittelwertsverschiebung schneller und zuverlässiger anzeigt [151]. Als Prüfgröße wird $S_t = \sum_{i=1}^{t}(\bar{x}_i - \mu_0)^2$ herangezogen. Wie man aus den

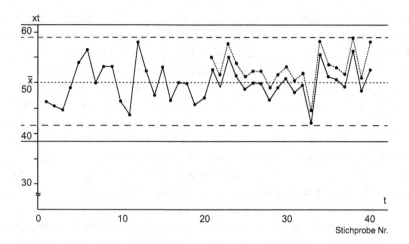

Abb. 4.28 Zweiseitige Shewart Mittelwertskarte mit Sprung in $t = 21$

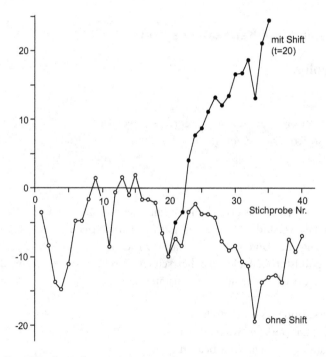

Abb. 4.29 CuSum-Mittelwertskarte mit Sprung in $t = 21$

Abb. 4.28 und 4.29 deutlich erkennen kann, visualisiert die CuSum-Karte auch hier die geringe Mittelwertverschiebung wesentlich deutlicher. Dies liegt einfach daran, dass ab $t = 21$ die Abweichung jedes Messwerts vom Sollwert ein positives Vorzeichen hat, kumuliert (summiert) wird und auch ohne formale Anwendung einer CUSUM- Entscheidungsregel die Ganglinie der Mittelwertsfolge deutlich ist und ein Prozesseingriff naheliegt. In der Regelungstheorie bezeichnet man eine solche Reglergröße als **Integralregler**.

Weiterführende Literatur *Monitoring* bzw. *Surveillance* wird in jedem Buch über statistische Qualitätssicherung oder -kontrolle in den Kapiteln über *Online Kontrolle* oder *Qualitätsregelkarten* behandelt. Didaktisch und auch inhaltlich besonders gelungen erscheint uns nach wie vor das Buch „Qualitätsregelkarten" von Mittag (1993) [205]. Die Entwicklung des Monitoring lässt sich gut an der Buchreihe „Frontiers in Statistical Quality Control" von Lenz et al. ablesen, siehe die Bände I–X [181]. Einen gezielten Einstieg in die Qualitätskontrolle einschließlich Regelkarten ermöglicht das ebenso didaktisch wie methodisch gut geschriebene Buch „Introduction to Statistical Quality Control" von Montgomery, das seit 2012 in der siebenten Auflage vorliegt [206].

4.6   Controlling und Kennzahlensysteme

4.6.1   Controlling

Controlling ist ein funktionsübergreifendes Steuerungs- und Kontrollinstrument zur ergebnisorientierten Koordination von Planung, Kontrolle und Informationsbereitstellung.

Ziel des **Controlling** ist es, das Erreichen der Unternehmensziele zu unterstützen. Dazu gehört zuerst einmal das Aufdecken von *Irregularitäten* in betrieblichen Kenngrößen, die die wirtschaftliche Lage des Unternehmens charakterisieren. Dies sind solche Abweichungen zwischen Soll- und Istgrößen, die bei beherrschtem Geschäftsprozess vermeidbar gewesen wären. Mögliche Ursachen solcher Irregularitäten sind

1. Markteinflüsse und Gesamtwirtschaftslage,
2. Missmanagement *(Führungsfehler)* oder
3. strafbare Handlungen von Mitarbeitern.

Controlling ist funktionsübergreifend, d. h. es wird in allen Funktionsbereichen eines Unternehmens wie Beschaffung, Logistik, Lagerhaltung, Produktion, Vertrieb, Verwaltung, IT und Personalwesen angewendet. Es ist darüber hinaus in dem Sinn phasenunabhängig, dass es im operativen Bereich – siehe aktionsorientiertes und buchhalterisches Controlling

– und im führungsorientierten (taktischen und strategischen) Bereich – hier insbesondere Finanzierung und Investition – eingesetzt wird. Jeder Soll-Ist-Vergleich setzt voraus, dass

1. vorab die Soll- oder Planungsgrößen (sog. *Zielvereinbarungen*)
2. auf allen Managementebenen, wie Unternehmensleitung, Hauptabteilungen, Abteilungen und Gruppen,
3. für die aktuelle Berichtsperiode oder einen festgelegten Planungshorizont
4. im Rahmen einer – allgemein gesehen – *Mehrperioden-* und *mehrstufigen Planung* bestimmt werden.

Dies muss abgestimmt auf die unternehmerischen **Formal-** und **Sachziele** erfolgen, was bei tiefen Unternehmenshierarchien bekanntlich einen erheblichen Abstimmungsaufwand zwischen allen Ebenen erfordert (vgl. zu der Methodik von Top-down- und Bottom-up-Planung [332]). Der Abstimmungsprozess innerhalb einer Unternehmenshierarchie von *Top-Down-Zielvorgaben* und *Bottom-Up-Machbarkeitsanalysen* ähnelt im Kern Lernprozessen in Organisationen [188] (siehe zu den Details der Unternehmensplanung Abschn. 4.2).

Liegen *Zielsystem* und *Sollgrößen* fest, so sind die benötigten internen und externen Daten nach Abschluss der Abrechnungsperiode bereitzustellen, deren Qualität zu prüfen, zu aggregieren, zu gruppieren und zu analysieren. Datenbereitstellung und -analyse verkörpert, wie in diesem Buch immer wieder deutlich herausgestellt wird, *die* originäre Aufgabe von **Business Intelligence**. Sind die erforderlichen *OLAP-Daten* der ausgewählten *Controlling-Objekte* den jeweiligen *Data Marts* einzelner Abteilungen zugewiesen und personifiziert, d. h. dem Controller sozusagen „auf den Leib" geschrieben, kann der Controller mit dem Soll-Ist-Vergleich unter Einsatz branchenüblicher Controlling-Software beginnen. Letztere verfügt über geeignete Schnittstellen zu den Data Marts bzw. dem Data Warehouse.

Im Rahmen der **Abweichungsanalyse** deckt der Controller auftretende, *„wesentliche und vermeidbare"* Abweichungen bei den einzelnen betrieblichen *Kenngrößen* bzw. *Kostenarten* auf. Er geht dabei getrennt nach *Kostenstellen*, *Verantwortungsträgern* und *Kostenträgern* vor, wobei er *Periodizität* und *Ortsbezug* beachtet. Er ermittelt deren **Abweichungsursachen** und schätzt die Auswirkungen auf den Geschäftsverlauf hinsichtlich Erfolg, Verlust und Vermögensrisiko ab. Letztere Phase heißt auch *Kausalanalyse*. Falls die Abweichungen „erheblich" und „zeitkritisch" sind, wird eine **Fehlerrückverfolgung** gestartet (siehe Abschn. 4.7), wie es in der Automobilindustrie immer wieder im Rahmen von Rückrufaktionen vorkommt. Hinsichtlich der Überwachung von Fertigungszeiten bei der Montage von Nutzfahrzeugen siehe die Fallstudie im Abschn. 6.3. Letztlich setzt damit das Controlling auf *Regelung* in einem geschlossenen **Regelkreis** auf (siehe Abb. 4.30).

Große Bedeutung beim Controlling hat der die betrieblichen Daten *generierende Prozess*. Dazu rechnen neben den Aktivitäten auf dem Kunden-, Lieferanten-, Personal- und Finanzmarkt die internen Geschäftsprozesse, die alle betrieblichen Funktionsbereiche umfassen. Im Kern geht es dabei um die Unsicherheit des Controllers hinsichtlich der **Konsistenz** (Widerspruchsfreiheit), **Messfehlerfreiheit** und **Vollständigkeit** der ihm zur Verfügung gestellten Unternehmensdaten, d. h. um die **Datenqualität** im Allgemeinen.

Abb. 4.30 Controlling als
Regelkreis

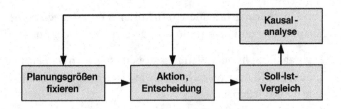

Erfahrungsgemäß nimmt die *Ungenauigkeit* betrieblicher wie auch gesamtwirtschaftlicher Daten mit dem *Aggregationsgrad* zu. Fest steht, dass Käufe, Verkäufe oder Gehaltszahlungen in einer Unternehmung aufgrund gesetzlicher, tariflicher oder vertraglicher Bedingungen und Gegebenheiten korrekt und fehlerfrei sind. Dies heißt aber noch lange nicht, dass die Bewertungen der Lagerbestände im Wareneingang und -ausgang, von Halbfabrikaten und von Rückstellungen für ungewisse Verpflichtungen gegenüber Dritten oder die Umlage der Jahresgehaltssumme aller Mitarbeiter auf einzelne Kostenträger eines weltweit operierenden Konzerns „exakt" erfasst, mittels international vergleichbarer Wechselkurse umgerechnet und konsolidiert sind. Man denke hier etwa an die Behandlung von Sonderzahlungen wie Boni, Tantiemen oder Jubiläumsvergütungen. Gleiches gilt für weitere hochaggregierte betriebliche Kenngrößen wie z. B. Auslastungsgrad von Standorten, Werken, Abteilungen und Cash Flow, deren Komponenten ebenfalls Mängel hinsichtlich der Datenqualität aufweisen können. Verursacher solcher Datenqualitätsprobleme sind existierende Schätzspielräume beim Messen und Bewerten [177], sowie alternative, nationale Berechnungsmethoden.

Beispiel Wir greifen den **Cash Flow** (CF) heraus, einen sog.*Key Performance Indicator* (KPI). Er repräsentiert im operativen Unternehmensbereich den Saldo $CF_t = EZ_t - AZ_t$ aus Ein- (EZ_t) und Auszahlungen (AZ_t) einer festen Periode t. Er wird als Indikator für die *Finanz-* und *Ertrags-*, sowie *Refinanzierungskraft* und für das *Liquiditätssicherungspotenzial* eines Unternehmens angesehen [163]. Man kann CF anhand der Daten aus der **GuV** sowohl mittels **direkter** als auch **indirekter Berechnungsmethoden** bestimmen – statistisch gesehen „schätzen".

Die direkte Methode angewendet auf Geschäftsjahr t knüpft an die erfolgswirksamen Ein- (eEZ) und Auszahlungen (eAZ) an:

$$CF_t^{(1)} = eEZ_t - eAZ_t \tag{4.40}$$

Leichter bereitzustellen in der Praxis sind die Daten bei der indirekten Methode, die auf den nicht auszahlungswirksamen Aufwendungen (naA) wie Abschreibungen oder Rückstellungen, den nicht einzahlungswirksamen Erträgen wie Halbfabrikate-Herstellung (neE) und dem Jahresergebnis (JE) (mit positivem bzw. negativem Vorzeichen) in t basiert:

$$CF_t^{(2)} = JE_t + naA_t - neE_t \tag{4.41}$$

Zur Erledigung seiner Aufgaben steht dem Controlling ein breites Instrumentarium zur Verfügung, je nachdem welchen Unsicherheitsgrad und welche Ungenauigkeit die Daten aufweisen. Lässt man das **strategische Controlling**, das eher langfristig orientiert ist, mit den Controlling-Objekten *Zielsystem, Investition, Finanzierung, Standort, Produktpalette, Personalstamm* usw. außer Acht, so stehen beim **operativen Controlling** der Sachbearbeiter und Mittelmanager im Mittelpunkt, was eine feine (von *Schicht* über *Tag* bis hin zu *Jahr* bezogene) zeitliche Struktur verlangt. Man denke etwa an das Controlling im Personalbereich hinsichtlich der Controlling-Objekte *Mitarbeiter, Schichten, Abteilungen, Arbeitsplatz* sowie *Kosten* und *Leistung*.

Ganz überwiegend wird beim operativen Controlling das sog. **deterministische Controlling** eingesetzt, bei dem von genauen und sicheren Werten ausgegangen wird, siehe dazu beispielsweise die ERP-Systeme, die SAP, Oracle und andere anbieten. Dabei kommen neben qualitativen insbesondere quantitative (analytische) Verfahren zum Einsatz. Erstere sind Verfahren, die beispielsweise bei der Fakturierung Firma, Kundenanschrift, Rechnungspositionen und Betrag sowie Datum usw. auf deren Richtigkeit überprüfen. Im zweiten Fall werden die wechselseitigen, funktionalen (modellmäßigen) Zusammenhänge (arithmetische Relationen) der Einnahmen und Ausgaben, Aufwands- und Ertragsgrößen, Kosten- und Leistungsgrößen, die im Rahmen der Kostenarten-, Kostenstellen- und Kostenträgerrechnung eine Rolle spielen, oder der betrieblichen Kenngrößen des jeweiligen Kennzahlensystems benutzt, um Sollgrößen auf der Basis von Längs- und Querschnittsdaten abzuleiten oder auf Konsistenz zu prüfen.

Beispiel Wir betrachten den betrieblichen Auslastungsgrad z als Quotient von Betriebs- und Verkehrsleistung einer Fahrzeug- oder Flugzeugflotte. Er ist eine (nicht-lineare) rationale Funktion. Zähler und Nenner hängen dabei teilweise in nicht-linearer Form von den Einflussgrößen $x_1, x_2, \ldots, x_p$ ab. Man denke hier etwa an die Relationen *Reisezeit = Entfernung × Reisegeschwindigkeit*. Einflussgrößen sind die Anzahl der Beförderungsfälle, die vorhandene Sitzkapazität, die zurückgelegten Entfernungen, sowie die Fahr- bzw- Fluggeschwindigkeit. Dies bedeutet für den Soll-Ist-Vergleich, die prozentuale Abweichung der Zielgröße (Auslastungsgrad) z auf die p verursachenden Faktoren $x_1, x_2, \ldots, x_p$ unter Berücksichtigung der *nichtlinearen* funktionalen Beziehungen $f : \mathbb{R}^p \to \mathbb{R}$ zu verteilen. Dies ist ein klassisches Problem der Betriebswirtschaftslehre, das i. Allg. nur näherungsweise gelöst werden kann (vgl. zum Methodenspektrum [149, 180]).

Die große Bandbreite der Vorgehensweise, wie der Controller in der jeweiligen Anwendungsdomäne vorgehen kann, wird aus Abb. 4.31 deutlich.

Im Folgenden präsentieren wir ein (einfaches) Beispiel zum operativen Controlling, das von scheinbar korrekt erfassten Istgrößen und „scharfen" Sollgrößen, sog. „deterministischem Controlling", ausgeht.

Beispiel Die Kostenart *Wasserkosten* weist in einem siebzig Wohneinheiten umfassenden Mehrfamilienmietobjekt in einer deutschen Großstadt im betreffenden Abrechnungsjahr eine jährliche Steigerung von +32 % auf. Die Verwaltungsgesellschaft weist die Steigerung

Abb. 4.31 Typisierung von
Controlling Verfahren

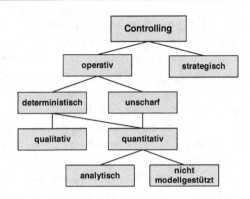

anhand korrekt datierter, das Objekt eindeutig identizierender Rechnungen mit ersichtlich zutreffenden Rechnungsbeträgen des örtlichen Wasserwerks nach. Die Mieterinitiative – die hier quasi die Rolle des Controllers spielt – zweifelt die Korrektheit der Rechnungslegung bei dieser Kostenart an, da im betreffenden Kalenderjahr die Inflationsrate gemessen an der Steigerung des Preisindex der Lebenshaltung für Vier-Personen-Haushalte nur bei etwa 3 % liegt. Diese Größe wird als *kritische Obergrenze* für Abweichungen zwischen Soll- und Istwerten herangezogen.

Nach Auskunft des örtlichen Wasserwerks, die ohne großen Aufwand einholbar ist (gemäß dem Prinzip „einfache Faktenfeststellung hat Priorität"), wurde der Tarif im zurückliegenden Abrechnungszeitraum nur um 5 % angehoben. Die an betriebseigenen Wasseruhren, die im Mietobjekt in den einzelnen Mietshäusern installiert sind, ermittelte Verbrauchsmenge ergibt eine Steigerung von insgesamt nur 1 %.

Istdaten:

1. Kostensteigerungsfaktor $\lambda_{\text{Ist}} = 1{,}32$
2. Tarifsteigerungsfaktor $\lambda_1 = 1{,}05$
3. Mehrverbrauchsfaktor $\lambda_2 = 1{,}01$
4. Schwellen- oder Referenzwert $\varepsilon = 0{,}03$

Zur Abschätzung der Sollkosten machen wir, wie beim analytischen Controlling üblich, von einem (hier einfachen) Modell Gebrauch.

Modell: Kosten = Menge × Einheitspreis mit den Maßeinheiten Euro/a, m³/a, Euro/m³. Sollkosten-Steigerungsfaktor: $\lambda_{\text{Soll}} = \lambda_1 \times \lambda_2$.

Aufgrund der Istdaten folgt $\lambda_{\text{Soll}} = 1{,}05 \times 1{,}01 = 1{,}0605$. Dies entspricht einer prozentualen Steigerung von 6,05 %. Eine absolute oder auch prozentuale Abweichung zwischen Soll- und Istgrößen besagt ohne Information und Hintergrundwissen über das wirtschaftliche und betrieblichen Geschehen gar nichts. Aus historischen Bezügen, d. h. Zeitreihenwerten, Querschnittsdaten und gepoolten Längs- und Querschnittsdaten lassen sich entsprechende Soll-oder Vergleichswerte ableiten. Im vorliegenden Fall bietet sich die Inflationsrate $\varepsilon = 3\,\%$ als kritischer oder Vergleichs- bzw. Schwellenwert an.

Soll-Ist-Abweichungsregel:

$$\Delta = \frac{|\lambda_{\text{Soll}} - \lambda_{\text{Ist}}|}{\lambda_{\text{Soll}}} = 0{,}245 > 0{,}03$$

Kausalanalyse: Da die Soll-Ist-Abweichung $\Delta = 0{,}245$ den kritischen Wert $\varepsilon = 0{,}03$ überschreitet, wird im Rahmen der Kausalanalyse nach den Gründen der Irregularität gesucht.

1. Schritt: Der Controller überprüft wegen der Einfachheit der Prüfung zuerst die vorliegenden Dokumente des Vermieters hinsichtlich der Kostenart *Wasserkosten*. Es sind dies üblicherweise vier Rechnungen für die quartalsmäßigen Vorauszahlungen des Vermieters und die endgültige Jahresabrechnung des Wasserwerks. Im vorliegenden Fall existiert jedoch eine weitere, korrekt auf das erste Quartal datierte und adressierte Rechnung für das betreffende Mietobjekt. Es stellt sich heraus, dass der Vermieter im vierten Quartal des Vorjahres versehentlich eine fällige Vorauszahlung nicht tätigte. Das Wasserwerk schickte daraufhin zu Beginn des ersten Quartals des folgenden Abrechnungszeitraums eine Mahnung in üblicher Rechnungsform. Der Vermieter brachte diese daraufhin im neuen Abrechnungszeitraum bei der Umlage auf die *Kostenstellen* (Mietwohnungen) zur Abrechnung. Dies ist aber ein Verstoß gegen das Betriebskostenumlagegesetz. Regel: *Nicht umgelegte* umlagefähige Kostenarten einer früheren Periode dürfen in späteren Abrechnungsperioden *nicht mehr* abgerechnet werden.

2. Schritt: **Controlling-Reaktion:** Damit ist die Kostenabweichung *„erheblich"*, also sachlich begründet und die Abrechnung muss gesetzeskonform korrigiert werden, d. h. die Vorauszahlung für das vorangegangene vierte Quartal darf in der nachfolgenden, laufenden Abrechnungsperiode nicht mehr berücksichtigt werden.

Die Praxis der Wirtschaftsprüfung zeigt, dass selbst im Falle „scharfer" Daten der Controller durchaus vor dem Problem von **Prüfentscheidungen unter Risiko** oder Unsicherheit stehen kann. In [18, S. 119] wird ein solcher Fall geschildert.

Beispiel Eine Prüfung hat bei einer Kostenstelle eine Soll-Istkostenabweichung von 5000 € ergeben. Die Gründe sind dafür zunächst nicht bekannt. Führt der Controller eine Ursachenanalyse durch, entstehen zusätzliche Prüfkosten von 750 €, dafür aber sinkt die Wahrscheinlichkeit auf 10 %, dass die Unwirtschaftlichkeit in der Folgeperiode fortbesteht. Reagiert er nicht, ist erfahrungsgemäß die Wahrscheinlichkeit 30 %, dass eine gleich hohe Kostenabweichung auftreten wird.

Wie soll sich ein Controller verhalten, der den erwarteten Verlust minimieren will? Zur Lösung des Entscheidungsproblems unter Risiko bietet es sich an, auf Bayessche Entscheidungsverfahren zurückzugreifen [18], deren wichtigste Varianten Influenzdiagramme [271] bzw. Bayessche Netzwerke sind [165]. Wir nutzen hier Bayessche Netzwerke, zur Methodik siehe auch Abschn. 4.7.

Als erstes wird der **Modellgraph (Bayessches Netz)** vorgestellt. Knoten stellen die *Variablen* dar, die paarweise durch genau eine Kante im Netzwerk verbunden sind. Letztere

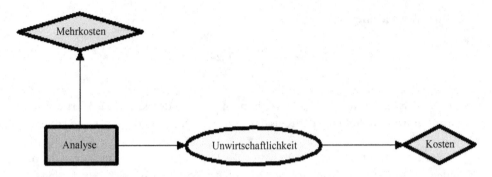

Abb. 4.32 Bayessches Entscheidungsnetz für zusätzliche Kostenabweichungsanalyse

Unwirtschaftlichkeit	Analyse	keine Analyse
Abweichung entfällt	0.9	0.7
Abweichung bleibt	0.1	0.3

Analyse	
Analyse	
keine Analyse	

Kosten		
Unwirtschaftlichkeit	Abweichung entfällt	Abweichung bleibt
Utility	0	-5000

Mehrkosten	Analyse	keine A...
	Analyse	
Utility	-750	0

Abb. 4.33 Tabelle für Unwirtschaftlichkeits-Wahrscheinlichkeiten, Kosten, Mehrkosten und Analyse

gibt die Ursache-Wirkungs-Beziehung zwischen den Variablen wieder. Die Variablen lassen sich drei Klassen zuordnen: **Entscheidungsvariablen** wie *Analyse*, **Zustandsvariablen** wie *Unwirtschaftlichkeit*, die von der Entscheidung (*Analyse*) abhängt, und **Kosten**- oder **Nutzenvariablen** wie fixe *Mehrkosten*, die wegen der Zusatzprüfung anfallen, und *Kosten*, die von der *Unwirtschaftlichkeit*slage abhängen (siehe Abb. 4.32). Kostengrößen werden als negative Nutzenwerte interpretiert [18].

Die bedingten Wahrscheinlichkeiten des Problems, die in der Tabelle *Unwirtschaftlichkeit* zusammengefasst sind, die Entscheidungstabelle (*Analyse*) sowie die Kosten- und Mehrkostentabelle sind in Abb. 4.33 wiedergegeben.

Sind das Bayessche Netzwerk und die Tabellen *Unwirtschaftlichkeit, Kosten, Mehrkosten* und *Analyse* voll spezifiziert, lässt sich unmittelbar die Lösung des Problems für die beiden Handlungsalternativen (a_1: „Zusatzprüfung ja", a_2: „Zusatzprüfung nein") berechnen (siehe Abb. 4.34). Dies ist die Alternative „*Ursachenanalyse durchführen* (a_1)", da deren erwarteter Verlust, $E(u(X, a_1)) = -1250 > E(u(X, a_2)) = -1500$ ist. Hierbei wird negativer Nutzen als Verlust interpretiert.

Wir wenden uns im Folgenden dem **Controlling unter Unsicherheit** und mit **unscharfen Daten** zu. In der Wirtschaftsprüfung, speziell bei der Abschlussprüfung, wird dabei der treffende Begriff „*Analytische* Prüfungen bei der Existenz von Schätzspielräumen" benutzt

Abb. 4.34 (negative) Erwartungswerte der beiden Handlungsalternativen

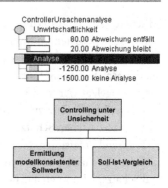

Abb. 4.35 Anwendungsbereiche vom Controlling unter Unsicherheit

[177]. Die Unsicherheit des Controllers bezieht sich dabei auf drei verschiedene Tatbestände, die einzeln oder getrennt sowohl für Einzel- als auch Gemeinkosten in der Praxis auftreten können:

1. unscharfe Sollgröße,
2. unscharfe Istgröße oder
3. unscharfe Soll- und Istgrößen.

Entsprechend lassen sich zwei Funktionsbereiche des Controlling unter Unsicherheit unterscheiden (siehe Abb. 4.35).

Worin besteht nun die Natur unscharfer Daten im Controlling und die daraus zwangsläufig folgende Unsicherheit des Controllers über die *Controlling Objekte*, d. h. die interessierenden betrieblichen Istgrößen und die zugeordneten Daten? Es sind dies drei Ursachen, die getrennt, zusammen oder in *wechselseitiger Beeinflussung* auftreten können:

1. *Variabilität*, die in der Natur eines Controlling-Objekts selbst liegt, wie z. B. Energieverbrauch,
2. *Mess- oder Zählfehler*, die durch das Beobachten, Zählen, Wiegen, Messen oder durch Datenerfassung und Speicherung verursacht werden, sowie
3. *Schätzspielräume* beim Bewerten von Aktiva und Passiva, beispielsweise Bildung von Rückstellungen.

Beispiel Wir betrachten den Energieverbrauch eines chemischen Werks. Aufgrund klimatischer Verhältnisse, der eingesetzten Technologie, der wirtschaftlichen bzw. gesellschaftlichen Rahmenbedingungen und des erzielten Produktionsniveaus schwankt der Energieverbrauch im Zeitablauf (**natürliche Schwankungen**). Ähnliches gilt für Periodenkosten, Stückkosten und Preise, vergleichbar zur *Volatilität* von Börsenkursen.

Davon sind **Messfehler** zu unterscheiden, die je nach Messtechnik größer oder kleiner ausfallen können. Hier sind der durch *Inventur*, d. h. körperliche Bestandsaufnahme und Zählung, zu ermittelnde Jahresendbestand in der Lagerhaltung oder die Abschreibung auf unsichere Kundenforderungen zu nennen. Ähnliches gilt für die Ermittlung von betrieblichen Gemeinkosten im Rahmen der Kostenarten-Kostenstellen-Kostenträger Rechnung. Man denke hier etwa an den quartalsmäßigen Verbrauch an Wärmeenergie (Gasmenge) mit der Maßeinheit $m^3/(m^2 \times$ Quartal$)$, der auf die einzelnen Abteilungen „verbrauchsgerecht" umgelegt werden muss. Falls keine Einzelverbrauchsmessung erfolgt, muss mittels „geigneter" Äquivalenzgrößen der Gesamtverbrauch verteilt werden. Hier ist offensichtlich die Grenze zwischen Schätzung/Umlage und Fehler fließend.

Während Präzision bzw. Messfehler bei korrekter Handhabung geräteabhängig sind, beruht die Unschärfe betriebswirtschaftlicher Größen im Fall der Existenz von Ermessens- und Schätzspielräumen auf **Bewertungsproblemen**. Deshalb erscheint es der Problematik angemessen, nicht von „Fehlern" zu sprechen, die oft „fahrlässiges oder vorsätzliches Verhalten" voraussetzen, sondern von **schätzungsbedingter Unschärfe**. Ein repräsentatives, alltägliches Beispiel sind Rückstellungen für zeitlich und betragsmäßig ungewisse Verbindlichkeiten im Zuge von Rechtsstreitigkeiten und für Rückrufaktionen in der Automobilindustrie. Zur Problematik von Rückstellungen zählt der spektakuläre Fall des Börsengangs der Deutschen Telekom im Jahr 2000. In den zugehörigen Prospekten für potenzielle Investoren setzte die Telekom nach Meinung vieler klagender Kleinaktionäre die Bewertungen ihrer Grundstücke zu hoch hinsichtlich der tatsächlichen Gegebenheiten auf dem Grundstücksmarkt an [70].

Im Zuge der *Globalisierung* der Wirtschaft, zunehmender wechselseitiger Abhängigkeiten von Unternehmen und des verstärkten Einsatzes des *bilanzpolitischen Instrumentariums* (siehe *Konsolidierung* in Abschn. 4.2.3), ist in den Industriestaaten zu beobachten, dass die Schwankungsbreite der Wertansätze, dort wo **Bewertungsspielräume** existieren, zunehmen.

Während beim deterministischen Controlling zu jeder betrieblichen Kennziffer eine *„scharfe Zahl"* gehört, tritt beim unscharfen Controlling neben den Messwert der zugehörige absolute oder prozentuale Fehler. Der Verbrauch eines im ÖPNV eingesetzten Busses beispielsweise beträgt ungefähr $(34 \pm 2)\,l/100\,km$.

Zur Behandlung derartiger fehlerbehafteter Kenngrößen stehen neben vielen anderen Kalkülen zwei ausgereifte methodisch gut fundierte Ansätze zur Verfügung:

1. *probabilistischer Ansatz: Wahrscheinlichkeitstheorie* und *Inferenz-Statistik*
2. *possibilistischer Ansatz: Fuzzy Logik und Fuzzy Set Theorie.*

Beim **probabilistischen Ansatz** – auch *stochastischer Ansatz* genannt – wird jede Variable (Kenngröße) als *Zufallsvariable* $X : \Omega \to \mathbb{R}$ mit vollständig spezifizierter Wahrscheinlichkeitsverteilung F_X modelliert.

Hierbei symbolisiert Ω den Urbildraum und $\mathbb{R}$ den Bild- oder Datenraum. Üblich ist dabei die Annahme, dass die Zufallsvariablen einer Normal- oder Gaußverteilung mit der Dichtefunktion $\varphi(x) = d\Phi/dx : \mathbb{R} \to \mathbb{R}_{\geq 0}$ bzw. Verteilungsfunktion $\Phi : \mathbb{R} \to \mathbb{R}_{[0,1]}$ gehorchen, die neben der Symmetrie in Form einer Glockenkurve (siehe Abb. 4.36) allein durch Erwartungswert $\mu \in \mathbb{R}$ und Varianz $\sigma^2 \in \mathbb{R}_+$ gekennzeichnet ist. Die Annahme von

Abb. 4.36 Normalverteilter
Messwert $x \sim N(\mu, \sigma^2)$

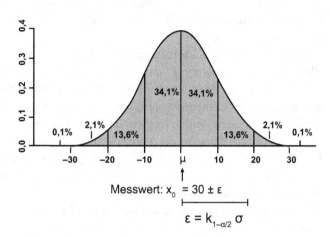

Symmetrie und Glockenkurvenform ist in vielen Fällen unrealistisch. So zeigt sich in der industriellen Praxis, dass die Fehler bei der Absatzprognose oft schief verteilt sind.

Da der Erwartungswert betrieblicher Kenngrößen unbekannt ist, wird im Ein-Perioden Fall der aktuelle Beobachtungswert x verwendet um ihn zu schätzen, d. h. $\hat{\mu} = x$. Aufgrund von Vorinformation wird die Varianz σ^2 (Quadrat der Standardabweichung σ) als bekannt vorausgesetzt oder bei gegebener Irrtumswahrscheinlichkeit $\alpha \ll 0{,}10$ mittels $\sigma = \varepsilon / \Phi^{-1}(1 - \frac{\alpha}{2})$ aus dem, alternativ als bekannt vorausgesetzten, absoluten Fehler ε abgeleitet.

Während ein *scharfes* Datum wie Verbrauch $v = 34\,\mathrm{l/km} \times 100$ einfach anzugeben ist, ist dies bei der Existenz von Fehlern in den Variablen wesentlich aufwändiger. Hier kommen *Konfidenzintervalle* zur Anwendung, die besagen, mit welcher Wahrscheinlichkeit $1 - \alpha$ ein Konfidenzintervall den wahren, aber unbekannten Mittelwert μ einer Kenngröße überdeckt, falls der Beobachtungs- oder Messwert x vorliegt. Da im Ein-Perioden Fall der Stichprobenumfang $n = 1$ ist, folgt $\hat{x} = x$. Zur Berechnung eines $(1 - \alpha)$-Konfidenzintervalls für μ ist die Angabe von drei Parametern erforderlich:

1. Konfidenzniveau $1 - \alpha$
2. Intervalluntergrenze $KI_u = x - \Phi^{-1}(1 - \frac{\alpha}{2})\sigma$
3. Intervallobergrenze $KI_o = x + \Phi^{-1}(1 - \frac{\alpha}{2})\sigma$

Offensichtlich ist ein so bestimmtes Konfidenzintervall symmetrisch um den Mess- oder Beobachtungswert x. Die Breite ist proportional zum Konfidenzniveau $1 - \alpha$ und zur Standardabweichung $\sigma = \sqrt{\sigma^2}$. Dies bedeutet, dass die Intervalllänge umso größer ist, je größer das Konfidenzniveau und/oder die Standardabweichung sind. Den Zusammenhang zwischen μ, σ, ε und α verdeutlicht Abb. 4.36.

Funktionale Abhängigkeiten zwischen den Kenngrößen, die auf die arithmetischen Grundoperationen zwischen Zufallsvariablen zurückzuführen sind, lassen sich im linearen Fall (Addition und Subtraktion) mittels **Faltung** exakt berechnen, im nichtlinearen Fall (Multiplikation und Divison) durch *Taylorapproximation 1. Art* immerhin noch näherungsweise [264, 178].

Es seien die messfehlerbehafteten *Beobachtungsvektoren* $(x, z)_0 \in \mathbb{R}^{p,q}$ mit der vektoriellen *Zustandsgleichung* $x = \xi + u$ und der vektoriellen *Bilanzgleichung* $z = \zeta + v = H(\xi) + v$ gegeben, wobei $H : \mathbb{R}^p \to \mathbb{R}^q$ ist. Man beachte, dass wir (vektorielle) Zufallsvariablen hier vereinfachend mit kleinen Symbolen bezeichnen, da Verwechslung zwischen Wert und Variable ausgeschlossen werden können. Im Fall rein linearer Bilanzgleichungen vereinfacht sich die Bilanzgleichung zu der Matrixgleichung $\zeta = H\xi$. Im skalaren Fall ist Gewinn = Ertrag – Aufwand = $H\xi = (1 \;\; -1) \binom{\text{Ertrag}}{\text{Aufwand}}$ beispielsweise eine lineare, während die ökonomische Fundamentalgleichung Umsatz = Menge × Einheitspreis = $H(\text{Menge}, \text{Preis})$ eine nichtlineare Beziehung repräsentiert.

Wie in [178] gezeigt, lassen sich im linearen Fall unter der Annahme normalverteilter Beobachtungsfehler $(u, v) \sim N(0, \Sigma_{uv})$ die nicht-beobachtbaren Zufallsvektoren $(\xi, \zeta) \in \mathbb{R}^{p,q}$ mittels der verallgemeinerten Methode der kleinsten Quadrate (engl. General Least Squares (*GLS*)) durch Minimierung der zugehörigen quadratischen Form schätzen. Die Beobachtungs- und Modellfehlervektoren u und v seien stochastisch unabhängig, $u \perp\!\!\!\perp v$. Dann lauten die Schätzer:

$$\hat{\xi}_{\text{GLS}} = \arg\max \left\{ \begin{pmatrix} u & v \end{pmatrix}^{\text{T}} \Sigma_{uv}^{-1} \begin{pmatrix} u \\ v \end{pmatrix} \right\} \tag{4.42}$$

und

$$\hat{\zeta}_{\text{GLS}} = H\hat{\xi}_{\text{GLS}}. \tag{4.43}$$

Dabei sei die Kovarianzmatrix Σ_{uv} aufgrund von Vorinformation voll spezifiziert. Aufgrund des Sparsamkeitsprinzips „Minimale Spezifität" wird unterstellt, dass die Kovarianzmatrix Σ_{uv} Blockstruktur und alle Korrelationen (Nebendiagonal-Elemente) Null sind. Diese Schätzer haben minimale Varianz unter den gemachten Annahmen, insbesondere der Linearität (siehe **Gauß-Markov Theorem** [9]). Selbst wenn keine Normalverteilung vorliegen sollte, sind diese Schätzer dann noch beste, lineare, *unverzerrte* Schätzfunktionen.

Anders sieht der Fall aus, wenn die Variablen wie bei der Produkt- bzw. Quotientenbildung nicht linear verknüpft sind. Dann müssen die nichtlinearen Beziehungen durch *Taylorapproximation 1. Ordnung* um die jeweiligen Mittelwerte linearisiert werden. Je nach Güte der Approximation gelten dann die Aussagen des Gauß-Markov Theorems nur noch näherungsweise. In jedem Fall aber haben die Schätzwerte zwei für den Praktiker wichtige Eigenschaften:

1. $(\hat{\xi}, \hat{\zeta})$ erfüllen – bis auf numerische Fehler – alle Bilanzgleichungen und
2. $\hat{\Sigma}_{\hat{\xi}} \leq \Sigma_x$ und $\hat{\Sigma}_{\hat{\zeta}} \leq \Sigma_z$. Hierbei sind die relationalen Operatoren komponentenweise zu verstehen. Damit verbessert sich die Datenqualität.

c:\qr\modelle\dupont.sht			
Umsatz 100 ± 5 ?		Kosten 80 ± 4 ?	Kapital 80 ± 4 ?
	Gewinn 30.0 ± 1.5 ?		Return on investment (%) 40.0 ± 2.0 ?
Umsatzrendite (%) 20.0 ± 1.0 ?			Kapitalumschlag (%) ? ?

Abb. 4.37 Reduziertes DuPont Kennzahlensystem in Tabellenform

Der Algorithmus 4.5: Kleinst-Quadrate-Schätzung (GLS) zeigt im Pseudocode grob die einzelnen Schritte zur Berechnung Modell-konsistenter Schätzwerte. Dazu führen wir zur Übersichtlichkeit folgende Notation ein: $y^{\mathrm{T}} = (y, z)$, $J^{\mathrm{T}} = (I, H)$, $w^{\mathrm{T}} = (u, v)$, $\beta^{\mathrm{T}} = (\xi, \zeta)$ und $\Sigma_{ww} = \Sigma_{uv}$.

Algorithmus 4.5 Kleinst-Quadrate-Schätzung (GLS)

Input: Daten $(x, z)_0$, Längen (p, q) der Variablenvektoren ξ, ζ, Modell $\zeta = H(\xi)$, a priori bekannte Kovarianzmatrix Σ_{ww}
Output: Modell-konsistente Schätzer $\hat{\zeta}, \hat{\xi}$ der Vektoren ξ, ζ, Kovarianzmatrix der Schätzer $\Sigma_{\hat{\beta}\hat{\beta}}$
1: Linearisiere $\zeta = H(\xi)$
2: Berechne Inverse $\Sigma^{-1} = (\Sigma_{ww}^{-1})$, falls Inverse existiert, sonst STOP
3: Minimiere quadratische Form $\min w^{\mathrm{T}} \Sigma^{-1} w = \min\{(y - J\beta)^{\mathrm{T}} \Sigma^{-1} (y - J\beta)\}$
4: Lösungsvektor $\hat{\beta} = (J^{\mathrm{T}} \Sigma^{-1} J)^{-1} J^{\mathrm{T}} \Sigma^{-1} y$
5: GLS-Schätzer $(\hat{\xi}, \hat{\zeta})^{\mathrm{T}} = \hat{\beta}^{\mathrm{T}}$

Beispiel Wir greifen aus dem gesamten DuPont-Modell (siehe Abb. 4.37) die (lineare) Bilanzgleichung Umsatz = Kosten + Gewinn heraus, formal $\zeta = \xi_1 + \xi_2$. Die Messwerte seien unscharf und durch folgende absolute Fehler charakterisiert:

$$\text{Umsatz}(z) = 100 \pm 5, \quad \text{Kosten}(x_1) = 80 \pm 4 \quad \text{und} \quad \text{Gewinn}(x_2) = 30 \pm 1{,}5.$$

Offensichtlich erfüllen die Messwerte (x_1, x_2, z) nicht die Bilanzgleichung, da $100 \neq 80 + 30$ ist. Die GLS-Schätzung unter Verwendung der Software *Quantor* [264] liefert folgende drei Schätzwerte samt Fehlermargen: $\hat{\zeta} = 110 \pm 3$, $\hat{\xi}_1 = 85 \pm 3$ und $\hat{\xi}_2 = 25{,}6 \pm 0{,}9$.

Die GLS-Schätzwerte erfüllen theoretisch die Bilanzgleichung, d. h. sie sind *Modell-konsistent*. Wegen der Rechengenauigkeit gilt dies wie im Beispiel erkennbar ist, nur näherungsweise. Man beachte weiterhin, dass die Fehlermargen sich verkleinert haben, d. h. die ungenaueren Messwerte lassen sich durch Abgleich mit dem als korrekt angenommenen Modell durch genauere Schätzwerte ersetzen. So ist beispielsweise $\varepsilon_z = 5 > \hat{\varepsilon}_{\zeta} = 3$.

Siehe [150] zur Anwendung dieser Methode auf die Aufdeckung von Unwirtschaftlichkeiten bei Fertigungszeiten eines industriellen, mehrstufigen Mehrprodukt-Unternehmens.

Der zweite, **possibilistische Ansatz** ordnet jeder betrieblichen Kenngröße ein auf der Fuzzy Logik basiertes Unsicherheitsintervall zu, d. h. eine unscharfe Menge *(Fuzzy-Menge, engl. Fuzzy Set)* bzw. eine *Fuzzy-Zahl (engl. Fuzzy Number)*. Neben dem Wertebereich (support = [min, max] $\subset \mathbb{R}$) der Größe x ist eine Zugehörigkeitsfunktion $\mu_x : \mathbb{R} \to \mathbb{R}_{[0,1]}$ zu spezifizieren. Sie gibt den jeweiligen Möglichkeitsgrad an, mit dem ein Wert $x \in$ support zu der Fuzzy Menge gehört. Wählt man, was in der Anwendung der Fuzzy Logik gang und gäbe ist, als Typ der Zugehörigkeitsfunktion eine Dreiecksfunktion, so sind die drei Parameter (min, peak, max) zu spezifizieren: Minimum (min), Spitzenwert (peak), d. h. Beobachtungs- oder Messwert sowie Maximum (max). Dabei gilt $\mu_x(\text{min}) = \mu_x(\text{max}) = 0$ und $\mu_x(\text{peak}) = 1$.

Für die Arithmetik von Fuzzy-Zahlen bzw. Fuzzy-Mengen steht die gut ausgebaute Fuzzy-Logik zur Verfügung [161, 325]. Das *Extensionsprinzip*, das in der Stochastik der Faltung entspricht [44, S. 620], bildet dafür die Grundlage und geht auf Zadeh zurück. Er stellte es in seinen bahnbrechenden Arbeiten über linguistische Variablen und approximatives Schließen im Jahr 1975 vor [326, 327]. Für unsere Zwecke reicht es aus, die arithmetischen Grundoperationen durch Verknüpfung der Intervalle der jeweiligen α-Schnitte zu realisieren [161]. Die resultierende Zugehörigkeitsfunktion $\mu_x(x)$ wird dann mittels Extensionsprinzip punktweise für jedes $x \in$ support berechnet.

Für $a, b, c, d \in \mathbb{R}$ gilt [161, S. 38–39]:

$$[a, b] + [c, d] = [a + c, b + d]$$

$$[a, b] - [c, d] = [a - d, b - c]$$

$$[a, b] \cdot [c, d] = \begin{cases} [ac, bd] & \text{falls } a \geq 0 \wedge c \geq 0 \\ [bd, ac] & \text{falls } b < 0 \wedge d < 0 \\ [\min\{ad, bc\}, \max\{ac, bd\}] & \text{falls } ab < 0 \vee cd < 0 \\ [\min\{ad, bc\}, \max\{ad, bc\}] & \text{falls } ab \geq 0 \wedge cd \geq 0 \wedge ac < 0 \end{cases}$$

$$\frac{1}{[a, b]} = \begin{cases} [\frac{1}{b}, \frac{1}{a}] & \text{falls } 0 \notin [a, b] \\ [-\infty, \frac{1}{a}] \cup [\frac{1}{b}, \infty] & \text{falls } 0 \in (a, b). \end{cases}$$

Als effiziente Datenstruktur zum Speichern von Fuzzyzahlen oder -mengen haben sich doppelt verkettete Listen herausgestellt, die für alle benötigten α-Werte die zugehörigen Intervalle (α-Schnitte) speichern [161].

Beispiel Wir betrachten einen Fuhrpark mit – grob vereinfacht – nur zwei Fahrzeugen [177]. Dieses Beispiel lässt sich zum einen problemlos um weitere Fahrzeuge erweitern und zum anderen in Hinblick auf unternehmensindividuelle Gegebenheiten modifizieren und realistisch ausbauen.

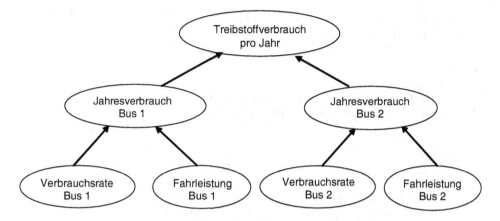

Abb. 4.38 Modellgraph eines einfachen Kraftstoff-Verbrauchsmodells [177]

Daten: Durch Ablesen an den betriebseigenen Zapfsäulen wird der unscharfe Ist-Kraftstoffverbrauch von insgesamt z = 26.000 ± 400 l/Jahr ermittelt. Zur Herleitung korrespondierender Sollgrößen dienen folgende Überlegungen: Der Bus 1 verbraucht pro Kilometer ungefähr x_1 = 0,14 ± 0,02 l/km. Die Unschärfe der Verbrauchsrate rührt daher, dass der Bus öfter im Stau steht, jahreszeitlich bedingten Temperaturschwankungen unterliegt, unregelmäßig ausgelastet ist und bergiges Gelände befahren muss. Für Bus 2 wird der Verbrauch pro Kilometer auf x_2 = 0,18 ± 0,02 l/km geschätzt. Die Jahresfahrleistung des Busses 1 wird anhand von Streckenplan und fahrzeugeigenem Tachometer auf y_1 = 78.000 ± 4000 km/Jahr für Bus 1 und y_2 = 56.000 ± 6000 km/Jahr für Bus 2 festgelegt. Die Zugehörigkeitsfunktionen haben *Dreiecksform*.

Wie beim analytischen Controlling üblich, werden folgende **Modellgleichungen** spezifiziert:

1. Treibstoffverbrauch insgesamt : $z = z_1 + z_2$
2. Jahresverbrauch Bus 1: $z_1 = x_1 \times y_1$
3. Jahresverbrauch Bus 2: $z_2 = x_2 \times y_2$.

In dem Modellgraphen in Abb. 4.38 wird der funktionale Zusammenhang visualisiert.

Soll-Ist-Vergleich: Für den Controller stellt sich die Frage, ob der gemessene Kraftstoffverbrauch mit dem Sollverbrauch, ermittelt über die geschätzten Verbrauchsraten und Jahresfahrleitungen der Busse, verträglich ist. Der FuzzyCalc-Algorithmus (siehe Algorithmus 4.6) deckt im vorliegenden Fall eine Inkonsistenz zwischen Soll- und Istwerten auf, d. h. es existiert keine Wertekombination bei gegebenen Daten und Unschärfebereichen, die alle drei Gleichungen erfüllt [168]. Anders ausgedrückt, mindestens einer der gemeinsamen, komponentenweise berechneten Überlappungsbereiche der Fuzzy Variablen $(x_1, x_2, y_1, y_2, z_1, z_2, z)$ ist leer. Abb. 4.39 zeigt, dass allein schon die Werte der Variablen (z_1, z_2, z) streng inkonsistent zum Modell sind, sodass keine „Reparatur" möglich ist, d. h. keine korrigierten *Schätzwerte* berechnet werden können.

Algorithmus 4.6 FuzzyCalc-Algorithmus [168]

Input: Fuzzyvariablen, Gleichungen

Output: Angepasste Fuzzyvariablen oder Inkonsistenzmeldung

 1: **Wiederhole**
 2:     **Für alle** Gleichungen
 3:         **Für alle** Fuzzyvariablen in der aktuellen Gleichung
 4:             Löse aktuelle Gleichung nach der aktuellen Fuzzyvariablen auf
 5:             Berechne durch Fuzzy-Arithmetik Alternativwert der aktuellen Fuzzyvariablen
 6:         **Ende Für**
 7:     **Ende Für**
 8:     **Für alle** Fuzzyvariablen
 9:         Bilde den Schnitt aus der aktuellen Fuzzyvariablen und allen Alternativwerten
10:         Falls Schnitt leer ist, ist das Gleichungssystem inkonsistent
11:         Weise renormierten Schnitt der aktuellen Fuzzyvariable zu
12:     **Ende Für**
13: **Solange bis** keine weitere Anpassung oder Inkonsistenz existiert

---

Abb. 4.39 Inkonsistenz
von Soll- (*gestrichelt*) und
Ist-Verbrauchsdaten (*durchgezogen*) [177]

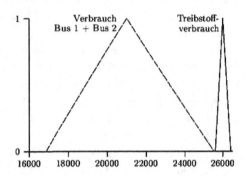

Kausalanalyse und Reaktionen: Mangelnde Plausibilität und modellmäßige Inkonsistenz der Daten ziehen Einzelfallprüfungen zwingend nach sich. In dem vorliegenden, fiktiven Fall könnten Beeinträchtigungen verkehrstechnischer oder wetterbedingter Art ursächlich sein. Aber aber auch vorsätzliche, strafbare Handlungen wie Kraftstoffentnahme für eigene Zwecke oder zu Gunsten Dritter, sind denkbar.

Daneben muss der Controller systemorientierte Prüfhandlungen (Kontrollen, Revisionen) anregen. Diese können sich z. B. auf den Aufbau und die Funktionsweise des Systems der Kraftstoffentnahme sowie die durchgeführten, internen Kontrollen selbst beziehen.

Um ein Gefühl für die Rolle von Unschärfebereichen zu bekommen, soll ein alternatives Szenario betrachtet werden.

Beispiel Es liegt eine zweieinhalbfach höhere Unschärfe des Jahrestreibstoffverbrauchs vor, d. h. $z = 26.000 \pm 1000\,l/\text{Jahr}$. Die Anwendung der Software *FuzzyCalc* verringert die Unschärfe auf $[-27; +498]$ bei einem Schätzwert (peak) von $\tilde{z} = 25.027$ (vgl. Abb. 4.40). Während der geschätzte Treibstoffverbrauch sinkt, steigt die Fahrleistung von Bus 1 auf $\tilde{y}_1 = 81.562\,[-2836; +438]\,\text{km/Jahr}$ und von Bus 2 auf $\tilde{y}_2 = 61.376\,[-1994; +624]\,\text{km/Jahr}$. Die

Abb. 4.40 Soll- (*gestrichelt*) und Ist-Verbrauchsdaten (*durchgezogen*)

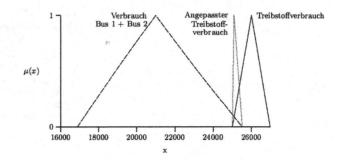

Verbrauchsrate von Bus 1 wird auf $\tilde{z}_1$ = 12.875 [−288; +246] l/Jahr und von Bus 2 auf $\tilde{z}_2$ = 12.152 [−274; +249] l/Jahr geschätzt.

Neben den mittels Fuzzy-Logik geschätzten Sollwerten und den Intervallgrenzen min, max kann noch zusätzlich der sog. **Überlappungsgrad** als Ähnlichkeitsmaß sim : $\mathbb{R}^2 \to$ $\mathbb{R}_{[0,1]}$ zum Soll- und Istvergleich herangezogen werden. In Abb. 4.40 ist das Ähnlichkeitsmaß sim($\hat{z}, z$) zwischen dem geschätzten ($\hat{z}$) und dem ursprünglichen Treibstoffverbrauch (z) ungefähr sim($\hat{z}, z$) $\approx$ 0,1. Geometrisch ist dies die Höhe der Schnitte zwischen den beiden Zugehörigkeitsfunktionen $\mu_x \equiv \mu_{\hat{z}}, \mu_z$. Ein derartig kleiner Wert des Ähnlichkeitsmaßes von 10 % weist auf *Prüfungsbedarf* hin. Folglich empfiehlt es sich, möglichen Unregelmäßigkeiten beim Betrieb der Busse mit Regeln für „gute Prüfpraxis" nachzugehen, d. h. „sine ira et studio", aber „in dubio pro reo".

4.6.2 Betriebliche Kennzahlensysteme

Kennzahlen (engl. *Key Performance Indicators* (*KPIs*)) quantifizieren wirtschaftliche, finanzielle, sachliche und personelle Sachverhalte. **Kennzahlensysteme** verknüpfen (kardinal skalierte) Kennzahlen mithilfe funktioneller Zusammenhänge, d. h. mittels eines betrieblichen Mehrgleichungssystems.

Mit **betrieblichen Kennzahlensystemen** wird versucht, den wirtschaftlichen Zustand eines Unternehmens zu einem festen Zeitpunkt und dessen Veränderung im Zeitablauf möglichst *redundanzfrei* und *vollständig* quantitativ zu beschreiben. Erste Versuche, sog. betriebsökonometrische Modelle zu spezifizieren, stammen von [331] und [160]. Formal gesehen wird ein Kennzahlensystem durch endlich dimensionale Vektoren von Kenngrößen $(x_1, x_2, \ldots, x_p), (z_1, z_2, \ldots, z_q)$ und ein zugehöriges Gleichungssystem, $z = G(x)$, charakterisiert.

Beispielsweise gilt für die drei Kenngrößen *ROI*, *Kapitalumschlag* und *Umsatzrendite* die nichtlineare Beziehung ROI = Kapitalumschlag/Umsatzrendite. Derartige Kennzahlen basieren seit den neunziger Jahren nicht nur auf der Bilanz und GuV-Rechnung, sondern

Abb. 4.41 Zwei Haupttypen
von Kennzahlensystemen

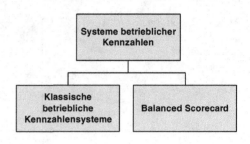

beziehen auch nicht monetäre Variablen wie Anzahl aufgelaufener Streiktage, Auftragsein-
gang, Marktstimmung, Kundenzufriedenheit, Produkt- oder Servicequalität ein. Mit der
Erweiterung auf „weiche Faktoren" (engl. *soft factors*), wie es für die noch zu behandelnden
Kennzahlensysteme vom Typ **Balanced Scorecard** typisch ist, handelt man sich allerdings
schwierige Messbarkeitsprobleme ein, die weit über das übliche Zählen, Wiegen und Messen bei Bilanz- und GuV-nahen Daten hinausgehen und geeignete indirekte, subjektive
Einschätzungen, die auf Hilfsgrößen (sog. *Surrogaten*) beruhen, voraussetzen.

Die Kenngrößen der klassischen *Kennzahlensysteme* sind, bis auf wenige *Soft Factors*,
kardinal skaliert. Dagegen sind die Kennzahlen der Balanced Scorecard überwiegend ordinal, selten kardinal skaliert. Bekanntlich sind bei ordinal skalierten Größen nur Grö-
ßer/Kleiner-Vergleiche zulässig. Beispielsweise kann die Variable *Produktzufriedenheit* mit
dem Wertebereich {gering, normal, groß} spezifiziert werden.

Die Kennzahlen repräsentieren überwiegend absolute Werte. Relative und prozentuale Größen erleichtern den Vergleich mit anderen Unternehmen und zum Vorjahr. Eine
weitere Eigenschaft von Kenngrößen macht der Bezug zu Anteils-, Verhältnis- und In-
dexzahlen deutlich. Eine **Anteilszahl** bezieht eine Teilmenge auf die zugehörige Gesamt-
heit, d. h. Anteil = $\frac{\text{Kennzahl}_{\text{Teilmenge}}}{\text{Kennzahl}_{\text{Gesamtmenge}}}$, wie z. B. Frauenquote. Eine **Verhältniszahl** bezieht
die Kennzahlen verschiedener Grundgesamtheiten aufeinander wie das beispielsweise bei
$\frac{\text{Umlaufvermögen}}{\text{Verbindlichkeiten}}$ der Fall ist. Formal definiert man Verhältniszahl = $\frac{\text{Wert}_{\text{Typ1}}}{\text{Wert}_{\text{Typ2}}}$. Schließlich ist es
sinnvoll, ein und dieselbe Kennzahl auf sich selbst, allerdings zu verschiedenen Zeitpunk-
ten zu beziehen. Eine **Indexzahl** wird durch Index = $\frac{\text{Wert}_t}{\text{Wert}_0}$ definiert. Der Basiszeitpunkt t_0
wird dabei „zweckmäßig" gewählt. Als Beispiel denke man an den deutschen Aktienindex
DAX. Zu weiteren Aspekten über Kennzahlen siehe beispielsweise [155].

Desweiteren kann man Kenngrößen hinsichtlich des semantischen Typs unterscheiden: **Bestandsgrößen**, die zeitpunktbezogen sind, **Stromgrößen**, die periodenbezogen
sind und **Einheitswerte**, die Werte je Einheit (engl. *value per unit* (vpu)) darstellen (siehe
Abschn. 4.1.2). Beispielsweise ist *Anzahl Mitarbeiter* eine Bestandsgröße (*stock*), *Gewinn
Euro/Jahr* eine Stromgröße (*flow*) und *Gaspreis* Euro/m^3 ein Einheitswert (vpu).

Abschließend sei kurz auf das **Adäquatheitsprinzip** hingewiesen, das aus der formalen
Logik stammt. Im Zusammenhang mit betrieblichen – aber auch gleichermaßen volkswirtschaftlichen – Kennzahlen besagt es, dass diese *„korrekt und zweckmäßig"* festzulegen
seien. Dies bedeutet in formaler Sicht *Minimalität*, *Redundanzfreiheit* und *Vollständigkeit*
der zur Beschreibung von Zustand und Entwicklung eines Unternehmens herangezogenen

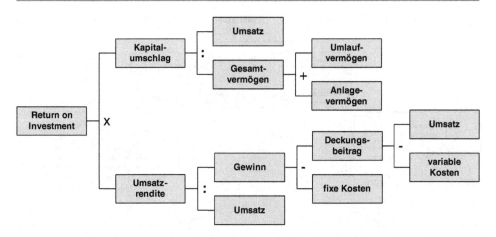

Abb. 4.42 Kennzahlensystem von DuPont [246, S. 48ff]

Kenngrößen. Weiterhin beinhaltet dieses Prinzip aber auch, dass die begriffliche Abgren-
zung so vorzunehmen ist, dass alle wesentlichen Objekte der Realwelt erfasst, aber irrele-
vante nicht mit einbezogen werden.

Eines der ersten, klassisch zu nennenden Kennzahlensysteme wurde 1919 von dem
Unternehmen E.I. DuPont de Nemours and Company entwickelt. Es wird kurz als **Du-
Pont-Schema** bezeichnet und basiert in seiner Originalstruktur auf achtzehn, periodisch
zu ermittelnden Finanzgrößen (siehe Abb. 4.42). Das branchenunabhängige System ist
baumartig strukturiert, wobei der Wurzelknoten die Zielgröße, den *Return on Investment
(ROI)*, repräsentiert. Das damit nur für gewinnorientierte Unternehmen geeignete System
ist aufgrund seiner Baumstruktur rekursiv, d. h. jede Kennzahl – mit Ausnahme der Blattknoten – lässt sich weiter aufspalten, z. B. ROI = Kapitalumschlag × Umsatzrentabilität,
Kapitalumschlag = Umsatz/Gesamtvermögen und Umsatzrentabilität = Gewinn/Umsatz.
Wegen der nichtlinearen Beziehungen ROI = f(Kapitalumschlag, Umsatzrentabilität,...,
variable Kosten) ist die Umrechnung einer prozentuale Zielabweichung bei ROI auf die
Anteile einzelner Faktoren nicht trivial und nur näherungsweise möglich [180].

Der *Zentralverband der Elektrotechnischen Industrie e. V.* (ZVEI) veröffentlichte 1989
ein eigenes Kennzahlensystem [329], [246, S. 51ff]. Das **ZVEI-Kennzahlensystem** weist
210 Kennzahlen aus und ist branchenneutral konzipiert. Es ist ebenfalls baumartig strukturiert mit dem Wurzelknoten *Eigenkapitalrendite*. Die Kennzahlen sind wie beim DuPont
Schema an den Jahresabschlussgrößen orientiert. Das System erlaubt aber eine detaillierte Rentabilitäts- und Wirtschaftlichkeitsanalyse, die die Bestands- und Stromgrößen unter
den Kennziffern im Rahmen einer Wachstums- und Strukturanalyse genauer hinsichtlich
Ursache-Wirkungsbeziehungen untersucht (siehe Abb. 4.43).

Abschließend wollen wir auf die zuerst in den USA und dann auch in Deutschland
seit Ende der neunziger Jahre in der Wirtschaft populär gewordene *Balanced Scorecard*
eingehen. Sie wurde von Kaplan und Norton vor 1997 entwickelt [138].

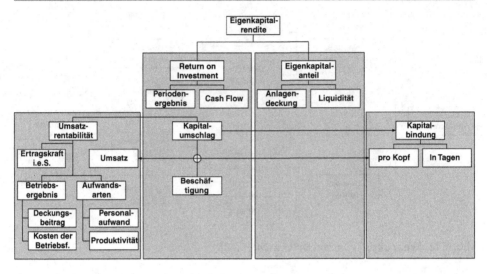

Abb. 4.43 ZVEI-Kennzahlensystem [329], [246, S. 51ff]

Balanced Scorecard (BSC) ist ein „ausgewogener", strategisch bedeutsamer Berichtsbogen, der i. Allg. bis zu zwei Dutzend Kenngrößen zur Unternehmensführung und -steuerung zusammenstellt, die in mehrere *Sichten (Perspektiven)* unterteilt sind. Jede Sicht weist *Ziel-, Mess-* und *Vorgabegrößen* sowie zugehörige *Maßnahmen* auf.

Der Begriff *Ausgewogenheit* der BSC bezieht sich auf die strategisch ganzheitliche Betrachtung einer Unternehmung. Sie ist gegeben, wenn für den Berichtsbogen folgendes gilt [330, 50]:

1. *Überschaubarkeit* der Anzahl praktikabler Ziel-, Kenn- und Vorgabegrößen
2. *Eindeutige Zuordnung* aller Kenngrößen auf vier (oder mehr) Gestaltungsdimensionen (Finanzen, Kunden, Prozesse, Lernen und Entwicklung)
3. *Quantifizierung* monetärer und nicht monetärer Größen
4. *Einbeziehung* von Interessengruppen und Geschäftsprozessen
5. *Erfassung* von *Leistungstreibern* und *Frühindikatoren*
6. *Sichtbarmachung* von Ursache-Wirkungs-Beziehungen

Wir wollen im Folgenden auf die vier Sichten einer *BSC* eingehen (siehe Abb. 4.44). Auf die Angabe von Vorgabegrößen (Zielwerten) wird verzichtet, da diese sehr fallspezifisch sind.

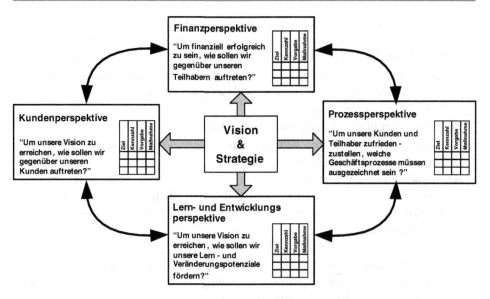

Abb. 4.44 Balanced Scorecard (BSC) [138]

1. **Finanzielle Perspektive**
   Ziele: Wert (z. B. Aktienkurs) und Jahreserfolg der Unternehmung sichern oder erhöhen; durch Rationalisierung Produktivität und damit Rentabilität steigern sowie Einzel- und Gemeinkosten senken;
   Kennzahlen: Rendite, Gewinn, Kosten, Deckungsbeitrag, Cash-flow.

2. **Kundenperspektive**
   Ziele: Marktanteil erhöhen und Wachstumspfad steuern; Kundenwünsche bezüglich Sortiment (Produkt- und Leistungsangebot) innovativ verbessern; Absatzgebiete, Kundensegmente und Absatzkanäle überprüfen; Service verbessern; Produktqualität überwachen; Preis-Leistungsverhältnis verbessern; Rückruf-, Garantie- und Umtauschaktionen erhöhen.
   Kennzahlen: a) Standardgrößen wie Marktanteil und -wachstum; Kundenakquisition; Kundenzufriedenheit und -loyalität; Stammkundenanteil; Liefertermintreue. b) Leistungstreiber wie Produkt- und Serviceeingenschaften (Preis-Leistungsverhältnis, Zuverlässigkeit, Qualität); Kundenbetreuung (Beratungszeitaufwand, Erreichbarkeit, Service); Markenwert.

3. **Interne Prozessperspektive**
   Ziele: Abläufe bezüglich Innovationen, Herstellung, Vertrieb, Logistik sowie Verwaltung und Kundendienst zeitlich, kostenmäßig, qualitativ verbessern; Aufbau- und Ablauforganisation mit dem *ERP*-System abgleichen; Gemeinkostenblock („*overhead*") senken. Umweltschutzmaßnahmen verstärken.

Kennzahlen: mittlere Durchlaufzeiten und Kapazitätsauslastung; Servicegrad; Losgrößen, Bestellmengen, Lagerhaltung; Recyclingrate, Emissionswerte; Skonti und Rabatte; Zeitaufwand für Markteinführung neu entwickelter Produkte und Dienstleistungen; Verspätungen bei Auslieferungen von Waren und beim Beenden von Diensten mit der Folge von Konventionalstrafen, Kulanz- und Garantiezahlungen.

4. **Lern- und Entwicklungsperspektive**

Ziele: Zielausrichtung, Motivierung und Qualifikation der Mitarbeiter verbessern; Funktionalität, Aktualität und Benutzerfreundlichkeit der *IuK*-Systeme steigern; Ablauforganisation effizienter gestalten.

Kennzahlen: Umsatz, Produktivität und Fachkompetenz je Mitarbeiter; Wissensbeiträge, Verbesserungsvorschläge und Patentanmeldungen; Unternehmenskultur (Individual- und Gruppeninteressen); Krankheitsstand, Unfallindex und Arbeitnehmerfluktuationsrate.

Es hat sich mit zunehmender Anwendungsbreite von BSC gezeigt, dass in vielen Unternehmen die vier Sichten nicht ausreichen. Ergänzung erfährt der ursprüngliche Balanced Scorecard-Ansatz durch folgende **weitere Sichten**:

1. *Konkurrenzsicht*
2. *Risikosicht* nach Basel III
3. *Supply-Chain Sicht* bzw. Lieferantensicht bei kurzer Lieferkette
4. *Internetsicht* auf Absatz- und Beschaffungsmärkte mit e-Business, e-Commerce usw.
5. *Umweltschutzsicht* im Sinne von Nachhaltigkeit.

Abschließend sollen einige Einführungsprobleme der *Balanced Scorecard* deutlich gemacht werden. Diese beziehen sich auf Beobachtungs-, Erhebungs- bzw. Mess- und Modellierungsprobleme vor denen Unternehmen stehen, wenn sie *BSC* einführen und anwenden wollen.

Beispiel Wir betrachten die ausgegliederte Finanzierungsbank eines US-Herstellers von LKWs [297]. Der jährliche *Berichtsbogen* der „Truck Finance" umfasst dabei 16 strategische Ziele und 23 relevante Kenngrößen. Die Schwierigkeiten liegen zum einen an „weichen" Messgrößen, die nur schwer quantifizierbar sind und zum anderen an oft fehlender Kenntnis über funktionale, auf menschliches Verhalten gegründete Abhängigkeiten zwischen den Kenngrößen. Dies trifft beispielsweise auf *Mitarbeitertreue* in Abhängigkeit von der *Mitarbeiterzufriedenheit* in der Perspektive „Lernen und Entwicklung" zu. Gleiches gilt für den Zusammenhang von Prozess- und Dienstqualität sowie Mitarbeiterproduktivität im Verwaltungsbereich. Abb. 4.45 zeigt drei mögliche bivariate Funktionsverläufe der zuerst genannten Kenngrößen.

Betrachten wir zuerst die BSC des Unternehmens „Truck Finance" aus der Sicht *Lernen und Entwicklung* [297] (vgl. Tab. 4.6). Von den sechs Kenngrößen über die Potenziale von Mitarbeitern, IuK-Technik, sowie Motivation können zwei als *relative Häufigkeiten* mittels

Abb. 4.45 Abhängigkeitsty-
pen zwischen Mitarbeitertreue
und Mitarbeiterzufriedenheit
[297]

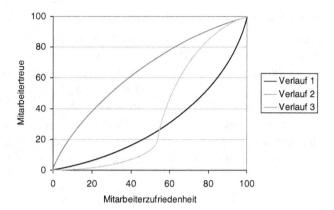

betrieblicher Aufzeichnungen ermittelt werden, die restlichen vier Werte müssen mittels *Befragungen* bestimmt werden. Es ist klar, dass mit Umfragen die subjektive Sicht Einzelner eine sehr starke Rolle spielt, ganz abgesehen vom Problem des sog. **Interviewer-Bias** bei Umfragen.

Potenziale im mittleren bis unteren Managementbereich lassen sich beispielsweise dadurch realisieren, dass im Rahmen der Thematik *Führungsstil* eine Erhöhung der jährlichen Fortbildungstage um weitere zwei Tage je Mitarbeiter verbindlich eingeplant wird.

Ähnliche Schwierigkeiten ergeben sich auch in den drei anderen Perspektiven der *BSC* [297]. Die Sicht *Interne Prozesse* (siehe Tab. 4.7) weist sechs Kenngrößen auf, von denen nur eine durch Umfragen ermittelt werden muss. Als Beispiel zur betrieblichen Umsetzung der *BSC* unter dieser Perspektive denke man an die Vorgabe, dass die Abteilung *Auftragsannahme* künftig Angebote innerhalb von drei Werktagen statt wie bisher einer Woche zu verschicken hat.

Kommen wir nun zu der Kundenperspektive (siehe Tab. 4.8). Es liegt nahe, diese zu verallgemeinern und zu der Sicht *Kunden und Partner* überzugehen. Nach PriceWaterhouse-Coopers [247, S. 24] ist die Kundenzufriedenheit mit 64 % die meist gemessene Kennzahl in Großunternehmen. Sie ist zugleich eine der komplexesten Größen in der BSC und setzt sich aus einer Reihe von Einzelkomponenten zusammen. Sie wird aus diesem Grund nur

Tab. 4.6 Kenngrößen der Perspektive *Lernen und Entwicklung*

Kennzahl	Beschreibung	Wertebereich
Mitarbeiterzufriedenheit	Mitarbeiterumfragen	0 bis 100
Mitarbeitertreue	Freiwillige Fluktuationsrate	0 bis 100
Mitarbeiterproduktivität	Produktivitätsrate, Leistung pro Mitarbeiter	0 bis 100
Weiterbildung	Mitarbeiterumfragen, Schulungsquote	0 bis 100
Strategisches Bewusstsein	Mitarbeiterumfragen	0 bis 100
Informationseffektivität	Mitarbeiterumfragen, Informationsdeckungsziffer	0 bis 100

Tab. 4.7 Kenngrößen der Perspektive *Interne Prozesse*

Kennzahl	Beschreibung	Wertebereich
Interne Kommunikationseffektivität	Mitarbeiterumfrage	0 bis 100
Externe Kommunikationseffektivität	Markenpartner-, Händler- und Kundenumfrage	0 bis 100
Innovationsrate	Innovationsrate	0 bis 100
Effektivität der Bonitätsprüfung	Effektivität der Bonitätsprüfung	0 bis 100
Bearbeitungszeit der Anfrage	Bearbeitungszeit der Anfrage	0 bis 100
Prozess- und Servicequalität	Serviceleistung des Unternehmens bzgl. der wichtigen Kernprozesse, durchschnittliche Wartezeit der Kunden, Abbruchrate von Anrufen	0 bis 100

Tab. 4.8 Kenngrößen der Perspektive *Kunde und Partner*

Kennzahl	Beschreibung	Wertebereich
Kundenzufriedenheit	Kundenumfrage	0 bis 100
Zufriedenheit der Händler	Händlerumfrage	0 bis 100
Zufriedenheit der Markenpartner	Markenpartnerumfrage	0 bis 100
Kundentreue	100 %-Kundenabwanderungsrate	0 bis 100

Tab. 4.9 Kenngrößen der Perspektive *Finanzen*

Kennzahl	Beschreibung	Wertebereich
Gewinn	Gesamtgewinn von Truck Finance	$-\infty$ bis ∞ (in \$/a)
Erreichung des geplanten Gewinns	Vergleich des realisierten mit dem geplanten Gewinn	0 bis ∞ (in %)
Erlöse	Gesamterlöse aus Kreditgeschäften	0 bis ∞ (in \$/a)
Kostenbelastung	Kosten-Gewinn-Verhältnis	0 bis ∞ (in %)
Kreditverlustrate	Anteil der Kreditverluste an den Nettoforderungen	0 bis 100 (in %)

hoch aggregiert ausgewiesen. Hier könnte die Zielsetzung beispielsweise lauten, dass der Vertriebsleiter Kundenzufriedenheit im nächsten Halbjahr um 10 % zu steigern hat, vorausgesetzt, Konjunktur und Wettbewerbssituation verschlechtern sich nicht.

Die drei oben vorgestellten, nicht-finanziellen Sichten münden in die finanzwirtschaftliche Perspektive, die bei allen Kennziffernsystemen die hierarchisch höchste Ebene darstellt. Ihre vier Ziele sind bei *Truck Finance*: *Gewinnmaximierung, A-Kundenerkennung* (Umsatz bei den richtigen Kunden erzielen), *Betriebskosten effektiv und effizient managen* und *Risiko kontrollieren*. Dem stehen fünf betriebliche Kenngrößen gegenüber (siehe Tab. 4.9). Aus finanzwirtschaftlicher Sicht der *BSC* sind Ziele auf der Aufwandsseite wie „Senkung der Personalkosten um x %" oder auf der Ertragsseite wie „Verbesserung der Ertragslage durch Anlage von Bargeldüberschüssen als Tagesgeld" denkbar.

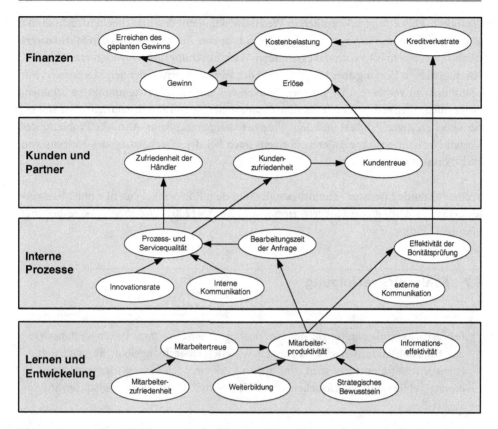

Abb. 4.46 Ursachen-Wirkungsgraph der BSC vom Unternehmen *Truck Finance* [297]

Für die wirksame Nutzung einer BSC ist die Aufstellung von **Ursache-Wirkungs-Zu-sammenhängen** unerlässlich. Lassen sich doch damit intuitiv „*What-if*"-Abfragen entlang der Kausalkette aber auch in umgekehrter Richtung durchführen. In der Abb. 4.46 werden kausale Beziehungen zwischen Kennzahlen dargestellt, soweit diese durch Studien bestätigt wurden. Einige der Zusammenhänge sind branchen- oder unternehmensspezifisch. Die Pfeile stellen dabei die direkten Zusammenhänge zwischen den BSC-Kenngrößen dar, indirekte Wirkungsbeziehungen bleiben unberücksichtigt, da sie wegen der Transitivität der Relationen ableitbar sind.

Ein Ursachen-Wirkungs-Zusammenhang $z = f(x_1, x_2, \ldots, x_d)$ stellt nicht sicher, dass aus seiner Existenz und Berechenbarkeit zwingend folgt, dass die Zielgröße z (z. B. ROI) steuerbar ist. Eine Nicht-Steuerbarkeit der Zielgröße z kann dann der Fall sein, wenn die d Einflussgrößen von z nicht beeinflussbar, also *nicht steuerbar* sind. Hierbei handelt es sich um das klassische *Aktionswirkungsproblem*. Vielmehr müssen $k \in \mathbb{N}$ *Steuergrößen* $(r_1, r_2, \ldots, r_k)$ gefunden werden, falls diese überhaupt existieren. *Steuergrößen* sind solche Variablen, deren Wert das Unternehmen autonom setzen kann und welche die Zielgröße z

verändern. Dies erfolgt gelegentlich in Wechselwirkung mit den ursächlichen, nicht direkt steuerbaren Faktoren $(x_1, x_2, \ldots, x_d)$. So kann zwar eine Automobilfirma den **Markenwert** jährlich von einem international agierenden Marktforschungsunternehmen ermitteln lassen. In welchem Umfang aber beispielsweise der *Werkstattservice*, der den Markenwert mit beeinflusst, zu verbessern ist, um den *Markenwert* um einen Prozentpunkt zu erhöhen, bleibt offen. Vergleichbares gilt für den Zusammenhang von *Kundenzufriedenheit* mit einem hochpreisigen Produkt und dem *Unternehmensjahresgewinn*. Ähnliche Probleme der Kosten-Nutzenmessung existieren übrigens auch bei der Abschätzung des Nutzens von Web-Portalen [74].

Weiterführende Literatur Ein insbesondere aus dem Blickwinkel von BI empfehlenswertes Lehrbuch stammt von *Burchert, Hering* und *Keuper* (2001) „*Controlling Aufgaben und Lösungen*" [50].

4.7 Fehlerrückverfolgung

> **Fehlerrückverfolgung** (engl. *Trouble Shooting, Fault Detection*) ist ein Verfahren, das bei Fehlfunktionen eines Erzeugnisses oder einer mangelhaft ausgeführten Dienstleistung eingesetzt wird, um anhand der beobachteten Wirkungen (Symptome, Fehler) auf die Ursachen zu schließen und diese, falls möglich, künftig abzustellen.

Durch geeignete Modellbildung des Geschehens wird der gesamte Ursachen-Wirkungszusammenhang ausgehend von den Wirkungen rekonstruiert, um die Fehler aufzudecken. Dies geschieht getreu dem Ausspruch des Ökonomen John M. Keynes: „Fehler sind nützlich, wenn man sie schnell findet." Damit beruht die typische Schlussweise auf **Abduktion**, d. h. man beobachtet ein Symptombündel S und möchte auf die ursächlichen Einflussgrößen U schließen, d. h. es wird anhand von S auf U in der Ursachen-Wirkungskette $U \rightarrow S$ geschlossen (siehe hierzu Abschn. 4.3). Solche Schlussfolgerungen sind zwar in zweiwertiger (*Boolescher*) Logik unzulässig, mehrwertige Logiken jedoch wie Wahrscheinlichkeitstheorie oder Fuzzy Logik gestatten abduktive Schlüsse. Allerdings sind derartige Schlüsse unsicher bzw. unscharf.

Klassische Beispiele für die Fehlerrückverfolgung sind:

1. *Fertigungsprobleme* in der Autoindustrie, wie in den Jahren 2009–2010 mit klemmenden Gaspedalen von PKWs der Toyota Automotive Company, die zu Rückrufaktionen von ausgelieferten Fahrzeugen führten,

2. *Zugzusammenstöße*, *Schiffsuntergänge* oder *Flugzeugabstürze* wie der Absturz einer Boeing 747-121 der PanAm World Airways am 21.12.1988 über Lockerbie (Großbritannien), oder

3. *Havarien* komplexer Anlagen wie AKWs, etwa die Nuklearkatastrophen des Blocks 4 von Tschernobyl (UdSSR) am 26.4.1986 oder des AKW von Fukushima Daiichi (Japan) nach einem Tsunami am 11.03.2011.

Ursächlich waren im ersten Fall Fertigungsfehler, durch die sich Kondenswasser absetzte, im zweiten Fall ein Terroristenanschlag mittels einer an Bord geschmuggelten Bombe und im letzten Fall menschliches Fehlverhalten mit folgenschwerer Fehlbedienung im Fall von Tschernobyl und zwei Naturkatastrophen mit Wechselwirkung und Missmanagement in Fukushima Daiichi. An diesen Fällen erkennt man zwei „klassische" Typen von Troubleshooting-Problemen:

1. geringe Datenbasis, viel Vorinformation und
2. große Datenbasis, geringe Vorinformation.

Im Folgenden stellen wir einen Fall aus den 1990er Jahren vor. Er beruht auf einer mittelgroßen Serie mangelhaft gefertigter Gasherde. Wir nutzen den Fall, um daran die Methodik der Fehlerrückverfolgung vorzustellen [174]. Dieser Fall ist vom Typ „geringe Datenbasis, viel Vorinformation".

Beispiel Das Unternehmen X fertigte und vertrieb in den neunziger Jahren eine Serie von ca. 120.000 drei- und vierflammigen Gasherden. Alle Herde wiesen einen konstruktionsbedingten, verdeckten Mangel auf, da die Manschetten der Brenner nicht hundertprozentig dicht waren, sodass überlaufendes Wasser zu den darunterliegenden Kupferzuleitungen dringen konnte. Dies kann zu Korrosion und damit letztlich zu **Rostfraß** führen. Die Folge war, dass nach etwa 24 Monaten Betrieb erstmals ein Gasherd in einem Haushalt explodierte. Zum Glück entstand nur Sachschaden. Typisch für Fehlerrückverfolgungsfälle ist, dass das Management unverzüglich reagieren muss, um die Produzentenhaftung möglichst klein zu halten. Entsprechend „guter Praxis" wurde ein **Spezialistenteam** (*Task Force*) einberufen, das sich aus Technikern, Ingenieuren, Managern, Installateuren, Rechtsanwälten und einem Statistiker zusammensetzte.

Wie eingangs erwähnt, ist dieser Fall der Fehlerrückverfolgung vom Typ „geringe Datenbasis, viel Vorinformation"; denn anhand eines einzigen Falls lässt sich das Explosionsrisiko weiterer Gasherde – noch dazu mit Zeitangabe – nicht abschätzen. Dies forderte aber zu Beginn das Management vom Team, um Anhaltspunkte für den Umfang notwendiger Reparaturen durch Einbau verbesserter Isolierungsringe und neuer Kupferzuleitungen zu erhalten. Es gab diese Position nach Diskussion der Faktenlage unverzüglich auf und unterstützte das Team, die über die Teilnehmer breit gestreute Vorinformation systematisch zu erfassen. Dabei kamen Verfahren des *Wissenerwerbs* (engl. Knowledge Elicitation) zum Einsatz.

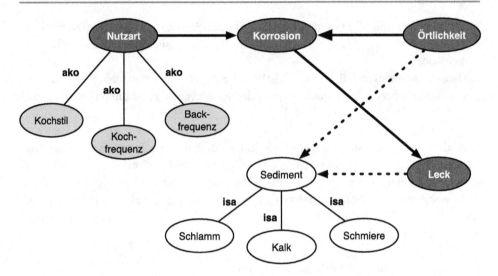

Abb. 4.47 Ursachen-Wirkungsdiagramm (Bayessches Netzwerk) für Rostfraß bei Gasherden (ako = „a kind of", isa = „is a")

An der Aufgabenstellung wird deutlich, dass die in Japan sehr populäre „Failure Mode and Effect Analysis" (*FMEA*) unzweckmäßig bzw. unvollständig ist, da sich damit zwar Ursachen-Wirkungszusammenhänge als *Einfluss-Wirkungsgraphen* darstellen lassen, aber keine Abschätzung der Fehlerwahrscheinlichkeiten bei „*Risikogruppen*" direkt möglich ist, die aber wesentlich für eine Fehleranalyse ist. Denn auf dem FMEA-Netzwerk ist keine gemeinsame Wahrscheinlichkeitsverteilung definiert. Hinzu kommt eine Besonderheit dieses Falles. Die gesamte Serie der Gasherde war bau- und fertigungsgleich. Folglich konnten die Ursachen nicht im technischen Bereich, sondern nur woanders liegen. Aber wo?

Brainstorming unter Nutzung vorhandener Vorinformation, des existierenden, facettenreichen Know-Hows und der Kreativität einzelner Mitglieder der Expertenrunde brachte Aufschluss und half entscheidend weiter. Zwei Einflussgrößen (*Risikofaktoren*) in wechselseitigem Zusammenhang wurden als maßgeblich identifiziert: Nutzungsart und Aufstellungsort der Herde (vgl. Abb. 4.47).

Es stellte sich heraus, dass das Korrosions- und Rostfraßrisiko dann am größten ist, wenn zwei Faktoren in Wechselwirkung auftreten:

1. Wenn der Aufstellungsort „Ferienhaus feucht" ist, was beispielsweise bei einem beschatteten Wochenendhäuschen im Wald der Fall ist und
2. die Gasherdnutzung zu häufigem Überkochen und höchstens sporadischem Backen führt, d. h. der Kochstil hat die Faktorstufe = ‚schlampig' und die Backfrequenz die Stufe = ‚sporadisch'.

Dies lässt sich so erklären, dass Feuchtigkeit am Aufstellort mit überkochendem Wasser bei fehlender Trocknung – weder durch Aufwischen noch aufgrund starker Erhitzung durch wöchentliches Backen – zusammenwirken.

Das Rostfraßrisiko lässt sich nun mittels der Theorie Bayesscher Netzwerke abschätzen [134]. Folgende Modellierungsschritte sind dazu nötig (siehe Abschn. 4.1.2):

1. Zunächst wird im Netzwerk in Abb. 4.47 der Knoten (Zufallsvariable) *Nutzart* relaxiert und die drei Zufallsgrößen *Kochstil, Koch-* und *Backfrequenz* direkt mit dem Knoten *Korrosion* verknüpft.

2. Die *Wertebereiche* der verbleibenden sechs Zufallsgrößen *Kochstil* (KS), *Kochfrequenz* (KF), *Backfrequenz* (BF), *Korrosion* (KO), *Örtlichkeit* (Oe) und *Leck* (Le) werden festgelegt.

3. Im nächsten Schritt werden die zugehörigen vier *marginalen Verteilungen* p_{KS}, p_{KF}, p_{BF} und p_{Oe} und die zwei *konditionalen Wahrscheinlichkeitsverteilungen* $p_{KO|KS,KF,BF,Oe}$ und $p_{Le|KO}$ subjektiv durch die Experten im Team mit Mehrheitsentscheid über einzelne Werte bestimmt, um eine *Team-konsistente Lösung* zu erreichen.

Die Zufallsvariable *Sediment*, ihre Abhängigkeit von *Korrosion* und *Leck* sowie ihre „isa"-Teilklassen-Relation wurden nicht modelliert, da eine Sedimentbildung das Rostfraß-Risiko nicht beeinflusst. Als Wertebereich für die Einflussgröße *Örtlichkeit* bieten sich beispielsweise die Faktorstufen *Ferienhaus (feucht)* und *Massivhaus (trocken)* an. Entsprechend geht man bei den restlichen fünf Zufallsgrößen vor.

Abgesehen von einem einzigen Unglücksfall liegen aber keine Daten über den Grad der Korrosion und des Rostfraßes vor, die es ermöglichen könnten, mittels relativer Häufigkeiten die unbekannten Wahrscheinlichkeiten zu schätzen. Auch war der Rückschluss von den einzelnen technischen Komponenten eines Gasherds auf das konstruktionsbedingte Rostfraßrisiko nicht möglich, da alle Herde denselben Fabrikationfehler aufwiesen. Folglich mussten die Wahrscheinlickeitsverteilungen über die Einflußgrößen (Faktoren) *subjektiv*, d. h. mittels *Expertenwissen* und *Konsensbildung*, festgelegt werden.

So schätzten beispielsweise die Installateure und die Vertriebsleute den Anteil der „feuchten" Ferienhäuser auf etwa 30 % (siehe Tab. 4.10). Entsprechend, wenn auch viel aufwändiger aufgrund der Wechselwirkung der Einflussgrößen, lassen sich die (drei) Tabellen der bedingten Verteilungen („Conditional Probability Tables" (CPTs)) spezifizieren (siehe Ausschnitt in Tab. 4.11).

Das theoretisch Elegante und gleichermaßen für die Praxis Hilfreiche der Theorie Bayesscher Netzwerke ist, dass sich die notwendige **gesamte vollständige Information**, hier repräsentiert durch die gemeinsame Wahrscheinlichkeitsverteilung $p_{KS,KF,BF,Oe,KO,Le}$, durch **partielle Information** bestimmen lässt, welche durch die vier Rand- und zwei bedingten Wahrscheinlichkeiten p_{KS}, p_{KF}, p_{BF}, p_{Oe}, $p_{KO|KS,KF,BF,Oe}$ und $p_{Le|KO}$ wiedergegeben wird. Bekanntlich stellt ein Bayessches Netz einen gerichteten, azyklischen Graphen

Tab. 4.10 Randwahrscheinlichkeiten für Fall „Rostfraß bei Gasherden"

Variable	Wert	Wahrscheinl.
Kochstil	pingelig	55 %
	schlampig	45 %
Kochfrequenz	sporadisch	30 %
	mind. wöchentlich	70 %
Backfrequenz	sporadisch	50 %
	mind. wöchentlich	50 %
Örtlichkeit	Ferienhaus (feucht)	30 %
	Massivhaus (trocken)	70 %

Tab. 4.11 Bedingte Wahrscheinlichkeiten für Fall „Rostfraß bei Gasherden" (auszugsweise)

Örtlichkeit		Ferienhaus (feucht)			
Backfrequenz		mind. wöchentlich			
Kochfrequenz		sporadisch		mind. wöchentlich	
Kochstil		pingelig	schlampig	pingelig	schlampig
Korrosion	Nein	99,5	95	99,9	97,5
	Ja	0,5	5	0,1	2,5

(engl. *DAG*) dar, sodass das Markov-Theorem gilt [165]:

$$p_{KS,KF,BF,Oe,KO,Le} = p_{KO\,|\,KS,KF,BF,Oe}\, p_{Le\,|\,KO}\, p_{KS}\, p_{KF}\, p_{BF}\, p_{Oe} \qquad (4.44)$$

Wir erinnern daran, dass wir Bayessche Netzwerke eingesetzt hatten, um die *Szenariotechnik* auf ein solides Fundament zu stellen (siehe Abschn. 4.1.2).

Wie bei der Szenariotechnik in Abschn. 4.1.2 ausgiebig erläutert, kann man nach Spezifikation des Bayesschen Netzes und Schätzung der zugehörigen marginalen und bedingten Wahrscheinlichkeiten verschiedene Alternativen durchrechnen, um die Korrosionswahrscheinlichkeiten (*p*) für **Extremszenarien** zu bestimmen [130]. Wir beschränken uns auf zwei Extremszenarien.

Fall A: „Pingeliger Haushaltsvorstand wohnhaft in trocknem Massivhaus"

1. Kochhäufigkeit = ‚mindestens wöchentlich'
2. Kochstil = ‚Überkochen nie'
3. Backhäufigkeit = ‚mindestens wöchentlich'
4. Örtlichkeit = ‚Massivhaus (trocken)'

Korrosionsrisiko $p_A = 1{,}10 \times 10^{-6}$

Fall B: „Schlampiger Haushaltsvorstand wohnhaft in Ferienhaus im Feuchtgebiet"

1. Kochhäufigkeit = ‚mindestens wöchentlich'
2. Kochstil = ‚Überkochen oft'

3. Backhäufigkeit = ‚sporadisch‘
4. Örtlichkeit = ‚Ferienhaus (feucht)‘

Korrosionsrisiko $p_B = 5{,}18 \times 10^{-3}$

Wir erkennen anhand von $p_B \gg p_A$, dass Haushalte im Fall B die kritische Risikogruppe bilden. Das Expertenteam musste nun die Adressen solcher Haushalte ausfindig machen. Da nur die postalische Adresse vorlag, war ein *„Matching"* notwendig. So konnten die vorhandenen Installationsunterlagen mittels eines Geoinformationssystems ergänzt werden, d. h. die Kundenadresse mit den Feldern *PLZ, Wohnort, Straße, Hausnummer* mit der *Lage* und *Örtlichkeit* der Wohnung verknüpft werden. Daraufhin konnte das Team angesichts der Dringlichkeit von Reparaturen seine (relativ zur Kundenanzahl wenigen) Installateure zuerst zu den „kritischen" Haushalten vom Typ B schicken, um deren Gasherde auf Rostfraß zu prüfen. Diese Strategie war sehr erfolgreich, sodass sich nach Abschluss aller Inspektionen keine weiteren Explosionen mehr ereigneten.

Weiterführende Literatur Wir müssen hier „mangels Masse" einschlägiger Lehrbücher auf unsere Hinweise zu den Gebieten *Risikomanagement* und *Entscheidungen unter Risiko* oder *Unsicherheit* verweisen. Einen umfassenden Überblick über die hier verwendeten Bayesschen Netze geben Koller und Friedman (2009) in „Probabilistic Graphical Models: Principles and Techniques" [154].

4.8 Betrugsaufdeckung

Betrugsaufdeckung ist die Ermittlung von Sachverhalten und Schäden, die Täter in betrügerischer und arglistiger Weise verursachen und die zu Vermögenseinbußen bei den betrogenen Unternehmen oder Dritten führen.

Die Delikte beziehen sich dabei im Verbraucherbereich überwiegend auf EC- und Kreditkarten sowie auf das Internet (siehe Abb. 4.48 und 4.51). Im Unternehmensbereich geht es um Betrug mit Daten aller Art von handelsrechtlich relevanten Belegen wie Rechnungen und Buchungen. Im Wissenschaftsbereich ist die Publikation von (gefälschten oder gar erfundenen) Forschungsergebnissen ein Problem. Bei den EC-Karten steht das *Ausspähen* von Kontonummer und PIN im Vordergrund, durch

1. *Kartendiebstahl*
2. *Kartenfälschung* als illegale und missbräuchliche Erstellung von *Duplikaten*
3. *Skimming* als Einsatz manipulierter Lesegeräte an Geldautomaten durch Einsatz von Webcams und Zusatztastaturen, sowie
4. *Phishing* als Ausspähen der Nutzerdaten.

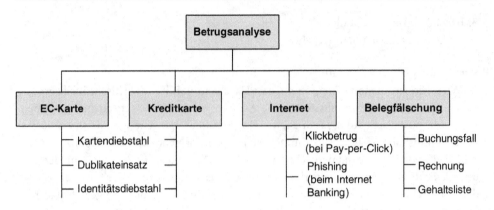

Abb. 4.48   Arten von Betrug bei der Betrugsanalyse

Beim **Phishing** werden insbesondere die PIN, TAN bzw. das Passwort – neben der Kontonummer – ausgespäht, indem arglose Nutzer gefälschte Emails erhalten, bei denen angeblich deren Kreditinstitut sie zur Preisgabe dieser Daten aus vorgeschobenen Gründen (z. B. „Umstellung") auffordert.

Neben dem *Diebstahl von Kreditkarten* spielt – wie auch bei den EC-Karten – der **Identitätsdiebstahl** zunehmend eine Rolle. Käufer werden entweder arglistig durch falsche Links getäuscht oder mit Lockangeboten auf Websites gelockt, auf denen bei der Bestellung dann Kontonummer und PIN ausgelesen werden, um damit auf Rechnung des Betrogenen illegal Geschäfte abzuwickeln.

Internetbetrug bezieht sich auf die eingangs genannten Betrügereien mit EC- und Kreditkarten, sowie auf das *Internet Banking* und den sog. *Klickbetrug*. Beim Klickbetrug wird versucht, die pro Klick vergüteten Werbe-Einblendungen *(Pay per Click)* zu manipulieren, indem Mausklicks vorsätzlich generiert werden, um über die beteiligten Abrechnungssysteme Einnahmen zu Lasten der werbenden Unternehmen zu erzielen.

Kartenanbieter, Banken, Handelsverbände sowie in Deutschland das Bundesamt für Sicherheit in der Informationstechnik (BSI), das Bundeskriminalamt (BKA) und die Landeskriminalämter (LKAs) versuchen mit unterschiedlichen Methoden, diese Art des Betrugs zu bekämpfen. Zur Abwehr beim *Klickbetrug* werden u. a. Data Mining Verfahren wie *Mustererkennung* und *Streuungsanalyse* eingesetzt. Bei den EC- und Kreditkarten helfen Sperrmechanismen, falls Diebstahl und illegale Duplikaterstellung schnell genug erkannt und weitergemeldet werden. Bei der *Betrugsanalyse* mittels statistischer oder Data Mining Verfahren spielen im Zusammenhang mit EC- und Kreditkarten Kundenprofile und Kauflimits eine große Rolle, die zeitliche, räumliche und sachliche Merkmale enthalten. Die Daten werden von den Kreditkartenanbietern explorativ analysiert, um rechtzeitig und mit möglichst großer Trefferwahrscheinlichkeit Hinweise auf „Auffälligkeiten" zu entdecken (siehe Kap. 3).

Beispiel Gegeben sei die Menge von Transaktionen eines Kunden, der in Deutschland wohnt und dort bisher alle seine Kreditkartengeschäfte beim wöchentlichen Großeinkauf von Lebensmitteln über eine bestimmte Karte abwickelte. Dann ist es ungewöhnlich, wenn mit dieser Karte in kurzer Folge Luxusartikel in Überseeregionen gekauft werden. In diesem Fall wird das Kreditkartenunternehmen möglicherweise mit dem Kunden Kontakt aufnehmen, um die Wahrscheinlichkeit einer Betrugsaufdeckung, falls überhaupt Betrug vorliegt, zu vergrößern beziehungsweise das Risiko zweiter Art (falscher Alarm) klein zu halten. Im ersten Fall zöge eine Aufdeckung die unverzügliche, weltweite Sperre der Karte nach sich, und es würden die jeweiligen Sicherheitsbehörden in Kenntnis gesetzt.

Anders liegt der Fall, wenn ein Kreditkartenkunde vorab per Kreditkarte Flugtickets für einen Flug ins Ausland kauft und später dort ein Hotelzimmer und Mietwagen mietet. Wenn er dann in der Zeit seines Aufenthalts per Kreditkarte einkauft, ist die (bedingte) Wahrscheinlichkeit eines Kartenbetrugs durch Dritte ungleich kleiner.

Eine völlig andere Art von Betrugsrisiko liegt bei der **Belegfälschung** vor. Hier sind vor allem Insider am Werk, d. h. betrügerische Sachbearbeiter und Manager, die Belege oder Rechnungen i. Allg. zu ihren Gunsten fälschen oder manipulieren. Gängig sind dabei fiktive oder veränderte Zahlungsanweisungen und Rechnungen. Dabei beachten die Betrüger durchaus, dass für Zahlungsanweisungen hausinterne Regeln wie das „Vier-Augen Prinzip" bestehen, die allerdings bei niedrigen Beträgen, die eine betriebsindividuelle Obergrenze nicht überschreiten, außer Kraft gesetzt werden.

Innerhalb eines solchen „Spielraums" versuchen Täter, *„ungewöhnliche Beträge"* zu vermeiden. Dies wäre beispielsweise der Fall, wenn bei einer Obergrenze von b = 500,00 Euro die Beträge gefälschter Belege 499,00 („knapp unter der Bagatellgrenze") oder 100,00 („glatter, aber kleiner" Betrag) Euro lauten würden.

Hinzu kommt allerdings ein Phänomen, das neben Wirtschaftsprüfern und Stochastikern nur „fachkundigen" Fälschern bekannt sein dürfte. Es ist das **Benfordsche Gesetz**, das unabhängig voneinander Benford im Jahre 1938 und Newcomb bereits 1881 entdeckten [229, 22]. Die Wahrscheinlichkeiten $P(D_i = d)$ des Auftretens einer beliebigen Ziffer d = 1, 2, ..., 9 an der i = 1-ten und von d = 0, 1, ..., 9 an den folgenden Stellen von Beträgen oder Zahlen, die aus homogenen, numerischen Datenbeständen stammen, sind nicht gleichverteilt. Vielmehr ist die Verteilung schief, speziell logarithmisch (siehe Abb. 4.49). Die Schiefe ist besonders in den ersten ($i \leq 3$) Ziffern ausgeprägt und nimmt in den höheren Zifferpositionen stark ab.

Benfords Verteilung hat zwei identifizierende Eigenschaften [241]. Es sind dies ihre *Skalen-* und *Basisinvarianz*. Die Skaleninvarianz besagt, dass die Maßeinheit beliebig ausgetauscht werden kann ohne dass sich die Verteilung ändert. Es spielt somit keine Rolle, in welcher Währung (USD, Euro, ...) Rechnungen erstellt werden. Die Basisinvarianz sichert, dass die Verteilung auch unabhängig vom Zahlensystem ist. So ändert sich die Verteilung nicht, wenn vom wirtschaftlich und gesellschaftlich üblichen Dezimalsystem (Basis B = 10) beispielsweise zum Oktalsystem (Basis = 8) gewechselt wird. *Pinkam* hat gezeigt, dass nur die Benford Verteilung diesen (axiomatischen) Anforderungen genügt [241].

Abb. 4.49 Benfordsches
Gesetz: Logarithmische Verteilung der führenden Ziffer
einer Zahl

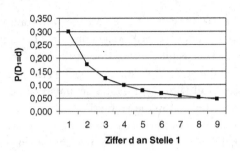

Formal gesehen lässt sich diese Eigenschaften vieler empirischer Datenbestände so be-
gründen [125]. Jede reelle Zahl $x \in \mathbb{R}_+$ lässt sich in der Form $x = \langle x \rangle 10^n$ darstellen, wobei
$\langle x \rangle$ die Mantisse von x, $n \in \mathbb{Z}$ und $1 \leq \langle x \rangle < 10$ ist. Logarithmiert (Basis = 10) man x, so
folgt

$$\log x = \log\langle x \rangle + n \tag{4.45}$$

$\log\langle x \rangle$ ist eine reellwertige Zahl in $[0,1)$. Wie Benford und Newcomb empirisch heraus-
fanden, ist in vielen – nicht zwingend allen – Datensammlungen $\log\langle x \rangle$ im Intervall $[0,1)$
gleichverteilt. Somit gilt:

Theorem 4.2 *Die Zufallsvariable X besitzt die Benford Verteilung, falls der Logarithmus ihrer
Mantisse gleichverteilt im Intervall $[0,1)$ ist, d. h. $P(\log\langle X \rangle < t) = t$ mit $t \in [0,1)$.*

Der Zusammenhang zwischen der Zahl x und den Ziffern $d_1 d_2 d_3 \ldots$ ist mittels der
Darstellung $\langle x \rangle = d_1, d_2 d_3 \ldots$ gegeben. So hat beispielsweise $x = 43{,}21 = 4{,}321 \, 10^1$ die
Mantisse $\langle x \rangle = 4{,}321$. Die Aussage über die Verteilung der ersten Ziffer, $P(D_1 = d)$, einer
Zahl x ist daher identisch mit der Aussage über die Mantisse $d \leq \langle x \rangle < d + 1$. Daher folgt
$P(D_1 = d) = \log(1 + \frac{1}{d})$.

Dies bedeutet beispielsweise, dass Zahlen mit ‚1‘ als führender Ziffer viel häufiger auftauchen als solche mit ‚4‘, ‚5‘, …, ‚9‘. Nach dem Benfordschen Gesetz ist die Wahrscheinlichkeit, dass eine Zahl mit ‚1‘ beginnt, $P(D_1 = 1) = \log(1 + \frac{1}{1}) = \log(2) = 30{,}1\%$, und
die Wahrscheinlichkeit für ‚3‘ als führende Ziffer ist nur $\log(4/3) = 12{,}5\%$. Benfords Gesetz kann auf $k \in \mathbb{N}$ Stellen erweitert werden. Es gilt $P(D_1 = d_1, D_2 = d_2, \ldots, D_k = d_k) =
\log(1 + \frac{1}{d_1 d_2 \ldots d_k})$. So ist die Wahrscheinlichkeit für die führende Ziffernkombination ‚10‘
gleich $\log(11/10) = 4{,}1\%$.

Das Benfordsche Gesetz bezieht sich auf Kardinalzahlen oder Messwerte homogener,
„natürlicher“ Grundgesamtheiten, nicht auf *identifizierende Schlüssel* (Primärschlüssel) wie
Telefon-, Personal-, Kunden- oder Artikelnummern, die in systematischer Art – z. B. im
Rahmen eines *Schlüsselsystems* – vergeben werden. Weiterhin sollten keine oberen Grenzen
im Wertebereich der Zahlen existieren.

Welche Datenbestände eignen sich nun zu einer Plausibilitätsprüfung mittels Benfordschem Gesetz? Es sind dies **Einzel-** und **Gesamtbeträge** von Ein- und Verkaufsrech-

Abb. 4.50 Vergleich einer
(fiktiven) empirischen mit
der theoretischen (Benfords
Gesetz) Verteilung für die erste
Stelle von Beträgen

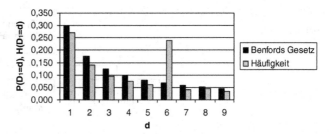

nungen, Buchungssätzen der Finanzbuchhaltung, Artikelpreise im Sortiment, Salden der Ertrags- und Aufwandskonten oder Marktforschungsdaten. Datensätze, die dem Benfordschen Gesetz widersprechen, gelten als verdächtig und dieser Verdacht ist aufgrund zusätzlicher Information zu verifizieren. Dies kann mittels eines χ^2-Anpassungstests anhand der Abweichungen zwischen der empirischen und der Benford Verteilung der Beträge für die ersten drei Ziffern überprüft werden.

Es ist zu beachten, dass eine Konformität mit dem Benfordschem Gesetz nicht notwendigerweise impliziert, dass der Datenbestand keine Fälschungen enthält. Eine Nichteinhaltung des Gesetzes gibt jedoch Hinweise auf Auffälligkeiten, die auf Fehlern oder Manipulation beruhen könnten. Nigrini [230] schlägt vor, Betrugsfälle direkt aufzudecken statt indirekt Betrug dadurch nachzuweisen, dass Benfords Verteilung im vorliegenden Fall nicht gilt. Ein erfolgversprechender Vorschlag ist es, Sammlungen von Fallbeispielsdaten von auf Betrug spezialisierten Experten erstellen zu lassen und deren Verteilungen zum Abgleich heranzuziehen [230].

Beispiel In diesem Fall geht es um einen millionenschweren Betrugsfall im Krankenversicherungsbereich [231]. Eine Angestellte fälschte Schecks der firmeneigenen Krankenversicherung, um fiktive Herzoperationen mit jeweils 6500 $ abzurechnen. Die Analyse der Abrechnungen ergab, dass die Verteilung der ersten beiden Ziffern ‚6' und ‚5' wesentliche Abweichungen von Benfords Verteilung der ersten beiden Stellen aufwiesen. In der Abb. 4.50 ist die Wahrscheinlichkeitsverteilung $P(D_1 = d)$ für die erste Stelle der Beträge nach Benfords Gesetz einer (fiktiven) empirischen Verteilung gegenübergestellt, bei der deutlich die Häufigkeit für die führende Stelle $d = 6$ des Betrags 6500 $ dominiert.

4.8.1 Datenbetrug

Im Folgenden wollen wir uns dem **Datenbetrug** widmen, der nicht nur im wirtschaftlichen Bereich zunehmend an Bedeutung gewinnt, sondern auch im wissenschaftlichen, technischen und medizinischen. Der Datenbetrug kennt drei typische Varianten (siehe Abb. 4.51). Es sind dies **Plagiieren, Manipulieren** und die **Fabrikation von Daten**.

Unter **Plagiieren** versteht man in dem vorliegenden Kontext schlichtweg *Datendiebstahl* als vorsätzliche oder grob fahrlässige Aneignung von textuellen (oder graphischen) Daten

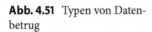 **Abb. 4.51** Typen von Daten-
betrug

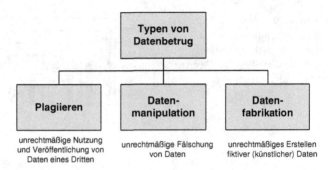

Dritter durch Kopieren oder Abfangen, um diese selbst zu nutzen oder zu publizieren [117].
Als Beispiel denke man an Patentdaten, Lieferantenlisten eines Automobilherstellers oder
vertrauliche, unveröffentlichte Investitionsplangrößen eines Kreditinstituts. Häufig kommt
auch das Delikt des *Adressendiebstahls* vor, bei dem Schäden für den Adressenhändler als
Bestohlenem weit oberhalb von 100.000 Euro liegen.

4.8.1.1 Datenmanipulation

Anders stellt sich die Situation bei der **Datenmanipulation** im Sinne von Werteänderung
von Daten in betrügerischer Absicht dar, das sog. *Schönen* oder *Frisieren*. Die Manipulation
kann dabei sowohl eigene Daten als auch die Dritter betreffen. Diese Art von Datenbetrug
hat eine lange Tradition, besonders im Wissenschaftsbereich. [273] zitiert [43], der berichtet, dass selbst Wissenschaftsheroen wie *Galilei* experimentelle Daten „geschönt" haben,
um die Gültigkeit ihrer Theorien zu unterstreichen. *Westfall* verweist darauf, dass wie *Newton* „niemand den Schummelfaktor so brilliant und effektiv zu handhaben versteht wie der
Meistermathematiker selbst" [25, S. 1118].

Im Unternehmensbereich fälscht ein Betrüger einen Teil der Daten aus dem operativen
oder strategischen Bereich so, dass sie seinen eigenen, unlauteren Zielsetzungen genügen. Die *Deutsche Bank* war in der Nachwendezeit 1994 davon durch Täuschung mit einer
Milliardenpleite des Immobilienhändlers *Jürgen Schneider* betroffen. Im medizinischen Bereich gilt aktuell in Deutschland das Manipulieren (hier *Heraufsetzen der Dringlichkeit*)
von Patientenakten bei Organtransplantationen durch die zuständigen Krankenhausärzte
als besonders drastisches Beispiel, da

1. Patienten unwissentlich verdeckter, ärztlicher Behandlungswillkür ausgesetzt sind und
2. in deren Folge die Anzahl der Organspenden wegen Vertrauensverlust sinkt [78].

Ein weiteres Beispiel im Gesundheitsbereich ist der *Abrechnungsbetrug*, bei dem unnötige bzw. nicht erbrachte Behandlungen und Leistungen den Krankenkassen in Rechnung
gestellt werden [300]. Im gewerblichen Umfeld zählt hierzu die *Bilanzfälschung*, die als
kriminelle Spielart der *Bilanzpolitik* das Ziel hat, Kapitaleigner oder Steuerbehörden zu
täuschen, vgl. §82 GmbHG, §331 HGB und §400 AktG, sowie das „*Schönen*" oder „*Fri-*

sieren" von Bilanz- und GuV-Daten, um kurzfristige Vorteile auf dem Aktienmarkt oder beim Investmentgeschäft der Banken zu erzielen [263].

4.8.1.2 Datenfabrikation

Unter **Datenfabrikation** wird das vorsätzliche Erstellen fiktiver oder künstlicher Datensätze bezeichnet. Im Bereich von Forschung und Entwicklung (*F&E*) werden hohe Subventionen staatlicher und europäischer Institutionen gelegentlich zum Anlass genommen, Daten aus Experimenten gezielt zu fälschen oder „Ergebnis-konform" zu ergänzen. Solche Fälle treten vereinzelt immer wieder weltweit in Laboratorien der Pharmaindustrie und in Universitäten auf [6, 43].

Die genannten drei Kategorien von Datenbetrug haben drei Facetten gemeinsam:

1. *geldwerter Vorteil* und *wirtschaftliches Interesse* in Eigen- oder Fremdverantwortung,
2. *grobe Fahrlässigkeit* und meistens *Vorsatz*, und damit einhergehend
3. *mangelndes Unrechtsbewusstsein* der ethisch verwerflichen Handlung des Täters.

4.8.2 Prävention

Vorbeugung (Prävention) gegen Datendiebstahl ist eine im Internetzeitalter zunehmend wichtiger werdende Strategie. Als Beispiel einer „intelligent" gewählten Abwehrstrategie gegen Datendiebstahl könnte ein Unternehmen ihren Adressbestand um fiktive, irreale Datensätze ergänzen, was aus Sicht der Datenbanktheorie einen interessanten Fall liefert, über den Begriff der *Vollständigkeit von Daten* neu nachzudenken. So könnte beispielsweise in deutschen Städten ohne Bahnhof jeweils ein Datensatz für einen Adressaten unter „Bahnhofstr. 1" eingefügt werden. Besteht der Verdacht, dass der Adressbestand von Dritten illegal erworben oder benutzt wurde, lässt sich der *unberechtigte Besitznachweis* leicht über jene Datensätze führen.

Eine andere Vorgehensweise ist in diesem Kontext die Entdeckung und Aufklärung von Datendiebstahl – getreu dem Slogan „Wenn dich jemand einmal betrügt, ist dieser ein Schuft. Gelingt es ihm ein zweites Mal, bist du ein Dummkopf." Hier greifen wieder Verfahren des Data Mining, insbesondere *Clusterverfahren* und *Assoziationsregeln* (siehe Kap. 3). Hinzu kommt auch der Vergleich der empirischen Häufigkeitsverteilung mit der theoretischen nach dem *Benfordschen Gesetz*.

Ein weiteres Instrument zur Aufdeckung *„fabrizierter Daten"* sind Tests auf **Ausreißer (Outliers)** und **Einlieger (Inliers)**. Hinsichtlich des Aufdeckens von Ausreißern mag der Hinweis auf die *3σ-Regel* genügen [67]. Sei ein Wert $x \in \mathbb{R}$ gegeben, wobei x von einer Normalverteilung mit den Verteilungsparametern μ und σ^2 erzeugt sein soll. x ist ein Ausreißer mit einer Konfidenzwahrscheinlichkeit von 99,73 %, falls

$$|x - \mu|/\sigma > z_{1-\alpha/2} = 3. \tag{4.46}$$

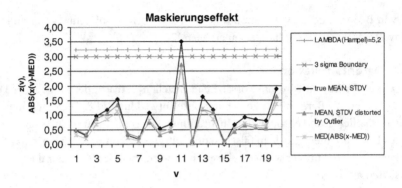

Abb. 4.52 Maskierungseffekt von Ausreißern: $(z_v - \bar{x})/s$ signalisiert nicht bei $v = 11$

In der Praxis kommt ein **Schätzproblem** hinzu, da Mittelwert μ und Standardabweichung σ unbekannt sind und aus der *Vorgeschichte* – möglichst „robust" – geschätzt werden müssen [72]. Berechnet man die Schätzer $\hat{\mu} = 1/n \sum_{v=1}^{n} x_v$ und $\hat{\sigma}^2 = 1/(n-1) \sum_{v=1}^{n} (x_v - \bar{x})^2$, um die 3σ-Regel zur Ausreißererkennung anzuwenden, so ergibt sich ein neues Problem, das als **Maskierungseffekt** bezeichnet wird [301]. Denn die Ausreißer, sofern welche existieren, maskieren sich selbst, indem sie Mittelwert und Standardabweichung so verzerren, dass die 3σ-Regel völlig unbrauchbar wird (siehe Abb. 4.52). Es kann gezeigt werden, dass sie versagt, Ausreißer mit demselben Vorzeichen im Anteil von $1/(1+\lambda_A^2)$ zu erkennen [72]. Bei $\lambda_A = 3$ werden 10 % der Ausreißer nicht identifiziert, sog. *Fehler erster Art*.

Man könnte nun an λ_A „rumexperimentieren", d. h. λ_A verkleinern. Das führt aber nur dazu, dass zu viele „normale" Werte als Ausreißer deklariert werden, sog. *Fehler zweiter Art*. Um quasi zu retten, was – bei unterstellter Normalverteilung – „noch zu retten" ist, wird vorgeschlagen, das feste Konfidenzniveau von 95 % zu akzeptieren und $\lambda_A = \sqrt{2\log(n)}$ zu setzen [71]. Wählt man dementsprechend $n = 90$, so ergibt sich $\lambda_A \approx 3$.

Aus praktischen Bedürfnissen und theoretischen Gründen wird ein anderer Ansatz zur Ausreißererkennung gewählt, der auf sog. **Robustifizierung** von Ausreißern beruht, um den „Maskierungseffekt" klein zu halten. Hampel schlägt folgenden Ausreißerbereich vor [112] (vgl. Abb. 4.52):

$$|x_v - \tilde{x}| \geq \lambda_H \text{MAD}((x_v)_{v=1,\ldots,n}) \tag{4.47}$$

$\tilde{x} = \text{MED}((x_v)_{v=1,\ldots,n})$ ist der *Median* oder auch 50 %-Punkt und $\text{MAD}((x_v)_{v=1,\ldots,n})$ die *Median absolute Abweichung* der Stichprobe $(x_v)_{v=1,\ldots,n}$ [72]. Als Faustregel wird empfohlen, $\lambda_H = 5{,}2$ zu setzen [112].

Alternativ wird in [72] ein (empirischer) α_n-Ausreißerbereich vorgeschlagen:

$$\text{OUT}((x_v)_{v=1}^{n}, \alpha_n) = \{x \in \mathbb{R} \,|\, |x - \tilde{x}| > c_{n,\alpha_n} \text{MAD}((x_v)_{v=1,\ldots,n})\}. \tag{4.48}$$

Dabei wird die Irrtumswahrscheinlichkeit $\tilde{\alpha} \in \mathbb{R}_{(0,1)}$ mittels

$$\alpha_n = 1 - (1 - \tilde{\alpha})^{1/n} \tag{4.49}$$

bestimmt. Der kritische Wert c_{n,α_n} muss durch *MCMC-Simulation* (siehe Abschn. 4.9) mittels der Forderung

$$P(X_v \notin \mathrm{OUT}((X_v)_{v=1}^n, \alpha_n)) \geq 1 - \tilde{\alpha} \tag{4.50}$$

bestimmt werden.

Worst-Case-Analysen zeigen, dass für $\tilde{\alpha} = 0{,}05$ und kleine Stichprobenumfänge $n = 20$ bis 100 der Absolutwert eines (zentrierten) Ausreißers größer als $c_{20} = 3{,}02$, $c_{50} = 3{,}28$, $c_{100} = 3{,}47 \gg 3$ sein muss, um als solcher durch den Ausreißertest identifiziert zu werden [71]. Dies mag für den Praktiker eine *Richtlinie* sein.

Schwieriger wird die Situation, wenn ein multivariater Datensatz $(x_v \in \mathbb{R}^d)_{v=1}^n$ vorliegt. Nimmt man an, dass die Daten multivariat normalverteilt sind mit $\mu \in \mathbb{R}^d$ und $\Sigma \in \mathbb{R}^{d \times d}$, liegt es nahe, den sog. *Mahalanobis Abstand* (eine quadratische Form) zugrunde zu legen und den α_n-Ausreißerbereich durch

$$\mathrm{OUT}_d(\alpha_n, \mu, \Sigma) = \{x \in \mathbb{R}^d \mid (x - \mu)^{\mathrm{T}} \Sigma^{-1} (x - \mu) > \tilde{\chi}^2_{d;1-\alpha_n}\} \tag{4.51}$$

zu definieren, wobei $\alpha_n = 1 - (1 - \tilde{\alpha})^{1/n}$ für vorgegebenes $\tilde{\alpha} \in (0,1)$ ist. Die zu schätzenden Parametervektoren μ, Σ sind ähnlich zum univariaten Fall durch Ausreißer-robuste Schätzer zu ersetzen und der Schwellenwert $\tilde{\chi}^2_{d;1-\alpha_n}$ dann durch (aufwändige) MCMC-Simulation für das im Anwendungsfall benötigte d und $\tilde{\alpha}_n$ zu bestimmen [72, S. 680–681] (siehe Abschn. 4.9).

In anderen Fällen der Datenfabrikation kann es helfen, die Daten zu transformieren und zu visualisieren, um **Einlieger** (Inlier) zu erkennen. Dies sind Werte, die „zu nahe" am Gesamtmittel liegen. Dieser Effekt rührt daher, dass Zahlenfälscher versuchen, die fiktiven Werte nahe am Mittelwert zu wählen, um die produzierten Werte hinsichtlich von Ausreißern „unauffällig" aussehen zu lassen.

Der folgende Grobalgorithmus beschreibt die Vorgehensweise, Einlieger aufzudecken [315]. Dabei wird die durchaus fragliche Annahme getroffen, dass die Beobachtungen voneinander stochastisch unabhängig sind.

Algorithmus 4.7 Inlier-Aufdeckung [315]

Input: Problemgröße (n, d), Konfidenzwahrscheinlichkeit $(1 - \alpha)$, Datenmatrix $\mathbf{X}$
Output: summierte z^2-Werte, sz^2

1: Standardisiere Messwerte: $z = (x - \mu)/\sigma$
2: Summiere z^2 Werte zu sz_i^2 über alle d Variablen für jedes der Prüfobjekte $i = 1, 2, \ldots, n$
3: Vergleiche sz_i^2 mit (approx.) $\chi^2_{p;1-\alpha}$
4: Zeichne die empirische Verteilung der $\ln sz^2$ und markiere Erwartungswert $E(\ln sz^2)$

Abb. 4.53 Visualisierung von
Einreißern (Inlier). Gruppe B_5
hat deutlich zu kleine Werte

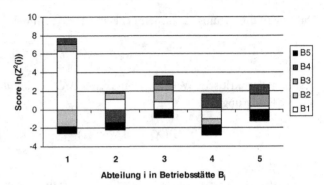

Beispiel Der folgende (fiktive) Datenbestand bezieht sich auf fünf Betriebsstätten B_j, $j =$ $1, 2, \ldots, 5$, eines Unternehmens und den halbjährlichen Strom- und Gasverbrauch ($d =$ 2 Merkmale) von jeweils fünf Abteilungen A_i, $i = 1, 2, \ldots, 5$. Als statistische Kenngröße wird für jede der fünfundzwanzig (A_i, B_j)-Kombinationen der logarithmierte Score $\ln(z^2)$ berechnet. Dabei wird $z_{ij}^2 = z_{ij}^2(1) + z_{ij}^2(2)$ gesetzt, wobei z der durch *Translation* und *Skalierung* standardisierte Messwert von x ist, d. h. $z = (x - \mu)/\sigma$.

In Abb. 4.53 erkennt man deutlich, dass die $\ln(z^2)$ Scores von Betrieb B_5 für alle seine fünf Abteilungen zu klein sind. Das Gesamtmittel der logarithmierten und summierten Scorewerte liegt bei $\overline{\ln(z^2)} \approx +1{,}02$, das Gruppenmittel von Betrieb 5 bei $\overline{\ln(z_5^2)} = -3{,}77$. Damit ergibt sich auch ohne χ^2-Test der Verdacht, dass Datenfabrikation im Spiel sein könnte, dem mit einer *Betriebsprüfung* nachzugehen wäre.

Weiterführende Literatur Das Gebiet *Betrugsaufdeckung* ist relativ neu, wenn es um den Einsatz geeigneter statistischer und Data Mining Verfahren geht. Taylor (2009) gibt in „Data mining for intelligence, fraud & criminal detection" eine Einführung in Betrugsaufdeckung mittels Data Mining Verfahren [292]. Für eine umfangreiche Darstellung der Einsatzmöglichkeiten des Benfordschen Gesetzes empfehlen wir Nigrini (2012) „Benford's law: applications for forensic accounting, auditing, and fraud detection" [232].

4.9   Simulation

Unter **Simulation** versteht man die Nachahmung von Abläufen realer oder fiktiver Systeme anhand von Modellen für Analyse, Entscheidungs- oder Planungszwecke. Wegen des erheblichen Rechenaufwands ist i. Allg. die Rechnerunterstützung unabdingbar.

Beispiele für die Anwendung der Simulationsmethodik, die sich auf Realmodelle stützen, sind z. B. *Flug-* und *Fahrzeugsimulatoren* oder *Crashtests*. Auf formal-abstrakten Modellen basiert die Simulation von Differentialgleichungssystemen, Warteschlangenproblemen, Konjunktur- und Wachstum von Volkswirtschaften und von komplexen mehrstufigen, mehrperiodischen Produktionssteuerungs- und Unternehmensplanungsmodellen.

Abgesehen von der rein **datengetriebenen Simulation**, bei der verschiedene Entscheidungen oder Politiken anhand ein und desselben Datensatzes durchgespielt werden, ist die Aufstellung eines Modells für die **modellgestützte Simulation** wesentlich. Ein **Modell** ist ein abstraktes, isomorphes (strukturgleiches), zweckorientiertes Abbild eines Realsystems bzw. eines noch zu realisierenden Originals [157].

Beispiele für Modelle sind: Modellflugzeug, Fahrzeugsimulator, Finanzierungsmodell, Produktions- und Lagerhaltungsmodell oder das DuPont Kennzahlenmodell. *Abstraktionsgrad* und *Isomorphie* lassen sich nur hinsichtlich des Simulationzwecks beurteilen. So benötigt ein Modellauto bei einem Autocrash bei halbseitigem Aufprall sicherlich nicht eine Sonderlackierung und Lederpolster, wohl aber ein Fahrgestell, eine übliche Innenausstattung und die Karosserie. Die Isomorphie wäre nicht gegeben, wenn ein Cabriolet bei einem solchen Crash durch eine Limousine ersetzt werden würde, nur weil die gerade verfügbar wäre.

Unter einem **System** *S* versteht man das Quadrupel S = (Objektklassen, Relationen, Attribute, Bewertungsfunktion) [328].

Die *Objekte* sind die von der Zielsetzung der Simulation her gesehenen interessierenden (beweglichen oder stationären) Entitäten wie z. B. Passagiere, Transportmittel, Geschäftspartner, Produkte, Dienstleistungen, Märkte, Werkstätten oder Maschinen, die zu **Objektklassen** (Entitätstypen) konzeptionell zusammengefasst werden. Sie existieren *innerhalb* der Grenzen des Systems. Die Objekte sind untereinander durch **Relationen** verbunden.

Beispiel Fabrikneue *PKWs* werden von *Herstellern* über *Vertriebspartner* auf internationalen *Absatzmärkten* vertrieben, auf den nationalen Märkten werden die Verkaufsbemühungen von massiver *Fernsehwerbung* unterstützt und während *Absatzflauten* werden hohe *Rabatte* gewährt. Die Objektklassen sind hier offensichtlich *Hersteller, Land, Markt, PKW, Vertriebspartner, Fernsehwerbung* und *Rabatte*. Eine einstellige Relation könnte sein: *Farbe(PKW)*, eine zweistellige *Vertrieb(PKW, Markt)*.

Objekte wie auch Relationen weisen **Attribute** (*Eigenschaften*) auf. So kann das Produkt *Limousine* ein A-Artikel im Sortiment sein und sein Deckungsbeitrag ist dann „hoch", wenn der PKW als Luxusmarke in einem entsprechenden Marktsegment vertrieben wird. Abb. 4.54 verdeutlicht den Zusammenhang von System, Modell, Simulation und Auswertung.

Schließlich stellt eine **Bewertungsfunktion** Ψ die (evtl. vektorielle) Zielgröße dar, die den **Zustand** z des Systems oder dessen zeitliche Veränderung Δz bewertet. In zahlreichen betrieblichen Anwendungsfällen ist dies eine Kosten- bzw. Nutzenfunktion, die nicht nur von z oder Δz, sondern auch von der **Entscheidung** $\delta(z)$ bzw. $\delta(\Delta z)$ abhängt.

Abb. 4.54 Modellgestützte
Simulation

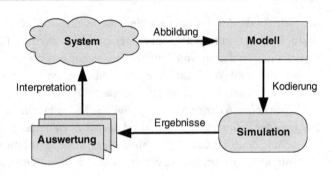

Beispiel Die Werkstattleitung eines mittelständischen Betriebs steht vor der Frage, im Rahmen der Investitionsplanung die Anzahl der Drehautomaten in der Werkstatt aufzustocken. Kenngrößen sind dabei der *diskontierte Cash Flow* (DCF), die Finanzierungskonditionen der Eigen- bzw. Fremdfinanzierung, die Anschaffungskosten, die Leistung der Maschinen, die Ausfallwahrscheinlichkeit, die Wartungskosten, der Energieverbrauch usw. Von Bedeutung ist auch die Auslastung der Werkstatt und der gewünschte Servicegrad im Planungszeitraum. Da Investitionen i. Allg. *Entscheidungen unter Risiko* bzw. *Unsicherheit* sind, müssen Entscheidungsverfahren unter unvollständiger Information zur Anwendung kommen.

Der **Ablauf einer Simulationsstudie** erfolgt so, dass zuerst das betrachtete System S sachlich, zeitlich und örtlich abgegrenzt wird, womit die *Systemgrenzen* festgelegt werden. Daran schließt sich die *Modellierung* an. Die Simulation selbst setzt neben einem Modell *Daten* voraus, die durch Betriebsaufzeichnungen, Beobachtungen, Experimente und Messungen bereitgestellt werden müssen. Sie ermöglichen es, unbekannte Systemparameter – z. B. Wahrscheinlichkeitsverteilungen von Bearbeitungszeiten – mittels statistischer Verfahren zu schätzen.

Die einzelnen Simulationsläufe werden hinsichtlich der Anzahl, der Optimierung der Zielfunktion, der gewünschten Genauigkeit der Ergebnisse und der Zulässigkeitsbereiche der *Steuerparameter* (sog. *Faktoren*) im Rahmen der statistischen *Versuchsplanung (engl. Experimental Design)* festgelegt. Man beachte, dass mit der Festlegung eines bestimmten *Versuchsplans* (Anzahl der Versuche je Faktorkombination) auch das statistische Auswertungsverfahren (zum Auffinden „optimaler Betriebspunkte") bestimmt ist [148]. Ein Meilenstein in Richtung industrieller, mitlaufender optimierender Versuchsplanung war das von Box und Draper entwickelte (heuristische) EVOP-Verfahren [39].

Die in der Praxis eingesetzten Simulationsverfahren lassen sich in vier Hauptgruppen zerlegen [302] (siehe Abb. 4.55).

Es sind dies einmal die **kontinuierliche oder gleichungsbasierte Simulation**, bei der der Zustandsraum des Systems ein (i. Allg. reellwertiges) Kontinuum darstellt, das durch das kartesische Produkt der Wertebereiche der Attribute bestimmt wird, die einem Objekt charakteristisch zugeordnet sind. Ursprünglich standen in Naturwissenschaft und Technik Differenzial- und Differenzengleichungssysteme im Vordergrund. Die Dimension *Zeit*

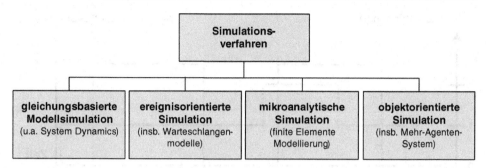

Abb. 4.55 Grundtypen von Simulationsverfahren

wird in den Differenzialsystemen als Kontinuum reeller Zahlen, in den Differenzensystemen als diskreter Parameter modelliert.

Die Simulation von Kennzahlensystemen gehört zu der letzteren Simulationsklasse und weist einen *reellen, vektoriellen Zustandsraum* mit *diskretem Zeitparameter* und der Granularität *Monat, Quartal* oder *Jahr* auf. Das Modell ist das gewählte *Bilanzgleichungssystem*. Letzterer Begriff hat nichts mit „handels- oder steuerrechtlicher Bilanz" zu tun und bezeichnet schlicht ein Gleichungssystem, z. B. eine Gesamtheit von Energiebilanzgleichungen oder Input-Output-Relationen. Einen dreidimensionalen Zustandsraum $\mathbb{R}^3$ spannen beispielsweise die Variablen *ROI, Deckungsbeitrag* und *variable Kosten* mit ihren jeweiligen Wertebereichen auf.

Die Methode der **Systemdynamik** (engl. System Dynamics) stellt besonders dynamische Systeme mit zeitlich rückgekoppelten Feedback-Schleifen in den Mittelpunkt. Beispiele für Systemdynamik-Software sind *CONSIDEO, iThink/STELLA, Vensim* und *Powersim*.

Im Gegensatz dazu stehen **ereignisorientierte Simulationsverfahren**. Hier ist der Zustandsraum *diskret (endlich)* oder *kontinuierlich* und die Zeit *kontinuierlich*, allerdings werden die Zeitpunkte (**Ereignisse**) von Zustandswechseln in die Zeitachse eingebettet (sog. **Einbettungs-Prinzip**, engl. invariant Embedding Principle), d. h. die Anzahl der Ereignisse je Simulationslauf ist endlich und der Zeitabstand zwischen den Ereignissen, die sog. **„Zeitlücke"**, ist kontinuierlich. Demzufolge ändert sich der Systemzustand nur an den *Ereigniszeitpunkten*. Folglich wird eine **Simulationsuhr** zwingend erforderlich, da eine *reale* und eine *virtuelle* Zeit existieren. Die Ereignisse sind entweder **exogen** (z. B. *Ankunftszeitpunkt* oder *Service-Ende* eines Kunden) oder **bedingt**. Bedingte Ereignisse treten beispielsweise auf, wenn ein blockierter Prozess aktiviert wird. Dies ist z. B. der Fall, wenn eine Maschine, die im Leerlauf ist, auf Volllast hochgefahren wird oder ein wartender Kunde bedient werden soll.

Warteschlangensysteme sind das Hauptstudienobjekt der ereignisorientierten Simulation. Ein typisches Beispiel dieser Modellklasse ist das Warteschlangenmodell *Frisörsalon*, bei dem Kunden in unregelmäßigen Abständen zum Frisieren eintreffen und unterschiedlich lange warten müssen, bevor sie bedient und abkassiert werden und abschließend das

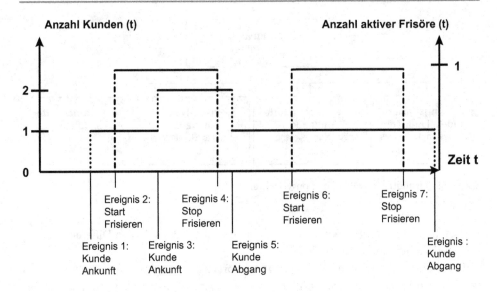

Abb. 4.56 Zusammenhang von Ereignis, Aktivität und Prozess nach [91]

System verlassen. Die Anzahl der *Ankünfte* und die *Bedienungszeit* werden als stochastisch unabhängig voneinander aufgefasst und sind dann durch entsprechende (marginale) Wahrscheinlichkeitsverteilungen – beispielsweise durch eine Poissonverteilung ($P_\lambda(X = x) = \frac{\lambda^x}{x!}e^{-\lambda}$ für $x = 0, 1, 2, \ldots$) bzw. Exponentialverteilung ($F_\lambda(t) = 1 - e^{-\lambda t}$ für alle $t \geq 0$) – charakterisiert.

Die Unabhängigkeitsannahme gilt beispielsweise nicht mehr, wenn die Bedienungsrate von der Ankunftsfrequenz der Kunden abhängt. Dies kann der Fall sein, wenn der Frisör angesichts vieler wartender Kunden schneller arbeitet oder im Rahmen von „Dienst nach Vorschrift" bei Andrang die Bearbeitung der Kunden absichtlich hinauszögert.

Wie Fishman [91] erstmals prinzipiell deutlich gemacht hat, beruhen die grundlegenden Methoden der diskreten Simulation auf den drei Begriffen *Ereignis*, *Aktivität* und *Prozess* (vgl. Abb. 4.56).

Ereignis ist das Eintreten eines Übergangs im Systemzustand zu einem festen Zeitpunkt. Unter **Aktivität** werden Operationen an Systemelementen (Objekten, Transaktionen) verstanden, die zu Zustandsänderungen führen. Schließlich ist ein **Prozess** eine (endliche) Folge von Aktivitäten am selben Objekt und zugehörigen Ereignissen.

1. Ereignis: Kunde betritt Frisörladen
2. Aktivität: Frisör frisiert Kunden
3. Prozess: Folge „Eintreffen, Warten, Frisieren, Kassieren, Weggehen eines Kunden"

Dementsprechend kann man **drei Simulationsprinzipien** bei der ereignisorientierten Simulation unterscheiden [91, 92]:

1. ESA: **Ereignis-Planungs-Simulation** (Event Scheduling Approach): Plane alle Ereignisse und suche nächstes Ereignis
2. ASA: **Aktivitätsorientierte Simulation** (Activity Scanning Approach): Plane Aktivitäten und suche nächste Aktivität
3. PIA: **Prozessorientierte Simulation** (Process Interaction Approach): Wähle Prozess aus und aktiviere bzw. deaktiviere ihn falls erforderlich.

Es hat sich herausgestellt, dass es bei einigen Anwendungen sinnvoll ist, die diskrete mit der kontinuierlichen Simulation zur **hybriden Simulation** zu verbinden. So kann beispielsweise mittels diskreter Simulation ein kompletter Seehafen simuliert werden, die Schüttgütermengen und Laderäume von Schiffen und Landfahrzeugen selbst werden mit kontinuierlichen Stauräumen (m^3) modelliert. Die kommerziell angebotenen Simulationssoftwaresysteme basieren fast ausnahmslos entweder auf dem ESA- oder dem PIA-Prinzip, siehe z. B. *Arena, Simula, SLAM* oder *GPSS*.

Der dritte Typ von Simulationsverfahren wird als **mikroanalytische Simulation** bezeichnet. Hier wird ein System, z. B. ein internationaler Konzern, nicht *global* (auf Makroebene) durch ein Differenzial- oder Differenzengleichungssystem modelliert, sondern es wird das Verhalten auf Mikroebene nachgebildet, d. h. je nach Aggregationsgrad auf der Ebene der Geschäftspartner, Mitarbeiter, Produkte mit den Prozessen wie Einkauf, Herstellung, Verwaltung, Verkauf und Vertrieb einschließlich Logistik. Dies entspricht der „Finite-Elemente-Modellierung" in Naturwissenschaft und Technik. Dabei wird das Verhalten jedes *Partikels individuell* beschrieben und seine *globalen Wechselwirkungen* systemkonform charakterisiert. So ließen sich beispielsweise in einem Unternehmen Alterseffekte der Kundschaft, der Mitarbeiter und des langfristigen Anlagevermögens (wie Fuhrpark und Häuser) auf Gewinn-, Umsatz- und Marktanteilentwicklung detailliert *dynamisch* verfolgen und analysieren.

Der vierte Typ von Simulationsverfahren ist mit der Simulationssprache *SIMULA*, der *objektorientierten Programmierung* (OOP) bzw. der *Künstlichen Intelligenz* – hier inbesondere mit dem Konzept der *Rahmen* (frames) – eng verbunden und wird als **objektorientierte** oder auch **Mehr-Agenten-Modellierung** bezeichnet.

Im Kern bezieht sich objektorientierte Modellierung auf einen Modellierungs- oder Programmieransatz, welcher Objekte als *Instanzen* von *Klassen* ansieht, die das *klassenspezifische Verhalten* aller Instanzen beinhalten. Des Weiteren werden durch *Vererbung* Eigenschaften und Funktionalität zwischen Ober- und Unterklassen geteilt. Die *Kommunikation* erfolgt mittels *Senden/Empfangen* von Nachrichten (Messaging) zwischen Objekten. Der interne Zustand eines Objektes wird durch *Verbergen* (Information Hiding) gekapselt und eine spätestmögliche *Bindung* (Late Binding) wird unterstützt [141].

Bei der **Agenten-basierten Simulation** werden individuelle Verhaltensalgorithmen für die Agenten festgelegt. Das globale Systemverhalten entsteht dabei *emergent*, ist also nicht unbedingt schon aus dem individuellen Verhalten der Agenten ersichtlich. Beispielsweise kann man bei der Simulation von Fluchtwegen in Gebäuden jedem Agenten bestimmte Verhaltenweisen einprogrammieren. Das gemeinsame Verhalten vieler Agenten bei einer

Abb. 4.57 Ablauf einer Simulationsstudie

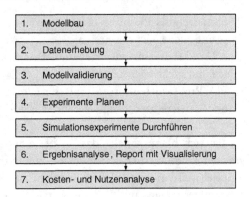

Massenpanik ist erst durch das Zusammenspiel dieser in der Simulation evident. Ein Beispiel für Agenten-basierte Simulations-Software ist *Anylogic*.

Während objektorientierte Modellierung sinnvoll ist und die objektorientierten Programmiersprachen in den neunziger Jahren des letzten Jahrhunderts äußerst populär waren, folgt aus der objektorientierten Modellierung noch lange nicht, dass die Programmierung als *Quellprogramm* ebenfalls in einer objektorientierten Programmiersprache wie
Smalltalk, C++ oder Java erfolgen muss. Hier können auch etwa imperative Programmiersprachen (wie FORTRAN oder C) aus Performanzgründen oder spezielle Simulationssprachen bzw. -systeme (wie SIMULA oder Anylogic) aus Usability-Gründen vorzuziehen
sein.

Im Folgenden wollen wir die *Simulationsverfahren* der drei **ereignisorientierten Typen**
vorstellen. Deren Kern, die Modellbildung, ist in den gesamten Ablauf einer Simulationsstudie wie folgt eingebettet (siehe Abb. 4.57).

Nach einer betriebswirtschaftlichen Problemanalyse des zu simulierenden Systems beginnt eine Simulationsstudie im *Schritt 1* mit der (formal abstrakten) Modellspezifikation.
Dabei muss der *Modellbauer* den gewünschten Abstraktionsgrad im Auge behalten und
auf Isomorphie achten. Weiterhin müssen *Modellbauer* und *Experimentator* – oft sind diese identisch – eins der oben genannten Simulationsprinzipien auswählen, was gewöhnlich
mit der zu nutzenden Simulationssoftware zusammenhängt. Daran schließt sich im *Schritt
2* die Beschaffung und Bereitstellung der Daten durch die beteiligten *Fachabteilungen* an,
die für die Ermittlung bzw. statistische Schätzung unbekannter Parameter von Verteilungen der Zufallsvariablen unerlässlich sind, es sei denn, diese Größen werden aufgrund
von Vorkenntnissen subjektiv durch *Experten* festgesetzt. Nach einer Modellüberprüfung
(Modellvalidierung) im *Schritt 3* werden im *Schritt 4* die notwendigen Experimente unter
Beachtung „guter statistischer Praxis der Zieloptimierung" geplant. Dies bezieht sich auf
die Anzahl der Experimente (bei Variation der Steuerparameter), die Anzahl der für die
gewünschte Genauigkeit notwendigen Simulationsläufe (bei festen Steuerparametern) je
Experiment und die Art der Versuchsdurchführung je nach Zielfunktion – z. B. *Trial-and-
Error Verfahren* oder *Optimierung* [39, 148]. Die Rolle von System, Modell und Experimentator bei Simulationsexperimenten verdeutlicht Abb. 4.58

Abb. 4.58 Rolle des Experimentators in Simulationsexperimenten

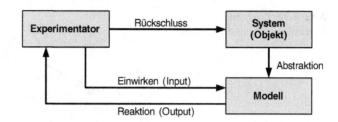

Zu Details der industriellen Versuchsplanung siehe [148]. Im *Schritt 5* werden die Simulationsläufe mittels geeigneter Simulationssoftware durchgeführt, beispielsweise mittels *SLAM*. Dies setzt natürlich die Kodierung (*Programmierung*) des Modells als *Quellprogramm* in der benutzten Simulationssprache wie GPSS, SIMULA oder SLAM, die Übersetzung in ein *Objektprogramm* und das Einbinden von *Bibliotheken* in ein ausführbares Programm voraus. Es sei nur vollständigkeitshalber erwähnt, dass alle marktfähigen Unix- und Windows-basierten Simulationssysteme diesen Arbeitsprozess teilweise automatisiert und – auf spezielle Anwendungen wie Werkstattsimulation zugeschnitten – sehr *benutzerfreundlich* mittels grafischer Bedienoberflächen gestaltet haben.

Liegen alle geplanten Einzelergebnisse vor und sind alle notwendigen Experimente durchgeführt, werden diese im *Schritt 6* statistisch gemäß der Versuchsplanung ausgewertet. Abschließend wird im *Schritt 7* ein Report erstellt, der die Analyseergebnisse übersichtlich für das Management zusammenfasst, bewertet und Vorschläge zur betrieblichen Umsetzung unterbreitet. Die Studie wird tabellarisch und grafisch aufbereitet.

Beispiel Im Folgenden betrachten wir ein (einfaches) Warteschlangensystem mit homogenem Zugangsstrom von Einheiten und einem einzigen Abfertigungsschalter ohne Kapazitätsrestriktionen und Prioritäten. Konkret kann man sich darunter einen Frisörsalon mit ausreichend großem Warteraum, einem Frisör nebst Stuhl und Ein-Mann-Schichtbetrieb vorstellen. Kunden kommen unabhängig voneinander gemäß der normalverteilten Ankunftszeit (*Norm*) an. Wenn der Frisör tätig ist, muss der Kunde im Warteraum warten.

Da keine Prioritäten gelten, nur nach dem Prinzip *First in, first out (fifo)* abgefertigt wird, reiht sich ein neu angekommener Kunde in die Warteschlange ein. Ist der Frisör (wieder) frei, wird der nächste Kunde gemäß *fifo* aufgerufen und bedient, wobei die Bedienzeit exponentialverteilt (*Exp*) und unabhängig von seiner Ankunftszeit und der momentanen Länge der Warteschlange ist. Nach dem Bedienungsende verlässt der Kunde den Frisörsalon. Das Kassieren soll im Folgenden zur Vereinfachung des Modells nicht modelliert werden. Damit lässt sich das Warteschlangensystem als Quadrupel $(\text{Exp}, \text{Norm}, \text{fifo}, \infty)$ spezifizieren.

Fassen wir zusammen:

1. *Systemzustand*: Anzahl Ankünfte $A(t)$ im Zeitintervall $(0, t]$, Anzahl Wartender $N(t)$ in t, Wartezeit der Kunden $W(t)$ im Zeitintervall $(0, t]$, Frisörauslastung $B(t) \in \{0, 1\}$ im Zeitpunkt t.

Abb. 4.59 Ereignisfolge- und
Prozessinteraktions-Simulation

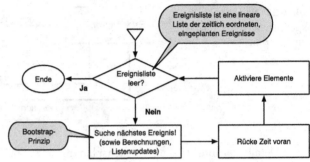

2. *Parameter*: Mittelwert $\mu \in \mathbb{R}_+$ und Standardabweichung $\sigma \ll \mu$ der Ankunftszeitvertei-
lung vom Typ Normalverteilung, Mittelwert $\frac{1}{\lambda} \leq \mu$ und Streuung $\frac{1}{\lambda^2}$ der Bedienzeit vom
Typ Exponentialverteilung mit $\lambda > 0$.
3. *Steuergrößen*: keine.

In diesem vereinfachten Modell sind also keine Steuergrößen vorgesehen. In einem verallgemeinerten Modell könnte beispielsweise die Anzahl ($k \in \mathbb{N}_0$) der Frisöre (= Kapazität) eine ganzzahlige Optimierungsgröße unter Kostengesichtspunkten mit der Nebenbedingung sein, dass die mittlere Wartezeit unter einer oberen Schranke bleibt. Formal
wäre das ganzzahlige Optimierungsproblem $\max_k E(\text{Kost}(k))$ unter der Nebenbedingung
$E(\text{Wart}(k)) \leq \bar{w}$ zu lösen, wobei die Kostenfunktion $\text{Kost} : \mathbb{N}_0 \rightarrow \mathbb{R}_{\geq 0}$ unbekannt und
punktweise durch Simulation zu berechnen ist. Da Kosten und Wartezeit stochastisch sind,
wird zu den Erwartungswerten $E(\text{Kost})$ und $E(\text{Wart})$ übergegangen.

Wir wenden uns nunmehr der Modellierung des Systems „Frisörsalon" zu, bei der wir
die Ereignisfolge- (ESA) bzw. die Prozess-Interaktions-Simulation (PIA) nutzen werden.
Dabei werden die *Kunden* als **Transaktion** bezeichnet, da sie üblicherweise als mobile
Systemeinheiten angesehen werden. Der Frisör wird dagegen als stationäre Komponente
(Facility) betrachtet.

Von den drei Simulationsprinzipien greifen wir, dem Vorgehen in der Praxis entsprechend, nur den *ESA*- und den *PIA*-Ansatz auf.

Dabei spielt die Laufzeiteffizienz der auf den Arbeitsspeicher abzubildenden **Ereignisliste** (EL) eine entscheidende Rolle (siehe Abb. 4.59). Es wird vorab geprüft, ob EL = $\emptyset$,
d. h. leer ist. Ist dies der Fall, wird abgebrochen, da keine internen oder externen Ereignisse
vorgemerkt sein können. Andernfalls wird EL nach *dem nächsten Ereignis* durchsucht. Dies
kann ein Ankunftsereignis sein (*unbedingtes Ereignis*) oder die Aktivierung einer Transaktion nach Ende eines Warteprozesses als *bedingtes Ereignis*, wenn beispielsweise das Frisieren eines bislang wartenden Kunden beginnt. Gleichzeitig wird mit jeder Ankunft oder mit
jedem Bedienbeginn die Ereignisliste aktualisiert, d. h. die nächste Ankunft eines Kunden
bzw. das Bedienende des jeweilig bedienten Kunden eingetragen (sog. *Bootstrap-Prinzip*).

Aufgrund des *Einbettungsprinzips* diskreter Ereignisse in ein **Zeitkontinuum** muss eine **Simulationsuhr** geführt und entsprechend vorgestellt werden. Daran schließt sich die

Abb. 4.60 Simulationsmodell eines Frisörsalons aufgrund des *ESA*-Prinzips

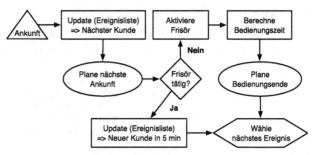

Aktivierung der jeweligen Systemelemente an. So wird beispielsweise der Frisör in den Zustand „tätig" oder ein neuer Kunde in den Zustand „wartet" versetzt. Anschließend wird EL erneut überprüft. Da das zeitliche Simulationsende T selbst als ein (unbedingtes) Ereignis in EL eingetragen ist, stoppt ein Simulationslauf genau dann, wenn entweder T erreicht, EL = ∅ ist oder die maximale Anzahl $N \in \mathbb{N}$ zu generierender Transaktionen erreicht ist. Das komplette Simulationsmodell eines Frisörladens unter dem *Ereignis-Folge-Ansatz* (*ESA*) ist in dem Diagramm 4.60 veranschaulicht.

Wir halten an dem obigen System „Frisörladen" fest, wählen nun aber das Simulationsprinzip „Prozess-Interaktions Ansatz" (PIA) (siehe Abb. 4.61). Die Grundidee ist hierbei, einen gestarteten Prozess als Folge von Aktivitäten an einer ausgewählten Transaktion möglichst komplett abzuschließen. Gelingt dies nicht, beispielsweise, weil eine bestimmte Ressource von einer konkurrierenden Transaktion genutzt wird, wird die betreffende Transaktion *deaktiviert* und ein Prozesswechsel durchgeführt. Dies ist der Mechanismus

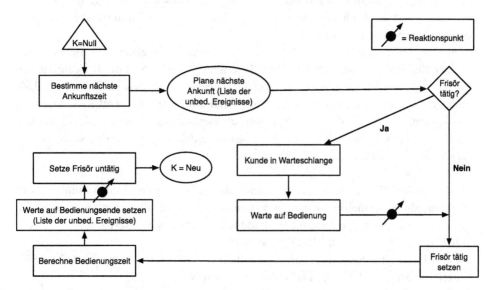

Abb. 4.61 Reaktivierungspunkte bei der Prozessinteraktions-Simulation

Abb. 4.62 SLAM Quellprogramm zur Simulation eines
Frisörsalons

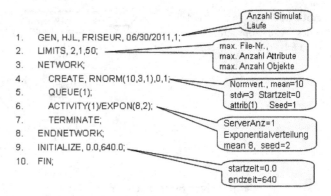

```
1.   GEN, HJL, FRISEUR, 06/30/2011,1;
2.   LIMITS, 2,1,50;
3.   NETWORK;
4.      CREATE, RNORM(10,3,1),0,1;
5.      QUEUE(1);
6.      ACTIVITY(1)/EXPON(8,2);
7.      TERMINATE;
8.   ENDNETWORK;
9.   INITIALIZE, 0.0,640.0;
10.  FIN;
```

der Prozess-getriebenen Monte-Carlo-Simulation, *nebenläufige* oder *parallele Prozesse* auf einen seriellen Computer abzubilden. Entsprechendes gilt für stationäre Einheiten. Für einen gerade angekommenen Kunden bedeutet dies, auf einen freien Frisör warten zu müssen und für einen Frisör, der keinen Kunden hat, eine Pause zu machen. Verlässt ein Kunde die Warteschlange, weil ein Frisör frei geworden ist, wird er *aktiviert* und nimmt auf dem Frisörstuhl Platz.

Wie man aus Abb. 4.61 erkennt, spielen bei diesem Ansatz neben dem Zugriff auf Ereignislisten und dem Stellen der Simulationsuhr die Deaktivierung (*Verzögerung*) und *Reaktivierung* von Transaktionen, die blockiert sind, eine entscheidende Rolle. Dazu dienen die *Reaktivierungspunkte*, die den Frisör bzw. einen Kunden betreffen.

Ist das Simulationsmodell mit den SLAM-Blockbausteinen erstellt, wie in Abb. 4.60 geschehen, so ist die Kodierung als Quellprogramm einfach und intuitiv, siehe die notwendigen Anweisungen in Abb. 4.62.

Die erste Anweisung GEN, . . . , FRISEUR, . . . , 1 betrifft die Erzeugung von *Transaktionen*, hier Kunden, für einen einzigen Simulationslauf. Dazu gehört die Folgeanweisung LIMITS 2, 1, 50, die besagt, dass alle Daten in der Datei Nr. 2 zu speichern sind, maximal 50 Kunden erzeugt werden sollen und jeder Kunde nur eine *Eigenschaft* (Attribut) zugewiesen bekommt. Der Frisörladen mit seinen dort auftretenden Handlungen wird als *Netzwerk* modelliert. Wegen der Schlichtheit des Frisörsalon-Modells degeneriert das Netzwerk zur linearen Liste. Sie besteht aus:

1. CREATE, RNORM$(10, 3, 1)$, 0, 1: zur Planung der nächsten Ankunft eines Kunden; Zwischenankünfte normalverteilt mit ($\mu = 10$ und $\sigma = 3$); Zufallszahlengenerator Nr. 1; Startzeitpunkt der ersten Ankunft $t = 0$ und Kundenattribut hat Wert 1.
2. QUEUE(1): Kunde wartet, falls Frisör aktiv ist.
3. ACTIVITY(1)/EXPON$(8, 2)$: Anzahl paralleler Server = 1; exponentialverteilte Bedienzeit mit Mittelwert $\frac{1}{\lambda} = 8$; Zufallszahlengenerator Nr. 2.
4. TERMINATE: Prozessende.

Abb. 4.63 SLAM Simulations
Report mit Statistiken

• **Experimentelle Parameter**:
Anzahl Simulationsläufe = 1
Simulationsendzeitpunkt = 640
Server-Kapazität = 1

• **Warteschlange**:
mittlere Länge = 2,71 Kunden
Standardabweichung Länge = 1,29 Kunden
maximale Länge = 5 Kunden
aktuelle Länge = 1 Kunde
mittlere Wartezeit = 25,89 min

• **Server**:
mittlere Auslastung = 98,52%
maximale Leerlaufzeit = 5,12 min
maximale Beschäftigungszeit = 605,44 min

Ergänzt wird das SLAM Simulationsprogramm durch die Angabe des Simulationszeitraums $[T_{\text{Start}}, T_{\text{Ende}}]$ mit der Anweisung INITIALIZE, 0.0, 640.0 mit $T_{\text{Start}} = 0,0$ und $T_{\text{Ende}} = 640,0$ Zeiteinheiten.

Wir schließen die Simulation des einfachen Frisörsalons mit den wichtigsten Statistiken in Tabellenform (siehe Abb. 4.63) ab. SLAM erzeugt sie standardmäßig und bietet darüber hinaus etliche Erweiterungsoptionen.

Bei einer Verkehrsintensität $\rho = \frac{\mu}{1/\lambda} = 0,8$ liegt, wie der Report in Abb. 4.63 zeigt, die Auslastung des Frisörs bei 98, 5 %, was zur Folge hat, dass Kunden im Mittel fast eine halbe Stunde auf eine Bedienung warten müssen. Entsprechend pendelt die Warteschlangenlänge um 2,7 ± 2,6 Kunden mit einer Konfidenz von etwa 95 %. Der Ladeninhaber sollte überlegen, die Servicequalität durch Kapazitätserweiterung zu verbessern. Dies könnte z. B. durch den Kauf eines zweiten Frisörstuhls und die Einstellung eines weiteren Mitarbeiters erreicht werden. Hieran wird sehr schön deutlich, dass zwei typische Business-Intelligence-Verfahren eng miteinander verknüpft sind: **Simulation** und **Optimierung**.

Der Leser mache sich die Komplexität des Problems klar, dass ein *restringiertes, stochastisches, nicht-lineares Optimierungsproblem unter unvollständiger Information* darstellt: Die Kundenankunftsrate (X) und die Bedienzeit je Kunde (Y) seien stochastisch. Die Zielfunktion W repräsentiere die Wartezeit. Sie ist abhängig von der Anzahl (κ) eingesetzter *Mitarbeiter*, der Ankunftsrate und der Bedienzeit. Damit ist die Zielfunktion spezifiziert als $W : \mathbb{R}^2_{\geq 0} \times \mathbb{N} \to \mathbb{R}_{\geq 0}$ mit $w = W(X, Y, \kappa)$ und folglich auch stochastisch. Beschränkt man sich darauf, nur die mittlere Wartezeit zu betrachten, so folgt als Zielfunktion $E_{X,Y}(W(X, Y, \kappa))$. Dabei muss $E(W)$ punktweise durch Simulation berechnet werden, wobei der Simulationsfehler durch eine entsprechend große Anzahl von Simulationsläufen klein zu halten ist. Dies bedeutet für jeden zulässigen Kapazitätswert $\kappa \in \{1, 2, \ldots, \max_{\text{Kapaz}}\}$ die Zielfunktion W über alle Simulationsläufe zu mitteln, um den Mittelwert $E_{X,Y} W(X, Y, \kappa)$ zu schätzen.

Bei derartigen Simulationsproblemen spielen oft *Restriktionen* eine Rolle, die Ressourcen beschränken oder Schranken von Kenngrößen darstellen. So käme bei obigem Warte-

schlangenproblem infrage, eine obere Schranke ($\bar{\kappa}$) für die Anzahl der Mitarbeiter vorzuge-
ben, was zu dem Optimierungsproblem $\max_\kappa E_{X,Y} W(X, Y, \kappa)$ unter der Nebenbedingung
$\kappa \leq \bar{\kappa}$ führt. Ob diese Zielfunktion die reale Entscheidungssituation eines Investors angemessen wiedergibt, ist im Einzelfall zu entscheiden, da die Erwartungswertmaximierung
inhärente Risiken – siehe die nicht berücksichtigte Varianz $\text{Var}(W(X, Y, \kappa))$ – vernachlässigt. Denn die Erwartungswertmaximierung entspricht dem riskoneutralen Verhalten
eines Investors (siehe Abschn. 4.3).

Als letzte Bemerkung sei darauf hingewiesen, dass diese Überlegungen zu einer ge-
naueren, auf **Kosten-Nutzen-Überlegungen** basierten Simulationsstudie führen sollten,
die nicht nur einfache Kennziffern wie *mittlere Kosten* und *mittlere Wartezeit* nutzt.

Weiterführende Literatur Eine gelungene Einführung in die betriebswirtschaftlich orien-
tierte Simulationsmethodik, im Kern Warteschlangenmodelle, stellt das Buch von Fishman
(2001) dar [92]. Wegen seines klaren Aufbaus und grundlegender Ideen zur Simulation soll
es hier an erster Stelle genannt werden. Ein auf SLAM, eine der wichtigen, aktuell genutzten
Simulationssprachen ausgerichtetes Lehrbuch ist das von Witte et al. (1994), das Methodik
und Anwendungsfälle geschickt verknüpft [323]. Für Fachleute, die sich erstmals mit Mon-
te-Carlo-Simulationsverfahren befassen, ist erfahrungsgemäß überraschend, dass sie sich
mit Fragen der Kosten-Nutzen-Theorie und der (oft ungeliebten) mathematischen Statistik
herumschlagen müssen. Das eine Gebiet ist notwendig für die Formulierung der Zielfunktion, das andere mehr als hilfreich um die Simulationsergebnisse adäquat auszuwerten.
Wir empfehlen folglich die Bücher von Bamberg und Coenenberg (2012) über Entschei-
dungstheorie [19], von Kleijnen (2007) über Statistische Versuchsplanung [148] und von
Pukelsheim (2006) zur industriellen Versuchsplanung und Optimierung [248].

4.10 Lineare Optimierung

Die **Lineare Optimierung (LP)** löst Entscheidungs- und Planungsprobleme mit sicheren
Daten bei linearer Zielfunktion und linearen Nebenbedingungen. LP ist ein Akronym für
die ambivalente Bezeichnung *Lineare Programmierung*. Statt dessen bevorzugen wir die
Bezeichnung *Lineare Optimierung*.

Ein lineares Standard-Maximierungsproblem ist gekennzeichnet durch folgende
vier Komponenten:

- ein Vektor der **Entscheidungsvariablen** $x \in \mathbb{R}^n$
- eine lineare **Zielfunktion** $f : \mathbb{R}_n \to \mathbb{R}$ mit $f(x_1, x_2, \ldots, x_n) = c^T x = c_1 x_1 + c_2 x_2 + \ldots + c_n x_n$, wobei $c \in \mathbb{R}^n$ der Vektor der Zielfunktionskoeffizienten ist

- **Restriktionen:** Der Entscheidungsraum $\mathbb{R}^n$ ist durch Nebenbedingungen in Form von *Hyperebenen* beschränkt, d. h. es gilt $\mathbf{A}x \leq b$. Hierbei ist $\mathbf{A} \in \mathbb{R}^{m \times n}$ die Koeffizientenmatrix und $b \in \mathbb{R}^m_{\geq 0}$ der Vektor der Beschränkungsparameter
- **Nichtnegativitätsbedingungen** $x \geq 0$.

Ein Vektor $x \in \mathbb{R}^n$, der alle Nebenbedingungen erfüllt, heißt *zulässige Lösung*. Ist x zulässig und maximiert $c^\mathrm{T} x$, so heißt $x^* \in \mathbb{R}^n$ *optimale Lösung*. Wie man sieht, verknüpft ein LP-Problem Zielfunktion, Entscheidungsvariablen und Restriktionen zu einem Entscheidungs- oder Planungsmodell – unter Sicherheit, da vorausgesetzt wird, dass die Koeffizientenwerte von $\mathbf{A}$, der Koeffizientenvektor c und die Werte des Parametervektors b fest vorgegeben sind.

Liegen dagegen *Unsicherheit* und *Unschärfe* in den Daten vor, kann man beispielsweise Sicherheitäquivalente nutzen. Bei der **Sensitivitätsanalyse** wird der Einfluss einer Veränderung der Koeffizienten und Parameter (z. B. Lagergröße) auf den Wert der optimierten Zielfunktion (z. B. Gewinn) ermittelt. Alternativ stehen die rechenaufwändige, stochastische Optimierung oder Fuzzylogik-basierte LPs zur Verfügung [82]. Ist die Zielfunktion f nichtlinear, gelingt es durch *stückweise Linearisierung* das nichtlineare Problem auf ein LP-Problem zurückzuführen.

Neben der *Simulation* und der *Datenanalyse* gehört die *Lineare Optimierung* zum Standardinstrumentarium des mittleren Managements. Falls sie überhaupt anwendbar ist (siehe Linearität von f, Nicht-Ganzzahligkeit von x, Fehlerfreiheit der Größen b, c und $\mathbf{A}$), ist sie heuristischen Versuchs- und Irrtumsverfahren hinsichtlich des Laufzeitverhaltens, der Güte der Lösung sowie deren Überprüfbarkeit deutlich überlegen.

Typische Anwendungsgebiete sind *Lagerhaltungs- und Produktionsplanung*, die *Logistik* und die (multi-kriterielle) Optimierung mit Mehrfachzielsetzung von *Lieferketten*, die *Liquiditäts-, Investitions- und Finanzplanung*, die *Personaleinsatzplanung* und die *Erlösoptimierung* (engl. *Revenue Management*). Betrachten wir zur Motivation des weiteren Vorgehens zwei typische Anwendungsfälle von LPs etwas genauer.

Bei der **Produktionsprogrammplanung** wird das Produktionsprogramm x einer Planungsperiode gesucht, das bei gegebener (linearer) Technologie, modelliert durch die Matrix $\mathbf{A}$ des Verbrauchs (a_{ij}) je Einheit i an Produktionsfaktor j, den gesamten Deckungsbeitrag $c^\mathrm{T} x$ unter der Bedingung beschränkter Kapazitäten $\mathbf{A}x \leq b$ maximiert.

Ähnlich lassen sich **Transportprobleme** in der Logistik formal charakterisieren. Hier geht es im einfachsten Fall um den Transport eines Gutes von $i \in I = \{1, 2, \ldots, m\}$ Lagern zu $j \in J = \{1, 2, \ldots, n\}$ Bedarfsorten. Es repräsentiere der Vektor $a \in \mathbb{R}^m$ die eingelagerten Mengen in den m Lagern, und es sei $b \in \mathbb{R}^n$ der Bedarfsvektor der n Orte. c_{ij} seien die Transportkosten je Mengeneinheit und die x_{ij} Transportmengen vom Lager $i \in I$ nach Bedarfsort $j \in J$. Dann lautet das zu optimierende Logistikproblem:

1. $\min_x \sum_{i \in I} \sum_{j \in J} c_{ij} x_{ij}$ unter der Nebenbedingung
2. Angebotsrestriktion: $\sum_{j \in J} x_{ij} \leq a_i$ für alle $i \in I$
3. Bedarfdeckungsforderung: $\sum_{i \in I} x_{ij} \geq b_j$ für alle $j \in J$
4. keine Rücktransporte (Nichtnegativität): $x_{ij} \geq 0$ für alle $i \in I$ und $j \in J$.

Bevor wir uns der Frage zuwenden, unter welchen Bedingungen ein in Standardform vorliegendes LP überhaupt lösbar ist, und mit welchem Algorithmus die Optimallösung eines Standard-LPs mit vertretbarem Rechenaufwand berechnet werden kann, wollen wir zur Illustration ein einfaches Problem der Produktionsprogrammplanung und seine Lösung betrachten.

Beispiel Die Grünberlin GmbH plant eine Sonderauflage ihrer drei Erfolgsprodukte (aufladbare Batterien) AA+, AAA und AAA+. Die Herstellung der drei Endprodukte umfasst zwei Rohstoffe und ein Halbfabrikat, deren Vorrätigkeit jeweils beschränkt ist. Der technologische Zusammenhang geht aus den zugehörigen drei *Stücklisten* hervor, die sich im *Gozintographen* übersichtlich zusammenfassen lassen [311]. Es war der US Unternehmensforscher A. Vazsonyi, nicht aber der „berühmte italienische Mathematiker Zeparto Gozinto", der den Begriff *Gozintograph* für die redundanzfreie Repräsentation von Stücklisten in einem Graphen prägte. Denn Vazsonyi hatte sich diesen Namen als Verballhornung von „That part that goes into" ausgedacht [221].

Die Knoten des Graphen bilden die Absatzmengen x_1, x_2, x_3 der Produkte 1, 2, 3 und die Einsatzgrößen (*Produktionsfaktoren*) R_1, R_2 und H ab. Jeder der Knoten weist Mengenrestriktionen der jeweiligen Objekte aus. Die Kanten des Graphen sind markiert mit den Verbrauchskoeffizienten a_{ij}, die insgesamt die Koeffizientenmatrix **A** bilden. So gibt beispielsweise $a_{11} = 0{,}5$ an, dass zur Herstellung einer Einheit von Endprodukt 1 vom Rohstoff R_1 genau 0,5 Mengeneinheiten (ME) benötigt werden. Außerdem zeigt Abb. 4.64, dass von R_1 500 ME auf Lager liegen und die Absatzmenge x_1 von Endprodukt 1 im Intervall $[180, 250]$ liegen muss.

Die folgende Produktionstabelle stellt bis auf die Deckungsbeiträge denselben Sachverhalt dar: Die Produktionskoeffizienten a_{ij}, die minimalen/maximalen Absatzmengen b_j sowie die Deckungsbeiträge c_i der drei Endprodukte mit den Absatzmengen x_1, x_2 und x_3.

Mittels geeigneter Software lässt sich für obiges LP leicht die Lösung berechnen. Professionelle Systeme wie IBM ILOG, CPLEX Optimization Studio oder FICO Xpress Optimization Suite haben die leistungsstärksten Algorithmen. Für „*kleinere*" Probleme hinsichtlich der Anzahl der Variablen und Restriktionen reichen Programme wie LINDO, XA Optimizer von Sunset Software, das Excel-Add-In Solver von Frontline Solvers oder WinQSB. Im Beispiel wird das PC basierte Softwaresystem WinQSB[1] benutzt. Das entsprechende Dateneingabetableau (siehe Tab. 4.12) ist für das Beispiel in Abb. 4.65 wiedergegeben. *M* stellt darin „unendlich" dar.

---

[1] Modul LP ILP von Y.-L. Chang, Vers. 1.0

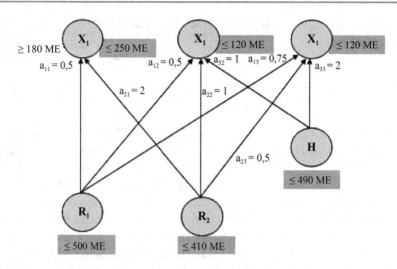

Abb. 4.64 Gozintograph für drei Endprodukte und Produktionsfaktoren

Tab. 4.12 Produktionstabelle für drei Endprodukte und Produktionsfaktoren

Produkt	x_1	x_2	x_3	
Ressource				Lagermenge b_j (ME)
R_1	0,5	1	0,75	500
R_2	2	1	0,5	410
H	0	1	2	490
Absatzobergrenze	250	120	120	
Absatzuntergrenze	180			
Deckungsbeitrag c_i (€/Stück)	1	2	3	

Abb. 4.65 LP: Dateneingabetableau der Produktionsprogrammplanung bei WinQSB

Maximize	x1+2x2+3x3
C1	0.5x1+x2+0.75x3<=500
C2	2x1+x2+0.5x3<=410
C3	x2+2x3<=490
C4	x1<=250
C5	x1>=180
C6	x2<=120
C7	x3<=120
Integer:	
Binary:	
Unrestricted:	
X1	>=0, <=M
X2	>=0, <=M
X3	>=0, <=M

Abb. 4.66 Optimallösung des
Produktionsprogramms

01-02-2012 18:55:32	Decision Variable	Solution Value	Unit Cost or Profit C[j]	Total Contribution	Reduced Cost	Basis Status
1	X1	180.0000	1.0000	180.0000	0	basic
2	X2	0	2.0000	0	-4.0000	at bound
3	X3	100.0000	3.0000	300.0000	0	basic
	Objective	Function	(Max.) =	480.0000		

Die Optimallösung ergibt den folgenden, aus Gründen der Übersichtlichkeit verkürzten Output (siehe Abb. 4.66). Sie lautet $x^{*T} = (180, 0, 100)$. Dies ergibt einen Gesamtdeckungsbeitrag von $f(x^*) = c^T x^* = 180+0+300 = 480$ Euro. Die Spalte „reduced costs" gibt an, um wieviel der Zielfunktionswert der Optimallösung sich verschlechtert, falls eine Entscheidungsvariable, die in der Optimallösung auf Null gesetzt ist, um eine Mengeneinheit erhöht wird. Im vorliegenden Fall ist $x_2 = 0$, d. h. von Produkt 2 wird nichts hergestellt. Nähme man dennoch die Produktion dieses Endprodukts auf, so würde der Gesamtdeckungsbeitrag mit jeder neuen Mengeneinheit um 4 Euro fallen. Die letzte Spalte der Lösungstabelle, „Basis Status" zeigt an, welche Variablen in der Optimallösung eine Basis des restringierten Produktionsraums (*Menge der zulässigen Lösungen* oder kurz *Zulässigkeitsmenge*), $Z = \{x \in \mathbb{R}^n \mid Ax \leq b, x \geq 0\}$ bilden. Es sind dies die Variablen x_1 und x_3.

Die Lineare Optimierung wirft eine Reihe von Fragen auf, die auch aus betriebswirtschaftlichen Gründen von Interesse sind.

1. Was geschieht, wenn ein Nicht-Standardproblem vorliegt, beispielsweise ein LP-Problem wie Kostenminimierung unter Restriktionen in Form von Gleichungen?
2. Da die Zielfunktion eines LP, $f(x) = c^T x$, linear ist, könnte es sein, dass bei einem Maximierungsproblem die Zulässigkeitsmenge Z nach oben nicht beschränkt ist und somit keine optimale Lösung existiert?
3. Was passiert, wenn ein widersprüchliches System von (Un-)Gleichungen vorliegt. Wie ist dieser Fall erkennbar?
4. Wie ist die Optimallösung zu berechnen, falls sie existiert? Dies wirft die algorithmische Frage auf – speziell nach der Laufzeitkomplexität.

Der erste Punkt rechtfertigt den Begriff *LP-Standardform*, da man zeigen kann, dass sich jedes Minimierungsproblem mit Nebenbedingungen in unterschiedlicher Form (≤-Ungleichungen, Gleichungen oder ≥-Ungleichungen) in obiges Standardproblem überführen lässt [48]. So gelten folgende algebraische Äquivalenzen, wobei a_i die i-te Zeile von A ist:

- $\min c^T x \Longleftrightarrow \max -c^T x$, d. h. durch die Multiplikation der Zielfunktion mit (-1) kann ein Minimierungs- in ein Maximierungsproblem umgeformt werden
- $a_i^T x \geq b_i \Longleftrightarrow -a_i^T x \leq -b_i$, d. h. eine ≥-Restriktion kann durch Multiplikation mit (-1) in eine ≤-Restriktion umgeformt werden
- Eine Gleichung wird zu einem Paar von Ungleichungen, $a_i x^T = b_i \Longleftrightarrow (a_i^T x \leq b_i \wedge a_i^T x \geq b_i)$.

Abb. 4.67 Degenerierte LP-Probleme: *links*: $Z = \emptyset$, *rechts*: $Z \neq \emptyset$, unbeschränkt

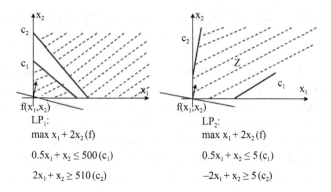

LP$_1$:

max $x_1 + 2x_2$ (f)

$0.5x_1 + x_2 \leq 500$ (c$_1$)

$2x_1 + x_2 \geq 510$ (c$_2$)

LP$_2$:

max $x_1 + 2x_2$ (f)

$0.5x_1 + x_2 \leq 5$ (c$_1$)

$-2x_1 + x_2 \geq 5$ (c$_2$)

Einen Einblick in die Existenz einer Optimallösung gibt der Satz von Bolzano-Weierstrass. Er besagt, dass eine reellwertige stetige Funktion f auf einem Kompaktum ihr Maximum annimmt [44]. Wie man leicht zeigen kann, ist der zulässige Bereich Z kompakt, d. h. abgeschlossen und beschränkt. Eine Beschränkung des Rechenaufwands ergibt sich nun dadurch, dass Z konvex ist [48, S. 336–337]. Konvexität bedeutet, dass für alle möglichen zwei Punkte in Z auch deren Verbindungsgrade in Z liegt. Die Optimallösung – sofern sie existiert – ist „auf dem Rand" des zulässigen Bereichs, genauer unter dessen Eckpunkten, zu suchen. Ein Eckpunkt ist dabei ein $x \in Z$, der sich nicht als echte Linearkombination beliebiger Nachbarpunkte $x^{(1)}, x^{(2)} \in Z$ darstellen lässt, d. h. $x \neq \lambda x^{(1)} + (1 - \lambda)x^{(2)}$ mit $\lambda \in (0, 1)$.

Degenerierte LP-Probleme lassen sich am besten für zweidimensionale Zulässigkeitsbereiche graphisch veranschaulichen (siehe Abb. 4.67). Das Diagramm links zeigt ein widersprüchliches Ungleichungssystem, für das keine zulässige und damit keine Optimallösung existiert, da sich die beiden zulässigen Teilmengen nicht überlappen. Das rechte Diagramm zeigt eine nicht leere, aber unbeschränkte zulässige Menge Z, für die bei der vorliegenden Zielfunktion

$$f(x) = c^T x = \begin{pmatrix} 1 & 2 \end{pmatrix} \begin{pmatrix} x_1 \\ x_2 \end{pmatrix} \tag{4.52}$$

keine Lösung existiert.

Zusammenfassend hat ein LP-Problem

1. entweder keine zulässige Lösung,
2. genau eine Optimallösung – in einem Eckpunkt von Z oder
3. unendlich viele Optimallösungen als konvexe Linearkombination „optimaler" Eckpunkte.

Für nicht degenerierte Probleme stellt die Zulässigkeitsmenge Z ein konvexes Polyeder dar, das endlich viele Eckpunkte besitzt. Damit ist das LP in ein *kombinatorisches Problem* im Sinn von *Geoffrion* überführt. Die Anzahl der Eckpunkte kann aber problemabhängig „sehr groß" werden, wie die obere Schranke $\binom{m+n}{m}$ deutlich macht [48]. Beispielsweise hat ein LP mit $n = 100$ Variablen und $m = 1000$ Nebenbedingungen bereits weit mehr als 10^{100} Eckpunkte.

Der in der betrieblichen Praxis durchgängig verwendete **Simplex-Algorithmus** von *Dantzig* [69], das Standardverfahren zur Lösung von LP-Problemen, hat die von der Laufzeit her gesehene interessante Eigenschaft, bei jedem Iterationsschritt nicht nur nach dem „nächsten" Eckpunkt $x^{(i+1)}$ zu suchen, sondern er versucht, mit jedem neuen Eckpunkt den Zielfunktionswert $f(x^{(i+1)})$ möglichst zu verbessern [48, S. 337–338]. Zum aktuellen Stand der Lösung in (m, n) großer LP-Probleme siehe [32].

Das *LP-Standardproblem*

$$\max_{x} c^{\mathrm{T}} x \qquad (4.53)$$

unter der Nebenbedingung

$$\mathbf{A}x \leq b \qquad (4.54)$$

und

$$x \geq 0 \qquad (4.55)$$

wird in eine sog. **(erste) Normalform** überführt, indem für jede der m-Ungleichungen jeweils eine *Schlupfvariable* (slack variable) x_j, $j = n + 1, n + 2, \ldots, n + m \geq 0$ eingeführt wird.

Eine Schlupfvariable gibt bei $\leq$-Ungleichungen an, wieviel Einheiten der rechten Seite einer Ungleichung – also der betreffenden Kapazitätsgrenze – in der Optimallösung nicht ausgenutzt werden. Der Wert *Null* bedeutet, dass die Restriktion bindend ist, dass also die zugehörige Kapazität der Ressource voll ausgenutzt wird.

Bei $\geq$-Ungleichungen im Standardproblem gibt die zugehörige Schlupfvariable den *Überschuss* (*surplus*) an, um wie viele Einheiten die zugehörige Restriktion überschritten wurde. Diese Art der Sensitivität wird in der postoptimalen Analyse (**Sensitivitätsanalyse**) von LPs wesentlich umfassender untersucht, um die Auswirkungen von Variationen der Parameter c und b zu quantifizieren [48].

Mit den Erweiterungen $\tilde{c} = (c_1, c_2, \ldots, c_n, 0, \ldots, 0)$, $\tilde{x} = (x_1, x_2, \ldots, x_n, x_{n+1}, x_{n+2}, \ldots, x_{n+m})$ und $\tilde{\mathbf{A}} = (\mathbf{A}, \mathbf{E}_m)$, wobei $\mathbf{E}_m$ die (m, m)-Einheitsmatrix ist, kann man nunmehr das lineare Optimierungsproblem in **Normalform** wie folgt notieren:

1. $\max_{x} \tilde{c}^{\mathrm{T}} \tilde{x}$ unter der Nebenbedingung
2. $\tilde{\mathbf{A}} \tilde{x} = b$ und
3. $\tilde{x} \geq 0$

Man beachte, dass wir im Folgenden statt $\tilde{\mathbf{A}}$, $\tilde{c}$, $\tilde{x}$ die Symbole $\mathbf{A}$, c, x vereinfachend nutzen: Wie oben erwähnt, berechnet der Simplex Algorithmus iterativ Eckpunkte mit jeweils

Simplex Tableau -- Iteration 1

Basis	C(i)	X1	X2	X3	Slack_C1	Slack_C2	Slack_C3	Slack_C4	Surplus_C5	Slack_C6	Slack_C7	Artificial_C5	R. H. S.	Ratio
	C(j)	1.0000	2.0000	3.0000	0	0	0	0	0	0	0	0		
Slack_C1	0	0.5000	1.0000	0.7500	1.0000	0	0	0	0	0	0	0	500.0000	1.000.0000
Slack_C2	0	2.0000	1.0000	0.5000	0	1.0000	0	0	0	0	0	0	410.0000	205.0000
Slack_C3	0	0	1.0000	2.0000	0	0	1.0000	0	0	0	0	0	490.0000	M
Slack_C4	0	1.0000	0	0	0	0	0	1.0000	0	0	0	0	250.0000	250.0000
Artificial_C5	-M	1.0000	0	0	0	0	0	0	-1.0000	0	0	1.0000	180.0000	180.0000
Slack_C6	0	0	1.0000	0	0	0	0	0	0	1.0000	0	0	120.0000	M
Slack_C7	0	0	0	1.0000	0	0	0	0	0	0	1.0000	0	120.0000	M
	C(j)-Z(j)	1.0000	2.0000	3.0000	0	0	0	0	0	0	0	0	0	
	* Big M	1.0000	0	0	0	0	0	0	-1.0000	0	0	0	0	

Abb. 4.68 Simplextableau des Produktionsplanungsproblems, 1. Iteration

Simplex Tableau -- Iteration 3

Basis	C(i)	X1	X2	X3	Slack_C1	Slack_C2	Slack_C3	Slack_C4	Surplus_C5	Slack_C6	Slack_C7	Artificial_C5	R. H. S.	Ratio
	C(j)	1.0000	2.0000	3.0000	0	0	0	0	0	0	0	0		
Slack_C1	0	0	-0.5000	0	1.0000	-1.5000	0	0	-2.5000	0	0	2.5000	335.0000	
X3	3.0000	0	2.0000	1.0000	0	2.0000	0	0	4.0000	0	0	-4.0000	100.0000	
Slack_C3	0	0	-3.0000	0	0	-4.0000	1.0000	0	-8.0000	0	0	8.0000	290.0000	
Slack_C4	0	0	0	0	0	0	0	1.0000	1.0000	0	0	-1.0000	70.0000	
X1	1.0000	1.0000	0	0	0	0	0	0	-1.0000	0	0	1.0000	180.0000	
Slack_C6	0	0	1.0000	0	0	0	0	0	0	1.0000	0	0	120.0000	
Slack_C7	0	0	-2.0000	0	0	-2.0000	0	0	-4.0000	0	1.0000	4.0000	20.0000	
	C(j)-Z(j)	0	-4.0000	0	0	-6.0000	0	0	-11.0000	0	0	11.0000	480.0000	
	* Big M	0	0	0	0	0	0	0	0	0	0	-1.0000	0	

Abb. 4.69 Simplextableau des Produktionsplanungsproblems, 3. (letzte) Iteration

möglichst besserem Zielfunktionswert $f(x)$. Dabei wird mit einer zulässigen *Basislösung* gestartet und versucht, diese sukzessiv durch paarweisen Basisaustausch zu verbessern. $x = (x_1, x_2, \ldots, x_{n+m})^T$ heißt Basislösung, falls n Variablen null sind und jede der verbleibenden m Variablen nur in genau einer Restriktion mit dem zugehörigen Koeffizientenwert 1 auftritt (*Basisvariablen (BV)*). Die komplementäre Menge der Basisvariablen bilden die *Nichtbasisvariablen (NBV)*.

Die folgende Beschreibung des Simplex Algorithmus folgt [48, S. 356–357] (siehe Algorithmus 4.8). Es handelt sich um einen Zwei-Phasen Algorithmus. In Phase I wird versucht, eine zulässige Basislösung zu finden. In der Vielzahl der lösbaren Praxisfälle ist dies der Nullpunkt $(x_1, x_2, \ldots, x_n) \in \mathbb{R}^n$. In Phase II wird versucht, den Zielfunktionswert $f(x)$ durch Basistausch und Transformation des Tableaus T iterativ zu verbessern. Vereinfachend bezeichnen I, J die Indexmengen für die Laufindizes i, j und T das problemabhängige Simplextableau (siehe Abb. 4.68).

Wir zeigen nun für das obige Produktionsplanungsproblem das Simplextableau der ersten (siehe Abb. 4.68) und finalen (dritten) Iteration (siehe Abb. 4.69), die mittels WinQSB berechnet wurden.

Wie bereits aus Abb. 4.66 bekannt, zeigt das Simplextableau in Abb. 4.69, dass die Lösung $x^* = (x_1^*, x_3^*) = (100, 180)$ zulässig und optimal mit dem Zielfunktionswert $f(x^*) = 480$ ist. Für Entscheidungsprozesse zur Beschäftigungs- und Investitionspolitik – hier zur Frage möglicher Kapazitätsanpassung – ist ein Vergleich der Ausnutzung der Ressourcen, d. h. der Vergleich bereitgestellter und ausgelasteter Kapazitäten von betriebswirtschaftlichem Interesse.

Algorithmus 4.8 Simplex Algorithmus

Input: Problemgröße (n, m), c, A, b
Output: x^*

1: // Initialisierung
2: Erstelle Ausgangstableau $T = T(n, m, c, A, x, b)$
3: Setze STOP = falsch
4: // Phase I: Finde zulässige Anfangsbasis x oder Abbruch
5: **Wiederhole**
6:    // Bestimme zulässige Anfangsbasis x
7:    **Wenn** $(\exists_{l \in J} b_l < 0) \wedge (\min_{j \in J}\{a_{1j} < 0\})$ **Dann**
8:       $s := \arg\min\{a_{1j} < 0\}$ // Pivotspalte gefunden
9:    // Suche zugehörige Pivotzeile r
10:    **Wenn** $((b_i < 0 \text{ für alle } i \in I) \vee (a_{is} \le 0 \text{ für alle } i \in I \text{ mit } b_i > 0))$ **Dann**
11:       $r := l$
12:    **Sonst**
13:       $r := \arg\min\{\frac{b_i}{a_{is}} \mid b_i \ge 0, a_{is} > 0\}$
14:    **Ende Wenn**
15:    // Pivotelement (r, s) gefunden
16:    Aufruf BASISTAUSCH $(T, (r, s))$; Transformiere (T)
17:    // zulässige Basislösung x gefunden
18:    **Ende Wenn**
19: **Solange bis** $(b_i \ge 0 \text{ für alle } i \in I) \vee (\exists b_r < 0 \text{ und } a_{rj} \ge 0 \text{ für alle } j \in J)$
20: **Wenn** $(\exists b_r < 0 \text{ und } a_{rj} \ge 0 \text{ für alle } j \in J)$ **Dann**
21:    STOP := wahr   // zulässige Lösung x existiert nicht
22: **Sonst**
23:    // zulässige Lösung x existiert wegen $b_i \ge 0$ für alle $i \in I$
24: **Ende Wenn**
25: // Beginn Phase II: Verbessere $f(x)$ durch Basisaustausch: BV $\leftrightarrow$ NBV
26: **Wiederhole**
27:    **Wenn** $c_j \le 0$ **Dann**
28:       STOP := wahr   // Basislösung ist optimal, d. h. $x^* := x$
29:    **Sonst**
30:       Wähle Pivotspalte $s = \arg\max\{c_j \mid j \in J\}$
31:       **Wenn** $a_{is} \le 0$ für alle $i \in I$ **Dann**
32:          // Zielfunktion unbeschränkt, d. h. Maximum x^* existiert nicht
33:          STOP := wahr
34:       **Sonst**
35:          // Wähle Pivotelement (s, j)
36:          Aufruf BASISTAUSCH $(T, (s, j))$; Transformiere (T)
37:       **Ende Wenn**
38:    **Ende Wenn**
39: **Solange bis** STOP

Dazu dienen in Abb. 4.70 die Spalten mit den Überschriften „Left Hand Side" (LHS) und „Right Hand Side" (RHS). Die Auslastungsgrade der beiden Rohstoffe und des Halbfabrikats liegen gerundet bei $(33\,\%, 100\,\%, 41\,\%)$. Die absoluten Werte werden in der Spalte „Slack or Surplus" angezeigt. Diese bis auf Rohstoff R_2 niedrige Kapazitätsauslastung von

Abb. 4.70 Auslastungsreport
des Produktionsplanungsproblems

01-07-2012 15:45:54	Constraint	Left Hand Side	Direction	Right Hand Side	Slack or Surplus	Shadow Price
1	C1	165.0000	<=	500.0000	335.0000	0
2	C2	410.0000	<=	410.0000	0	6.0000
3	C3	200.0000	<=	490.0000	290.0000	0
4	C4	180.0000	<=	250.0000	70.0000	0
5	C5	180.0000	>=	180.0000	0	-11.0000
6	C6	0	<=	120.0000	120.0000	0
7	C7	100.0000	<=	120.0000	20.0000	0
	Objective	Function	(Max.) =	480.0000		

R_1 und Halbfabrikat H führt zu **Opportunitätskosten** (Schattenpreisen) jeweils von 0, die
in der Spalte „*Shadow Price*" angegeben werden; dagegen ist Rohstoff R_2 ein knappes Gut,
da R_2 voll ausgeschöpft wird, sodass seine Opportunitätskosten entsprechend positiv sind.
Sie liegen bei 6 €, das heißt, stünde vom Rohstoff R_2 eine Einheit zusätzlich zur Verfügung,
dann würde der Gesamtdeckungsbeitrag um 6 € steigen.

Diese Zusammenhänge sind Teil der sog. **Dualitätstheorie**, die in allen einschlägigen
Einführungen zur *Linearen Optimierung* ausführlich behandelt wird. Diese kann u. a. dazu
praktisch benutzt werden, weitergehende Sensitivitätsanalysen bzgl. der Zielfunktion bzw.
der Ressourcen (RHS) durchzuführen. Da auch Parameterveränderungen von c und b, die
den Basisvektor während der Iterationen verändern, für das mittlere Management von Interesse sind, wird auf das Gebiet der „Parametrischen Optimierung" verwiesen (siehe [48]
zum Einstieg in *Dualität* und *parametrische Optimierung*).

Für das breite Spektrum an betrieblichen Erfordernissen in denen Optimierungsverfahren nutzbar sind, reicht die (kontinuierliche) *Lineare Optimierung* wie eingangs angedeutet
nicht aus. Denn viele betriebliche Fragestellungen erfordern **ganzzahlige Lösungen**, d. h.
$x \in \mathbb{Z}^n$, wie dies beispielsweise bei der Personaleinsatzplanung mit den verfügbaren Mann-
stunden je Schicht der Fall ist. Investitionsprobleme wie Erweiterung beim Betriebsgelän-
des, ein Maschinenkauf usw. erfordern speziell **binäre** (0/1)-**Variablen**, die anzeigen, ob
überhaupt eine Investition durchgeführt wird ($x = 1$) oder nicht ($x = 0$). Weiterhin sind im
Gegensatz zur gängigen Annahme in der Wirtschaftstheorie betriebliche Ressourcen wie
Arbeitsstunden, Kapital in Form von Maschinenlaufstunden oder Transportleistungen in
Tonnenkilometern nicht beliebig teilbar, was sich in betrieblichen Produktionsfunktionen
vom Leontiev-Typ widerspiegelt.

Zur Unterstützung von Business Intelligence ist es daher angebracht, gemischt-ganzzahlige oder rein-ganzzahlige LPs in den BI-Werkzeugkasten einzubeziehen. Deren Einsatz erfordert es, **Ganzzahligkeitsbedingungen** aufzunehmen, um Ganzzahligkeit (integer oder boolean) aller oder einiger Variablen zu erreichen. Es ist zweckmäßig, die LPs
mit rein-integer Variablen, sog. *Integer Programs (IPs)*, als Spezialfall der Klasse (lineare)
gemischt-ganzzahlige Optimierungsmodelle (engl. Mixed Integer Programs, *MIPs*) auf-
zufassen. *MIPs* kann man formal wie folgt schreiben:

$$\min_{x,y} \begin{pmatrix} c & \check{c} \end{pmatrix}^{\mathrm{T}} \begin{pmatrix} x \\ y \end{pmatrix} \tag{4.56}$$

unter den Nebenbedingungen

$$(A \quad B) \begin{pmatrix} x \\ y \end{pmatrix} \leq b \tag{4.57}$$

$$\underline{x} \leq x \leq \overline{x} \tag{4.58}$$

$$\underline{y} \leq y \leq \overline{y} \tag{4.59}$$

und y ganzzahlig.

$x \in \mathbb{R}^n$ repräsentiert den reellwertigen und $y \in \mathbb{Z}^m$ den ganzzahligen Teil des Entscheidungsvektors, $c \in \mathbb{R}^n$ und $\check{c} \in \mathbb{R}^m$ sind die entsprechenden Vektoren der Zielfunktionskoeffizienten. $A \in \mathbb{R}^{k \times n}$ und $B \in \mathbb{R}^{k \times m}$ sind die zugehörigen Koeffizientenmatrizen und $b \in \mathbb{R}^k$ der Beschränkungsvektor kapazitiver Restriktionen. Die Vektoren $\underline{x}$ und $\underline{y}$ stellen Untergrenzen („lower bounds"), $\overline{x}$ und $\overline{y}$ Obergrenzen („upper bounds") der Entscheidungsvariablen x, y dar.

Der Spezialfall $n = 0$ stellt ein rein ganzzahliges Optimierungsproblem (*Integer Program*, *IP*) dar, bei dem alle Variablen ganzzahlig seien müssen. Die meisten Optimierungsmodelle sind in Unternehmen gemischt-ganzzahliger Natur.

Viele Entscheidungsprobleme, die auf den ersten Blick nicht wie ein LP-Problem aussehen, können mittels (gemischt-)ganzzahliger Optimierung gelöst werden [285, S. 135ff]. Dabei werden oft (ganzzahlige) 0/1-Variablen zur Modellierung von Ja/Nein-Entscheidungen und von logischen Restriktionen – disjunktive und konjunktive Verknüpfungen von logischen Aussagen – benötigt.

Weiterhin lassen sich damit nicht-lineare Zielfunktionen stückweise linearisieren [285, S. 109ff]. Dies ist beispielsweise dann notwendig, wenn Deckungsbeiträge c_i in der Zielfunktion $f(x) = c^T x$ Erlöse enthalten, bei denen die zugehörigen Absatzpreise einer *Preis-Absatzfunktion* genügen.

Eine Vielzahl von Optimierungsproblemen haben eine vergleichbare Modellstruktur und jede dieser Teilklassen hat einen eigenen Namen bekommen, bespielsweise:

1. Container-Stauproblem und Rucksackproblem
2. Standortwahl- und Lokalisationsproblem
3. Transportproblem
4. Zuordnungsproblem
5. Versorgungsnetzproblem
6. Tourenplanungsproblem
7. Reihenfolgeproblem (Job-Shop Scheduling)
8. Verkehrsnetz-, Fahrplan- und Personaleinsatzplanungsprobleme
9. strategische Preisgestaltung (Revenue Management)
10. Segmentierungs- oder Clusterproblem.

	A	B	C	D	E
1	California Manufacturing Company				
2	Investitionsalternativen				
3					
4	Nr.	Variante	(0/1)-Variable	NPV Mio US$	Kapitalbedarf Mio US$
5	1	Bau des Betriebs in L.A.	x1	7	20
6	2	Bau des Betriebs in S.A.	x2	5	15
7	3	Bau des Lagerhaus in L.A.	x3	4	12
8	4	Bau des Lagerhaus inS.A.	x4	3	10

Abb. 4.71 Daten zum Investitionsproblem der California Manufacturing Company

Das neben der heuristischen *beschränkten Enumeration* für die Praxis wichtigste allgemein gültige Lösungsverfahren gemischt-ganzzahliger linearer Optimierungsprobleme (MIPs) ist das **Branch-and-Bound-Verfahren**. Unter *Branching* versteht man das (lokale) Aufspannen des Suchbaums eines MIP, indem eine ganzzahlige Komponente y_{ij} des Variablenvektors y ausgewählt wird, deren Wert gemäß ihres Wertebereichs (0/1 bzw. integer) fixiert wird und der zugehörige Unterbaum $T(y_{ij})$ aufgespannt wird. *Bounding* bedeutet dabei, effiziente Schranken (*bounds*) für optimale Lösungen „frühzeitig", d. h. hoch im Baum, zu berechnen, um möglichst große Bereiche des Suchbaums auszuschließen.

Der *B&B-Algorithmus* löst nach einem *LP-Preprocessing*-Schritt des ganzzahligen Modells das dazugehörige Anfangs-LP. Im nächsten Schritt wird eine „gute" *LP-Relaxation* des IP-Teilmodells berechnet. Anschließend wird erneut mittels Branch-and-Bound-Algorithmus die Optimallösung des IP-Modellteils bestimmt. Das Suchverfahren analysiert implizit alle Teile des Suchbaumes, um schließlich eine optimale gemischt-ganzzahlige Lösung zu berechnen [285].

Wir schließen das Kapitel mit einem (einfachen, von Hand noch lösbaren und damit im Detail nachvollziehbaren) Beispiel zu einem typischen ganzzahligen, genauer (binären) (0/1)-Optimierungsproblem (*IP*) [126, S. 392–394]. Es gehört zu der Klasse einfacher Lokalisationsprobleme.

Beispiel Die *California Manufacturing Company* plant, eine neue Betriebstätte sowie ein Lagerhaus entweder in Los Angeles (L.A.) oder in San Antonio (S.A.) zu errichten. Beide Gebäude müssen, wenn überhaupt investiert werden soll, am selben Standort errichtet werden. Die Frage ist einfach: in Los Angeles oder San Antonio? Das Investitionsbudget liegt mit 25 Mio. $ fest. Die Rentabilitäten und der jeweils erforderliche Kapitalbedarf sind in der Excel-Tabelle in Abb. 4.71 zusammengefasst. Die Rentabilität wird dabei durch den **Gegenwartswert** (engl. Net Present Value (NPV)) der Erträge der jeweiligen Teilentscheidungen über die Objekte gemessen.

Die IP-Modellierung beginnt mit der Festlegung der vier **binären Entscheidungsvariablen** und deren Wertebereiche: $x_i = 0$, falls Entscheidung „nein" lautet für Objekt $i = 1, 2, 3, 4$, sonst $x_i = 1$.

Die Modellierung umfasst weiterhin die Aufstellung von fünf **Restriktionen**. Da die Standortalternativen exklusive Alternativen sind (logisches XOR), gelten folgende **logische**

Variable -->	X1	X2	X3	X4	Direction	R. H. S.
Maximize	7	5	4	3		
C1	20	15	12	10	<=	25
C2	1	1			=	1
C3	-1		1		<=	0
C4		-1		1	<=	0
LowerBound	0	0	0	0		
UpperBound	1	1	1	1		
VariableType	Binary	Binary	Binary	Binary		

Abb. 4.72 Ausgangstableau des IP zum Investitionsproblem

Beschränkungen:

$$x_1 + x_2 = 1$$
$$x_3 + x_4 = 1.$$

Da an beiden Standorten nur ein Lagerhaus gebaut werden soll, wenn dort auch ein Betrieb entstehen wird (logische Implikation $\Rightarrow$), gelten folgende Ungleichungen, die **logische Restriktionen** für voneinander paarweise abhängige Entscheidungen repräsentieren:

$$x_3 - x_1 \leq 0$$
$$x_4 - x_2 \leq 0.$$

Der **benötigte Kapitalbedarf** darf die Investitionssumme von 25 $ nicht überschreiten, wo immer investiert werden soll, d. h.

$$20x_1 + 15x_2 + 12x_3 + 10x_4 \leq 25.$$

Schließlich ist die **Zielfunktion** aufzustellen. Da der Gewinn (NPV) maximiert werden soll, gilt:

$$\max\{z = 7x_1 + 5x_2 + 4x_3 + 3x_4\}.$$

Wie man an dem System von einer Gleichung und vier Ungleichungen leicht erkennen kann, ist die Gleichung $x_3 + x_4 = 1$ redundant und kann daher entfallen, da die restlichen drei binären Relationen sie implizieren. Damit reduziert sich das Ausgangstableau für das 0/1-Planungsproblem auf vier Beschränkungen und vier Variablen (siehe Abb. 4.72).

Nunmehr kann der *IP*-Optimierer (hier WINQSB LP-ILP, Version 1) gestartet werden. Er liefert das Ergebnis in Abb. 4.73, das aufgrund der Problemgröße nicht überrascht.

Man erkennt, dass in San Antonio investiert werden soll. Dort sollen Betrieb und Lagerhaus zusammen errichtet werden, siehe Optimallösung ($x_2^* = x_4^* = 1$) bzw. ($x_1^* = x_3^* = 0$). Der optimale NPV beträgt $z^* = 8$ $.

	Decision Variable	Solution Value	Unit Cost or Profit c[j]	Total Contribution	Reduced Cost	Basis Status
1	X1	0	7.0000	0	0	basic
2	X2	1.0000	5.0000	5.0000	0	basic
3	X3	0	4.0000	0	4.0000	at bound
4	X4	1.0000	3.0000	3.0000	0	basic
	Objective	Function	(Max.) =	8.0000		

	Constraint	Left Hand Side	Direction	Right Hand Side	Slack or Surplus	Shadow Price
1	C1	25.0000	<=	25.0000	0	0.2000
2	C2	1.0000	=	1.0000	0	3.0000
3	C3	0	<=	0	0	0
4	C4	0	<=	0	0	1.0000

Abb. 4.73 Optimallösung des Investitionsproblems der California Manufacturing Company

Weiterführende Literatur Zuerst wollen wir das Lehrbuch von Suhl und Mellouli (2009) nennen [285], das geschickt komplexe (hinsichtlich der Anzahl und Verknüpfung von Variablen), betriebswirtschaftliche Anwendungsfälle vorstellt und LP-Lösungen gemischt-ganzzahliger Art diskutiert. Wesentlich breiter angelegt und tiefer geht das umfangreiche, ältere Buch von Winston (1994), das Anwendungen und Algorithmen im Operations Research und damit auch in der Optimierung behandelt [321].

Informationsverteilung

5

Was es nicht alles gibt, das ich nicht brauche.
Aristoteles

In diesem Kapitel steht nach den Kapiteln über Datenbereitstellung, Data Mining und Methoden der Unternehmenssteuerung die für BI generische Aufgabe der **Informationsverteilung** im Mittelpunkt der Betrachtung.

> Die **Informationsverteilung** stellt die Ergebnisse von *Business Intelligence Analysen* als **Unternehmens-Berichte** oder **Ad-hoc Mitteilungen** mittels **BI Portalen** oder **mobilem OLAP** dem Endbenutzer *personalisiert, zeit-* und *ortsungebunden* zur Verfügung.

Wir stellen im Abschn. 5.1 das klassische, d. h. ortsgebundene Berichtswesen vor. Mit dem Aufkommen von Smartphones und Tablets gewann neben der ortsgebundenen Bereitstellung von Information die ortsunabhängige, dynamische eine immer größere Bedeutung. Hinzu kommt, dass die neue Generation von Endgeräten den Managern nicht nur Ein-Weg-Kommunikation erlaubt, sondern auch Interaktionen mit dem BI-Server. Daher steht im Abschn. 5.2 das mobile BI im Vordergrund. Unabhängig von den Endgeräten spielt die Visualisierung eine große Rolle. Sie wird im Abschn. 5.3 behandelt. Abschnitt 5.4 stellt BI-Portale und Dashboards vor. Schließlich ist zu beachten, dass es das Ziel von BI ist, nicht nur Daten auszuwerten und die Analysen den Managern verfügbar zu machen, sondern diese semantisch bezüglich der konkreten Managementaufgaben aufzubereiten und kontextmäßig einzubetten. Dies führt dazu, das Wissensmanagement mit kodifiziertem Wissen und Expertisen sowie mit fallbezogenen, unstrukturierten qualitativen Daten in das *Business Intelligence* einzubeziehen. Die **Integration des Wissensmanagements** wird im Abschn. 5.5 behandelt.

R.M. Müller, H.-J. Lenz, *Business Intelligence*, eXamen.press,
DOI 10.1007/978-3-642-35560-8_5, © Springer-Verlag Berlin Heidelberg 2013

5.1 Berichtswesen

Berichtswesen dient dazu, die *Geschäftslage* (Zustand eines Unternehmens) bzw. die *Geschäftsentwicklung* aktuell, informativ, in benutzerfreundlicher Form und in angestrebter Datenqualität dem Management profilgerecht am gewünschten Ort jederzeit bereitzustellen.

> Das *Berichtswesen* (engl. Reporting) dient der zweckorientierten Versorgung des operativen und strategischen Managements je nach Zugriffsrechten mit Informationen für Planung, Entscheidung und Controlling. Seine Datenobjekte sind Fließtexte, Tabellen und Diagramme.

Die dafür benötigten Informationsobjekte sind ganz überwiegend vom Typ **Datenwürfel**. Diese Datenstruktur enthält in ihren Zellen die Werte der benötigten betrieblichen Attribute (Kennzahlen) als Wert-, Anteils- oder Mengengrößen, die von den zugehörigen Dimensionen aufgespannt werden (siehe Abschn. 2.2). Die (semantische) Beschreibung der Attribute erfolgt mittels *Repositorium*. Dort sind auch die **Benutzerprofile** abgelegt.

Reporting ist die zentrale Aufgabe des internen Berichtswesens sowie des externen Rechnungswesens, das für den Kapitalmarkt berichtet und Anteilseigner informiert. Heutzutage sind Berichte nicht mehr zwingend an das Medium *Papier* gebunden gleichgültig, für welche *Funktionsbereiche* wie Einkauf, Lagerhaltung, Personal, Herstellung, Marketing oder Vertrieb, und für welche *Phasen* wie Planung, Entscheidung oder Controlling sie benötigt werden. Aus Kosten- und Flexibilitätsgründen werden sie zunehmend in elektronischer Form generiert, gespeichert und genutzt. Endgeräte wie *Smartphones* und *Tablets* sind bahnbrechend für das mobile Reporting geworden [201] und unterstützen orts- und zeitungebunden die Informationsversorgung der Manager, Sachbearbeiter und Mitarbeiter im Außendienst eines Unternehmens.

Bis zu Beginn der neunziger Jahre dominierten Standardberichte mit fester Periodizität und streng vorgegebenem Layout das interne und externe Berichtswesen. Diese waren komplett mithilfe höherer Programmiersprachen wie *COBOL* oder *ABAP* erstellt und griffen unmittelbar auf die operierenden Daten in Dateisystemen bzw. ab Mitte der siebziger Jahre auf *OLTP*-Datenbanken zu. Jede inhaltliche bzw. strukturelle Änderung eines Berichts verursachte beim betrieblichen Rechenzentrum hohen Programmier- und Zeitaufwand und folglich hohe Kosten. Verständlich, dass es zwischen Fachabteilungs- und Rechenzentrumsleiter oft Reibereien über Aufgaben und Prioritäten gab. Daneben erzwangen

1. die Integration von Teilinformationssystemen ohne gemeinsame Schnittstellen,
2. hohe gewünschte Aggregationsgrade und
3. spezielle Datengruppierungen und individuelle Sortierungen

oft **Medienbrüche**, d. h. die Neueingabe von Daten in unverbundene Software- und Dateisysteme wie z. B. Tabellenkalkulationen.

Seit dem Einzug des Data Warehousing zu Beginn der 1990er Jahre sind selbst *Ad-hoc Berichte* im Vergleich zu früheren Jahrzehnten mit geringem Aufwand erstellbar. Sie werden aktuell verfügbar gemacht und weisen fast beliebige zeitliche Granularität auf (Jahr, Quartal, Monat, Woche, Tag, Schicht). Dies gilt gleichermaßen für die Raumdimension und die Sachdimensionen der betrieblichen Kenngrößen. Im Kern beruht diese Flexibilität des Berichtswesens auf zwei wesentlichen Eigenschaften des *Datenwürfels* (siehe 2.5):

1. **3D-Prinzip** [171], das es dem Endbenutzer einer Fachabteilung ermöglicht, spontane Abfragen in beliebiger Reihenfolge der drei Dimensionstypen *Zeit*, *Raum* und *Sache* intuitiv durch Anklicken bzw. *Drag* und *Drop* zu erstellen, sowie
2. **Mächtigkeit der Funktionalität** des Datenwürfels als *Basisdatenstruktur* im Data Warehouse, die auf der Verknüpfung von *Transformationen*, *Aggregationsfunktionen* und *OLAP-Operatoren* beruht [179].

Drei *Hauptfragen* kennzeichnen das betriebliche Berichtswesen:

1. **Informationsinhalt**: Worüber muss wem zweckgebunden berichtet werden?
2. **Layout**: In welcher Form sollen Inhalte vermittelt werden (welche Tabellierung und Visualisierung)?
3. **Automatisierungsgrad**: Wie weitgehend können Kommentare, die sich auf „Zahlenfriedhöfe" beziehen, automatisch generiert werden?

Während *Tabellen* und *Diagramme*, die Kennziffern und Dimensionen enthalten, durchgängig automatisch mittels geeigneter Software wie z. B. *Crystal Reports* generiert werden können, wird der Fließtext ganz überwiegend manuell erstellt. Insbesondere beim externen Berichtswesen werden *Redakteure* eingesetzt. Sie interpretieren die Tabellen und Diagramme und geben Hintergrundinformationen zur Geschäftslage und zu Erwartungen des Top-Managements für interne oder externe Berichte. *Fußnoten* dienen dazu, Sondertatbestände zu erläutern.

Bei der Abfassung der periodenbezogenen Standardreports wird zunehmend von semiautomatischen Editoren Gebrauch gemacht. Dabei werden *Textkonserven* verwendet, die als Konklusionsteil in entsprechenden betrieblichen Textgenerierungs-Regeln *(Text Editing Rules)* zugehöriger **regelbasierter Systeme zur Reportgenerierung** enthalten sind (siehe Abschn. 4.3).

Beispiel Eine Datenanalyse für den Vertrieb zeigt eine Umsatzsteigerung in drei aufeinander folgenden Quartalen. Dies könnte die Floskel $F_1(3)$: „Der Umsatz ist auch im dritten Quartal hintereinander gestiegen" gut wiedergeben. Aktiviert wird dann schlicht die auf Quartale bezogene Umsatzsteigerungsregel mit dem aktuellen Parameter $p = 3$: „WENN $Q_t > Q_{t-1} > \ldots > Q_{t-p}$ DANN $F_1(p)$ einfügen".

Abb. 5.1 Termin- und ereignisgesteuertes Berichtswesen

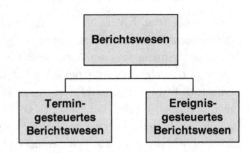

Man kann zwischen termin- und ereignisgesteuertem Berichtswesen unterscheiden (siehe Abb. 5.1). Das **termingesteuerte Berichtswesen**, das bis zum Jahr 2000 vorherrschte, ist wie folgt charakterisiert:

1. Es beruht auf dem sog. *Push-Service*.
2. Es identifiziert autorisierte Nutzer entsprechend ihrem hinterlegten Informationsprofil.
3. Es informiert autonom, routinemäßig und umfassend.
4. Es liefert seinen Dienst am festen Arbeitsplatz des Benutzers ab.
5. Es wird aktiv zu festgelegten (d. h. regelmäßigen) Zeitpunkten.
6. Es weist ein standardmäßiges Layout hinsichtlich von Kommentaren, Fußnoten, Tabellen und Grafiken auf.

Beispielsweise gehören zum termingesteuertem Berichtswesen Monatsabschlüsse, Finanzierungspläne, Personalberichte, wöchentliche Cash-Flow-Analysen, der tägliche Liquiditätsreport zu Geschäftsbeginn und der Beschaffungs- und Absatzmarktüberblick.

Im Zusammenhang mit virtuellen Büros, mobilem Reporting, verbesserter mobiler Kommunikation und kürzeren Reaktionszeiten für Entscheidungen und Controlling gewinnt das **ereignisgesteuerte Berichtswesen** zunehmend an Bedeutung, das folgende Eigenschaften aufweist:

1. Es bietet einen sog. *Pullservice* für den autorisierten Nutzer.
2. Es wird spontan („ad hoc", „on demand") und singulär genutzt.
3. Es kommt nicht orts- und zeitgebunden zur Anwendung, ist also nicht zwingend periodisch.
4. Es beruht auf explorativer Daten- oder Faktenanalyse mit geeigneter Visualisierung.
5. Es zielt auf die Früherkennung von Trends und Wirtschaftseinbrüchen ab und unterstützt das „Management by exception".

Beispielhaft seien Ereignisse wie Kursausschläge von Aktien, sich plötzlich eröffnende Marktchancen oder Ankündigungen von beabsichtigten Gesetzesänderungen genannt. All diese Ereignisse sind vom Typ „unknown" oder gar „unknown unknown". *„Unknown"* heißt, das Ereignis ist sachlich bekannt, aber sein Eintreten ist unklar, wie dies etwa bei Regierungsankündigungen von geplanten Gesetzesänderungen vor den parlamentarischen

Beratungen der Fall sein dürfte. Im Fall von *unknown unknown* sind Zeitpunkt *und* Ereignisart unbekannt, wie beispielsweise die allererste Erdölkrise zu Beginn der 1970er Jahre zeigte.

Das Reporting unterliegt einer Reihe von „*Spielregeln*", die je nach Adressat, d. h. internem oder externem Interessenten, zur Anwendung kommen. Reports müssen idealerweise (vgl. Sorgfaltspflicht des sog. *ordentlichen Kaufmanns*) folgende Punkte beachten:

1. **Transparenz**: sprachlich eindeutig, für den Nutzerkreis verständlich, inhaltlich umfassend sowie korrekt.
2. **Adäquatheit**: dem Verwendungszweck hinsichtlich Umfang, Inhalt und Form angemessen.
3. **Objektivität**: subjektive Bewertungen sind zu vermeiden beziehungsweise kenntlich zu machen, siehe Prognosen von zukünftigen betrieblichen Kenngrößen.
4. **Datenschutz**: Bundes-, Landesdatenschutzgesetz, Datenschutzrichtlinien des Unternehmens sowie Nutzerrechte hinsichtlich der Schreib- und Leserechte werden beachtet.

Das Aufkommen von Data Warehouses hat bewirkt, dass das Berichtswesen auf einheitlichen, d. h. Organisationseinheiten übergreifenden Bezeichnern (Nomenklaturen, Klassifikationen und Geschäftsregeln) aufsetzt. Das Data Warehouse ist die gängige Plattform, um interne und externe Datenquellen zu integrieren, wie das beispielsweise für konsolidierte Konzernbilanzen der publikationspflichtigen deutschen Aktiengesellschaften und für laufende Berichte über die Lage an internationalen Finanz- und Absatzmärkten notwendig ist.

5.2   Mobiles BI

Wegen der Wechselwirkung von Berichtswesen, der rasanten Entwicklung der mobilen Telekommunikation und dem gesellschaftlichen und wirtschaftlichen Wandel wollen wir auf die **mobile Kommunikation** und das **mobile BI** kurz eingehen. Eine grundlegende Studie, Datenwürfel über das Mobilnetz effizient zu versenden, ist [201].

Schnelle Entwicklungen auf dem Gebiet der drahtlosen Netzwerke schaffen bereits heute unbegrenzte Kommunikationsmöglichkeiten. Menschen wollen oder müssen insbesondere beruflich mobil sein. Dies erzwingen allein schon die **virtuellen Büros**, bei denen die Mitarbeiter „ihr Büro" quasi wie eine Schnecke *mit sich schleppen*. Geschäftsleute wollen u. a. aktualisierte Reports rechtzeitig und ortsungebunden zugeschickt bekommen oder bei Bedarf („on the fly") abrufen können.

Dies ermöglicht gerätetechnisch gesehen die Miniaturisierung von Endgeräten wie z. B. Handys, Smartphones oder Tablets. Die Kommunikationswege, die sich heute bieten, sind mannigfaltig: SMS, Email, Tweets (Kurznachrichten auf Twitter) oder Postings in sozialen Netzwerken wie Facebook. Doch was nützen multi-funktionale Geräte, wenn die Kommunikations-Infrastruktur nicht stimmt?

Mit der weltweiten Vernetzung mittels **Internet** oder **Intranets**, den Potenzialen von **Suchmaschinen** wie *Google* oder *Bing* sowie der Kommunikation innerhalb *sozialer Netzwerke* werden Dienste ermöglicht, die noch vor Jahren undenkbar waren. Die *Allverfügbarkeit* (engl. Ubiquität) bietet örtlich und zeitlich unabhängigen Datenzugang mit den Zugangsvarianten „Push" oder „Pull", was wegen der Wirtschaftsdynamik heutzutage ein wichtiger Erfolgsfaktor für viele Unternehmen ist.

Drahtlose Netzwerke sind für zahlreiche Anwendungen geeignet wie beispielsweise für das Verschicken hochdimensionaler Datenwürfel, die den Geschäftsverlauf, die Märkte, Geschäftspartner, Mitarbeiter, Produkte oder Dienstleistungen beschreiben.

1. Die dazu eingesetzte Mobiltelefonie wird oft auch mit dem Begriff **Mobilfunk** beschrieben. Ein Mobilfunknetz ist für eine große Flächenabdeckung vorgesehen. GSM (Global System for Mobile Communications), UMTS (Universal Mobile Telecommunications System) und LTE (Long Term Evolution) sind die bekanntesten Mobilfunkstandards in diesem Jahrzehnt.

2. Drahtlose lokale Netze wie **Wireless LAN** (WLAN) werden häufig begrifflich auf zwei verschiedene Arten verwendet. Zum einen wird WLAN als Sammelbegriff für alle drahtlosen lokalen Netzwerke verstanden, zum anderen für drahtlose Netze, die auf dem Standard IEEE 802.11 aufbauen. Ein WLAN kann in zwei *Modi* betrieben werden: Im Infrastruktur-Modus wird eine Basisstation zur Koordination der einzelnen Netzknoten genutzt. In mobilen Ad-Hoc Netzwerken ist keine Station als Verbindungsknoten festgelegt, sondern alle Teilnehmer sind gleichwertig Sender und Empfänger [200].

3. Ein Wireless Personal Area Network (WPAN) ist konzipiert für die Vernetzung kleinerer Geräte in Nahdistanz [200]. Als wichtige Vertreter haben sich IrDA (Infrared Data Association), Bluetooth und Near Field Communication (NFC) etabliert. Bluetooth basiert auf der Funkübertragung nach dem Standard IEEE 802.15.1, während NFC den RFID-Standard (Radio-Frequency Identification) erweitert.

Alle beschriebenen Technologien versprechen, Mobiles BI im Rahmen der betrieblichen Berichterstattung in Richtung auf die Allgegenwärtigkeit (Ubiquität) der Informationsverarbeitung im beruflichen und privaten Alltag zu verbessern.

Man kann zwischen drei möglichen Szenarien für das mobile BI unterscheiden [100] (siehe Abb. 5.2):

- *Online.* Im Online-Szenario ist die Nutzung der mobilen BI-Funktionalität nur möglich, wenn das Mobilgerät online und mit dem BI-Server verbunden ist. Die Datenhaltung, multidimensionale Abfragen und die Generierung des User Interfaces mit Visualisierung und Reports erfolgt auf dem Server. Auf dem mobilen Endgerät erfolgt die Nutzung im Wesentlichen über einen Browser. Auch denkbar sind native Apps, die lediglich Ergebnisse des BI-Servers anzeigen und damit auch nur online funktionieren.

- *Hybrid.* Im hybriden Szenario werden nach Abfragen Ergebnisse bzw. aggregierte Daten lokal auf dem Mobilgerät gespeichert. Bei OLAP Operationen und Visualisierungen, die

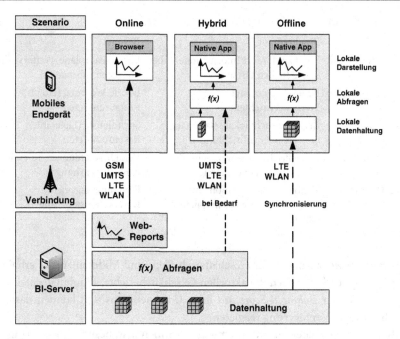

Abb. 5.2 Szenarien für mobiles BI [100]

sich auf die lokal gespeicherten Daten beziehen, können die Ergebnisse ohne Rückgriff auf den BI-Server berechnet werden. Falls sich Abfragen auf Daten beziehen, die nicht lokal vorhanden sind, müssen diese vom BI-Server übertragen werden. Beim Verlust des mobilen Endgerätes besteht die Gefahr, dass die Daten in falsche Hände fallen können.

- *Offline*. Im offline Szenario wird ein kompletter Cube mit dem Mobilgerät synchronisiert. Sämtliche Abfragen können dann autark im mobilen Endgerät erfolgen. Dieses Szenario stellt hohe Anforderungen an die Speicherkapazität des Mobilgerätes. Die Synchronisierung eines kompletten Cubes ist nur praktikabel, wenn dieses über WLAN oder LTE erfolgt.

Im Folgenden befassen wir uns mit dem Einfluss dieser Technologien auf den Unternehmensalltag und geben zuerst einen tabellarischen Überblick über die verschiedenen Nutzungsarten mobiler Kommunikation in Tab. 5.1.

Durch Mobilfunk wird eine bisher noch nie vorgekommene große Datenmenge erzeugt und gesendet bzw. empfangen. Selbstverständlich macht ein Austausch nur dann Sinn, wenn die empfangenen Informationen für den Benutzer nützlich sind. Die Gefahr von **Spamming** ist in diesem Bereich natürlich gegeben. Wenn z. B. ein Benutzer ab Anfang Dezember Tag für Tag von *Amazon* die Mitteilung erhält, endlich einen Adventskalender zu bestellen, der ihn sowieso nicht interessiert, dann wird der angebotene Dienst irgendwann lästig.

Tab. 5.1 Nutzungsarten mobiler Kommunikation [200]

Kategorie	Beschreibung	Beispiel
Ortsbezogene Dienste	Benutzer fordert Informationen über den aktuellen Ort an	Lokale Fahrpläne, Wettervorhersage, Touristeninformation
Ankündigungsdienste	Benutzer empfängt Werbenachrichten	Lokale Werbung (Hotels, Restaurants etc.)
Suchen	Benutzer sucht lokale stationäre Objekte oder Einrichtungen	Suchdienste (Lieferanten, Hotels, Restaurants etc.)
Trigger-Dienste	Benachrichtigung wenn ein bestimmtes Gebiet betreten wird	Verkehrsmeldungen, Kurseinbrüche, Unwetterwarnungen
Tracking-Dienste	Verfolgung der Position eines Benutzers oder eines mobilen Objekts	Flottenmanagement, Lieferkettensteuerung

Beispiel Kehren wir zurück in die Geschäftswelt. Top- und Middlemanager erhalten beispielsweise bei Geschäftsreisen die aktuellen Geschäftsberichte, Liquiditätsdaten und aktualisierte Werte der *Balanced Scorecard* ihres Unternehmens und können darauf ohne technisch bedingte Verzögerung reagieren.

Vertreter von Versicherungen, Pharmaunternehmen usw. besuchen vor Ort ihren potenziellen Privat- oder Geschäftskunden und erstellen noch während des Gesprächs ein Kundenprofil mittels Laptop, Tablet oder Smartphone. Durch drahtlose Kommunikation (z. B. mittels UMTS, LTE usw.) und geeignete Hintergrund-Analysen auf einem entsprechenden Server kann der Mitarbeiter im Außendienst zusätzlich von Fachleuten in der Zentrale beraten werden, welches das beste Angebot für den Kunden wäre. So könnte der Unternehmensvertreter noch vor Ort mithilfe eines Haushaltsgenerierungsprogramms erkennen, dass der Kunde Teil eines Haushalts ist, bei dem weitere Mitglieder bereits Kunden sind, sodass dem Kunden durch Haushaltsrabatte bessere Konditionen eingeräumt werden können. Dies ohne menschlichen Eingriff (automatisch) zu erkennen ist nicht trivial (siehe sog. „Objektidentifizierung" in Abschn. 2.3).

Nach Besuchsende wird gleich *online* das Resultat des Treffens weitergegeben. Bei Geschäftsabschluss kann der Mitarbeiter sein aufdatiertes Ranking und die aufgelaufenen Boni einsehen. Wenn man bei den Versicherungsgesellschaften an Offerten für teilweise recht komplizierte Lebensversicherungsverträge denkt, so wird der kosten-, zeit- und gewinnmäßige Vorteil mobiler Kommunikation und Berichterstattung deutlich.

5.3   Visualisierung

Während sich das Berichtswesen überwiegend auf Tabellen, Fließtexte und Diagramme stützt, steht bei der Visualisierung die Gestaltung des Outputs mittels Geschäftsgrafiken im Vordergrund. *Visualisierung* erleichtert das Erkennen und das Verstehen von quantitativen Daten [106, 286, 276].

Visualisierung ist die kognitive Tätigkeit, ein mentales Abbild eines realen oder fiktiven Phänomens bei einem menschlichen Betrachter zu erzeugen [276].

Betrachten wir ein Beispiel einer guten und einer schlechten Datenvisualisierung.

Beispiel Abbildung 4.2 ist eine *ungeeignete* Darstellung von Daten für denjenigen, der die Struktur dieser Daten schnell begreifen will. Der monatliche Tankbierabsatz 1974–1989 ist redundanzfrei in *tabellarischer Form* dargestellt. „Auf einen Blick" erkennt selbst der Fachmann nicht so leicht die Komponenten der Zeitreihe wie Trend, Saison und Konjunktur, zumal er auch nicht sicher sein kann, ob diese überhaupt vorhanden sind.

Einen völlig anderen, höchst *informativen ersten Eindruck* vermittelt dagegen die Visualisierung als *Grafik*. In der Abb. 4.3 werden dieselben Daten nun in einem Diagramm als *Polygonzug* im *kartesischen Koordinatensystem* veranschaulicht. Auch der Laie dürfte „auf den ersten Blick" die große Volatilität des Bierabsatzes entdecken. Ein etwas fachlich geschultes Auge wird darüber hinaus die einzelnen Zeitreihenkomponenten identifizieren, insbesondere das stetige Wachstum verbunden mit einem ausgeprägten Saisonverlauf, dessen Spitzen im Sommer liegen – ein Fakt, der Biertrinker nicht überraschen dürfte.

Gute Visualisierung nutzt dabei die hochentwickelten Fähigkeiten des visuellen Systems des menschlichen Gehirns. Ungefähr ein Viertel des Gehirns ist für die Verarbeitung von visuellen Wahrnehmungen zuständig; mehr als alle anderen Sinne zusammen [158]. Die Tatsache, wie hilfreich eine Visualisierung gegenüber Vermutungen oder besser Fakten in Form von Listen, Tabellen oder Texten ist – getreu dem Motto „In numbers we trust" – zeigt die Aufdeckung der Ursache der verheerenden Cholera Epidemie in London 1854. Der Arzt *John Snow* hatte die geniale Idee, vom Quartier um die „Broad Street" eine Karte zu zeichnen, in der er die gemeldeten Erkrankungsfälle als Punkte eintrug. Rund um die Häufungspunkte befanden sich öffentlich aufgestellte Straßenpumpen, deren Schöpfwasser kontaminiert war (siehe Abb. 5.3). Erst durch die visuelle Darstellung wurde der Zusammenhang deutlich.

Wie effizient die menschliche Mustererkennung funktioniert, wird dem Leser möglicherweise bei dem folgenden kleinen Test deutlich. Die folgende Aufgabe zur „Mustererkennung" bezieht sich auf Abb. 5.4: Suche die Zahl, die sich rechts von einem schwarzen Punkt befindet, oberhalb eines Sterns, unterhalb einer 5 und links von einem *R*. Sich die „Nachbarschaftsverhältnisse" der vier Angaben vor dem geistigen Auge vorzustellen, wird dem Leser dabei wohl die meiste Zeit kosten.

Wie viel einfacher und schneller ist dagegen die Beantwortung derselben Aufgabe, wenn sie in graphischer Form gestellt wird (Abb. 5.5) denn bekanntlich gilt: „Ein Bild sagt mehr als tausend Worte".

Die Visualisierung von Daten unterstützt den Entscheidungsträger in vielfältiger Weise, indem

Abb. 5.3 1854 London Cho-
lera Ausbruch – Broad Street
Umgebung, gezeichnet vom
Arzt John Snow, Quelle: [94,
S. 7]

Snow's Dot Map

· Death from Cholera
○ Pump

Broad
Street
Pump

Abb. 5.4 Mustertabelle; Quelle: IBM Lab La Hulpe, Feb 4,
1986

		5				·	G		5			H	E	
	·	1	P	·	A	T	*	·		P		*	·	9
D	5	*		5	*		5		*					
·	E			·	1		·	T	G	·	X		5		·
		D		*		5	*				·	6	O
	·	4	P			·		R		T		X		·
	5				5		*		O			·	G
·	O	F		·	C	O		·	5	R				5
	*	5			*		5				O		·
F		F	R		4		·	X	F	·	P		T
	5		*		6	H		*				5		·	S
·	D	P			*		·		X	·			*
	*		5		R			P			*		·
S	·		R		5		·		R	5		*	X
	5	*		·			5			·		R
·		T			*	·	3	R			*		·
	*		·	H	R		*			5		*
	F		5	*		·	2	P	·	D	F	·	5
R		·	9	R		*			*			R

- der visuelle Vergleich von verschiedenen Informationen ermöglicht wird,
- eine große Anzahl von Datenpunkten kompakt dargestellt werden kann,
- Ausreißer, Trends, Cluster und sonstige Muster – insbesondere geometrische und topo-
  logische – schnell erkannt werden können,
- Informationen auf verschiedenen Detaillierungsgraden dargestellt werden können (vom
  Überblick zu Details), sowie
- die Informationen bezüglich verschiedener Gesichtspunkte visualisiert werden können.

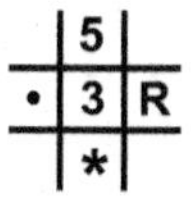

Abb. 5.5 In der Mustertabelle in Abb. 5.4 zu suchendes
Muster

5	
• 3	R
*	

Damit unser Gehirn aber Diagramme korrekt interpretieren kann und nicht in die Irre
geleitet wird, sind einige **Regeln für die gute Visualisierung** zu beachten. Schlechte Visualisierung kann nicht nur die Effektivität des Entscheidungsprozesses verringern, sondern
sogar zu falschen, manchmal sogar tödlichen Schlussfolgerungen führen. So behauptet
z. B. Tufte [306, S. 39ff], dass die Challenger-Katastrophe im Jahr 1986 maßgeblich durch
schlechte Visualisierung der Messdaten verursacht worden ist. Hätten die NASA-Ingenieu-
re den bekannten Zusammenhang von Temperatur und Schäden an den Dichtungsringen
der Rakete mit einer angemessenen Visualisierung analysiert, hätten sie niemals den Start
der Challenger an einem sehr kalten Tag freigegeben.

Folgende typischen Fehler verschlechtern die Verständlichkeit von Diagrammen [306,
89, 307, 30]:

- *Unnötige dekorative Elemente.* Grafikelemente, die keine Informationen transportieren,
  sondern nur zur Dekoration dienen, lenken von den eigentlichen Informationen ab.
  Beispiele sind Hintergrundmuster oder -bilder, sowie unnötige Farben, Verläufe oder
  dekorative Elemente ohne spezielle Bedeutung.
- *Kein Kontext.* Ein gutes Diagramm liefert einen Kontext um Daten entsprechend interpretieren zu können. Diese Kontext kann aus Soll- oder Plan-Daten, vergangen Daten
  oder Durchschnittswerten von anderen Abteilungen bestehen.
- *Achsen abschneiden.* Die Längen von Balken sollten proportional zu dem Wert, den der
  Balken darstellt sein. Beginnt eine Achse nicht mit dem Null-Wert, dann erscheinen
  Unterschiede der Werte größer als sie sind. Ein doppelt so langer Balken repräsentiert
  dann nicht mehr einen doppelt so großen Wert. In diesem Fall kann das visuelle System des Gehirns die Daten nicht mehr „auf einen Blick" verstehen und es kommt öfter
  zu falschen Schlussfolgerungen. Darum wird gerne die „Achse abgeschnitten", um ein
  mageres Wachstum oder kleine Unterschiede zwischen Werten visuell aufzublasen. Pro-
  spekte von Aktienfonds oder Geschäftsberichte von Firmen sind eine Fundgrube dieser
  Art der visuellen Verzerrung.
- *Fehlende Struktur und Standards.* In einem Unternehmen sollten Daten gleichartig visualisiert werden, sodass Diagramme schnell verstanden werden und ein einfacher Vergleich zwischen verschiedenen Diagrammen möglich ist.
- *Ungeeignete Diagrammtypen.* Viele Diagrammtypen erlauben nicht den unmittelbaren
  Vergleich verschiedener Werte. So ist der Vergleich der einzelnen Elemente bei gestapel-
  ten Säulen und Kreis- bzw. Tortendiagrammen mit mehr als zwei Elementen schwierig.
  Auch von Netzdiagrammen (Kiviat Diagrammen) mit mehr als zwei Linien sollte abgesehen werden [88].

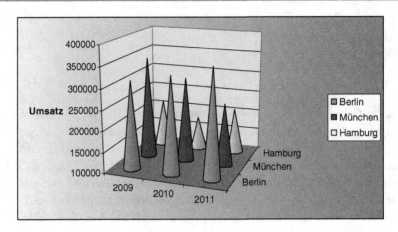

Abb. 5.6 Schlechte Visualisierung: 3D-Kegel mit abgeschnitten Achsen und Hintergrund-Muster

Der unreflektierte Einsatz von 3D-Effekten verschlechtert meistens die Lesbarkeit von Diagrammen. So ist z. B. der prozentuale Anteil in 3D-Kreisdiagrammen schwieriger abzuschätzen als in Kreisdiagrammen ohne 3D-Effekt. Der Vergleich von 3D-Säulen, 3D-Linien oder gar Pyramiden, Kegeln, oder Zylindern ist oft völlig unmöglich.

Allgemein sollte von einer unbedarften Flächen- und Raumdarstellung für lineare Skalen abgesehen werden [307]. Abbildung 5.6 zeigt ein Beispiel einer schlechten 3D-Visualisierung.

Tachometer treiben die Analogie zum Armaturenbrett (Dashboard) eines Autos auf die Spitze. Jedoch hat die Informationsvisualisierung für einen Autofahrer völlig andere Anforderungen als die für einen Manager [87]. Für den Autofahrer sind nur einige wenige Werte relevant (meist nur Geschwindigkeit, eventuell noch Drehzahl und Tankstand) und diese ändern sich teilweise innerhalb von Sekundenbruchteilen. Gleichzeitig liegt die Aufmerksamkeit des Autofahrers auf der Straße und er muss von einem Augenblick auf den anderen reagieren.

Die Informationsbedürfnisse eines Managers sind jedoch völlig anders. Er braucht wesentlich mehr Daten für eine Entscheidung und außerdem sind auch vergangene Werte, sowie Soll- bzw. Plandaten relevant. Auch kann sich ein Manager trotzt aller Beschleunigung in der Wirtschaft auch mehr Zeit lassen für eine Entscheidung. Ein Tachometer verschwendet sehr viel Platz für die dekorative Darstellung nur einer Zahl [87] (siehe Abb. 5.7). Eine geringe Informationsdichte führt zu mangelndem Kontext der Daten, da keine vergleichenden Werte wie Soll-, Plan- oder vergangene Daten dargestellt werden.

Für die Visualisierung der betrieblichen Kenngrößen stehen zahlreiche Endanwenderwerkzeuge zur Verfügung, z. B. Microsoft Excel, SAP Crystal Reports, SAP Xcelsius, SAS Visual Analytics, Corda Centerview, Tableau Software, DeltaMaster oder QlikView.

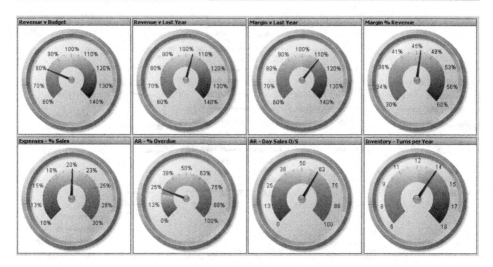

Abb. 5.7 Tachometerdarstellung: Für die Visualisierung von nur acht Zahlen wird viel Platz verschwendet, Quelle: QlikView (http://www.qlikview.com)

Die Visualisierung der Geschäftsdaten zielt nicht nur auf das periodische Berichtswesen ab, sondern unterstützt neben interaktiven Scorecards und Dashboards komplexe Auswertungen, Budgetierungs- und Planungsanwendungen sowie operative und strategische Analysen. Als Beispiel für komplexe Analysen seien Untersuchungen zur Verkehrslast im großstädtischen Straßen- und internationalen Flugverkehr genannt.

Weiterführende Literatur Eines der bekanntesten Bücher zur Visualisierung, das Maßstäbe für den gesellschaftlichen und wirtschaftlichen Grafik-Entwurf gesetzt hat, ist das Buch von *Tufte* aus dem Jahr 1993 [304]. Die computergestützte Grafik ist in ihrer Weiterentwicklung und ihren Möglichkeiten sehr gut in *Keim* (2010) dargestellt [142].

5.4   BI-Portale und Dashboards

Business Intelligence Portale und Dashboards präsentieren entscheidungsrelevante Daten in tabellarischer und visueller Form auf dynamischen Intranetseiten (siehe Abb. 5.8 und 5.9).

Firmenportale stellen Informationen im Intranet oder Extranet über Webtechnologien bereit [143, S. 134]. BI-Portale stellen steuerungsrelevante Informationen und weitere Inhalte integriert in einem Webportal dar [105, S. 214]. Oftmals sind BI-Portale Teil von Enterprise Information Portalen (EIP), welche Dashboards, Content Management und Kollaboration verbinden und damit Wissensmanagement und Business Intelligence integrieren (siehe Abschn. 5.5) [143, S. 134].

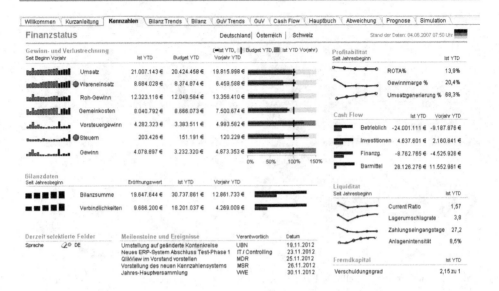

Abb. 5.8 Beispiel eines gut gestalteten Dashboards mit hoher Informationsdichte, Quelle: QlikView (http://www.qlikview.com)

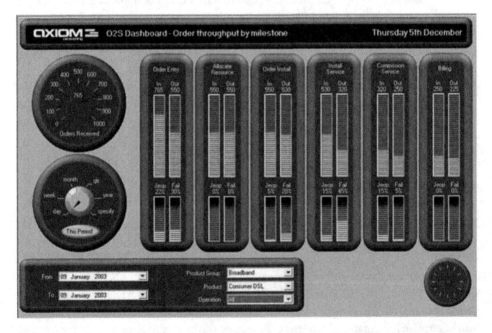

Abb. 5.9 Beispiel eines schlecht gestalteten Dashboards mit viel unnötiger Dekoration, Quelle: Axiom Systems

Ein **Dashboard** (Cockpit, Armaturenbrett) stellt die wichtigsten Informationen für die Erreichung der Ziele eines Dashboard-Nutzers visuell dar. Es konsolidiert und arrangiert die Informationen auf einem Bildschirm, sodass diese auf einem Blick erfasst werden können [89, S. 34].

Die Technologie des Dashboards hat in den letzten zehn Jahren eine fulminante Entwicklung durchlaufen. Am Anfang standen die statischen (traditionellen) Cockpits, die Unternehmensdaten für einen festen Kreis von Empfängern in einheitlicher, „fest verdrahteter" Form auf ortsgebundenen Endgeräten tabellarisch und/oder grafisch in Publizierqualität präsentierten.

Es folgten etwa ab dem Jahr 2000 dynamische Cockpits, die mittels mobiler Kommunikation zu Laptops personalisierbare Informationsobjekte schnell und benutzerfreundlich, orts- und zeitungebunden an die Nutzer ausliefern konnten. Mit dem Aufkommen von Smartphones und Tablets ermöglichen Dashboard-Apps eine noch größere Mobilität.

Jedoch sollte die Analogie des Dashboard nicht übertrieben werden. So meint etwa [124]: „Wenn Dashboard so verstanden wird, dass Informationen hoch verdichtet auf einer Seite präsentiert werden, halte ich es für sehr hilfreich. Wenn aber irgendwelche Tachos oder Thermometer ein ‚Dashboard' darstellen sollen, halte ich es für großen Quatsch. Die Führungskräfte gieren nach Verdichtung, nach Informationen auf einer Seite." Auch der Visualierungsexperte Edward Tufte [305] plädiert für Informationsdichte und kompakte BI-Portale ohne Tachometer und Dekoration (siehe Abb. 5.9).

Weiterführende Literatur Few (2009) gibt einen guten Überblick über die „Best Practices" der Dashboard-Gestaltung [90].

5.5 Integration von Wissensmanagement

Für eine effektive Entscheidungsunterstützung braucht das Management nicht nur quantitative Daten sondern auch Dokumente und Expertenrat. Darum wird zunehmend gefordert, dass Wissensmanagement und unstrukturierte qualitative Daten in das Business Intelligence integriert werden [105, S. 319ff].

Wissensmanagement ist die Managementfunktion, die verantwortlich ist für die Selektion, Implementierung und Evaluation von zielorientierten Wissensstrategien, die den organisatorischen Umgang mit internem und externem Wissen verbessern sollen [186, S. 48].

Abb. 5.10 Kodifizierungs-
und Personalisierungsstrategie

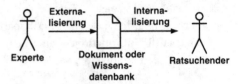

Kodifizierungstrategie

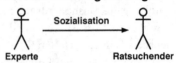

Personalisierungsstrategie

Man kann zwischen zwei verschiedenen Wissensmanagement-Strategien unterscheiden: **Kodifizierung** und **Personalisierung** [115] (siehe Abb. 5.10). Der Schwerpunkt der Kodifizierungsstrategie ist die Externalisierung des impliziten Mitarbeiterwissens in Dokumenten bzw. Wissensmanagementsystemen [28]. Dabei wird von technikorientiertem Wissensmanagement gesprochen, welches Wissen als Objekt ansieht, das relativ *kontextfrei* und vom Wissensträger unabhängig ist [28, 166]. Im Gegensatz dazu liegt der Schwerpunkt der Personalisierungsstrategie in der persönlichen Weitergabe und Entwicklung von Wissen (sog. Sozialisation). Wissen wird als kontextgebunden und vom Wissenträger abhängig angesehen.

Es wird geschätzt, dass in Unternehmen 80 % des Wissensbestandes in unstrukturierter Form vorliegt. Dazu gehören z. B. Word-, Excel- oder Powerpoint-Dateien, Intranetseiten und Emails. Grade die Integration von quantitativen und qualitativen Daten ermöglicht bessere Entscheidungen, da quantitative und qualitative Daten verschiedene Fragestellungen adressieren. Während quantitative Daten Fragen zum „wie viel?" und „wann?" beantworten, geht es bei qualitativen Daten um das „warum?".

Baars und Kemper [14] unterscheiden zwischen drei Konzepten, wie unstrukturierte Daten ins Business Intelligence integriert werden können.

1. *Integrierte Präsentation.* Im BI Portal sollen neben quantitiven Reports auch dazu relevante qualitative Dokumente oder Nachrichten präsentiert werden. Die Unternehmenssuche (engl. Enterprise Search) integriert quantitative und qualitative Daten.
2. *Informationsextraktion.* Strukturierte Informationen werden anhand von Metadaten bzw. unstrukturierten Daten extrahiert. Während die Extraktion von Metadaten relativ einfach ist, erfordert die Generierung von strukturierten Daten aus unstrukturierten Dokumenten Verfahren des Text Mining bzw. der Computerlinguistik (siehe Abschn. 3.3).
3. *Verteilung von Analyseergebnissen und -modellen.* Es werden nicht nur die Analyseergebnisse, sondern auch die Modelle, die zu diesen Ergebnissen geführt haben, gespeichert. Die Modelldatenbank unterstützt die Charakteristika eines Content Management Systems wie Versionierung, Checkin/Checkout und Zugriffsverwaltung.

Content Management Systeme erlauben die zentrale Verwaltung von Dokumenten im Unternehmen. Content Management Systeme haben typischerweise folgende Eigenschaften:

- *Zugriffsverwaltung.* Dokumente sind vor unautorisiertem Zugriff geschützt.
- *Versionierung.* Die Historie sämtlicher Änderungen wird gespeichert und Versionen können verglichen werden.
- *Checkin/Checkout.* Um Versionskonflikte bei gleichzeitiger Bearbeitung zu vermeiden, kann ein Dokument während der Bearbeitung gesperrt (engl. check out) werden. Nach der Bearbeitung wird das Dokument wieder in das Repositorium gespeichert und freigegeben (engl. check in).
- *Metadaten.* Es besteht die Möglichkeit, zu jedem Dokument Metadaten wie etwa Änderungsdatum, Schlagwörter, Projekt-, Kunden-, oder Produktnummern zu hinterlegen.
- *Suche.* Die Suche kann sowohl anhand der Metadaten als auch des Volltext-Index erfolgen.

Für vielfältige Zwecke in der Unternehmung ist die automatische **Extraktion** von „auffälligen" Mustern aus dem Dokumentbestand mit Hilfe von Text Mining, insbesondere bei einem massiven Dokumentenbestand, unabdingbar (siehe Abschn. 3.3). Dazu gehören u. a. die *Früherkennung von Fertigungsfehlern* in der Großserienfertigung anhand eingegangener Fehler- und Schadensmeldungen oder die *Fehlerrückverfolgung* und *Ursachensuche* bei dem Absturz eines Verkehrsflugzeugs (siehe Abschn. 4.7). Letztere unterstützt die Auswertung der *Audiostreams* der Flugschreiber und die Analyse der Wrackteile. Dabei wird aufwändig nach *Auffälligkeiten* in allen Dokumenten dieses Flugzeugs bzw. Flugzeugtyps gesucht, die seit Entwurf, Montage und Inbetriebnahme sowie Betrieb und Wartung beim Hersteller bzw. der jeweiligen Fluggesellschaft angefallen und gespeichert worden sind.

Enterprise Search verbindet die Keyword-basierte Suche in un- bzw. semi-strukturierten Quellen wie Dokumenten, Inter- und Intranet-Seiten oder E-Mails mit der Suche in strukturierten Daten d. h. quantitative Geschäftsdaten in Datenbanken, Data Warehouses oder Reports. Bei der Facettensuche kann die Antwortmenge anhand von Kriterien (Facetten wie z. B. Projekt, Autor, Dokumenttyp, Erstellungsdatum) dynamisch gefiltert werden. Abbildung 5.11 stellt eine Architektur einer integrierten Unternehmenssuche dar [60]. Zentral für die Suchmaschine ist ein (meist invertierter) Index der Inhalte, der eine schnelle Antwort auf Anfragen erlaubt. Dieser Inhalte-Index wird von der **Indexing Engine** gepflegt, welche regelmäßig die Quellen durchkämmt (engl. crawlt). Die Index-Erstellung kann entweder zeitgesteuert oder ereignisgesteuert (bei Änderungen der Quelle) erfolgen. Die Konfigurationsdaten bestimmen sowohl, welche Datenquellen wie indexiert werden sollen, als auch welche Abfragen auf strukturierte Quellen bei welchen Keywords-Anfragen durchgeführt werden sollen.

Beispiel Die Suche nach „*Schuhe Berlin*" liefert als Ergebnis eine Seite mit einem Diagramm des Schuhumsatzes in Berlin in den letzten Monaten, ein Dokument welches die letzte Ver-

Abb. 5.11 Suche in integrierten, strukturierten und
unstrukturierten Daten [60]

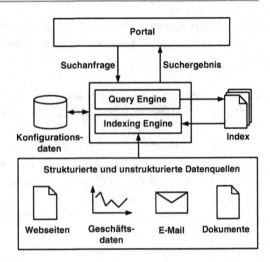

kaufsaktion für Schuhe in Berlin beschreibt, sowie eine Beschwerde-Email eines Kunden
aus Berlin. Abbildung 5.12 zeigt einen Screenshot der Suchlösung von Cognos (IBM), die
die Integration von quantitativen Reports und qualitativen Internetseiten veranschaulicht.

Neben dem kodifizierten Wissen in Dokumenten ist das implizite Wissen in den Köpfen
der Mitarbeiter natürlich entscheidend für den Erfolg eines Unternehmens. **Skill Datenbanken** und Yellow Pages dienen dazu, schnell Mitarbeiter im Unternehmen mit einem
bestimmten Wissen zu finden. Als problematisch hat sich im industriellen Umfeld herausgestellt, dass diese Skill Datenbanken lückenhaft, nicht immer aktuell und verzerrt sind, da
die Seiten von den Mitarbeitern manuell gepflegt werden müssen. Dabei spielen mangelnde
Motivation, Rollenverständnis und *Trittbrettfahrer*-Mentalität eine große Rolle.

Expertise Finder (auch Expert Location) Systeme versuchen die Expertise der Mitarbeiter aus verschiedenen Quellen wie Intranet-Seiten, Dokumenten, E-Mails, Projektda-
tenbanken, Sozialen Netzen usw. automatisch abzuleiten [191, 68, 190].

Eine Teilmenge der Wissensmanagement-Systeme sind Computersysteme, die das ko-
operative Arbeiten von Gruppen unterstützen (engl. **Computer Supported Cooperative
Work (CSCW)**). CSCW-Systeme können unterschiedlich klassifiziert werden. Das 3K-
Modell und die Raum-Zeit-Matrix sind hierbei die populärsten CSCW-Taxonomien.

Das **3K-Model** unterscheidet zwischen drei unterschiedlichen Formen der Interaktion
in CSCW-Systemen [293] (siehe Abb. 5.13):

1. *Kommunikation.* Hier steht der Austausch von Informationen zwischen Gruppenteil-
   nehmern im Vordergrund. Das Ziel von kommunikationsorientierten CSCW-Systemen
   ist die Informationsüberbrückung von Raum und/oder Zeit. Beispiele sind Video-Kon-
   ferenzsysteme, Email und Instant-Messaging.
2. *Koordination.* Hier liegt der Fokus auf der Unterstützung der Abstimmung von Aufgaben und Ressourcen. Das Ziel ist die Minimierung von Friktionen zwischen Aktivitäten
   bei denen gegenseitige Abhängigkeiten bestehen.

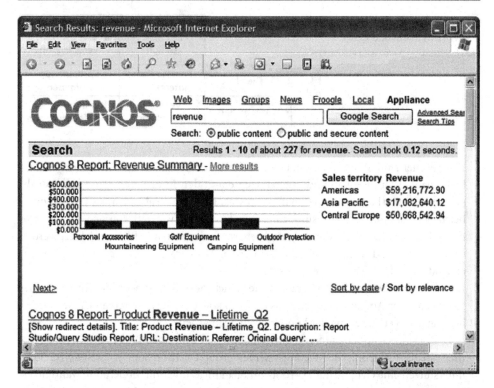

Abb. 5.12 Gemischt strukturiertes und unstrukturiertes Suchergebnis. (Quelle: IBM. http://www-01.ibm.com/software/analytics/cognos-8-business-intelligence/go-search.html)

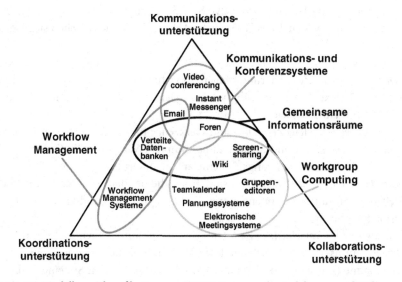

Abb. 5.13 3K-Modell zur Klassifikation von CSCW-Systemen (in Anlehnung an [293])

Abb. 5.14 Klassifikation von
CSCW nach Raum und Zeit
[135]

		Zeit	
		Gleich	**Verschieden**
Ort	**Gleich**	Face-to-Face Interaktion	Fortlaufende Aufgaben
	Verschieden	Verteilte Interaktion	Kommunikation und Koordiniation

Ein Beispiel sind Workflow-Management-Systeme. Sie bilden den strukturierten Arbeitsablauf (Workflow) ab und unterstützen damit den Informationsfluss und die Abstimmung innerhalb eines Geschäftsprozesses. Der Arbeitsablauf muss jedoch zuvor beispielsweise mittels Prozessmodellierungs-Standards, wie z. B. *Business Process Modeling Notation (BPMN)* oder *ereignisgesteuerte Prozessketten (EPK)*, modelliert werden und kann nicht ad-hoc flexibel geändert werden. Für derartige unstrukturierte Szenarien sind Workflow-Management-Systeme eher geeignet.

3. *Kollaboration.* Hiermit ist das gemeinsame (synchrone oder asynchrone) Arbeiten eines Teams an einer Aufgabe gemeint. Das Ziel von kollaborativen Systemen ist die Ermöglichung und Verbesserung der kooperativen Teamarbeit.

   Beispiele sind Gruppeneditoren zum gemeinsamen Schreiben und elektronische Meetingsysteme. Elektronische Meetingsysteme (Group Decision Support Systems (GDSS)) unterstützen eine Gruppe mit IT-Tools zur Strukturierung und Moderation während einer Sitzung. Dazu zählen computerunterstüztes Brainstorming, Ideen-Kategorisierung, Diskussion, Abstimmung und Protokollierung.

Die **Raum-Zeit-Matrix** klassifiziert CSCW-Systeme nach synchronen und asynchronen, sowie verteilten und lokalen Tools [135] (siehe Abb. 5.14). Daraus ergeben sich vier Kombinationen:

1. *Gleicher Ort, gleiche Zeit.* Hierunter fallen Tools für die Face-to-Face Interaktion. Dazu zählen z. B. elektronische Meetingsysteme welche Teamsitzungen unterstützen (siehe Abb. 5.15 für mehr Beispiele).

2. *Gleicher Ort, verschiedene Zeit.* Dies sind Werkzeuge für zeitlich fortlaufende Aufgaben an einem Ort. Beispiele sind Entscheidungsräume („War Rooms"), die Informationen und Entscheidungsunterstützungs-Systeme an einem Ort bereitstellen.

3. *Verschiedener Ort, gleiche Zeit.* Dies sind Tools, die bei der verteilten Team-Interaktion helfen. Dazu zählen Gruppeneditoren (wie Google Docs) und Web-basierte Group Decision Support Systeme.

4. *Verschiedener Ort, verschiedene Zeit.* Dies sind Kommunikations- und Koordinationswerkzeuge für asynchron anfallende Interaktionen. Beispiele sind gemeinsame Informationsräume (z. B. Foren und Wikis), Workflow Management Systeme und Content Management Systeme.

		Zeit	
		Gleich	Verschieden
Ort	Gleich	(1) Elektronische Meetingsysteme, Entscheidungsräume ("War Rooms"), Gruppeneditoren, E-Whiteboards, Präsentationssoftware, Content Management Systeme	(2) Entscheidungsräume ("War Rooms"), Workflow Management Systeme, Elektronische Meetingsysteme, Videoaufzeichnung, Content Management Systeme
	Verschieden	(3) Videokonferenz, Screen Sharing, Gruppeneditoren, E-Mail, Instant Messanging, E-Whiteboards, Web Seminar, Web-basierte GDSS, Content Management Systeme	(4) Email, Foren, Wiki, Workflow Management Systeme, Web-Basierte GDSS, Verteilte Datenbanken, Web-basierte GDSS, Gruppen, Teamkalender, Videoaufzeichnung, Content Management Systeme

Abb. 5.15 Beispiele von CSCW-Tools in der Raum-Zeit-Matrix [308, S. 429], [186, S. 279]

Integrierte Wissensmanagement-Systeme bieten „Out-of-the-Box" Lösungen, die kollaborative elektronische Zusammenarbeit, Dokumentenmanagement, Kommunikationslösungen und Suche verbinden [308, S. 500]. Die beste Technologie ist jedoch nutzlos, wenn die Mitarbeiter nicht motiviert sind ihr Wissen zu teilen [213, 218, 216]. Aus diesem Grund ist eine Unternehmenskultur, die Wissensteilung fördert, genauso wichtig wie ein ausgereiftes IT-System.

Weiterführende Literatur *Maier* (2007) gibt einen ausführlichen Überblick über verschiedene Technologien im Wissensmanagement [186].

BI Tools und Anwendungsfelder   6

*Nicht alles, was zählt, kann gezählt werden, und nicht alles, was
gezählt werden kann, zählt.*
Albert Einstein

In diesem Kapitel wenden wir uns zunächst im Abschn. 6.1 marktgängiger **Software** zu, die
geeignet ist, Business Intelligence sowohl bei der *Datenbereitstellung* als auch beim Einsatz
von quantitativen Verfahren der *Datenanalyse* zu unterstützen.

Im zweiten Abschn. 6.2 werden die **Anwendungsfelder** von Business Intelligence genauer betrachtet, insbesondere die Bereiche, die „nahe" am Kunden bzw. den Märkten sind,
wie z. B. *Customer Relationship Analytics*, *Web Analytics* und *Competitive Intelligence*.

Im letzten Abschn. 6.3 stellen wir eine **Fallstudie** aus der Automobilbranche vor, die das
für BI so typische Zusammenspiel von Datenbeschaffung, effizienter Speicherung und explorativer Datenanalyse und Ergebnisinterpretation aufzeigt. Lange Fertigungsdauern verbunden mit der Kundenunzufriedenheit bei einem Hersteller von Nutzfahrzeugen waren
Anlass, Daten aus dem Herstell- und Vertriebsbereich auf Stichprobenbasis zu extrahieren und mittels Assoziationsregeln zu analysieren. Ziel und Aufgabe des Projekts war es,
die maßgeblichen Gründe für die beiden genannten Problemkreise aufzudecken und dem
Management Vorschläge zur Kosteneinsparung und zur Erhöhung der Kundenzufriedenheit zu unterbreiten.

6.1 BI Tools

> **BI Tools** sind Werkzeuge, die Auswertungsverfahren von internen und externen Un-
> ternehmensdaten, sowie quantitative Verfahren für Planungs-, Entscheidungs- und
> Controllingzwecke softwaremäßig für Manager bereitstellen, um Geschäftslagen,
> -entwicklungen und -prozesse im Unternehmen zu analysieren.

R.M. Müller, H.-J. Lenz, *Business Intelligence*, eXamen.press,   259
DOI 10.1007/978-3-642-35560-8_6, © Springer-Verlag Berlin Heidelberg 2013

Derartige Werkzeuge stehen am Ende einer Kette von Entwicklungen, die mit den (einst gescheiterten) Management Information Systems (MIS) zur Bereitstellung globaler betrieblicher Kennzahlen vornehmlich auf Großrechnern der IBM in den 1960er Jahren begannen. Daran schlossen sich ab 1970 Entscheidungsunterstützungssysteme (DSS) an, die Fachspezialisten im Operations Research bei der partiellen Unternehmensplanung und im Controlling unterstützten. Mit gut zehn Jahren Verzögerung wurden etwa ab Mitte der 1990er Jahre Werkzeuge (Executive Information Systems (EIS)) auch für das Top-Management bereitgestellt, deren Frontend unter MS-Windows für PCs Standardreports und Abweichungsanalysen bei Knopfdruck ("on demand") im Rahmen einer Client-Server-Architektur ermöglichten (siehe auch [105, S. 82ff]).

Ein Durchbruch bei den entscheidungsunterstützenden Systemen wurde erreicht, als sich Anfang 1990 Data Warehouses durchsetzten, die neben der wichtigen Integration von internen und externe Daten, *OLAP*-Funktionalität benutzerfreundlich bereitstellten. Dazu trat etwas später, neben der pflegeaufwändigen Client-Server-Architektur, das Konzept der Webserver, d. h. eine Drei-Ebenen-Architektur mit Datenbanksystem, Applikationsserver und Client-Oberfläche. Auf der Client-Seite musste dafür nur ein *Webbrowser* bereitgestellt werden. Im Unternehmen kam auf der Anwenderseite die Tabellenkalkulation noch hinzu. Der Schritt zur *Business Intelligence* war nunmehr ein recht kleiner, da nur noch zusätzliche Auswertungsfunktionalität für Unternehmensanalysen als *Data Mining* oder *explorative (statistische) Datenanalyse* bereitgestellt werden mussten, anfangs zeitverzögert (Batch Betrieb) und später in Echtzeit *(Real Time Analytics)*.

Bei den Werkzeugen ist zu unterscheiden, ob

1. kostenpflichtige Werkzeuge oder
2. Open-source-Lösungen

in Betracht gezogen werden. Weiterhin spielt eine Rolle, ob ein

1. *Datenbanksystem* um statistische Auswertungsmöglichkeiten erweitert ist, wie dies bei den Datenbankanbietern IBM mit DB2, Microsoft mit MS SQL-Server Business Intelligence Edition und Oracle mit der Business Intelligence Enterprise Edition beispielsweise der Fall ist, oder
2. ob ein *Statistikprogrammpaket* wie SAS Enterprise Miner um eine Datenbankkomponente erweitert wird.

Entsprechend umfangreich und unübersichtlich ist der Software Markt, auf dem im Jahr 2011 etwa 150 Data-Mining-Lösungen und ca. 50 BI-Pakete angeboten werden [51]. Der Markt für BI-Software (Neulizenzen und Wartungsgebühren) in Deutschland wuchs 2011 um 11,8 Prozent auf 1,07 Milliarden Euro an [51]. SAP, Oracle, IBM, SAS und Microsoft haben dabei 2011 allein einen Marktanteil von über 60 %, was die hohe Konzentration auf wenige Großanbieter verdeutlicht [51]. Dabei reicht die Bandbreite von den genannten großen Softwarehäusern über spezialisierte Werkzeuge von Kleinanbietern bis hin zu funktional breit ausgelegten Open-Source-Tools. Hinzu kommt, dass Business-Intelli-

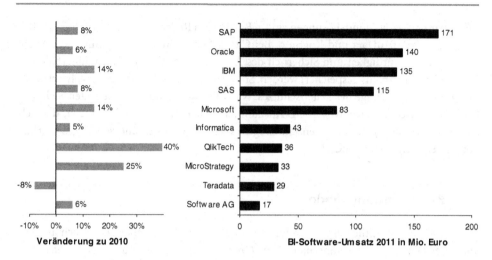

Abb. 6.1 BI-Software-Markt Deutschland 2011 [51]

gence- bzw. Data-Mining-Funktionen auch Teil von Software für Unternehmensanwendungen sind, wie das bei SAP mit SAP NetWeaver BI der Fall ist.

Unternehmen sollten vor Investitionen prüfen, ob ihre Softwarelizenzen die gewünschten BI- bzw. Data-Mining-Funktionen umfassen. Dies ist beispielsweise bei der Lizenzierung für den Microsoft SQL Server der Fall. Gleiches gilt für Oracle, IBM- oder SAP-Lizenzen. Hinzu kommt, dass Anbieter aus dem DSS-Umfeld Teilkomponenten anbieten, die BI-Charakter aufweisen. Hierzu sind etwa MIK GmbH oder Tableau Software zu rechnen.

Die Profitabilität des internationalen **BI-Softwaremarktes** hat seit 2007 zu zahlreichen Übernahmen geführt. Genannt seien hier nur: Oracle kaufte Hyperion, Business Objects übernahm Crystal Decisions, SAP übernahm Business Objects, Cognos übernahm Applix und IBM erwarb Cognos. An dem Ranking der *Big Five* hat sich durch die Marktkonzentration nichts geändert: SAP > Oracle > IBM > SAS > Microsoft.

Je nach Quelle ergeben sich unterschiedliche absolute bzw. prozentuale Marktanteile. Folgt man der BARC11-Studie [51] so stellt sich der BI-Markt in Deutschland im Jahr 2011 wie in Abb. 6.1 dar. Die BARC11-Studie erfasste nach eigenen Angaben Lizenz- und Wartungsumsätze von 250 Anbietern von BI-Lösungen auf dem deutschen Markt.

Bei den **Open Source** Lösungen im Business Intelligence kann man wieder zwischen Data Warehousing und Data Mining Werkzeugen unterscheiden. Für das Data Warehousing wären Pentaho, Jasper, Talend und BIRT zu nennen. Im Data Mining Bereich sind RapidMiner, Weka, KNIME und R hervorzuheben.

Zunehmend werden auch Lösungen in der **Cloud**, als sog. *Software as a Service (SaaS)* angeboten. Zum einen bieten traditionelle BI-Anbieter teilweise ihre Software auch als Cloud-Lösung an, d. h. diese übernehmen das Hosting für den Kunden. Zum anderen gibt es reine Cloud-BI-Anbieter, deren Lösung nur in der vom Anbieter angebotenen Cloud

verfügbar ist. Reine Cloud-Lösungen sind z. B. Amazon Redshift, Amazon Elastic MapReduce, Alteryx, 1010Data und Kognitio. Bei Cloud-Lösungen stellt sich immer die Frage
der Vertrauenswürdigkeit und Sicherheit des Anbieters, da sensible Daten außerhalb des
eigenen Unternehmens gespeichert werden. Sind personenbezogene Daten involviert, stellt
sich zusätzlich die Frage des Datenschutzes. Nach EU-Recht dürfen diese Daten nicht außerhalb der EU gespeichert werden. Ausnahmen bestehen für Cloud-Anbieter, die sich
zum EU-Recht kompatiblen Datenschutzregeln verpflichtet haben und dem sog. Safe-Har-
bor-System beigetreten sind.

6.2 BI Anwendungsfelder

Die betriebswirtschaftlichen Anwendungen von Business Intelligence lassen sich anhand
von zwei Dimensionen veranschaulichen: *Organisatorische Ebene* und *Fokusgebiet* [77]
(siehe Abb. 6.2). Die erste Achse wird von der operativen, taktischen und strategischen
Ebene gebildet. Das Fokusgebiet unterscheidet zwischen der internen Organisation und
seiner Umgebung, d. h. den Kunden, Lieferanten, Wettbewerbern und Märkten.

Folgende Anwendungsfelder von BI können unterschieden werden [77, 217]:

- *Internes BI* ist momentan die meist verwendete BI Funktion. Sie kann alle organisatorischen Ebenen umfassen, konzentriert sich jedoch meist auf die taktische Ebene.
- *Business Activity Monitoring (BAM)* unterstützt hauptsächlich operative Prozesse durch
das kontinuierliche Monitoring von Geschäftsprozessen (siehe Abschn. 4.5).
- *Corporate Performance Management (CPM)* fokussiert auf die Bereitstellung von internen Informationen auf der strategischen Ebene.
- *Supply Chain Intelligence* konzentriert sich auf Informationen über Beschaffung, Vertrieb, Logistik und Lagerhaltung des Unternehmens. Diese Informationen kommen oft
von Zulieferern bzw. werden diesen zur Verfügung gestellt.
- *Strategic Intelligence* analysiert die langfristige Entwicklungen wie z. B. makro-ökonomi-
sche Informationen oder technologische Trends und politische Entwicklungen.

Die Anwendungsfelder *Customer Relationship Analytics*, *Web Analytics* und *Competitive
Intelligence* werden in den folgenden Abschn. 6.2.1, 6.2.2 und 6.2.3 vorgestellt.

6.2.1 Customer Relationship Analytics

Man kann zwischen drei Typen von **Kundenbeziehungsmanagement** (engl. *Customer Relationship Management (CRM))* unterscheiden [298] (siehe Abb. 6.3):

1. kollaboratives,
2. operatives und
3. analytisches CRM.

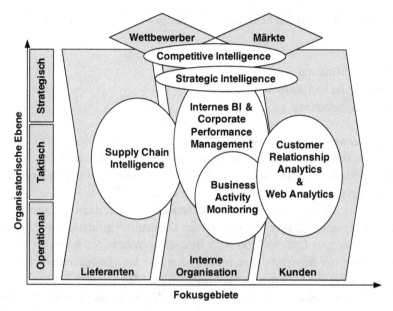

Abb. 6.2 Business Intelligence Anwendungsfelder (in Anlehnung an [77, 217])

Kollaboratives CRM	Kontakt-management	eCRM/Internet	Kundeninter-aktionscenter
Operatives CRM	Marketing Automation	Sales Automation	Service Automation
Analytisches CRM	Marketing Analytics	Sales Analytics	Service Analytics

Abb. 6.3 Klassifikation von CRM Systemen [298, S. 165]

Kollaboratives CRM befasst sich mit allen Kommunikationskanälen zu den Kunden. Darunter fällt das Kontaktmanagement und das Internet CRM. Unter operatives CRM fallen alle Systeme und Prozesse, die die tagtäglichen operativen Aktivitäten des Verkaufs unterstützen. Dies sind Marketing, Sales und Service Automation mit Funktionen wie Kampagnenplanung, Produktkonfiguration, Beschwerdemanagement und Sales Force Support. Analytisches CRM, auch Customer Relationship Analytics genannt, sammelt und wertet die im kollaborativen und operativen CRM entstehenden Daten aus.

Customer Relationship Analytics sind analytische Informationssysteme, die die Service-, Verkaufs- und Marketingaktivitäten eines Unternehmens mithilfe von Business-Intelligence-Verfahren auswerten.

Für Customer Relationship Analytics sind inbesondere drei Aspekte wichtig [225, S. 30] [252]:

1. Kundenneugewinnung,
2. Kundenbindung und -entwicklung sowie
3. Kundenrückgewinnung.

Bei der **Kundenneugewinnung** ist eine systematische Erfassung der Kosten und Neuge-winnungsraten der einzelnen Marketing-Kanäle wesentlich. Zentrale Kennzahlen für die Steuerung der Marketing-Aktivitäten sind die Konversionsrate (*Conversion Rate* (CR)) und die Kundenakquisekosten (*Customer Acquisition Costs* (CAC)).

Die Höhe der Akquisekosten je Kunde reicht jedoch alleine nicht aus, um Marketing-maßnahmen zu planen. Sie muss in Relation zum Kundenwert gesetzt werden. Eine Art den Kundenwert (*Customer Lifetime Value* (CLV)) zu schätzen, ist es den gesamten zukünftigen Deckungsbeitrag, der während der zu erwartenden Zeit der Kundenbindung („Kundenle-ben") erwirtschaftet werden kann, zu betrachten und auf den heutigen Tag zu diskontieren. Nur wenn der Customer Lifetime Value höher ist als die Kundenakquisekosten, ist ein Kun-denakquisekanal profitabel.

Im **Direkt-Marketing** via Email-Kampagnen, Briefen und Katalog-Versendungen kön-nen Data-Mining-Verfahren verwendet werden, die die Konversionsraten optimieren. Mit-hilfe von Klassifikationsverfahren kann zielgenauer entschieden werden, ob ein Kunde mit einer Marketing-Ansprache adressiert werden soll oder nicht.

Im **Database Marketing** werden anhand von Adressdatenbanken Direkt-Marketing-Maßnahmen geplant und optimiert [105, S. 239]. Für die Analyse der Kundenakquise bei Online-Angeboten ist Web Analytics unabdingbar (siehe Abschn. 6.2.2).

Der Customer Lifetime Value ist abhängt von der Dauer der Kundenbindung und der Höhe des Kundenumsatzes pro Jahr. Methoden zur **Kundenbindung und -entwicklung** sollen beide Werte erhöhen. Das sog. **Churn Management** (Kundenabwanderungsmana-gement) soll die Kundenbindung erhöhen, indem frühzeitig Anzeichen registriert werden, die darauf hindeuten, dass ein Kunde seinen Vertrag kündigen wird. Dies kann mit Data Mining Verfahren (Klassifikation) bewerkstelligt werden. Anschließend werden vorsorg-lich Maßnahmen eingeleitet, die die Abwanderung (Churn) des Kunden verhindern sollen. Dies kann z. B. bei einem Telekommunikationsunternehmen die Bereitstellung eines neu-en Handys oder von Frei-SMS sein. Dahinter steht die Einsicht, dass die Gewinnung eines Neukunden typischerweise wesentlich teurer ist als der Aufwand einen bestehenden Kun-den zu halten. Zentrale Kennzahlen für die Kundenbindung sind z. B. die Kündigungsrate (Churn Rate) bzw. die Kundentreue (Retention Rate). Die Erhöhung des Kundenumsat-zes kann durch gezielte **Cross-Selling-Angebote** erfolgen. Mithilfe der *Assoziationsanalyse* (siehe Abschn. 3.2.2) können dem Kunden anhand vergangener Transaktionen Artikel vorgeschlagen werden, die ihm auch gefallen könnten. Derartige Systeme werden als **Emp-fehlungsdienste** (engl. Recommendation Engines) bezeichnet.

Um den Kundenstamm besser zu verstehen, kann eine **Kundensegmentierung** durchgeführt werden [225, S. 267ff]. Dabei werden *Clustering*-Verfahren (siehe Abschn. 3.2.1) verwendet, um ähnliche Kunden zusammenzufassen.

6.2.2 Web Analytics

Web Analytics ist die Messung, Speicherung, Analyse und das Reporting von Internet-Daten mit dem Ziel, die Internet-Nutzung zu verstehen und zu optimieren [79].

6.2.2.1 Datenerhebung

Der erste Schritt im Web Analytics ist die Messung des Nutzerverhaltens auf einer Website [120, S. 43ff]. Man kann hierbei zwischen Server- und Client-seitigen Methoden der Datenerhebung unterscheiden. Bei der Server-seitigen Datenerhebung werden die Log-Files des Webservers als Datenquellen herangezogen. Beim Client-seitigen Tracking wird in jede Webseite ein JavaScript-Code bzw. ein Zählpixel eingefügt (sog. Page-Tagging). Der Vorteil von Client-seitigem Tracking ist, dass man Cookies setzten kann, um damit wiederkehrende Nutzer zu erkennen. Außerdem können zusätzliche Informationen (etwa Mausbewegungen) erhoben werden, die Server-seitig nicht vorhanden sind. Aus diesen Gründen ist heutzutage die Server-seitige Log-File Analyse nur noch von geringer Bedeutung.

Beim **Client-seitigen Tracking** stellt sich die Frage, ob man einen *externen* Tracking-Service oder eine *Inhouse-Lösung* nutzen will. Wählt man einen externen Tracking-Service, wird die Lösung bei dem Anbieter gehostet und als sog. *Software-as-a-Service* (SaaS) angeboten. Bei einer Inhouse-Lösung kauft das Unternehmen Lizenzen für die Software und betreut den Tracking-Server selbst. Dies kann z. B. vom Datenschutz her gesehen sinnvoll sein, da keine Nutzungsdaten außerhalb des Unternehmens gespeichert werden [120, S. 54ff].

Zusätzlich zum reinen Web-Tracking interessieren sich Unternehmen auch für andere Datenquellen. **Mobile Analytics** sammelt z. B. das Nutzerverhalten bei Smartphone Apps. **Video Analytics** misst, wie oft ein Video abgespielt wurde und wie lange es angesehen wurde. Social Media wie Facebook oder Twitter liefern weitere Hinweise, wie oft eine Webseite weiterempfohlen wurde und was potenzielle Kunden über die Marke schreiben.

Web Analytics kann Probleme wie etwa eine hohe Abbruchsrate beim Bezahlvorgang aufdecken. Es kann aber nicht unbedingt die Frage beantworten, warum dies geschieht. Warum bricht beispielsweise ein Nutzer den Kaufvorgang ab? Darum ist neben den quantitativen Nutzungsdaten die Verknüpfung mit qualitativen Daten wichtig [140]. Antworten können beispielsweise Nutzertests (engl. Usability Tests) oder Online-Befragungen geben. Da oft die Website nicht die einzige Interaktionsmöglichkeit mit dem Kunden ist und viele Firmen eine Multi-Channel Strategie haben, ist auch die Verknüpfung von Web-Analytics-Daten mit den Daten aus dem Customer Relationship Management (CRM) notwendig.

6.2.2.2   Web-Metriken

Durch die Datenerhebung werden eine Fülle von verschiedenen Kenngrößen, sog. *Web-Metriken*, generiert. Einige der wichtigsten sind [120, S. 87ff]:

- Besuche (Visits)
  - Wiederkehrende Besuche
  - Bounce-Rate (Absprungrate): Visits mit nur einem Seitenaufruf bzw. Kurzbesuche von 5 bis 10 Sekunden [140, S. 168ff]
  - Besuchstiefe: Seitenaufrufe pro Besuch
  - Verweildauer
- Besucher (Visitors)
  - einmalige Besucher
  - wiederkehrende Besucher
  - technische Daten der Besucher (Provider, Auflösung, Browser, Ort über die IP-Adresse)
- Traffic-Quellen (Referrer)
  - Direkteingabe der URL
  - Über Verlinkung (von welchen Webseiten?)
  - Suchmaschine (über welche Suchbegriffe?)
  - Werbekampagne (über welche Google-AdWords, Newsletter, Bannerwerbungen?)

6.2.2.3   Definition von Website-Zielen

Einfache Web-Metriken reichen oft nicht aus, Entscheidern (Geschäftsführung, Marketing, Website-Entwickler) handlungsrelevante Informationen zu geben. Dafür ist die Definition von Website-Zielen notwendig [120, S. 317ff]. Dabei definiert man beim Web-Tracking bestimmte Webseiten (z. B. für einen Onlineshop die Bestätigungsseite nach dem Kauf) als ein Ziel. Website-Ziele sind für verschiedene Website-Typen unterschiedlich, da diese unterschiedliche Geschäftsmodelle haben:

- Für *Onlineshops* ist die Bestellung das Hauptziel.
- Für *B2B-Webseiten* ist die Kontaktaufnahme durch die Eingabe einer Email oder Kontaktdaten das Ziel (engl. Lead Generation).
- *Support-Webseiten* sollen die Support-Kosten durch Anrufe beim Kundendienst (Call Center) reduzieren. Das Website-Ziel ist erreicht, wenn der Nutzer den richtigen Support-Artikel schnell findet.
- *Inhaltsseiten* (engl. Content Website) finanzieren sich indirekt durch Werbung. Damit eine Content-Website erfolgreich Werbung verkaufen kann, ist die Intensität der Nutzung („Engagement") wichtig [52, S. 37]. Dies kann man z. B.durch die Loyalität der Besucher (Anzahl Besuche pro Besucher), Besuchstiefe oder Besuchsdauer messen [52, S. 37].

Das Erreichen eines Website-Zieles wird auch **Conversion** genannt [120, S. 353ff]. Konversionsraten (Conversions/Besucher) von 2 % sind typisch. Um besser das Verhalten der Nutzer zu verstehen, kann man Zwischenziele definieren wie beispielsweise die Ziele „Kunde legt Artikel in Warenkorb", „Besucher lädt Demo-Software herunter" oder „Nutzer fordert Whitepaper an".

Für die weitere Analyse ist die Bewertung (**Monetarisierung**) einer Conversion nötig. Was ist der Wert einer Conversion? Bei einem Kauf in einem Onlineshop ist dies der durchschnittliche Deckungsbeitrag einer Bestellung. Bei einem Web-Service ist dies der Neukunden-Lebensdauerwert (engl. Customer Lifetime Value (CLV)).

6.2.2.4   Nutzungspfad-Analyse

Bei der Nutzungspfad-Analyse schaut man sich die Einstiegsseite (engl. Landing Page) und Ausstiegsseite (engl. Exit Page) an. Durch *Browser-Overlays* und *Heatmaps* kann man erkennen, welche der Links auf einer Seite wie häufig angeklickt wurden. Die Pfadanalyse vergleicht Einstiegs- und Ausstiegsseiten und die Wege zwischen diesen.

Durch die Verkettung von verschiedenen (Zwischen-)Zielen kann ein Verkaufstrichter (Sales-Funnel) definiert werden. Die **Trichteranalyse (Funnel-Analyse)** analysiert, wo im Trichter man potenzielle Kunden verliert.

6.2.2.5   Key Performance Indicators

Anhand der einfachen Website-Metriken und den Website-Zielen können nun die wichtigsten geschäftsrelevanten Kenngrößen (engl. *Key Performance Indicators* (KPI)) definiert werden. Von der Vielzahl möglicher Metriken sollte man sich auf die KPIs konzentrieren, die handlungsleitend sind (engl. Actionable Metrics). KPIs sind für die verschiedenen Website-Typen (Onlineshop, B2B-Seite, Inhaltsseite, Supportseite) unterschiedlich [120, S. 369ff] [239].

Eine Möglichkeit ist es, die KPIs anhand des Kundenlebenszyklus zu definieren. Dave McClur teilt diesen im **AARRR-Modell** in fünf Schritte ein [192] (siehe Abb. 6.4):

1. **Acquisition** (Besucher-Akquise): Besucher kommen durch verschiedene Kanäle auf die Seite.
2. **Activation** (Aktivierung): Besucher haben eine erste erfolgreiche Interaktion mit der Webseite (z. B. Anmeldung).
3. **Retention** (Besucherbindung): Besucher kommen wieder und nutzen die Seite wiederholt.
4. **Revenue** (Umsatz): Besucher führen ein monetarisierbares Verhalten aus (z. B. Kauf, Klick auf Werbung).
5. **Referral** (Empfehlung): Besucher empfehlen die Seite weiter.

Für diese Schritte können KPIs mittels Anzahl, Anteil, Rate usw. definiert werden, die den Erfolg messen:

- Acquisition: Anzahl der Besuche, Anzahl Unique Visitors, Anteil neuer Besucher, Kosten pro Besucher.
- Activation: Konversionsrate zur ersten erfolgreichen Interaktion (z. B. Download von Infomaterial, Email-Anmeldung, Registrierung), Absprungrate (Bounce rate)

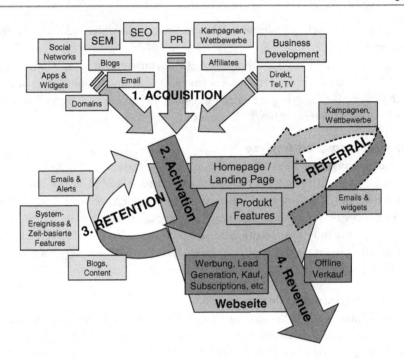

Abb. 6.4 AARRR-Modell des Kundenlebens-Zyklus [192] (SEM = Search Engine Marketing, SEO = Search Engine Optimization, PR = Public Relations)

- **Retention:** Anteil wiederkehrender (aktiver) Besucher, Besuchshäufigkeit (Stickiness).
- **Revenue:** Konversionsrate zur monetarisierbaren Handlung (z. B. Kauf, Klick auf Werbung, Kontaktherstellung)
- **Referral:** Anteil der Besucher, die die Seite weiterempfehlen, Anteil der aktivierten Besucher, die die Seite weiterempfehlen (durch z. B. durch Einladung via E-Mail oder Facebook-Like Button)

Die KPIs können für die verschiedenen Traffic-Quellen und Nutzer-Teilmengen segmentiert werden. Website-KPIs müssen auf das jeweilige Geschäftsmodell der Webseite angepasst werden. In [239] wird eine Liste von KPIs für verschiedene Website-Typen vorgestellt.

6.2.2.6 Analyse und Optimierung

Web Analytics erlaubt es einem Unternehmen, seine Webseite datengetrieben *zu optimieren*. Dabei kann man zwischen Marketing-, Conversion- und Produkt-Optimierung unterscheiden.

Die **Marketing-Optimierung** untersucht u. a. folgende Fragestellungen:

- Welche Marketing-Kanäle sollen genutzt werden (z. B. Search Engine Marketing (SEM), Bannerwerbung, Email-Newsletter)?

- Welche Werbung soll innerhalb eines Kanals gebucht werden (Text und Gestaltung eines Banners, Text eines Google Ads, Formulierung und Gestaltung von Email-Newslettern)?
- Welche Keywords sollen bei einer SEM-Kampagne berücksichtigt werden?
- Welche maximalen Klick-Gebote (Pay-per-Click (PPC)) in einer SEM-Kampagne sind noch rentabel?

Um diese Fragestellungen zu beantworten, müssen die *Kosten einer Conversion* mit dem *Wert einer Conversion* für die einzelnen Kanäle, Kampagnen und Keywords verglichen werden. Ein entscheidender Faktor dabei ist die Konversionsrate.

Beispiel Der Online Socken-Versand *SchwarzeSocke* überlegt, wie es mit Google Adwords neue Kunden gewinnen kann. Für das relevante Keyword „*Socken*" müssen pro Klick PPC = 1 Euro bezahlt werden (Pay-per-Click PPC = 1 Euro). Von den Besuchern, die über diese Kampagne auf die Seite kommen, schließen 10 % ein Socken-Abo ab (Conversion Rate CR = 0,1). Damit sind die Kundenakquisekosten (Customer Acquisition Costs) CAC = PPC/CR = 10 Euro für diesen Channel. Der Kunde erhält automatisch viermal im Jahr fünf Paar schwarze Socken für den Jahrespreis von 100 Euro. Der Einkaufspreis der Socken inklusive sonstige variable Kosten beträgt 90 Euro. Das heißt, der Deckungsbeitrag (engl. Cashflow DB_i = 10/Jahr für alle Jahre $i = 1, 2, \ldots, n$). Die Kündigungsrate ist 25 % pro Jahr, d. h. nach durchschnittlich vier Jahren kündigt ein Abonnent ($n = 4$). SchwarzeSocke finanziert sich bei seiner Hausbank mit 10 % (Abzinsungsfaktor $r = 0,1$). Der Customer Lifetime Value ist gleich dem abgezinsten Wert des Zahlungsstroms (Net Present Value (NPV)) und ergibt einen Barwert von

$$\text{NPV} = \sum_{i=0}^{n-1} \frac{1}{(1+r)^i} \text{DB}_i \tag{6.1}$$

$$\text{NPV} = 10 \left(1 + \frac{1}{1,1} + \frac{1}{1,1^2} + \frac{1}{1,1^3} \right) \tag{6.2}$$

$$\text{NPV} = 34,87 \text{ Euro} \tag{6.3}$$

Damit ist der Customer Lifetime Value von 34,87 Euro deutlich dreieinhalbfach höher als die Kundenakquisekosten von 10 Euro. SchwarzeSocke sollte folglich so viel wie möglich in diese Google-Adwords Kampagne investieren.

Die **Conversion-Optimierung** versucht die *Konversionsrate* zu erhöhen. Dies erfolgt durch Entwurfs-Verbesserungen der Landing Page (passendere Bilder, besserer Text, klarere Beschriftung der Schaltflächen usw.) und durch die Beseitigung von Usability-Problemen, die einen Besucher zum Abbruch während des Kaufvorgangs bringen. Die Conversion-Optimierung sollte inkrementell und datengetrieben erfolgen.

A/B-Testing (auch Split-Testing genannt) erlaubt den experimentellen Vergleich zwischen zwei oder mehr Designs. Die Tests werden so geplant, dass ein Proband (Besucher einer Webseite) *zufällig* entweder der Versuchs- oder Kontrollgruppe zugeordnet wird. Mit

Tab. 6.1 A/B-Test, Vier-Felder-Tafel, Prüfstatistik χ^2 und Schwellenwert $\chi^2_{0,99;1}$

	A (Strandfoto)	B (Poolfoto)	
	Kontrollgruppe	Versuchsgruppe	insgesamt
Anzahl Konversionen	100	150	250
Anzahl Nichtkonversionen	500	550	1050
Anzahl Besucher (insg.)	600	700	1300
Empir. Konversionsrate	0,167	0,214	

empir. $\chi^2 = 4{,}7166$; theor. $\chi^2_{0,99;1} = 6{,}64$

der Beachtung des **Randomisierungsprinzips** werden systematische Einflüsse auf das Experiment weitestgehend verhindert. Dies führt zu dem Zweistichproben-Testproblem für unabhängige Stichproben [49].

Beispiel Das Management des Hotels *Seeperle* hat die Vermutung, dass die Buchung von der Attraktivität der Webseite abhängig sein könnte. Es lässt untersuchen, ob auf der Landing Page des Hotels ein Foto eines Strandes (Variante A) oder besser eines Pools (Variante B) gezeigt werden soll. In einem A/B-Test wird einem Besucher zufällig eine der beiden Varianten gezeigt (A oder B). Die Variantenauswahl wird als Cookie beim Besucher gespeichert, d. h. wenn der Besucher die Website wieder besucht, wird ihm die gleiche Variante gezeigt. Der Besucher merkt also nicht, dass er Teil eines Experiments ist. Der A/B-Test in seiner klassischen (parametrischen) Form basiert auf dem χ^2-Test [49] und vergleicht die geschätzten Konversionsraten ($\hat{\pi}^{(A)}$, $\hat{\pi}^{(B)}$) der beiden Varianten, um zu prüfen, ob eine der beiden Varianten (A oder B) eine signifikant höhere Konversionsrate hat. Als Signifikanzniveau wählen wir z. B. $1 - \alpha = 0{,}99$. Die Stichprobe im Umfang von $n = 1300$ Besuchern ergab das folgende Stichprobenergebnis, das als **Vier-Felder-Tafel** in Tab. 6.1 dargestellt ist.

Die Prüfhypothese des A/B-Tests lautet: Kein Unterschied zwischen Versuchs- und Kontrollgruppe bei dem Blindversuch bzw. Gleichheit der Grundwahrscheinlichkeiten, d. h. $\pi^{(A)} = \pi^{(B)}$. Bei einer Irrtumswahrscheinlichkeit von $\alpha = 1\,\%$ ist $\chi^2 = 4{,}72 < \chi^2_{0,99;1} = 6{,}64$. Folglich ist die Hypothese der Gleichheit der Grundwahrscheinlichkeiten mit dem Befund verträglich, d. h. es besteht kein signifikanter Unterschied zwischen den Wirkungen beider Fotos auf die Besucher der Webseite. Das Management kann eins von beiden beliebig auswählen und nutzen.

Bei einer Web-basierten Software-as-a-Service (SaaS) Lösung ist die Website das Produkt. Durch Web Analytics lässt sich eine **Produkt-Optimierung** durchführen, indem man analysiert, wie das Produkt benutzt wird und wo Nutzer mit Aufgaben scheitern, das heißt abbrechen.

Die Analyse der einzelnen Kenngrößen (KPIs) kann anhand von unterschiedlichen Teilgruppen wie Neu- und Bestandskunden, verschiedene Kundenakquisekanäle, Regionen etc. erfolgen.

		Als Nutzer noch aktiv					
		Jan	Feb	März	April	Mai	Juni
Erstmalige Registrierung	Jan	95	90	80	70	60	40
	Feb		160	140	120	100	80
	März			300	250	200	180
	April				600	400	300
	Mai					900	500
	Juni						1200
Aktive Nutzer		95	250	520	1040	1660	2300
Kumulierte Retentionsrate		100%	98%	94%	90%	81%	71%

		Als Nutzer noch aktiv im					
		Monat 1	Monat 2	Monat 3	Monat 4	Monat 5	Monat 6
Erstmalige Registrierung	Jan	100%	95%	84%	74%	63%	42%
	Feb	100%	88%	75%	63%	50%	
	März	100%	83%	67%	60%		
	April	100%	67%	50%			
	Mai	100%	56%				
	Juni	100%					

Abb. 6.5 Kohortenanalyse

Die **Kohortenanalyse** bildet zeitliche Gesamtheiten von Nutzern und vergleicht dann das Verhalten der Kohorten über die Zeit. So kann z. B. die Kundenbindung (*Retention*) in den jeweiligen Kohorten analysiert werden. Dies ist oftmals aufschlussreicher, als wenn man sich nur die aggregierte Retention anschaut. Obwohl die Anzahl der Nutzer stark steigt, nimmt die Kundenbindung in jeder Kohorte schneller ab. Die aggregierten Retentionsraten (Kundenbindungsraten) zeigen diese gefährliche Tendenz nicht (siehe Abb. 6.5). So ergibt sich eine Kumulierte Retentionsrate von $100\, B_{FEB}/(B_{JAN:JAN} + B_{FEB:FEB}) = 98\,\%$, während beispielsweise für die Januar-Kohorte im Februar (Monat 2) $B_{FEB:JAN}/B_{JAN:JAN}/100 = 95\,\%$ gilt.

Die eigenen KPIs sollten schließlich mit denen von Wettbewerbern verglichen werden. Damit kommen wir zum nächsten und letzten Anwendungsfeld von Business Intelligence, der *Competitive Intelligence*.

6.2.3   Competitive Intelligence

Competitive Intelligence (CI) ist der systematische Prozess der Erhebung, Aggregation und Auswertung von Informationen über Märkte, Technologien und Wettbewerber [199, S. 3].

Das Konzept von Competitive Intelligence wurde erstmals in den 1980ern von Porter [244, S. 72] formuliert und entwickelte sich dann relativ unabhängig vom Business Intelligence [102, 14]. Heutzutage wird Competitive Intelligence als Teil des Business Intelligence angesehen [14].

Vom Einsatz von Competitive Intelligence versprechen sich Unternehmen verbesserte Kenntnisse über Wettbewerber, die Erlangung strategischer Wettbewerbsvorteile, die Unterstützung bei der Entwicklung von Strategien, Frühwarnung und Benchmarking.

Dabei sollen Informationen über die Stärken, Schwächen, Produkte und Dienstleistungen der Wettbewerber, sowie deren Strategien, Kennzahlen, Preise, Technologien und Patente gesammelt werden [199, S. 15]. Im Gegensatz zur Betriebsspionage setzt Competitive Intelligence nur auf legal zugängliche Informationsquellen [199, S. 36].

Folgende Fragestellungen sind im Competitive Intelligence denkbar:

- *Patentanalyse*: In welchen technologischen Feldern haben meine Wettbewerber Patente angemeldet? Wie verändern sich die Patentanmeldungen über die Zeit (Trends)?
- *Preisbeobachtung*: Wie sind die Preise meiner Wettbewerber? Kann ich automatisch bei Preisänderungen benachrichtigt werden bzw. automatisch meine Preise ändern?
- *Sentiment Mining*: Wie verändern sich die Kundenmeinungen in Sozialen Netzwerken gegenüber meinen Wettbewerbern? Wie ist die emotionale Richtung (Sentiment) der Twitter-Nachrichten über meine Wettbewerber?
- *Beobachtung von Stellenausschreibungen*: Welche Stellen mit welchen technischen Anforderungen werden von meinen Wettbewerbern ausgeschrieben?

Obwohl Competitive Intelligence viele unterschiedliche Analyseziele und Informationsquellen betrachtet, gibt es einige Gemeinsamkeiten der verschiedenen Auswertungen [14]. Die meisten Informationsquellen wie Finanzberichte der Konkurenz, Patentdatenbanken oder Kundenrezensionen liegen außerhalb des Unternehmens. Obwohl diese meist schon digital gespeichert sind, sind sie auf viele verschiedene Quellen verteilt, haben unterschiedliche Datenformate, die heterogen strukturiert sind und weisen variierende Datenqualität auf [14]. Insbesondere liegen die Daten meist un- bzw. semi-strukturiert vor, z. B. im HTML- oder PDF-Format [14]. Darum ist die *Integration* von Content- bzw. Dokumentenmanagement-Systemen (siehe Abschn. 5.5) in den CI-Prozess unabdingbar.

Der Customer Intelligence Prozess [312] (siehe Abb. 6.6), macht deutlich, dass die in diesem Buch beschriebenen Business Intelligence Methoden in den einzelnen Schritten von CI angewendet werden können. In der *Informationsbeschaffung* werden die fragmentierten und unterschiedlich strukturierten Quellen durch **Datenintegration** in ein einheitliches Data Warehouse bzw. Document Warehouse extrahiert (siehe Abschn. 2.3). Die *Informationsinterpretation* wird unterstützt durch Text Mining und kollaborative Systeme. Bei der *Informationsverteilung* ist insbesondere die Integration von quantitativen und qualitativen Daten im BI Portal wichtig.

Abb. 6.6 Customer Intelligence Prozess [312]

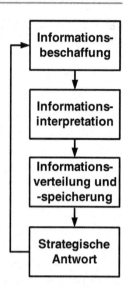

Informations-beschaffung

Informations-interpretation

Informations-verteilung und -speicherung

Strategische Antwort

Weiterführende Literatur Auf dem Gebiet *Competitive Intelligence* ist *Michaeli* (2006) zu nennen [199], und bei dem sich schnell entwickelnden Feld *Web Analytics*, wo aufgrund des Internet Vertriebsanstrengungen leichter messbar geworden sind, schlagen wir *Hassler* (2010) vor [120].

6.3   Fallstudie

Diese **Fallstudie** eines Herstellers von Nutzfahrzeugen soll aufzeigen, wie im Zusammenspiel von Fachleuten, die über betriebliche, jeweils partielle Vorinformation verfügen, mit verfügbarer Hard- und Software zweckmäßig selektierte Daten in *Informationen* und *fallbezogenes Wissen* so transformiert werden können, dass ein genau umrissenes Entscheidungsproblem in der Produktion befriedigend gelöst werden kann und damit ein positiver *Mehrwert* erzielt wird.

Die Vorgehensweise, BI in der Praxis umzusetzen, ist in allen Fällen vergleichbar, wenn wie im Folgenden das Schwerpunkt auf der *ex-post Analyse* liegt und nicht auf der Anwendung von *Business Intelligence* in *Echtzeit*. Rufen wir uns noch einmal die Vorgehensweise in Erinnerung. Ausgangspunkt ist generell die **Festlegung der Ziele**, die quantitativ oder auch qualitativ zu spezifizieren sind. Dazu rechnen Kosten- und Ertragsgrößen sowie weitere betriebliche Kenngrößen wie mittlere Auslastung und Durchlaufzeit, Marktanteil etc., aber auch schwer quantifizierbare Größen wie „Markenwert".

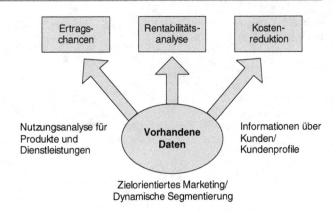

Abb. 6.7 Ziele der Fallstudie [26]

An die Zielfestsetzung schließt sich als zweite Phase die **Datenbeschaffung** an. Diese bezieht sich auf die Abfrage aggregierter und gruppierter Daten, deren Bereitstellung nun gerade durch die Existenz eines Data Warehouses und zugehöriger Funktionalität wesentlich einfacher und schneller durchzuführen ist als bei einem direkten Zugriff auf die OLTP-Daten. Im nächsten, dritten Schritt schließt sich daran die Nutzung der **BI-Verfahren** an, die mit weiteren *OLAP-Abfragen* beginnen und über *Data Mining* gegebenenfalls zu vertieften Analysen mittels *Operations-Research-Verfahren* führen. Der letzte Schritt ist dann das betriebliche **Reporting**, um die gewünschte Expertise zur Ursachen-Wirkungsanalyse zu erstellen.

Die folgenden Ausführungen stützen sich auf [26]. Ausgangspunkt des hier vorgestellten Falles ist die Fixierung der Ziele für die BI-Anwendung bei der Herstellung von Nutzfahrzeugen in der Automobilindustrie.

Auslöser für gemeldete Unzufriedenheit von Kunden und Fertigungs-Ingenieuren, sind Abweichungen zwischen Soll- und Ist-Durchlaufzeiten bei der Mittel- bis Großserienherstellung. Zu lange Fertigungsdauer und daraus resultierende Kundenunzufriedenheit werden als Symptome aufgefasst, deren Ursachenbündel es aufzuspüren gilt. Diese Missstände beeinflussen negativ die Ertragschancen und die Rentabilität und verursachen unnötig hohe Fertigungskosten (vgl. Abb. 6.7). Damit ergibt sich folgende Fragestellung: Gibt es *auffällige Muster* in den Fahrzeugdaten (Modelle, Ausstattungskombinationen, usw.), bei denen die Soll-Ist-Abweichung besonders groß ist? [26]. Es bietet sich an, die Problematik mit BI-Methoden aus dem Bereich der statistischen Klassifikationsverfahren anzugehen, da für jedes hergestellte Fahrzeug die Ist-Fertigungsdauer gemessen wurde und damit die Soll-Ist Abweichung ermittelt werden kann. Wie üblich sind die Daten mittels OLAP-Abfragen zu beschaffen. Als Datenbasis dient eine Stichprobe von 40.000 Nutzfahrzeugen, in der in jedem Datensatz neben der *Abweichungsklasse* Attribute wie *Fahrzeug-Nr.*, *Band*, *Lack-Nr.*, *Fahrzeug-Typ*, *Achsen*, usw. zur Verfügung stehen. Die zugehörige Datenmatrix ist in Tab. 6.2 auszugsweise abgebildet.

Auf der Softwareseite muss ein Data Warehouse System mit OLAP-Abfrage-Funktionalität, erweitert um Data Mining Werkzeuge bereitstehen, wie dies für alle BI-Projekte in

Tab. 6.2 Datenmatrix der Fallstudie [26]

Fahrzeug Daten						Klassifika-tionsmerkmal
Fahrzeug-Nr	Band	Lack-Nr	Fahrzeug-Typ	Achsen	...	Abweichung von Planwert
12016580	A	9	TX	A-TYP-8	...	2
12039720	F	3	TT-Premium	A-TYP-Q-6	...	-1
12041360	C	9	TT+	A-TYP-24	...	0
...	...	...	...	...	...	...

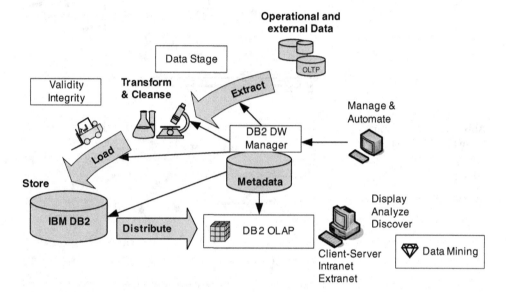

Abb. 6.8 IBM Software für Business Intelligence [26]

der betrieblichen Praxis notwendig ist. Im vorliegenden Fall dient dazu eine IBM Plattform mit entsprechender Software-Umgebung (siehe Abb. 6.8).

Zum Aufspüren möglicher *auffälliger Muster*, d. h. der Kombinationen von Fahrzeug-merkmalswerten der Nutzfahrzeuge mit „großen" *Soll-Ist Abweichungen*, bietet sich das *Klassifikationsbaumverfahren* an (siehe Abschn. 3.2). Die gesuchten Regeln für Soll-Ist-Abweichungen werden dadurch transparent gemacht, dass der generierte Klassifikations-baum vom Wurzelknoten ab entlang eines betreffenden Pfads bis zu einem gewünschten Blatt- oder Endknoten durchlaufen wird. Wie aus dem Abb. 6.9 ableitbar ist, werden in dem vorliegenden Fall hohe Abweichungen durch speziellen Kombinationen von Achsen, Federungen, Lacken und Fahrerhaustypen verursacht [26].

An eine solche Profil- oder Musterbildung von (unerwünscht langen) Durchlaufzei-ten schließen sich i. Allg. detaillierte Datenanalysen an, die die Ursachenbündel weiter einzukreisen suchen. Im vorliegenden Fall hilft die detaillierte Kenntnis der Montage wei-

Abb. 6.9 Klassifikationsbaum
zum Erkennen von Mustern in
den Fertigungszeiten [26]

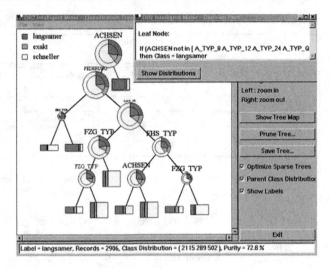

Abb. 6.10 Klassifikationsbaum zum Erkennen von
Mustern in den Herstellphasen [26]

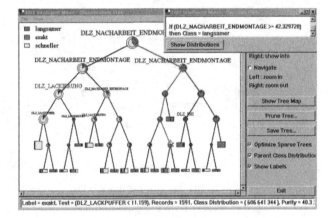

ter. Die Gesamtmontage lässt sich in Einzelphasen zerlegen, wie beispielsweise Rohbau,
Lackiererei, Montage, Endmontage und Nacharbeit. Sind neben der Gesamtdurchlaufzeit
eines Fahrzeugs auch die Teilzeiten gemessen und gespeichert, so wird mit Data Mining
ein weiterer Klassifikationsbaum gesucht, der Aufschluss über die Durchlaufzeiten in den
einzelnen Phasen der Fahrzeugherstellung gibt und die Einfluss auf positive Soll-Ist Abweichungen haben. Der induzierte Baum liefert unter anderem die Regel: *„Die Durchlaufzeit
bei der Endmontage entscheidet fast ausschließlich über die Gesamtdauer"* [26].

Wir schließen die Fallstudie mit der Visualisierung dieses Klassifikationsbaums ab (siehe Abb. 6.10), der aufzeigt, welche *Herstellphasen* für Verzögerungen der Fertigstellung
maßgeblich sind.

Zusammenfassung und Ausblick

7

> *Zwei Männer fliegen in einem Ballon. Sie haben den Kurs verloren.*
> *Sie gehen tiefer und sehen einen Wanderer. „Wo sind wir?"rufen*
> *sie. „In einem Ballon!"antwortet der Wanderer. „Dieser Mann*
> *muss ein Ökonom sein", sagt der eine Ballonfahrer zum anderen.*
> *„Seine Antwort war richtig und absolut nutzlos." „Und Sie müssen*
> *Unternehmer sein!" ruft der Wanderer zurück. „Sie haben dort so*
> *einen guten Überblick und wissen doch nicht, wo sie sind!"*
> Joseph E. Stiglitz

In den vorigen Kapiteln dieses Buches haben wir die verschiedenen Facetten des Business Intelligence kennengelernt. Nach einer Einführung in das Business Intelligence behandelten wir die Datenbereitstellung. Wir erörterten wie man eine geeignete Data Warehouse Architektur auswählt, wie man Daten aus verschiedenen Quellen integriert, welche Probleme bei der Datenqualität auftauchen können, wie man diese beheben kann, wie man ein multidimensionales Data Warehouse modelliert und als OLAP-Datenwürfel zur Verfügung stellt.

Aufbauend auf der Datenbereitstellung können die Daten auf verschiedene Weise analysiert werden. Dies geschieht einerseits anhand von Verfahren des *Data Mining* oder der *explorativen Datenanalyse*, oder anderseits mittels spezieller (quantitativer) betriebswirtschaftlicher Methoden. Es wurde erklärt, wie das Data Mining für den Endanwender interessante und nützliche Muster aus Daten extrahieren kann. Verschiedene Anwendungsfelder wurden aufgezeigt und Algorithmen für *Klassifikation*, *Clustering* und *Assoziationsanalyse* sowie *Web* und *Text Mining* vorgestellt. Außerdem wurden Methoden der betriebswirtschaftlichen Unterstützungsfunktion im Business Intelligence erläutert. Darunter fallen Methoden wie *Prognose, Planung, Entscheidungsunterstützung, Risikomanagement, Monitoring, Controlling, Fehlerrückverfolgung, Betrugsaufdeckung, Simulation* und *Optimierung*.

R.M. Müller, H.-J. Lenz, *Business Intelligence*, eXamen.press,
DOI 10.1007/978-3-642-35560-8_7, © Springer-Verlag Berlin Heidelberg 2013

Nach der Abhandlung der Datenbereitstellung und -analyse wurde die *Informations-verteilung* der Ergebnisse mittels verschiedener Ansätze diskutiert. Darunter fallen das *Berichtswesen*, die *Visualisierung* der Ergebnisse, die benutzerfreundliche (mobile) *Nutzung* von *Portalen* und *Dashboards* sowie die *Integration* von *Wissens-* und *Contentmanagement* in das Business Intelligence. Abschließend wurden ein kurzer Überblick über den *BI-Softwaremarkt* gegeben, verschiedene Anwendungsfelder wie *Customer Relationship Analytics*, *Web Analytics* und *Competitive Intelligence* , sowie eine *Fallstudie* zum Business Intelligence vorgestellt.

Es stellt sich dennoch die Frage, ob *Business Intelligence* nicht „Alter Wein in neuen Schläuchen" sein könnte. Denn seit den 1970er Jahren war weltweit die Verknüpfung von Daten und Auswertungsverfahren essentiell für betriebswirtschaftliche quantitative Verfahren – seinerzeit recht mühsam durch unmittelbaren Zugriff auf die operativen Daten mithilfe von COBOL-Programmen, die auf den Einzelfall zugeschnitten und vom jeweiligen „Großrechenzentrum" erstellt wurden. Hinsichtlich der „Nachhaltigkeit" im Sinne einer „Nicht-Mode"-Erscheinung von BI ist es interessant, einen Blick auf Umfragen unter Managern zu werfen.

Die Gartner Group befragt jedes Jahr weltweit die IT-Vorstände (engl. Chief Information Officers (CIOs)) nach den Top Prioritäten im nächsten Jahr. Für 2012 nannten die Befragten als technologische Priorität Nummer 1 **Business Intelligence** [98]. Auch ist Business Intelligence, trotz immer neuer Neologismen wie „Big Data", „Predictive Analytics" und „Data Science", keine Eintagsfliege oder Mode. BI war in den letzten 5 Jahren immer unter den Top 5 Prioritäten obiger Manager. Gleichzeitig beklagen diese, dass es zu wenig Absolventen mit entsprechenden BI-Kenntnissen gibt [98]. Dies ist nicht ganz verwunderlich, da die gekonnte Umsetzung von Business Intelligence nicht nur Kenntnisse der Informatik, sondern auch der Statistik und der quantitativen Betriebswirtschaft (Operations Research) erfordert. Die an einigen deutschen Universitäten gepflegte verhaltenswissenschaftliche Ausrichtung der Betriebswirtschaftslehre ist dafür weniger hilfreich.

Wir sehen darum Business Intelligence als einen Hauptpfeiler der **Wirtschaftsinformatik**, und glauben, dass Studierende dieses Faches prädestiniert sind, BI-Aufgaben auf den betrieblichen Ebenen *Planung*, *Entscheidung* und *Kontrolle* kompetent und mit unternehmerischem Mehrwert zu lösen. Auch in der Zukunft werden alle Arten von Betrieben mit immer stärker wachsenden Datenmengen konfrontiert sein. Dies hat im wesentlichen zwei Gründe: Erstens werden durch die zunehmende Digitalisierung des Alltags, z. B. durch *Social Media* und *Sensortechnik* (Stichwort „Internet der Dinge"), immer mehr Daten erzeugt. Zweitens können diese Daten dank der exponentiell sinkenden Kosten der Datenspeicherung wirtschaftlich gesichert werden.

Diese Datenmassen haben in der Öffentlichkeit zu Recht Bedenken ausgelöst. Einerseits geben viele Mitmenschen immer mehr Privates über sich auf sozialen Plattformen preis. Anderseits wächst die Furcht, zum **„gläsernen Menschen"** zu werden, der z. B. wegen eines Tweets als „schlechtes Risiko" klassifiziert wird, und keinen Kredit mehr bekommt. Nicht alles was technisch möglich ist, ist auch ethisch vertretbar. Das Thema Datenschutz wird sicherlich in den nächsten Jahren noch an Bedeutung zunehmen. Der verantwortliche Umgang mit „unseren" Daten ist darum für alle Firmen wichtig. Auf die Datenschutzbedürfnisse reagiert ethisches Data Mining mit Transparenz, Datensparsamkeit, Anonymisierung bzw. Pseudonymisierung.

Business Intelligence bietet vielfältige Chancen für die Lösung von schwierigen Problemen die die Lebensqualität nachhaltig verbessern können. So wurden z. B. in einer Klinik für Frühgeborene Sensortechnik und Klassifikationsverfahren eingesetzt, um Probleme wie eine beginnende Blutvergiftung zu prognostizieren. Einige Komplikationen konnten bis zu 24 Stunden früher erkannt werden, als dies manuell durch das Krankenhauspersonal möglich wäre [42]. Andere Beispiele erlaubten die Reduktion des Energieverbrauchs von bis zu 50 % in Büro- und Fabrikgebäuden durch Einsatz von Business Intelligence Verfahren [131].

Facebook speichert mehr als 100 Petabyte (100.000 Terabyte) Daten seiner Nutzer, wobei jeden Tag mehr als 500 Terabyte neue Daten hinzukommen [194]. Diese Datenmengen sind selbst mit einigen multi-Core Hochleistungsservern nicht mehr zu bewältigen. Darauf reagierend haben Firmen wie Facebook, Google, LinkedIn oder Yahoo! Serverarchitekturen entwickelt, die die Rechenlast auf viele verschiedene Server verteilen („Scaleout"), anstatt nur auf immer leistungsfähigere Server zu setzten („Scale-up"). Diese massivparallelen Architekturen erfordern jedoch eine Herangehensweise der Datenanalyse, die die Parallelisierung algorithmisch und hardwaremäßig unterstützt. *Apache Hadoop* ist ein Framework, welches oft für diese großen Datenmengen (Stichwort **Big Data**) verwendet wird [164].

Nicht nur die Festplatten- sondern auch die Hauptspeicherpreise sind in den letzten Jahrzehnten exponentiell gefallen. Der Hauptspeicherzugriff ist um den Faktor 10.000 schneller als der Zugriff auf die Festplatte [242]. **In-Memory Datenbanken**, wie z. B. SAP HANA, nutzen diesen Umstand indem sie versuchen sämtliche Daten und Operationen im Hauptspeicher durchzuführen [242]. Dabei kommen oft Hauptspeicher von bis zu 1 TB Größe zum Einsatz. Die meisten analytischen Abfragen aggregieren einige wenige Spalten. **Spaltenorientierte Datenbanken** sind optimiert auf diese Abfragen, indem diese die Daten nicht wie herkömmliche Datenbanken zeilenorientiert, sondern spaltenorientiert speichern. In einem multi-dimensionalen Datenmodell sind innerhalb einer Spalte viele sich wiederholende Werte bzw. NULL Werte. Bei einer Besetzungsdichte (prozentuale Häufigkeit von Nicht-Null Werten) von etwa 15 % können durch Komprimierung von Spalteninhalten im 1 TB Hauptspeicher oft bis zu 7 TB Daten gespeichert werden. Die Persistenz der Daten wird durch zusätzliche Speicherung auf Festplatte bzw. *Flashspeicher* (Solid State Drive) und *Replikation* zwischen mehreren Servern sichergestellt. Da In-Memory Datenbanken nicht nur für analytische Aufgaben, sondern auch für operative Systeme geeignet sind, stellt sich die Frage, ob langfristig die Trennung zwischen der OLTP- und der OLAP-Datenhaltung noch sinnvoll ist.

Für viele operative Einsatzgebiete beim Business Intelligence haben ETL-Prozesse, die nur einmal am Tag Daten in das Data Warehouse laden, eine zu große Latenz. Unter dem Schlagwort **Real-Time Business Intelligence** versucht man diese Latenz zwischen operativen und analytischen Systemen zu verringern. Ein Lösungsansatz ist eine ereignisorientierte Benachrichtigung des Data Warehouse durch die operativen Systeme. Dies kann z. B. im Rahmen einer Service-orientierten Architektur (SOA) umgesetzt werden [217]. Ein anderer Ansatz ist die unmittelbare Analyse der Geschäftsereignisse ohne vorherige Speicherung in ein Data Warehouse (Stichwort **Complex Event Processing**) [60].

Zunehmend nutzen Firmen **Cloud-Dienste**, die von Anbietern gehostet und je nach Nutzungsart bzw. -zeit flexibel abgerechnet werden. Auch im Business Intelligence kann man den Trend zu Cloud-Diensten erkennen. Die Gründe für den Einsatz einer BI-Cloud sind vielfältig. Erstens werden manche sehr rechenintensive Analysen nur unregelmäßig durchgeführt. Die firmeninterne Vorhaltung ausreichender Rechnerkapazitäten kann gegenüber der Nutzung von Cloud-Diensten unwirtschaftlich sein, da man bei den Cloud-Diensten nur für die tatsächlich genutzte Rechnerzeit zahlen muss. Zweitens verursacht gerade bei kleinen und mittelständischen Unternehmen die Installation, Einrichtung und Administration von BI-Lösungen einen hohen Aufwand. Durch die Auslagerung dieser Tätigkeiten an einen Anbieter von BI-Cloud-Diensten kann sich das mittelständische Unternehmen auf seine Kernkompetenzen konzentrieren. Der Einsatz einer BI-Cloud verlangt jedoch gerade bei analytischen, d. h. planungs- und entscheidungsrelevanten oder personenbezogenen Daten der Personalwirtschaft **Vertrauen** (engl. Trust) in den Cloud-Anbieter.

Heutzutage ist kaum ein Manager ohne sein Smartphone oder sein Tablet anzutreffen. **Mobile Business Intelligence** reagiert auf diesen Trend indem die Informationsverteilung auf mobile Geräte wie Smartphones (z. B. iPhone und Samsung Galaxy) und Tablet (z. B. iPad) erweitert wird. Diese mobilen Geräte haben jedoch einige Besonderheiten, die berücksichtigt werden müssen [201]: Erstens haben Smartphones und Tablets nur vergleichsweise geringen Speicher und Prozessorgeschwindigkeit, sodass nur ein Teil eines Datenwürfels lokal vorhanden sein kann und aufwändige Berechnungen auf dem mobilen Gerät unmöglich sind. Zweitens haben gerade Smartphones nur eine kleine Bildschirmgröße, sodass Dashboards und Visualisierungen dafür angepasst werden müssen. Drittens sind mobile Geräte trotz WLAN und Mobilfunk oft offline, sodass lokale Teile der Daten vorgehalten und anschließend synchronisiert werden müssen [201].

Dieses Buch ist eine methodenorientierte Einführung in das Business Intelligence. Daraus folgen jedoch einige Konsequenzen: Als Einführungsbuch können wir nicht alle Verfahren detailliert behandeln. Die umfangreichen Verweise auf die oft weit gestreute weiterführende Literatur helfen jedoch dem interessierten Leser, die ihm geeignet erscheinenden Quellen leicht zu finden.

Dieses Buch fokussiert mehr auf die Methoden des Business Intelligence und nicht so sehr auf konkrete Werkzeuge und spezielle Software. Einerseits gibt es schon reichlich Handbücher zu marktgängiger BI-Software, wie etwa die von Microsoft, IBM, Cognos, SAS, SAP usw. Das damit generierte *Anwendungswissen* ist auf die jeweilige Software abgestimmt und natürlich wichtig für die Umsetzung eines Projekts, würde aber den Umfang dieses Buches wegen der anbieterspezifischen Detaillierung bei weitem sprengen.

Anderseits ist es uns sehr wichtig zu vermitteln, welche Konzepte „anbieterneutral" hinter den Werkzeugen stecken. Ein BI-Nutzer sollte nicht nur verstehen, welche Knöpfe er in einer Software drücken muss, sondern auch was in seiner „Black-Box" passiert. So sollte beim Nutzer der Assoziationsanalyse ein gewisses Grundverständnis vorhanden sein, um beispielsweise einen Default-Wert von 75 % für die *Konfidenz* hinsichtlich der Auswirkungen auf die Analyse beurteilen zu können. Kurz, neben das „Was" legen wir auf das „Wie" zum Verständnis von *Business Intelligence* äußerst viel Wert.

Literatur

1. Aamodt, A., Nygård, M.: Different roles and mutual dependencies of data, information and knowledge. Data & Knowledge Engineering **16**(3), 191–222 (1995)

2. Aamodt, A., Plaza, E.: Case-based reasoning: Foundational issues, methodological variations, and system approaches. AI communications **7**(1), 39–59 (1994)

3. Abeck, S., Lockemann, P., Schiller, J.: Verteilte Informationssysteme. Integration von Datenübertragungstechnik und Datenbanktechnik. dpunkt.verlag, Heidelberg (2003)

4. Ackermann, J.: Abtastregelung, Band 1: Analyse und Synthese, 2. Aufl. Springer, New York, Berlin, Heidelberg (1983)

5. Ackhoff, R.: Management misinformation systems. Management Science **14**(4), 147–157 (1967)

6. Adlkofer, F., Rüdiger, H.: Der Fälschungsskandal von Wien. http://www.diagnose-funk.org/ (letzter Zugriff: 18.11.2012) (2009)

7. Agrawal, R., Srikant, R.: Fast algorithms for mining association rules. In: 20th VLDB Conf. (1994)

8. Agrawal, R., Srikant, R.: Privacy-preserving data mining. ACM Sigmod Record **29**(2), 439–450 (2000)

9. Anderson, T.: An Introduction to Multivariate Statistical Analysis. Wiley, New York (1958)

10. Andoni, A., Indyk, P.: Near-optimal hashing algorithms for approximate nearest neighbor in high dimensions. In: 47th Annual IEEE Symposium on Foundations of Computer Science (FOCS'06), S. 459–468 (2006)

11. Apel, D., Behme, W., Eberlein, R., Merighi, C.: Datenqualität erfolgreich steuern

12. Ariyachandra, T., Watson, H.J.: Which data warehouse architecture is most successful? Business Intelligence Journal **11**(1), 4 (2006)

13. Ariyachandra, T., Watson, H.J.: Technical opinion which data warehouse architecture is best? Communications of the ACM **51**(10), 146–147 (2008)

14. Baars, H., Kemper, H.: Management support with structured and unstructured data – an integrated business intelligence framework. Information Systems Management **25**(2), 132–148 (2008)

15. Bäck, T.: Evolutionary algorithms in theory and practice. Oxford University Press, New York (1996)

16. Baetge, J., Kirsch, H.J., Thiele, S.: Konzernbilanzen, 9. Aufl. IDW Verlag, Düsseldorf (2011)

17. Baeza-Yates, R.: Web search & time. Eingeladener Vortrag, 13. November 2012, 7. Rahmenprogramm der EU, ICT-2009.1.6, Paris, Frankreich (2012)

18. Bamberg, G., Coenenberg, A.: Betriebswirtschaftliche Entscheidungslehre. Verlag Vahlen, München (2002)

19. Bamberg, G., Coenenberg, A., Krapp, M.: Betriebswirtschaftliche Entscheidungslehre, 15. Aufl. Verlag Vahlen, München (2012)

20. Batini, C., Scannapieco, M.: Data Quality: Concepts, Methods and Techniques. Springer, Heidelberg (2006)

21. Bauer, A., Günzel, H.: Data-Warehouse-Systeme, 3. Aufl. dpunkt-Verlag, Heidelberg (2009)

22. Benford, F.: The law of anomalous numbers. Proceedings of the American Philosophical Society **78**, 551–572 (1938)

23. Berger J. und Hanser, A.: SQK-Agfa Statistische Qualitätskontrolle von Halbtonfilmen. Data Report **9**(5), 20–24 (1974)

24. Bernoulli, D.: Exposition of a new theory on the measurement of risk (engl. Übersetzung). Econometrican **22**(1), 23–36 (1954)

25. Bernoulli D., Westfall, R.: Newton and the fudge factor. Science **179**, 751–758 (1973)

26. Betz, W.: Business Intelligence in der Automobilindustrie – Das Lösungsangebot von IBM. IBM Business Intelligence Sales, Vortrag FU Berlin (2002)

27. Bezdek, J., Chuah, S., Leep, D.: Generalized k-nearest neighbor rules. Fuzzy Sets and Systems **18**(3), 237–256 (1986)

28. Bick, M.: Kodifizierung. In: K. Kurbel, J. Becker, N. Gronau, E.J. Sinz, L. Suhl (Hrsg.) Enzyklopädie der Wirtschaftsinformatik, 5. Aufl. Oldenbourg Wissenschaftsverlag, München (2011)

29. Bird, S., Klein, E., Loper, E.: Natural language processing with Python. O'Reilly, Cambridge (2009)

30. Bissantz, N.: Bella berät: 75 Regeln für bessere Visualisierung. Bissantz & Company, Nürnberg (2010)

31. Bissantz, N., Hagedorn, J.: Data mining (Datenmustererkennung). Wirtschaftsinformatik **35**(5), 481–487 (1993)

32. Bixby, R.: Solving real-world linear programs: A decade and more of progress. Operations Research **50**(1), 3–15 (2002)

33. Borgelt, C.: Data Mining with Graphical Models. Diss., TU Magdeburg, Magdeburg (2000)

34. Borgelt, C.: Prototype-based Classification and Clustering. Habilitationsschrift, Otto-von-Guericke Universität Magdeburg, Magdeburg (2005)

35. Borgelt, C., Nürnberger, A.: Experiments in document clustering using cluster specific term weights. In: Proc. Workshop Machine Learning and Interaction for Text-based Information Retrieval (TIR 2004), S. 55–68 (2004)

36. Borowski, E.: Entwicklung eines Vorgehensmodells zur Datenqualitätsanalyse mit dem Oracle Warehouse Builder. Diplomarbeit, Institut für Informatik, Freie Universität Berlin, Berlin (2008)

37. Borowski, E., Lenz, H.J.: Design of a workflow system to improve data quality using Oracle warehouse builder. Journal of Applied Quantitaive Methods **3**(3), 198–206 (2008)

38. Boskovitz, A.: Data Editing and Logic: The covering set method from the perspective of logic. Diss. Australian National University, Canberra (2008)

39. Box, G., Draper, N.: Das EVOP-Verfahren Der industrielle Prozeß, seine Kontrolle und mitlaufende Optimierung. Oldenbourg, München Wien (1975)

40. Box, G., Jenkins, G.: Time Series Analysis Forecasting and Control, 1. Aufl. Holden Day, San Francisco (1970)

41. Box, G., Jenkins, G., Reinsel, G.: Time Series Analysis: Forecasting and Control, 3. Aufl. Prentice Hall, Englewood Clifs, NJ. (1994)

42. Bressan, N., James, A., McGregor, C.: Trends and opportunities for integrated real time neonatal clinical decision support. In: Biomedical and Health Informatics (BHI), 2012 IEEE-EMBS International Conference on, S. 687–690. IEEE (2012)

43. Broad, W., Wade, N.: Betrug und Täuschung in der Wissenschaft. Birkhäuser, Basel (1984)

44. Bronstein, I., Semendjajew, K.: Taschenbuch der Mathematik, 25. Aufl. Teubner, Stuttgart (1991)

45. Brown, R.: Smoothing, Forecasting and Prediction of Discrete Time Series. Prentice Halls, Englewood Cliffs (1963)

46. Brownlee, J.: Clever Algorithms: Nature-Inspired Programming Recipes. lulu.com, Raleigh (2011)

47. Bulos, D.: A new dimension. Database Programming & Design **6**, 33–37 (1996)

48. Büning, H., Naeve, P., Trenkler, G., Waldmann, K.-H.: Mathematik für Ökonomen im Hauptstudium. Oldenbourg, München (2000)

49. Büning, H., Trenkler, G.: Nichtparametrische Methoden, 2. Aufl. Walter de Gruyter, Berlin (1994)

50. Burchert, H., Hering, T., Keuper, F.H.: Controlling Aufgaben und Lösungen. Oldenbourg Verlag, München (2001)

51. Business Application Research Center (BARC): Der Markt für Business-Intelligence-Software 2011 in Deutschland. http://www.barc.de/de/marktforschung/research-ergebnisse/vollerhebung-des-business-intelligence-software-marktes-2011.html (letzter Zugriff: 18.11.2012) (2012)

52. Casarano, M.: Surfverhalten: Das Web Analytics eBook. http://www.web-analytics-buch.de (letzter Zugriff: 18.11.2012) (2010)

53. Cawsey, A.: Künstliche Intelligenz im Klartext. Pearson Studium, München (2002)

54. Chakrabarti, D., Faloutsos, C.: Graph mining: Laws, generators, and algorithms. ACM Computing Surveys **38**(1) (2006)

55. Chakrabarti, K., Mehrotra, S.: The hybrid tree: An index structure for high dimensional feature spaces. In: Proceedings of the 15th International Conference on Data Engineering, S. 440–447. IEEE (1999)

56. Chang, F., Dean, J., Ghemawat, S., Hsieh, W.C., Wallach, D.A., Burrows, M., Chandra, T., Fikes, A., Gruber, R.E.: Bigtable: A distributed storage system for structured data. ACM Transactions on Computer Systems (TOCS) **26**(2), 4 (2008)

57. Chapanond, A., Krishnamoorthy, M., Yener, B.: Graph Theoretic and Spectral Analysis of Enron Email Data. Computational & Mathematical Organization Theory **11**(3), 265–281 (2005)

58. Chapman, P., Clinton, J., Kerber, R., Khabaza, T., Reinartz, T., Shearer, C., Wirth, R.: CRISP-DM 1.0: Step-by-Step Data Mining Guide. CRISP-DM consortium: NCR Systems Engineering Copenhagen (USA and Denmark) DaimlerChrysler AG (Germany), SPSS Inc. (USA) and OHRA Verzekeringen en Bank Groep B.V (The Netherlands) (2000)

59. Chatfield, C.: The Analysis of Time Series: Theory and Practice. Chapman and Hall, London (1975)

60. Chaudhuri, S., Dayal, U., Narasayya, V.: An overview of business intelligence technology. Communications of the ACM **54**(8), 88–98 (2011)

61. Chen, P.P.: The entitiy-relationship-model – towards a unified view of data. ACM Transactions on Database Systems (1), 9–36 (1976)

62. Chip, S.: Markov chain monte carlo technology. In: J. Gentle, W. Härdle, Y. Mori (Hrsg.) Handbook of Computational Statistics Concepts and Methods, S. 71–102. Springer, Heidelberg (2004)

63. Christmann, A., Fischer, P., Joachims, T.: Comparison between various regression depth methods and the support vector machine to approximate the minimum number of misclassifications. Computational Statistics **17**, 273–287 (2002)

64. Codd, E.F., Codd, S.B., Salley, C.T.: Providing olap to user-analysts: An it mandate. Codd & Associates, Ann Arbor, Michigan (1993)

65. Cogger, K.: The optimality of general-order smoothing. Operations Research **22**, 858–867 (1959–60)

66. Cox, T., Cox, M.: Multidimensional Scaling, 2. Aufl. Chapman and Hall, Boca Raton etc. (2001)

67. Cramer, K.: Multivariate Ausreißer und Datentiefe. Shaker Verlag, Aachen (2002)

68. Crowder, R., Hughes, G., Hall, W.: An agent based approach to finding expertise. In: Practical Aspects of Knowledge Management, S. 179–188. Springer (2002)

69. Dantzig, G.: Linear Programming and Extensions. Princeton University Press, Princeton, NJ (1963)

70. Daum, R.: Telekom-Musterprozess vor Finale. http://www.boerse-online.de/steuern/ nachrichten/meldung/Mammut-Fall–Telekom-Musterprozess-vor-Finale/633973.html (letzter Zugriff: 18.11.2012) (2012)

71. Davies, L., Gather, U.: The identification of multiple outliers. Journal of the American Statistical Association **88**, 782–801 (1993)

72. Davies, L., Gather, U.: Robust statistics. In: J. Gentle, W. Härdle, Y. Mori (Hrsg.) Handbook of Computational Statistics Concepts and Methods, S. 655–695. Springer, Heidelberg (2004)

73. Dean, J., Ghemawat, S.: MapReduce: simplified data processing on large clusters. Communications of the ACM **51**(1), 107–113 (2008)

74. Delić, D.: Ein multiattributives Entscheidungsmodell zur Erfolgsbewertung nicht-kommerzieller Webportale. Inaugural-Dissertation, Freie Universität Berlin, Berlin (2008)

75. DeMarco, T.: Controlling Software Projects. Yourdon Press, New York (1982)

76. Dempster, A., Laird, N., Rubin, D.: Maximum likelihood from incomplete data via the EM algorithm. Journal of the Royal Statistical Society. Series B (Methodological) **39**(1), 1–38 (1977)

77. Den Hamer, P. (Hrsg.): De organisatie van Business Intelligence. SdU Publishers, Den Haag (2005)

78. Deutsche Stiftung Organtransplantation: Entwicklung der postmortalen Organspende in Deutschland. http://www.dso.de/dso-pressemitteilungen/einzelansicht/article/entwicklung-der-postmortalen-organspende-in-deutschland.html (letzter Zugriff: 26.05.2013) (2013)

79. Digital Analytics Association: The Official DAA Definition of Web Analytics. http://www. digitalanalyticsassociation.org/?page=aboutus (letzter Zugriff: 18.11.2012) (2012)

80. DIN Deutsches Institut für Normung: DIN EN ISO 9000, Qualitätsmangementsystem – Anforderungen. Beuth Verlag, Berlin (2000)

81. Domenig, R., Dittrich, K.R.: An overview and classification of mediated query systems. ACM Sigmod Record **28**(3), 63–72 (1999)

82. Domschke, W., Drexl, A.: Einführung in Operations Research, 7. Aufl. Springer, Berlin (2007)

83. Elmasri, R., S.B., N.: Grundlagen von Datenbankssystemen, 3. Aufl. Pearson Education Deutschland, München (2002)

84. Ester, M., Kriegel, H., Sander, J., Xu, X.: A Density-Based Algorithm for Discovering Clusters in Large Spatial Databases with Noise. In: Proc. 2nd Int. Conf. on Knowledge Discovery and Data Mining, Portland, OR, AAAI Press, S. 226–231 (1996)

85. Ester, M., Sander, J.: Knowledge Discovery in Databases: Techniken und Anwendungen. Springer, Berlin (2000)

86. Fayyad, U., Piatetsky-Shapiro, G., Smyth, P.: From data mining to knowledge discovery in databases. AI Magazine **17**, 37–54 (1996)

87. Few, S.: Dashboard design: Taking a metaphor too far. DM Review Magazine

88. Few, S.: Keep radar graphs below the radar-far below. DM Review Magazine (2005)

89. Few, S.: Information dashboard design. O'Reilly, Sebastopol (2006)

90. Few, S.: Now You See It: Simple Visualization Techniques for Quantitative Analysis. Analytics Press, Oakland (2009)

91. Fishman, G.: Principles of Discrete Event Simulation. Wiley, New York (1978)

92. Fishman, G.: Discerte-Event Simulation, Modelling, and Analysis. Springer, Berlin (2001)

93. Flockhart, I., Radcliffe, N.: A genetic algorithm-based approach to data mining. In: Proc. 2nd Int. on Conf. Knowledge Discovery & Data Mining (KDD 96), S. 299–302. AAAI Press, Menlo Park, CA (1996)

94. Fortin, M.J., Dale, M.: Spatial Analysis: A Guide For Ecologists. Cambridge University Press, Cambridge (2005)

95. Frakes, W., Baeza-Yates, R.: Information Retrieval: Data Structures & Algorithms. Prentice Hall, Upper Saddle River, NJ (1992)

96. Friedman, N., Geiger, D., Goldszmidt, M.: Bayesian Network Classifiers. Machine Learning **29**(2), 131–163 (1997)

97. Ganti, V., Gehrke, J., Ramakrishnan, R.: Mining very large databases. Computer **32**(8), 38–45 (2002)

98. Gartner: The 2012 Gartner CIO Agenda Report. http://www.gartner.com/technology/cio/cioagenda.jsp (letzter Zugriff: 18.11.2012) (2012)

99. Gebhardt, J., Klose, A., Detmer, H., Rügheimer, F., Kruse, R.: Graphical models for industrial planning on complex domains. In: G. Della Riccia, D. Dubois, R. Kruse, H.-J. Lenz (Hrsg.) Decision Theory and Multi-Agent Planning, S. 131–143. Springer Wien New York (2006)

100. Geiss, O.: Herausforderung mobile BI: Integration in bestehende BI-Landschaften. BI-Spektrum (1), 6–9 (2012)

101. Geschka H. und von Reibnitz, U.: Die Szenario-Technik – ein Instrument der Zukunftsanalyse und der strategischen Planung. In: Töpfer, H. und Afheld, A. (Hrsg.) Praxis der strategischen Unternehmensplanung, S. 125–170. Poller, Stuttgart (1986)

102. Ghoshal, S., Westney, D.: Organizing competitor analysis systems. Strategic Management Journal **12**(1), 17–31 (1991)

103. Gill, T.: Early expert systems: Where are they now? MIS Quarterly **19**(1), 51–81 (1995)

104. Gionis, A., Indyk, P., Motwani, R.: Similarity search in high dimensions via hashing. In: Proceedings of the 25th International Conference on Very Large Data Bases, S. 518–529 (1999)

105. Gluchowski, P., Gabriel, R., Dittmar, C.: Management Support Systeme und Business Intelligence. Computergestützte Informationssysteme für Fach- und Führungskräfte, 2. Aufl. Springer, Berlin (2008)

106. Goolkasian, P.: Pictures, words and sounds: From which format are we best able to reason? The Journal of General Psychology **127**(4), 439–459 (2000)

107. Götze, W.: Grafische und empirische Techniken des Business-forecasting: Lehr- und Übungsbuch für Betriebswirte und Wirtschaftsinformatiker. Oldenbourg Verlag, München, Wien (2000)

108. Grandison, T.: A survey of trust in internet applications. Communications Surveys & Tutorials, IEEE **3**(4), 2–16 (2000)

109. Granger C., W.J.: The typical spectral shape of an economic variable. Econometrica **34**(1), 150–161 (1966)

110. Gray, J., Chaudhuri, S., Bosworth, A., Layman, A., Reichart, D., Venkatrao, M., Pellow, F., Pirahesh, H.: Data cube: A relational aggregation operator generalizing group-by, cross-tab, and sub-totals. Data Mining and Knowledge Discovery **1**(1), 29–53 (1997)

111. Grothe, M., Gentsch, P.: Business Intelligence: Aus Informationen Wettbewerbsvorteile gewinnen. Addison-Wesley, München (2000)

112. Hampel, F.: The breakdown points of the mean combined with some rejection rules. Technometrics **27**, 95–107 (1985)

113. Han, J., Koperski, K., Stefanovic, N.: GeoMiner: a system prototype for spatial data mining. In: Proceedings of the 1997 ACM SIGMOD international conference on Management of data, S. 553–556. ACM New York, NY, USA (1997)

114. Hand, D.J., Mannila, H., Smyth, P.: Principles of data mining. MIT Press, Cambridge, Mass. (2001)

115. Hansen, M.T., Nohria, N., Tierney, T.: What's your strategy for managing knowledge? Harvard Business Review **77**(3-4), 106–116 (1999)

116. Hanssmann, F.: Quantitative Betriebswirtschaftslehre: Lehrbuch der modellgestützten Unternehmensplanung, 2. Aufl. Oldenbourg, München (1985)

117. Harris, R.A.: The Plagiarism Handbook. Strategies for Preventing, Detecting, and Dealing with Plagiarism. Pyrczak Publishing, Heidelberg (2001)

118. Hartigan, J.: Clustering Algorithms. Wiley, New York (1975)

119. Hartigan, J.A., Wong, M.A.: A K-means clustering algorithm. Applied Statistics **28**, 100–108 (1979)

120. Hassler, M.: Web Analytics: Metriken auswerten, Besucherverhalten verstehen, Website optimieren, 3. Aufl. mitp, Heidelberg (2010)

121. He, H., Singh, A.K.: Closure-tree: An index structure for graph queries. In: Data Engineering, 2006. ICDE'06. Proceedings of the 22nd International Conference on, S. 38 (2006)

122. Helfert, M., Herrmann, C., Strauch, B.: Datenqualitätsmanagement. Arbeitsbericht des Instituts für Wirtschaftsinformatik der Universität St. Gallen, BE HSG/CC DW2/02 (2001)

123. Hendershott, T., Jones, C.M., Menkveld, A.J.: Does algorithmic trading improve liquidity? The Journal of Finance **66**(1), 1–33 (2011)

124. Hichert, R.: Die Botschaft ist wichtiger als der Inhalt. is report (6), 16–19 (2005)

125. Hill, T.: A statistical derivation of the significant digit law. Statistical Science **10**, 354–363 (1996)

126. Hillier, F., Lieberman, G.: Introduction to Operations Research, 4. Aufl. Holden-Day, Oakland (1986)

127. Hinrichs, H.: Datenqualitätsmanagement in Data-Warehouse-Systemen. Universität Oldenburg, Dissertation, Oldenburg (2002)

128. Holt, C.: Forecasting trends and seasonals by exponentially weighted moving averages. Technical Report (1957)

129. Horváth, P.: Controlling, 10. Aufl. Vahlen, München (2006)

130. Hugin Lite, Version 6.3, http://www.hugin.com

131. IBM: Smarter buildings: Integrated energy and facilities operations. http://www.ibm.com/ibm/green/smarter_buildings.html (letzter Zugriff: 18.11.2012) (2012)

132. Inmon, W.: Building the Data Warehouse. Wiley, New York (1996)

133. Jardine, N., Sibson, R.: Mathematical Taxonomy. Wiley, London (1971)

134. Jensen, F., Nielsen, T.D.: Bayesian Networks and Decision Graphs, 2. Aufl. Springer, New York (2007)

135. Johansen, R.: Groupware: Computer support for business teams. The Free Press, New York (1988)

136. Jurafsky, D., Martin, J.H.: Speech and language processing: an introduction to natural language processing, computational linguistics, and speech recognition, 2. Aufl. Prentice Hall, Upper Saddle River (2009)

137. Jürgens, M., Lenz, H.-J.: Tree based indexes versus bitmap indexes: A performance study. International Journal of Cooperative Information Systems 10(3), 355–376 (2001)

138. Kaplan, R., Norton, D.: Balanced Scorecard. Strategien erfolgreich umsetzen. Verlag Schäffer-Poeschel, Stuttgart (1997)

139. Katayama, N., Satoh, S.: The SR-tree: an index structure for high-dimensional nearest neighbor queries. In: Proceedings of the 1997 ACM SIGMOD international conference on Management of data, S. 369–380 (1997)

140. Kaushik, A.: Web analytics 2.0: the art of online accountability & science of customer centricity. Wiley, Indianapolis (2010)

141. Kay, A.: The early history of smalltalk(en). 2nd. ACM SIGPLAN Conf. on History of Programming Languages S. 78 (1993)

142. Keim, D., Kohlhammer, J., Ellis, G., Mansmann, F.: Mastering the Information Age: Solving Problems with Visual Analytics. Eurographics, Goslar (2010)

143. Kemper, H., Mehanna, W., Unger, C.: Business Intelligence – Grundlagen und praktische Anwendungen: Eine Einführung in die IT-basierte Managementunterstützung, 2. Aufl. Vieweg+Teubner, Wiesbaden (2006)

144. Kimball, R.: The Data Warehouse Toolkit – Practical Techniques for Building Dimensional Data Warehouses. Addinson-Wesley, New York (1996)

145. Kimball, R., Reeves, L., Ross, M., Thornwaite, W.: The Data Warehouse Lifecycle Toolkit. John Wiley & Sons, New York (1998)

146. Kimball, R., Ross, M.: The Data Warehouse Toolkit. The Complete Guide to Dimensional Modeling, 2. Aufl. John Wiley & Sons, New York (2002)

147. Kittur, A., Nickerson, J.V., Bernstein, M., Gerber, E., Shaw, A., Zimmerman, J., Lease, M., Horton, J.: The future of crowd work. In: Proceedings of the 2013 conference on Computer supported cooperative work, S. 1301–1318. ACM (2013)

148. Kleijnen, J.: Design and Analysis of Simulation Experiments. Springer, Berlin Heidelberg (2007)

149. Kloock, J., Bommes, W.: Methoden der Kostenabweichungsanalyse. Kostenrechnungspraxis 5, 225–237 (1982)

150. Kluth, M.: Verfahren zur Erkennung controlling-relevanter Soll/Ist-Abweichungen – Eignungsprüfung und Evaluierung. Zeitschrift für Planung (7), 287–302 (1996)

151. Knuth, S., Schmid, W.: Control charts for time series: A review. In: H.-J. Lenz, G. Wetherill, P.-Th. Wilrich (Hrsg.) Frontiers in Statistical Quality Control 8, S. 210–236. Physica, Heidelberg (2002)

152. Koch, H.: Aufbau der Unternehmensplanung. Gabler, Wiesbaden (1977)

153. Kohonen, T., Somervuo, P.: Self-organizing maps of symbol strings. Neurocomputing 21(1–3), 19–30 (1998)

154. Koller, D., Friedman, N.: Probabilistic graphical models: principles and techniques. MIT press, Cambridge, MA (2009)

155. Köppen, V.: Improving the Quality of Indicator Systems by MoSi – Methodology and Evaluation. Diss. Freie Universität Berlin, Berlin (2008)

156. Köppen, V., Saake, G., Sattler, K.U.: Data Warehouse Technologien. mitp, Heidelberg (2012)

157. Kosiol, E.: Die Unternehmung als wirtschafliches Aktionszentrum Einführung in die Betriebs-wirtschaftlehre. Rowolth Taschenbuch Verlag, Reinbek (1966)

158. Kosslyn, S.: Graphics and human information processing. Journal of the American Statistical Association **80**(391), 499–512 (1985)

159. Krcmar, H.: Informationsmanagement. Springer, Berlin (2005)

160. Kruschwitz, L., Lenz, H.-J.: BÖMKL: Ein kosten- und erlösorientiertes betriebliches rekursives Mehrgleichungs-Modell. In: P. Gessner (Hrsg.) Proceedings in Operations Research 3, S. 443–453. Physica, Würzburg (1974)

161. Kruse, R., Gebhardt, J., Klawonn, F.: Fuzzy-Systeme, 2. Aufl. Teubner, Stuttgart (1995)

162. Kudraß, T. (Hrsg.): Taschenbuch der Datenbanken. Hansen, München (2007)

163. Küting, K., Weber, C.: Die Bilanzanalyse, 10. Aufl. Schäffer-Poeschel, Stuttgart (2012)

164. Lam, C.: Hadoop in Action. Manning Publications, Greenwich (2011)

165. Lauritzen, S., Spiegelhalter, D.: Local computations with probabilities on graphical structures and their application to expert systems. Journal of the Royal Statistical Society **B 50**(2), 157–224 (1988)

166. Lehner, F.: Organisational Memory: Konzepte und Systeme für das organisatorische Lernen und das Wissensmanagement. Hanser, München (2000)

167. Lenz, H.-J.: Data Mining. In: W. Voß (Hrsg.) Taschenbuch der Statistik, S. 673–692. Fachbuch-verlag Leipzig im Hanser-Verlag, München (2000)

168. Lenz, H.-J., Müller, R.M.: On the solution of fuzzy equation systems. In: G.D. Riccia, R. Kruse, H.-J. Lenz. (Hrsg.) Computational Intelligence in Data Mining, S. 95–110. Springer, New York (2000)

169. Lenz, H.-J., Shoshani, A.: Summarizability in OLAP and statistical data bases. In: 9th Interna-tional Conference on Scientific and Statistical Database Management (SSDBM '97), S. 132–143. IEEE Computer Society (1997)

170. Lenz, H.-J.: Wissensbasierte Systeme in der statistischen Qualitätskontrolle. In: A.W. Scheer (Hrsg.) Betriebliche Expertensystem II, S. 3–28. Gabler, Wiesbaden (1989)

171. Lenz, H.-J.: A rigorous treatment of microdata, macrodata and metadata. In: R. Dutter (Hrsg.) Proceedings in Computational Statistics (Compstat 1994). Physica, Heidelberg (1994)

172. Lenz, H.-J.: OLAP – On-line Analytic Processing oder Nutzung statistischer Datenbanksyste-me. In: H. Hippner, M. M., K. Wilde (Hrsg.) Computer Based Marketing Das Handbuch zur Marketinginformatik, S. 259–265. Vieweg, Braunschweig, Wiesbaden (1998)

173. Lenz, H.-J.: Business Intelligence (BI) – Neues Modewort oder ernsthafte Herausforderung? In: D. Ehrenberg, H.-J. Kaftan (Hrsg.) Herausforderungen der Wirtschaftsinformatik in der Infor-mationsgesellschaft, S. 141–156. Fachbuchverlag Leipzig, Leipzig (2003)

174. Lenz, H.-J.: Troubleshooting by graphical models. In: H.-J. Lenz, P.T. Wilrich (Hrsg.) Frontiers in Statistical Quality Control. Physica, Heidelberg (2004)

175. Lenz, H.-J.: Proximities in statistics: Similarity and distance. In: G. Della Riccia, R. Kruse, H.-J. Lenz (Hrsg.) Preferences and Similarities, S. 161–177. Springer Publisher, Vienna (2008)

176. Lenz, H.-J., Borowski, E.: Business data quality control – a step by step procedure. In: Lenz, H.-J., Wilrich, P.-T., Schmid, W. (Hrsg.): Frontiers in Statistical Quality Control 10, Physica, Heidelberg (2012)

177. Lenz, H.-J., Müller, R., Ruhnke, K.: Ein fuzzybasierter Ansatz zur Durchführung analytischer Prüfungen bei der Existenz von Schätzspielräumen. Die Wirtschaftsprüfung **56**(10), 532–541 (2003)

178. Lenz, H.-J., Rödel, E.: Statistical quality control of data. In: P.U. Gritzmann (Hrsg.) Operations Research '91, S. 341–346. Springer, Heidelberg (1991)

179. Lenz, H.-J., Thalheim, B.: A formal framework of aggregation for the OLAP – OLTP model. Journal of Universal Computer Science (JUCS) **15**(5), 273–303 (2009)

180. Lenz, H.-J., Ueckerdt, B.: Zur Abweichungsanalyse im operativen, modellgestützten Controlling. OR Spektrum **19**(4), 273–283 (1997)

181. Lenz, H.-J., Wilrich, P.-T., Schmid, W. (Hrsg.): Frontiers in Statistical Quality Control 9, Physica, Heidelberg (2010)

182. Leser, U., Naumann, F.: Informationsintegration, Architekturen und Methoden zur Integration verteilter und heterogener Datenquellen. dpunkt Verlag, Heidelberg (2007)

183. Lin, K.I., Jagadish, H.V., Faloutsos, C.: The TV-tree: an index structure for high-dimensional data. The VLDB Journal – The International Journal on Very Large Data Bases **3**(4), 517–542 (1994)

184. Luhn, H.: A business intelligence system. IBM Journal of Research and Development **2**(4), 314–319 (1958)

185. Lyman, P., Varian, H.R., Swearingen, K., Charles, P.F.: How much information? http://www2.sims.berkeley.edu/research/projects/how-much-info-2003/ (letzter Zugriff: 18.11.2012) (2003)

186. Maier, R.: Knowledge management systems: Information and communication technologies for knowledge management. Springer, Berlin (2007)

187. Makridakis, S., Weelwright, S., Hyndman, R.: Forecasting: Methods and Applications, 3. Aufl. Wiley, New York (1998)

188. Marengo, L.: Coordination and organizational learning in the firm. Journal of Evolutionary Economics **2**, 313–326 (1992)

189. Markl, V.: MISTRAL: Processing Relational Queries using a Multidimensional Access Technique. Diss. TU München (1999)

190. Maybury, M., D'Amore, R., House, D.: Expert finding for collaborative virtual environments. Communications of the ACM **44**(12), 55–56 (2001)

191. Maybury, M., D'Amore, R., House, D.: Awareness of organizational expertise. International Journal of Human-Computer Interaction **14**(2), 199–217 (2002)

192. McClur, D.: Startup Metrics for Pirates: AARRR! http://500hats.typepad.com/500blogs/2007/09/startup-metrics.html (letzter Zugriff: 18.11.2012) (2007)

193. Meier, M., Sinzig, W., Mertens, P.: Enterprise management with SAP SEM Business Analytics, 2. Aufl. Springer, Berlin (2005)

194. Menon, A.: Big data @ facebook. In: Proceedings of the 2012 workshop on Management of big data systems, S. 31–32. ACM (2012)

195. Mertens, P.: Business Intelligence: ein Überblick. Arbeitspapier 2/02, Universität Erlangen-Nürnberg, Bereich Wirtschaftsinformatik I, Nürnberg (2002)

196. Mertens, P., Griese, J.: Integrierte Informationsverarbeitung 2: Planungs- und Kontrollsysteme in der Industrie, 10. Aufl. Gabler, Wiesbaden (2009)

197. Mertens, P., Rässler, S.: Prognoserechnung, 6. Aufl. Physica, Heidelberg (2004)

198. Mertens, P., Rässler, S.: Prognoserechnung, 7. Aufl. Physica-Verlag (2012)

199. Michaeli, R.: Competitive Intelligence: strategische Wettbewerbsvorteile erzielen durch systematische Konkurrenz-, Markt-und Technologieanalysen. Springer, Berlin (2006)

200. Michalarias, I.: Mobile computing und drahtlose Netzwerke: Ein Teil unseres Alltags. FUndiert – Das Wissenschaftsmagazin der Freien Universität Berlin **02**, 86–91 (2006)

201. Michalarias, I.: Multidimensional Data Management in Mobile Environments. Diss. Freie Universität Berlin, Berlin (2007)

202. Michie, D., Spiegelhalter, D.J., Taylor, C.C.: Machine learning, neural and statistical classification. Prentice Hall, Englewood Cliffs, N.J. (1994)

203. Miller, H., Han, J.: Geographic data mining and knowledge discovery. Taylor and Francis, Bristol, PA, USA (2001)

204. Mißler-Behr, M.: Methoden der Szenarioanalyse. DUV, Wiesbaden (1993)

205. Mittag, H.-J.: Qualitätsregelkarten. Carl Hanser Verlag, München (1993)

206. Montgomery, D.: Statistical Quality Control A Modern Introduction, 7. Aufl. Wiley, New York (2012)

207. Montgomery, D., Johnson, L.: Forecasting and Time Series Analysis. Mc Graw-Hill, New York (1976)

208. Moody, D.L., Kortink, M.A.: From enterprise models to dimensional models: a methodology for data warehouse and data mart design. In: Proceedings of the International Workshop on Design and Management of Data Warehouses (DMDW'2000) (2000)

209. Moody, D.L., Kortink, M.A.: From ER models to dimensional models part I: bridging the gap between OLTP and OLAP design. Business Intelligence Journal **8**(3), 7–24 (2003)

210. Moody, D.L., Kortink, M.A.: From ER models to dimensional models part II: advanced design issues. Business Intelligence Journal **8**(4), 20–29 (2003)

211. Mörchen, F., Ultsch, A., Nöcker, M., Stamm, C.: Visual mining in music collections. In: From Data And Information Analysis to Knowledge Engineering: Proceedings of the 29th Annual Conference of the Gesellschaft für Klassifikation, University of Magdeburg, March 9-11, 2005. Springer, Berlin (2005)

212. Mosler, K.: Multivariate utility functions, partial information on coefficients, and efficient choice. Operations Research Spektrum **13**, 87–94 (1991)

213. Müller, R.M.: Knowonomics: The economics of knowledge sharing. In: Proceedings of the 15th European Conference on Information Systems (ECIS'07). St. Gallen, Switzerland (2007)

214. Müller, R.M.: A fuzzy-logical approach for integrating multi-agent estimations. In: Proceedings of the 15th Americas Conference on Information Systems (AMCIS). San Francisco, USA (2009)

215. Müller, R.M., Coppoolse, D.: Using incentive systems to increase information quality in business intelligence: A quasi-experiment in the financial services industry. In: Proceedings of the 45th Hawaii International Conference on System Sciences (HICSS-45). IEEE, Hawaii, USA (2013)

216. Müller, R.M., Haiduk, S., Heertsch, N., Lenz, H.-J., Spiliopoulou, M.: Experimental investigation of the effect of different market mechanisms for electronic knowledge markets. In: Proceedings of the 13th European Conference on Information Systems (ECIS'05). AIS, Regensburg, Germany (2005)

217. Müller, R.M., Linders, S., Pires, L.: Business intelligence and service-oriented architecture: a delphi study. Information Systems Management **27**(2), 168–187 (2010)

218. Müller, R.M., Spiliopoulou, M., Lenz, H.-J.: The influence of incentives and culture on knowledge sharing. In: Proceedings of the 38th Hawaii International Conference on System Sciences (HICSS-38). IEEE, Hawaii, USA (2005)

219. Müller, R.M., Thoring, K.: Design thinking vs. lean startup: A comparison of two user-driven innovation strategies. In: Leading Innovation through Design: Proceedings of the DMI 2012 International Research Conference, S. 151–161. Design Management Institute, Boston, USA (2012)

220. Müller, R.M., Thoring, K., Oostinga, R.: Crowdsourcing with semantic differentials: A game to investigate the meaning of form. In: Proceedings of the 16th Americas Conference on Information Systems (AMCIS). Lima, Peru (2010)

221. Müller-Merbach, H.: Operations Research: Methoden und Modelle der Optimalplanung, 2. Aufl. Vahlen, München (1971)

222. Musa, R.: Semi-Automatic-ETL. In: V. Köppen, R. Müller (Hrsg.) Business Intelligence: Methods and Applications, S. 39–44. Verlag Dr. Kovac (2007)

223. Naumann, F.: Quality-driven query answering for integrated information systems, vol. 2261. Springer, Berlin (2002)

224. Naumann, F.: Methoden der Dublettenerkennung. IS Report Special IQ **5/07**(2), 40–43 (2007)

225. Neckel, P., Knobloch, B.: Customer Relationship Analytics. dpunkt, Heidelberg (2005)

226. Neiling, M.: Identifizierung von Realwelt-Objekten in multiplen Datenbanken. Diss. BTU Cottbus, Cottbus (2004)

227. Neiling, M., Müller, R.M.: The good into the pot, the bad into the crop. Preselection of record pairs for database fusion. In: In Proc. of the First International Workshop on Database, Documents, and Information Fusion (2001)

228. Neumann, J., Morgenstern, O.: Spieltheorie und wirtschaftliches Verhalten. Physica, Würzburg (1961)

229. Newcomb, S.: Note on the frequency of use of the different digits in natural numbers. American Journal of Mathematics **4**, 39–41 (1881)

230. Nigrini, M.J.: A taxpayer compliance application of Benford's law. Journal of the American Taxation Association **18**, 72–91 (1996)

231. Nigrini, M.J.: Digital Analysis using Benford's Law. Global Audit (2000)

232. Nigrini, M.J.: Benford's law: applications for forensic accounting, auditing, and fraud detection. Wiley, Hoboken (2012)

233. Oesterreich, B., Weiss, C., Schröder, C., Weilkiens, T., Lenhard, A.: Objektorientierte Geschäftsprozessmodellierung mit der UML. dpunkt.verlag, Heidelberg (2003)

234. O'Reilly, P.: Netzwerk- und Applikations Performance: Lahme Leitung gefährdet Finanztransaktionen. http://www.all-about-security.de/security-artikel/organisation/security-management/browse/1/artikel/9534-netzwerk-und-applikations-performance-lahme-leitung-gefaehr/ (letzter Aufruf 5.5.2013) (2013)

235. o. V.: Qualitätsbroschüre. Volkswagen AG, Wolfsburg (1976)

236. o. V.: Analyse von Big Data erweitert die Wertschöpfungskette eines Unternehmens. SAS/Special **Dez**(4), 6–7 (2011)

237. Page, E.: Continuous inspection schemes. Biometrika **3**(1), 100–115 (1954)

238. Pendse, N., Creeth, R.: The OLAP-report, succeeding with on-line analytical processing. Business Intelligence **1** (1993)

239. Peterson, E.T.: The Big Book of Key Performance Indicators. http://www.webanalyticsdemystified.com/content/books.asp (letzter Zugriff: 18.11.2012) (2006)

240. Piatetsky-Shapiro, G.: Data mining and knowledge discovery 1996 to 2005: overcoming the hype and moving from "university" to "business" and "analytics". Data Mining and Knowledge Discovery **15**(1), 99–105 (2007)

241. Pinkham, R.: On the distribution of first significant digits. Annals Mathematical Statistics **32**, 1223–1230 (1961)

242. Plattner, H., Zeier, A.: In-Memory Data Management. An Inflection Point for Enterprise Applications. Springer, Berlin (2011)

243. Pompe, P., Feelders, A.: Using machine learning, neural networks, and statistics to predict corporate bankruptcy. Microcomputers in Civil Engineering **12**(4), 267–276 (1997)

244. Porter, M.: Competitive Strategy: Techniques for Analyzing Industries and Competitors. Free Press, New York (1980)

245. Power, D.: Decision support systems: concepts and resources for managers. Quorum Books, Westport (2002)

246. Preißler, P.R.: Betriebswirtschaftliche Kennzahlen: Formeln, Aussagekraft, Sollwerte, Ermittlungsintervalle. Oldenbourg, München (2008)

247. PriceWaterhouseCoopers-Human Ressource: Die Balanced Scorecard im Praxistest: Wie zufrieden sind Anwender? PWC, Frankfurt/Main (2001)

248. Pukelsheim, F.: Optimal design of experiments. Society for Industrial and Applied Mathematics (SIAM), vol 50, Philadelphia (2006)

249. Quinlan, J.R.: C4.5: Programs for machine learning. Morgan Kaufmann, San Mateo (1993)

250. Rahm, E., Do, H.H.: Data cleaning: Problems and current approaches. IEEE Data Engineering Bulletin **23**(4), 3–13 (2000)

251. Rieg, R.: Planung und Budgetierung: Was wirklich funktioniert. Gabler, Wiesbaden (2008)

252. Riemer, K., Totz, C., Klein, S.: Customer-Relationship-Management. Wirtschaftsinformatik **44**(6), 600–607 (2002)

253. Riesbeck, C., Schank, R.: Inside Case-based Reasoning. Erlbaum, Northvale, NJ (1989)

254. Roberts, S.: Control chart tests based on geometric moving averages. Technometrics **1**, 239–250 (1959)

255. Roberts, S.: A comparison of some control chart procedures. Technometrics **8**, 411–430 (1966)

256. Rowstron, A., Narayanan, D., Donnelly, A., O'Shea, G., Douglas, A.: Nobody ever got fired for using hadoop on a cluster. In: Proceedings of the 1st International Workshop on Hot Topics in Cloud Data Processing, S. 2. ACM (2012)

257. Russell, S., Norvig, P.: Künstliche Intelligenz, 2. Aufl. Pearson Studium, München (2004)

258. Salton G., A.J., Buckley, C.: Automatic structuring and retrieval of large text files. CACM **37**, 97–108 (1994)

259. Salton, G., Buckley, C.: Term-weighting approaches in automatic text retrieval. Information Processing & Management **24**(5), 513–523 (1988)

260. Sapia, C., Blaschka, M., Höfling, G., Dinter, B.: Extending the E/R model for the multidimensional paradigm. In: Advances in Database Technologies, S. 105–116. Springer, Berlin (1999)

261. Scheer, A.W.: Architecture of Integrated Information Systems. Springer, Berlin (1992)

262. Schlittgen, R., Streitberg, B.: Zeitreihenanalyse, 9. Aufl. Oldenbourg Verlag, München, Wien (2001)

263. Schmedding, D.: Unrichtige Konzernrechnungslegung. Juristischer Verlag C.F. Müller, Heidelberg (1993)

264. Schmid, B.: Bilanzmodelle. Simulationsverfahren zur Verarbeitung unscharfer Teilinformationen. ORL-Bericht No. 40. ORL Institut, ETH Zürich, Zürich (1979)

265. Schneeweiß, C.: Regelungstechnische stochastische Optimierungsverfahren in Unternehmensforschung und Wirtschaftstheorie. Springer, Heidelberg (1971)

266. Schneeweiß, C.: Planung 2, Konzepte der Prozess- und Modellgestaltung. Springer, Heidelberg (1992)

267. Schneeweiß, C.: Distributed Decision Making, 2. Aufl. Springer, Berlin Heidelberg (2003)

268. Schölkopf, B., Smola, A.: Learning with Kernels: Support Vector Machines, Regularization, Optimization, and Beyond. MIT Press, Cambridge (2002)

269. Schubert, K., Klein, M.: Das Politiklexikon, 4. Aufl. Dietz Verlag, Bonn (2006)

270. Segaran, T.: Programming collective intelligence: building smart web 2.0 applications. O'Reilly Media, Sebastopol (2007)

271. Shachter, R.: Evaluating influence diagrams. Operations Research **34**(6), 871–882 (1986)

272. Shearer, C.: The CRISP-DM Model: The New Blueprint for Data Mining. Journal of Data Warehousing **5**(4) (2000)

273. Sheldrake, R.: Seven Experiments that Could Change the World. Fourth Estate, London (1994)

274. Shetty, J., Adibi, J.: Discovering important nodes through graph entropy: the case of Enron email database. In: Proceedings of the 3rd international workshop on Link discovery, S. 74–81. ACM New York, NY, USA (2005)

275. Shewart, W.: Economic Control of quality of Manufactured Products. D. van Nostrand Company, New York (1931)

276. Shore, D., Spence, C., Klein, R.: Visual prior entry. Psychological Science **12**(3), 205–212 (2001)

277. Shoshani, A.: OLAP and statistical databases: Similarities and differences. In: Proceedings of the sixteenth ACM SIGACT-SIGMOD-SIGART symposium on Principles of database systems (PODS), S. 185–196. ACM (1997)

278. Sinka, M.P., Corne, D.W.: A large benchmark dataset for web document clustering. Soft Computing Systems: Design, Management and Applications **87**, 881–890 (2002)

279. Skarabis, H.: Mathematische Grundlagen und praktische Aspekte der Diskrimination und Klassifikation. Physica-Verlag, Würzburg (1970)

280. Sneath, P., Sokal, R.: Numerical Taxonomy. Freeman and Co., San Francisco (1973)

281. Strauch, B., Winter, R.: Vorgehensmodell für die Informationsbedarfsanalyse im Data Warehousing. In: E. von Mauer, R. Winter (Hrsg.) Vom Data Warehouse zum Corporate Knowledge Center, S. 359–378. Physica, Heidelberg (2002)

282. Stroh, F., Winter, R., Wortmann, F.: Methodenunterstützung der Informationsbedarfsanalyse analytischer Informationssysteme. Wirtschaftsinformatik **53**(1), 37–48 (2011)

283. Stuetzle, W.: Unsupervised learning and clustering. Dept. of Statistics, Univ. of Washington, USA (2000)

284. Stuetzle, W.: Estimating the cluster tree of a density by analyzing the minimal spanning tree of a sample. Journal of Classification **20**(1), 25–47 (2003)

285. Suhl, L., Mellouli, T.: Optimierungssysteme: Modelle, Verfahren, Software, Anwendungen, 2. Aufl. Springer, Berlin (2009)

286. Symanzik, J.: Interactive and dynamic graphics. In: J. Gentle, W. Härdle, Y. Mori (Hrsg.) Handbook of Computational Statistics Concepts and Methods, S. 292–336. Springer, Heidelberg (2004)

287. Syring, A.: Praxisbericht: Aufbau eines Management-Informations-Systems. Vortrag am Institut für Produktion, Wirtschaftsinformatik und Operations Research. Arbeitsbereich KCoIT, Freie Universität Berlin (2006)

288. Taleb, N.: Fooled by randomness: The hidden role of chance in life and in the markets. Texere, New York (2001)

289. Taleb, N.: The black swan: The impact of the highly improbable. Random House Inc, New York (2007)

290. Tan, P.N., Steinbach, M., Kumar, V.: Introduction to Data Mining. Addison-Wesley, Boston, MA (2005)

291. Tayi, G., Ballou, D.: Examining data quality. Communications of the ACM **41**(2), 54–57 (1998)

292. Taylor, D.: Data mining for intelligence, fraud & criminal detection. CRC, Boca Raton, FL (2009)

293. Teufel, S., Sauter, C., Mühlherr, T., Bauknecht, K.: Computerunterstützung für die Gruppenarbeit. Addison-Wesley, Bonn (1995)

294. Thoring, K., Müller, R.M.: Understanding the creative mechanisms of design thinking: an evolutionary approach. In: DESIRE'11 Procedings of the Second Conference on Creativity and Innovation in Design, S. 137–147. ACM (2011)

295. Thusoo, A., Sarma, J., Jain, N., Shao, Z., Chakka, P., Anthony, S., Liu, H., Wyckoff, P., Murthy, R.: Hive: a warehousing solution over a map-reduce framework. Proceedings of the VLDB Endowment 2(2), 1626–1629 (2009)

296. Timmermann, M.: Die Simulation eines integrierten Planungssystems – Kombination der wert- und mengenmäßigen Betriebsprozesse. In: J. Wild (Hrsg.) Unternehmensplanung, S. 207–222. Reinbek, München (1975)

297. Todova, A., Ünsal, A.: Analyse und Modellierung von Einflussgrößen in der Balanced Scorecard. Diplomarbeit. Freie Universität Berlin, Berlin (2005)

298. Torggler, M.: The functionality and usage of CRM systems. International Journal of Social Sciences 4(3), 163–171 (2009)

299. Totok, A., Jaworski, R.: Modellierung von multidimensionalen Datenstrukturen mit ADAPT: Ein Fallbeispiel. Bericht des Instituts für Wirtschaftswissenschaften der Technischen Universität Braunschweig (11) (1998)

300. Travaille, P., Müller, R.M., Thornton, D., van Hillegersberg, J.: Electronic Fraud Detection in the U.S. Medicaid Healthcare Program: Lessons Learned from other Industries. In: Proceedings of the 17th Americas Conference on Information Systems (AMCIS). Detroit, USA (2011)

301. Troitzsch, K.: The efficiency of statistical tools and a criterion for rejection of outlying observations. Biometrika 28, 308–328 (1936)

302. Troitzsch, K.G.: Simulationsverfahren. Wirtschaftsinformatik WISU 10, 1256–1268 (2004)

303. Trujillo, J., Palomar, M.: An object oriented approach to multidimensional database conceptual Warehousing (OOMD). In: Proceedings of the 1st ACM international workshop on Data warehousing and OLAP, S. 16–21. ACM (1998)

304. Tufte, E.R.: The Visual Diaplay of Quantitative Information. Graphics Press (1993)

305. Tufte, E.R.: Executive dashboards: Ideas for monitoring business and other processes. http://www.edwardtufte.com/bboard/q-and-a-fetch-msg?msg_id=0000bx&topic_id=1 (letzter Zugriff: 18.11.2012) (2012)

306. Tufte, E.R.: Visual explanations: images and quantities, evidence and narrative. Graphics Press, Cheshire, Conn. (1997)

307. Tufte, E.R.: The visual display of quantitative information, 2. Aufl. Graphics Press, Cheshire, Conn. (2011)

308. Turban, E., Sharda, R., Delen, D.: Decision support and business intelligence systems, 9. Aufl. Pearson, New Jersey (2011)

309. Uhlmann, W.: Statistische Qualitätskontrolle: Eine Einführung. Teubner, Stuttgart (1966)

310. Vapnik, V.: Statistical Learning Theory. Wiley, New York (1998)

311. Vazsonyi, A.: The use of mathematics in production and inventory control. Management Science 1(1,3/4), 70–85, 207–233 (1954/55)

312. Vedder, R., Vanecek, M., Guynes, C., Cappel, J.: CEO and CIO perspectives on competitive intelligence. Communications of the ACM 42(8), 108–116 (1999)

313. Verykios, V.S., Bertino, E., Fovino, I.N., Provenza, L.P., Saygin, Y., Theodoridis, Y.: State-of-the-art in privacy preserving data mining. ACM Sigmod Record 33(1), 50–57 (2004)

314. Watson, I.: Case-based reasoning is a methodology not a technology. Knowledge-Based Systems **12**(5–6), 303–308 (1999)

315. Weir, C., Murray, G.: Fraud in clinical trials detecting it and preventing it. Significance **8**(4), 164–168 (2011)

316. West, M., Harrison, J.: Bayesian Forecasting and Dynamic Models, 2. Aufl. Springer, New York (1997)

317. Wetherill, G.: Statistical Process Control: Theory and Practice. Chapman & Hall, London (1995)

318. Whishart, D.: Mode analysis: A generalisation of nearest neighbor which reduce chaining effects. In: A. Cole (Hrsg.) Numerical Taxonomy, S. 282–311. Academic Press, London (1969)

319. Wiederhold, G., Genesereth, M.: The conceptual basis for mediation services. IEEE Expert **12**(5), 38–47 (1997)

320. Wilrich, P.T., Henning, H.-J.: Formeln und Tabellen der angewandten mathematischen Statistik, 3. Aufl. Springer, Berlin (1987)

321. Winston, W.: Operations Research, Applications and Algorithms, 3. Aufl. Duxbury Press, Belmont (1994)

322. Winters, P.: Forecasting sales by exponentially weighted moving averages. Management Science **6**(3), 324–342 (1960)

323. Witte, T., Claus, T., Helling, K.: Simulation von Produktssystemen mit SLAM: eine praxisorientierte Einführung. Addison-Wesley, Reading (1994)

324. Wolke, T.: Risikomanagement, 2. Aufl. Oldenbourg, München (2008)

325. Zadeh, L.: Fuzzy sets. Information and Control **8**, 338–353 (1965)

326. Zadeh, L.: The concept of linguistic variable and its application to approximate reasoning, part i-ii. Information Sciences **8**, 199–249,301–357 (1975)

327. Zadeh, L.: The concept of linguistic variable and its application to approximate reasoning, part iii. Information Sciences **9**, 43–80 (1975)

328. Zeigler, B., Praehofer, H., Kim, T.: Theory of Modeling and Simulation. Elsevier, Oxford (2000)

329. Zentralverband Elektrotechnik- und Elektronikindustrie e. V. (ZVEI): ZVEI-Kennzahlensystem, 4. Aufl. Betriebswirtschaftlicher Ausschuß des Zentralverbandes Elektrotechnik- und Elektronikindustrie (ZVEI) e. V., Frankfurt (1989)

330. Ziegenbein, K.: Kompakt-Training Controlling. F. Kiehl Verlag, Ludwigshafen (2001)

331. Zschocke, D.: Betriebsökonometrie: Stochastische und technologische Aspekte bei der Bildung von Produktionsmodellen und Produktionsstrukturen. Physica-Verlag, Würzburg (1974)

332. Zwicker, E.: Einführung in die operative Zielverpflichtungsplanung und -kontrolle. TU Berlin, Berlin (2004)

Sachverzeichnis

3D-Prinzip, 16

A

Abduktion, 123, 196
Abhängigkeitsanalyse, 48
Abtasttheorem, 7
Abweichungsanalyse, 173
Abweichungsursache, 173
Adäquatheitsprinzip, 188
Ad-hoc Berichte, 111, 239
Administrative Record Census, 12
Agglomeratives Clustering, 88
Aggregation, 54
Aggregationsgrad, 174
Aktivierung, 220
Aktivität, 214
analytisches Customer Relationship
    Management, 262
Anlaufprozess, 166
χ^2-Anpassungstest, 205
Anteilszahl, 188
Anwendungsfelder, 5
Apriori Algorithmus, 89
Assoziationsanalyse, 81
Assoziationsregeln, 89
Asymmetrie, 30
Attribut, 211
Attributsvollständigkeit, 45
Aufbauorganisation, 28
auffällige Muster, 274
Aufrechnung, 149
Ausgewogenheit, 190
Ausreißer, 209
Average Linkage, 89
Axiomensystem, 159

B

Balanced Scorecard, 190, 191
    Risikosicht, 192
    Sichten, 192
Basisdatenstruktur, 239
Basislösung, 229
Bayessche Netzwerke, 100, 136
Belegfälschung, 203
Benfordsches Gesetz, 204, 207
Beobachtungsvektor, 182
Bereichsabfrage, 51
Berichtswesen, 237, 238
Bernoulli-Prinzip, 159
Beschränkte Enumeration, 94, 233
Bestandsgröße, 134
Betriebskalender, 53
Betrug, 201
Betrugsaufdeckung, 5, 123, 201
Bewertungsfunktion, 211
Bewertungsproblem, 180
Beziehungsanalyse, 48
BI Fallstudie, 259
BI Tools, 5, 259
BI-Werkzeugkasten, 5
Bias, 45
Big Data, 2, 9, 23, 279
Bilanzfälschung, 207
Bilanzgleichung, 43, 44, 182, 183, 213
Bilanzpolitik, 44
binäre Variable, 231
Bindung, 215
Bipartitionierung, 97
Bitmaps, 14
Bluetooth, 242
Boolesche Logik, 196
Bootstrap-Prinzip, 218

Bottom-Up, 146
Brainstorming, 198
Branch-and-Bound Verfahren, 233
Business Analytics, 12

C
Case Based Reasoning, 155
Cash Flow, 174
Chunking, 112
Churn Management, 264
Client-Server-Architektur, 260
Cloud, 2, 261, 280
Clustering, 83, 113
COBOL-Programm, 278
Complete Linkage, 89
Computerlinguistik, 111
Conditional Probability Tables (CPTs), 199
Constraints, 40, 43
Controlling, 5, 7, 172
    deterministisches, 175, 180
    führungsorientiertes, 173
    Objekt, 175
    operatives, 173, 175
    Prioritätsprinzip, 176
    qualitatives, 175
    quantitatives, 175
Conversion Rate, 264
(Core) Data Warehouse, 18
Cosinus-Ähnlichkeit, 86
CRISP, 76
Cross Validation, 97
Cross-Impact-Analyse, 136
Crowdsourcing, 112
Customer Acquisition Costs, 264
Customer Lifetime Value, 264
Customer Relationship Analytics, 262
Customer Relationship Management, 262

D
Dashboard, 5, 251
Data Analytics, 2
Data Cleansing, 12, 49
Data Cube, 5
Data Mart, 5, 11
Data Mining, 2, 4, 5, 75, 110
    Aufgaben, 80
    Input Datentypen, 78

Data Profiling, 12, 42, 49
Data Warehouse, 4, 5, 13, 14
    Architektur, 18
    Komponenten, 18
    Prozess, 11
Data Warehousing, 11
Daten, 212
Datenanalyse
    explorative, 2, 76
Datenbasis, 197
Datenbereitstellung, 5
Datenfabrikation, 207
Datenherkunft, 51
Datenintegration, 12, 26
Datenmanipulation, 207
Datenmatrix, 274
Datenmodellierung, 12
Datenprofilerstellung, 42
Datenqualität, 12, 174
Datenqualitätssicherung, 38
Datenschutzbedürfnisse, 279
Datentypkonsistenz, 42, 49
Datenwürfel, 4, 5, 52
    materieller, 19
Deaktivierung, 219
decimal, 43
Decision Support System, 150
Decision Trees, 101
Deskriptor, 134, 136
Detaillierungsgrad, 45
Dicing, 54
Dimensionen, 52
Direkt-Marketing, 264
Disaggregation, 55
DQ-Workflow, 48
Drei-Schichtensicht BI, 5
Drill-Across, 55
Drill-Down, 55
Drill-Through, 55
DSS, 260
Dualität, 231
Dublette, 12
Dublettenerkennung, 46
Duplikate, 12, 46

E
Echtzeit, 7
Edits, 43

Ein-Variablenmodell, 126
Einbettungsprinzip, 213, 218
Eindeutigkeit, 46
Eingriff, 163
Eingriffsgrenze, 163
Einheitlichkeit, 46
Einheitswerte, 135
EIS, 260
Entitätstyp, 211
Entropie, 103, 116
Entscheidungen unter Risiko, 212
Entscheidungsbaum Verfahren, 101
Entscheidungsraum, 222
Entscheidungsunterstützende Systeme, 150
Entscheidungsunterstützung, 5, 6
Entscheidungsvariablen, 222
Ereignis, 7, 213, 214, 241
ereignisgesteuertes Reporting, 240
ERM-Diagramm, 5, 59
ERP, 4, 5
ETL, 27
    Workflow, 36
experimentelle Versuchsplanung, 216
Expertenrunde, 198
Expertensystem, 152
Expertenwissen, 199
Exponentialverteilung, 214
Exponentielles Glätten, 129
Externe Daten, 27
Extraktion, 27
Extremszenarien, 200

F
Fabrikation, 205
fabrizierte Daten, 209
Facility, 218
Fakten, 52
Fakten-Tabelle, 61
Faktor, 212
Fallbasiertes Schließen, 155
fault detection, 196
Fehlalarm, 163
Fehler erster Art, 170, 208
Fehler zweiter Art, 170, 208
Fehlerfortpflanzung, 146
Fehlerrückverfolgung, 5, 8, 123, 173, 196, 253
Feinabstimmung, 166
Feldlängenanalyse, 49

Feldlängenkonsistenz, 42
Fertigungsstreungskarte, 165
Feuerwehr-Prinzip, 123
Finanzbuchhaltungssystem, 43
Finite-Elemente-Modellierung, 215
float, 43
Flow, 134, 188
Fluktuation, betriebliche, 7
Föderierte Architektur, 23
Fraud Analysis, 201
Führungsfehler, 172
funktional abhängig, 52
funktional unabhängig, 52

G
ganzzahlige Lösung, 231
Gaußprozess, 169
gemischt-ganzzahlige Optimierungsmodelle, 231
Genauigkeit, 45
Geo-Data Mining, 79
Geschäftsentwicklung, 238
Geschäftsgrafiken, 244
Geschäftslage, 238
Geschäftsregeln, 43
geschlossener Regelkreis, 166
Gini-Index, 104
gläserner Mensch, 279
Glaubwürdigkeit, 39
Gleitende Mittel der Länge m, 129
Globalisierung, 1
Google Adwords, 269
Gozintograph, 224
Granularität, 45
Graph Mining, 79
Grenzwert, 163
Großrechenzentrum, 278

H
Hadoop, 25
Häufigkeit, 42
Havarie, 8
HBase, 25
HDFS, 25
Herstellerrisiko, 169
heuristische Optimierungsmethoden, 109
Hierarchieebenen, 53

Hierarchievarianten, 30
hierarchische Attribute, 52
Hierarchisches Clustering, 88
Histogramm, 42
Hive, 25
HiveQL, 25
HOLAP, 12, 58
HTML-Daten, 27
Hub-Spoke Architektur, 22

I

Identitätsdiebstahl, 202
In-Memory Datenbanken, 279
Indexzahl, 188
Information Hiding, 215
Information Retrieval, 113
Informationsextraktion, 111
Informationsverteilung, 5, 237
Inlier, 209
Insellösung, 3
Integralregler, 172
integrierte Datenmodelle, 4
Integritätsbedingungen, 40
Interpretierbarkeit, 40
Intelligence Miner, 276
Intelligenz, 12
Internet, 27, 242
Internetbetrug, 202
Interpretierbarkeit, 40
Intranets, 242
INZPLA, 146
Irregularitäten, 172
IT-Infrastruktur, 4
IT-Metadaten, 42

K

k-Means Clustering, 86
Kandidatenschlüssel, 45
Kategorie, 53
Kausalanalyse, 173, 177
Kennzahl, 187
Kennzahlensystem, 7, 187
Kernel, 106
Kernel-basiertes Lernen, 106
Key Performance Indicator, 4, 174, 187
Klassifikation, 95, 112
Klassifikationsbaum, 275
Klassifikationsbaumverfahren, 275

Klassifikationsfehler, 97
Klassifikationsgenauigkeit, 97
Klassifikator, 97
Klickbetrug, 202
k-nächste Nachbarn Verfahren, 105
k-nearest neighbor, 105
Knowledge Discovery in Databases, 75
Knowledge Elicitation, 197
Kommunikation, 215
Komplexität, 5
Komponentenmodelle, 127
Konditionierung, 54
Konfidenz, 123
Konfrontation, 146
Konsensbildung, 199
Konsistenz, 42, 173
Konsolidierung, 5, 149
kontinuierliche lineare Optimierung, 231
Konversionsrate, 264
konvexe Nutzenfunktion, 159
Kostenstelle, 173
Kostenträger, 173
KPI, 4, 52, 174, 187
Kreuzprodukt, 51
Kreuzvalidierung, 97
Kundenakquisekosten, 264
Kundenbetreuung, 12
Kundenbeziehungsmanagement, 262
Kundensegmentierung, 264

L

Lagerhaltungsgleichung, 44
lange Transaktionen, 14
Langfristigkeit, 134
Latenz, 279
Laufzeitkomplexität, 226
Lernprozesse in Organisationen, 173
Lineare Optimierung, 4–6, 8, 122, 222
Lineare Programmierung, 222
Linearisierung, 223
Log, 19
Logistik operativer Daten, 5
LP, 222
    degeneriertes, 226
LP Standardproblem, 222
LP-Preprocessing, 233
LP-Relaxation, 233

M

Makrodaten, 4, 16
Management Science, 3
Management-Informationssysteme, 4
Management-by-Exception, 146
Manager-Ethik, 8, 162
Manipulieren, 205
MapReduce, 24
Marginalisierung, 54
Markenwert, 196
Maschinellen Lernen, 4
Maßeinheit, 56
materialisierte Benutzersicht, 5
Materialisierung, 19
MDX, 16
Medienbrüche, 111, 239
Mehrvariablenmodell, 127
Messfehler, 179
Messfehlerfreiheit, 173
Metadaten, 32, 47, 145
Metrik, 85
Mikrodaten, 4, 15
MIP, 231, 232
MIS, 260
Missmanagement, 172
Mittelwertkarte, 165
mobile Kommunikation, 241
Mobiles Business Intelligence, 241, 280
mobiles OLAP, 5
mobiles Reporting, 238
Mode, 278
Modell, 8, 211
Modellbauer, 216
Modellierung, 212
MOLAP, 12, 58
Monitoring, 5, 7, 123, 163
Multidimensional Expressions, 16
multi-dimensionale Datenmodellierung, 12
multi-dimensionale Tabelle, 5
Muster, 274
Mustererkennung, 275

N

Nachhaltigkeit, 192
Named-Entity Recognition, 112
Natural Language Processing, 111
Near Field Communication, 242
Nebenbedingungen, 222

Nebenläufigkeit, 220
Nichtbeherrschbarkeit, 7
Normalform, 228
Null Werte, 279
Null-Aktion, 170
Nullserie, 166
Nutzenfunktion, 211
Nützlichkeit, 39, 44

O

Objektklasse, 211
Objektprogramm, 217
OLAP-Daten, 173
OLAP-Operatoren, 4, 53
Online Analytical Processing (OLAP), 50
Open Source, 261
Operations Research, 3
Operationscharakteristik, 169
operative Abfrage, 51
operative Daten, 3
operative Quelldaten, 55
Opportunitätskosten, 231
Optimierung, 216
OR-Methoden, 4
Outlier, 209
Overfitting, 96

P

parallele Prozesse, 220
parametrische Optimierung, 231
partielle Information, 44, 138, 146
partitionierenden Clustering, 86
Part-of-speech Tagging, 112
Personalmanagement, 6
Phishing, 202
Pivotierung, 55
Plagiieren, 205, 206
Plandaten, 145
Plangrößen, 6
Planspeicherung, 145
Planung, 5
Planungsfunktion, 145
Planungshorizont, 121
Planversionierung, 145
Poissonverteilung, 214
Portal, 5, 237, 249, 251
postoptimale Analyse von LPs, 228

Präferenzordnung, 159
Prävention, 207
Präzision, 45
Prinzip der Beschränkten Enumeration, 94
Prinzip schrittweise Verbesserung, 166
Produktionsanlauf, 166
Produktionsprogrammplanung, 223, 224
Produktionssteuerung, 131
Produzentenhaftung, 197
Prognose, 124
Prognoseformel, 127
Prognoseverfahren, 6, 123
Projektion, 54
Prozentpunkt, 169
Prozess, 214
    nicht unter Kontrolle, 163, 166
    unter Kontrolle, 167
Prozesskontrolle, 166
Prüffrequenz, 164
Prüfgröße, 168
Punktabfrage, 51
Push-Service, 240

Q
qualitative Variable, 134
Qualitätsmerkmal, 164
Qualitätsregelkarte, 164
Qualitätssicherungsprozess, 48
Quellprogramm, 217

R
Randomisierung, 270
rational, 159
Raumdimension, 16
Real-Time Business Intelligence, 31, 279
Rechnungshof, 7
Redundanz, 45
Referentielle Integrität, 40, 47
regelbasierte Analyse, 48
Regelkarte, 168
Regelkartentyp, 168
Regelkreis, 163, 166, 173
Registerabgleich, 14
Relation, 5, 211
Relation, logisch, 211
Replikation, 19, 279
Reporting, 217, 238

Repositorium, 19, 42, 47, 145
Requirements Engineering, 73
Restriktionen, 40, 43
Restrisiko, 163
Revenue Management, 223, 232
Revisionsnotwendigkeit, 40
RFID, 242
Richtigkeit, 45
Risiko, 6
Risikoausgleich, 157
Risikomanagement, 5, 6, 122
Robustifizieren, 134
ROLAP, 12, 58
Roll-Up, 54

S
SaaS, 261, 280
Sachdimension, 16
Scale-out, 25
Scale-up, 25
Schattenpreise, 231
Schätzspielraum, 44, 174, 179
schätzungsbedingte Unschärfe, 180
Schätzverfahren, 212
Schlupfvariable, 228
Schlüsseleindeutigkeit, 40
Schlüsselintegrität, 40, 46
Schwellenwert, 41, 176
semantisches Datenmodell, 59
Sequenzanalyse, 81
Shannonschen Entropie, 116
Sicherheitäquivalente, 223
Simplex-Algorithmus, 228, 230
Simplextableau, 229
Simulation, 5, 122, 210
    Ablauf einer Simulationsstudie, 216
    Agenten-basierte, 215
    Aktivitätsorientierte, 215
    datengetriebene, 211
    Ereignis-Planungs-, 215
    ereignisorientierte, 214
    gleichungsbasierte, 212, 213
    hybride, 215
    kontinuierliche, 212
    mikroanalytische, 215
    prozessorientierte, 215
Simulationssprache, 217
Simulationsuhr, 218

Simulationsverfahren
ereignisorientierte, 213
Single Linkage, 89
Skala, 42
Skalarprodukt, 86
Skaleniveau, 134
SLAM, 217
Slicing, 54
Soft Factor, 188
Software as a Service, 261, 280
Soll-Ist-Abweichungsregel, 275, 276
Soll-Ist-Qualitätsabweichung, 41
Soll-Ist-Vergleich, 7, 146, 173
Sollkostenschätzung, 176
Sollwerte, 6, 121
Spaltenanalyse, 48
Spannweite, 165
Spannweitenkarte, 165, 166
Speicherstrategie, 12, 58
SQL-Aggregatfunktionen, 52
Staging Area, 18
Statistical Matching, 201
Statistik, 4
statistische Informationssysteme, 14
Steuerparameter, 212
Stock, 134, 188
strafbare Handlungen, 172
Straffunktion, 116
strategische Analyse, 51
Stromgöße, 134
Strukturbruch, 81
Stückliste, 224
subjektive Wahrscheinlichkeit, 199
Suchmaschine, 242
Support Vector Machine, 106
System, 211
System Dynamics, 213
Systemgrenze, 212
Szenario Trichter, 135
Szenariotechnik, 123, 134
Szenarioverfahren, 6, 124

T
Tabellenkalkulation, 260
taktische Analyse, 51
Task Force, 8, 123, 197
Termauswahl, 117
Termreihung, 116

Test, 270
Text Mining, 110
Textkonserven, 239
Tokenisierung, 111
Top-Down, 146
Transaktion, 51, 218
Transformation, 27
Transportproblem, 223
Treffsicherheit, 123
Trendmodelle, 129
Trennschärfe, 116, 170
Trial-and-Error Verfahren, 216
Troubleshooting, 8, 123, 196
Trust, 280

U
UB-Bäume, 14
Überanpassung, 96
Ubiquität, 242
Unbalanciertheit, 30
Ungenauigkeit, 174, 175
unknown unknowns, 7, 241
unscharfe Daten, 178
Unsicherheit, 134, 178
Unsicherheitsgrad, 175
unterlassener Alarm, 163
Unternehmenshierarchie, 173
Unternehmenssteuerung, 5, 6
Ursache-Wirkungs-Zusammenhang, 195

V
Value per Unit, 188
Variabilität, 179
Vektorraum-Modell, 113
Verantwortlichkeit, 173
Verantwortungsträger, 173
Verbergen, 215
Vererbung, 215
Verhältniszahl, 188
Vermögensrisiko, 173
Versicherungsprämie, 158
Versuchsplan, 212
Vier-Augen Prinzip, 203
virtuelle Benutzersicht, 5
virtuelles Büro, 241
vollständige Enumeration, 45
Vollständigkeit, 44, 159

Vorbeugung, 207
Vorinformation, 197

W
W-Distanz, 116
Wahrscheinlichkeitstheorie, 136
Warnung, 163
Wartung Wissensbasis, 154
Web Analytics, 265
Web Mining, 110
Webbrowser, 260
Wertebereichskonsistenz, 42, 43, 49
What-if Analyse, 195
Wissenserwerb, 197

WLAN, 242
Wurzelbaum, 53

Z
Zählfehler, 179
Zeitdimension, 16
Zeitnähe, 44
Zeitreihe, 79, 126
Zeitreihenmodell, 126
Zeitstempel, 19
Zensus, 12, 14
Zufallsvariable, 180
Zustandsgleichung, 182